全国高职高专医药类规划教材

药物制剂设备

中国职业技术教育学会医药专业委员会　组织编写

路振山　主编　王竟阳　主审

化学工业出版社

·北京·

本书是全国高职高专医药类规划教材，由中国职教学会医药专业委员会组织编写。本版教材编写结合国家职业技能标准，力求突出技能型教材特色。书中重点选取了10种广泛应用的药物剂型，包括片剂、胶囊剂、丸剂、小容量注射剂、粉针剂、大容量注射剂及其他制剂。详述了各剂型主要生产设备的操作方法、维护和使用的常见问题，药物制剂的基础知识等内容。

本书适合高职高专医药类药学相关专业使用。

图书在版编目（CIP）数据

药物制剂设备/中国职业技术教育学会医药专业委员会组织编写；路振山主编.—北京：化学工业出版社，2013.1（2023.3重印）

全国高职高专医药类规划教材

ISBN 978-7-122-15963-2

Ⅰ.①药… Ⅱ.①中… ②路… Ⅲ.①制剂机械-高等职业教育-教材 Ⅳ.①TQ460.5

中国版本图书馆CIP数据核字（2012）第288901号

责任编辑：陈燕杰　　文字编辑：焦欣渝

责任校对：洪雅姝　　装帧设计：关　飞

出版发行：化学工业出版社(北京市东城区青年湖南街13号　邮政编码100011)

印　　装：天津盛通数码科技有限公司

787mm×1092mm　1/16　印张 20½　字数554千字　2023年3月北京第1版第10次印刷

购书咨询：010-64518888　　售后服务：010-64518899

网　　址：http://www.cip.com.cn

凡购买本书，如有缺损质量问题，本社销售中心负责调换。

定　　价：49.80元

本书编审人员

主　　编　路振山

副 主 编　李　燕　郑　珂　翟树林

编写人员　路振山（天津生物工程职业技术学院）
李　燕（天津生物工程职业技术学院）
郑　珂（河南医药技师学院）
翟树林（山东医药技师学院）
黄晟盛（杭州第一技师学院）
丁　艳（山东医药技师学院）
刘　健（天津生物工程职业技术学院）
袁建华（江西省医药学校）

主　　审　王竟阳　（天津隆顺榕制药有限公司）

中国职业技术教育学会医药专业委员会
第一届常务理事会名单

第二版前言

本套教材自 2004 年以来陆续出版了 37 种，经各校广泛使用已累积了较为丰富的经验。并且在此期间，本会持续推动各校大力开展国际交流和教学改革，使得我们对于职业教育的认识大大加深，对教学模式和教材改革又有了新认识，研究也有了新成果，因而推动本系列教材的修订。概括来说，这几年来我们取得的新共识主要有以下几点。

1. 明确了我们的目标。创建中国特色医药职教体系。党中央提出以科学发展观建设中国特色社会主义。我们身在医药职教战线的同仁，就有责任为了更好更快地发展我国的职业教育，为创建中国特色医药职教体系而奋斗。

2. 积极持续地开展国际交流。当今世界国际经济社会融为一体，彼此交流相互影响，教育也不例外。为了更快更好地发展我国的职业教育，创建中国特色医药职教体系，我们有必要学习国外已有的经验，规避国外已出现的种种教训、失误，从而使我们少走弯路，更科学地发展壮大我们自己。

3. 对准相应的职业资格要求。我们从事的职业技术教育既是为了满足医药经济发展之需，也是为了使学生具备相应职业准入要求，具有全面发展的综合素质，既能顺利就业，也能一展才华。作为个体，每个学校具有的教育资质有限，能提供的教育内容和年限也有限。为此，应首先对准相应的国家职业资格要求，对学生实施准确明晰而实用的教育，在有余力有可能的情况下才能谈及品牌、特色等更高的要求。

4. 教学模式要切实地转变为实践导向而非学科导向。职场的实际过程是学生毕业后就业所必须进入的过程，因此以职场实际过程的要求和过程来组织教学活动就能紧扣实际需要，便于学生掌握。

5. 贯彻和渗透全面素质教育思想与措施。多年来，各校都重视学生德育教育，重视学生全面素质的发展和提高，除了开设专门的德育课程、职业生涯课程和大量的课外教育活动之外，大家一致认为还必须采取切实措施，在一切业务教学过程中，点点滴滴地渗透德育内容，促使学生通过实际过程中的言谈举止，多次重复，逐渐养成良好规范的行为和思想道德品质。学生在校期间最长的时间及最大量的活动是参加各种业务学习、基础知识学习、技能学习、岗位实训等都包括在内。因此对这部分最大量的时间，不能只教业务技术。在学校工作的每个人都要视育人为己任。教师在每个教学环节中都要研究如何既传授知识技能又影响学生品德，使学生全面发展成为健全的有用之才。

6. 要深入研究当代学生情况和特点，努力开发适合学生特点的教学方式方法，激发学生学习积极性，以提高学习效率。操作领路、案例入门、师生互动、现场教学等都是有效的方式。教材编写上，也要尽快改变多年来黑字印刷，学科篇章，理论说教的老面孔，力求开发生动活泼，简明易懂，图文并茂，激发志向的好教材。根据上述共识，本次修订教材，按以下原则进行。

① 按实践导向型模式，以职场实际过程划分模块安排教材内容。

② 教学内容必须满足国家相应职业资格要求。

③ 所有教学活动中都应该融进全面素质教育内容。

④ 教材内容和写法必须适应青少年学生的特点，力求简明生动，图文并茂。

从已完成的新书稿来看，各位编写人员基本上都能按上述原则处理教材，书稿显示出鲜明的特色，使得修订教材已从原版的技术型提高到技能型教材的水平。当然当前仍然有诸多问题需要进一步探讨改革。但愿本次修订教材的出版使用，不但能有助于各校提高教学质量，而且能引发各校更深入的改革热潮。

八年来，各方面发展迅速，变化很大，第二版丛书根据实际需要增加了新的教材品种，同时更新了许多内容，而且编写人员也有若干变动。有的书稿为了更贴切反映教材内容甚至对名称也做了修改。但编写人员和编写思想都是前后相继、向前发展的。因此本会认为这些变动是反映与时俱进思想的，是应该大力支持的。此外，本会也因加入了中国职业技术教育学会而改用现名。原教材建设委员会也因此改为常务理事会。值本次教材修订出版之际，特此说明。

中国职业技术教育学会医药专业委员会

主任　苏怀德

2012 年 10 月 2 日

第一版前言

从20世纪30年代起，我国即开始了现代医药高等专科教育。1952年全国高等院校调整后，为满足当时经济建设的需要，医药专科层次的教育得到进一步加强和发展。同时对这一层次教育的定位、作用和特点等问题的探讨也一直在进行当中。

鉴于几十年来医药专科层次的教育一直未形成自身的规范化教材，长期存在着借用本科教材的被动局面，原国家医药管理局科技教育司应各医药院校的要求，履行其指导全国药学教育为全国药学教育服务的职责，于1993年出面组织成立了全国药学高等专科教育教材建设委员会。经过几年的努力，截至1999年已组织编写出版系列教材33种，基本上满足了各校对医药专科教材的需求。同时还组织出版了全国医药中等职业技术教育系列教材60余种。至此基本上解决了全国医药专科、中职教育教材缺乏的问题。

为进一步推动全国教育管理体制和教学改革，使人才培养更加适应社会主义建设之需，自20世纪90年代以来，中央提倡大力发展职业技术教育，尤其是专科层次的职业技术教育即高等职业技术教育。据此，全国大多数医药本专科院校、一部分非医药院校甚至综合性大学均积极举办医药高职教育。全国原17所医药中等职业学校中，已有13所院校分别升格或改制为高等职业技术学院或二级学院。面对大量的有关高职教育的理论和实际问题，各校强烈要求进一步联合起来开展有组织的协作和研讨。于是在原有协作组织基础上，2000年成立了全国医药高职高专教材建设委员会，专门研究解决最为急需的教材问题。2002年更进一步扩大成全国医药职业技术教育研究会，将医药高职、高专、中专、技校等不同层次、不同类型、不同地区的医药院校组织起来以便更灵活、更全面地开展交流研讨活动。开展教材建设更是其中的重要活动内容之一。

几年来，在全国医药职业技术教育研究会的组织协调下，各医药职业技术院校齐心协力，认真学习党中央的方针政策，已取得丰硕的成果。各校一致认为，高等职业技术教育应定位于培养拥护党的基本路线，适应生产、管理、服务第一线需要的德、智、体、美各方面全面发展的技术应用型人才。专业设置上必须紧密结合地方经济和社会发展需要，根据市场对各类人才的需求和学校的办学条件，有针对性地调整和设置专业。在课程体系和教学内容方面则要突出职业技术特点，注意实践技能的培养，加强针对性和实用性，基础知识和基本理论以必需够用为度，以讲清概念，强化应用为教学重点。各校先后学习了“中华人民共和国职业分类大典”及医药行业工人技术等级标准等有关职业分类，岗位群及岗位要求的具体规定，并且组织师生深入实际，广泛调研市场的需求和有关职业岗位群对各类从业人员素质、技能、知识等方面的基本要求，针对特定的职业岗位群，设立专业，确定人才培养规格和素质、技能、知识结构，建立技术考核标准、课程标准和课程体系，最后具体编制为专业教学计划以开展教学活动。教材是教学活动中必须使用的基本材料，也是各校办学的必需材料。因此研究会及时开展了医药高职教材建设的研讨和有组织的编写活动。由于专业教学计划、技术考核标准和课程标准又是从现实职业岗位群的实际需要中归纳出来的，因而研究会组织的教材编写活动就形成了几大特点。

1. 教材内容的范围和深度与相应职业岗位群的要求紧密挂钩，以收录现行适用、成熟规范的现代技术和管理知识为主。因此其实践性、应用性较强，突破了传统教材以理论知识为主的局限，突出了职业技能特点。

2. 教材编写人员尽量以产、学、研结合的方式选聘，使其各展所长、互相学习，从而有效地克服了内容脱离实际工作的弊端。

3. 实行主审制，每种教材均邀请精通该专业业务的专家担任主审，以确保业务内容正确无误。

4. 按模块化组织教材体系，各教材之间相互衔接较好，且具有一定的可裁减性和可拼接性。一个专业的全套教材既可以圆满地完成专业教学任务，又可以根据不同的培养目标和地区特点，或市场需求变化供相近专业选用，甚至适应不同层次教学之需。因而，本套教材虽然主要是针对医药高职教育而组织编写的，但同类专业的中等职业教育也可以灵活的选用。因为中等职业教育主要培养技术操作型人才，而操作型人才必须具备的素质、技能和知识不但已经包含在对技术应用型人才的要求之中，而且还是其基础。其超过“操作型”要求的部分或体现高职之“高”的部分正可供学有余力，有志深造的中职学生学习之用。同时本套教材也适合于同一岗位群的在职员工培训之用。

现已编写出版的各种医药高职教材虽然由于种种主、客观因素的限制留有诸多遗憾，上述特点在各种教材中体现的程度也参差不齐，但与传统学科型教材相比毕竟前进了一步。紧扣社会职业需求，以实用技术为主，产、学、研结合，这是医药教材编写上的划时代的转变。因此本系列教材的编写和应用也将成为全国医药高职教育发展历史的一座里程碑。今后的任务是在使用中加以检验，听取各方面的意见及时修订并继续开发新教材以促进其与时俱进、臻于完善。

愿使用本系列教材的每位教师、学生、读者收获丰硕！愿全国医药事业不断发展！

全国医药职业技术教育研究会

2004 年 5 月

编写说明

根据中国职业技术教育学会医药专业委员会对医药高职院校不断深化改革的要求，为进一步强化素质教育、提高学生的实际操作技能，由几所医药高职院校的任课教师共同对制剂设备的教学内容进行了深入研究探讨，并编写了本教材。

本书在若干种不同形式的药物制剂中，选择了应用较为广泛的十种剂型，对这十种剂型的主要生产设备择其技术较先进、药厂采用相对较广泛的机型收编入本书。对选定的机型重点讲解了在实际生产中的操作方法、维护保养和常见故障的处理，以及必要的结构和一些基础知识，以符合高职教育对培养目标的要求。

本书由天津生物工程职业技术学院路振山主编，天津隆顺榕制药有限公司王竟阳主审，各项目的编写人员分别为：李燕（项目一、项目八），翟树林（项目二、项目三），郑珂（项目四、项目六），黄晟盛（项目五），丁艳（项目七），袁建华（项目九），刘健（项目十）。由路振山、李燕对全书进行统稿。本书在编写过程中得到了编者所在单位天津生物工程职业技术学院领导的大力支持，中国职业技术教育学会医药专业委员会主任苏怀德教授给予了热情的指导，从而保证了本书的顺利完成，对此我们表示衷心的感谢。

由于实践和理论水平有限，书中难免存在有不当之处，诚请广大师生及读者给予批评指正。

编者

2013 年

目 录

项目一 片剂生产设备

目前在制剂生产中常用的制粒设备有摇摆式颗粒机、沸腾制粒机、干法滚压式制粒机、高速混合制粒机和流化喷雾制粒设备等。

（1）摇摆式颗粒机　摇摆式颗粒机的基本结构主要由动力部分、制粒部分和机座构成。动力部分包括电动机、皮带传动装置、蜗轮蜗杆减速器、齿轮齿条传动结构等。制粒部分由加料斗（不锈钢制造）、六角滚筒、筛网及管夹等组成。该机以强制挤出为工作机理。电动机通过传动系统使滚筒做正反转的运动，滚筒为六角滚筒，在其上固定有若干截面为梯形的“刮刀”。借助滚筒正反方向旋转时刮刀对湿物料的挤压与剪切作用，将其物料经不同目数的筛网挤出成粒。摇摆式颗粒机是国内医药生产中常用的制粒设备。具有结构简单、操作方便、装拆和清理方便等特点。适用于湿法制粒、整粒和对干颗粒进行整粒。

（2）沸腾制粒机　沸腾制粒机是喷雾技术和流化技术的综合运用，机器主要由喷雾室、原料容器、进风口、出风口、空气过滤器、空压机、供液泵、鼓风机、空气预热器、袋滤装置等组成。

（3）干法滚压式制粒设备　干法滚压式制粒设备的主要结构是由料斗、加料器、压轮、粗碎轮、中碎轮和细碎轮组成。其工作原理是将药物与辅料的混合物压成大片状或板状，然后再粉碎成所需大小的颗粒的方法。该法不加入任何黏合剂，靠压缩力的作用使粒子间产生结合力。该类型设备不需干燥的过程，适用于热敏性物料或遇水易分解的药物。

（4）高速混合制粒机　高速混合制粒机基本结构主要由容器、搅拌桨、切割刀、搅拌电机、制粒电机、电器控制器和机架等组成。其工作原理是将粉体物料与黏合剂置于圆筒形容器中，由底部混合桨充分混合成湿润软材，再由侧置的高速粉碎刀将其切割成均匀的湿颗粒。该设备是目前国内医药生产中常用的湿法制粒设备，具有结构简单、操作方便、装拆和清理方便等特点。

（5）流化喷雾制粒设备　流化喷雾制粒设备的主要结构是由加热器、原料容器、喷雾器、干燥室、捕集室等组成。其工作原理是将药物溶液或混悬液用雾化器喷于干燥室内的气流中，使水分迅速蒸发，以制成球状干燥细颗粒。该类型设备的特点为：①混合、制粒、干燥在一套设备内完成，自动化程度高，劳动强度低，操作周期短，从而提高了生产效率；②通过粉体造粒，改善流动性，并可以改善药物溶解性能；③设备无死角，装卸物料轻便快速，易清洗干净，符合GMP生产要求。在以下两个模块中，我们主要介绍技术较先进、应用较广泛的沸腾制粒机和高速混合制粒机。

模块一　沸腾制粒机

学习目标

1. 能正确操作沸腾制粒机。
2. 能正确维护沸腾制粒机。

所需设备、材料和工具

名称	规格	单位	数量
沸腾制粒机	FL 型	台	1
维护、维修工具		箱	1
工作服		套	1

准备工作

一、职业形象

进入洁净生产区的人员不得化妆和佩带饰物。生产区、仓储区应当禁止吸烟和饮食；操作人员避免裸手直接接触药品、与药品直接接触的包装材料和设备表面。当同一厂房内同时生产不同品种时，禁止不同工序之间人员随意走动。任何情况下，进入洁净区时，均应按进入洁净室更衣程序进行洗手、消毒。应当将头发、胡须等相关部位遮盖。应当穿合适的工作服和鞋子或鞋套。应当采取适当措施，以避免带入洁净区外的污染物。人员应讲卫生，定期洗澡、刮胡须，不留长指甲，定期清洗工作服装。

二、职场环境

1. 环境

符合 GMP 规范的相关要求。D 级洁净区内进行生产，D 级洁净区要求门窗表面应光洁，不要求抛光表面，应易于清洁。窗户要求密封并具有保温性能，不能开启。对外应急门要求密封并具有保温性能。制粒室应保持相对负压。

2. 环境温湿度

应当保证操作人员的舒适性。控制温度 18～26℃，相对湿度 45％～65％。

3. 环境灯光

不能低于 300lx，灯罩应密封完好。

4. 电源

应在操作间外，确保安全生产。380V，50Hz，三相五线制，N 线和 PE 线不能相互干扰。

三、物料要求

把药物粉末经过筛、混合后加入适宜的辅料（黏合剂、湿润剂、崩解剂等）搅拌均匀，制成松、软、黏、湿的软材。软材要求手握成团，触之即散。投料前应检查物料的名称、编号、重量等信息，并进行复核，以确保投料正确。

学习内容

沸腾制粒机的外形图见图 1-1-1。沸腾制粒机是利用洁净的热气流把在密闭容器的物料及辅料从底部吹沸呈流化状态（负压）。物料辅料在容器内做无规则复杂的上下飘动，并在飘动中混合达到均匀状态。然后喷入黏合剂使粉状物料湿润凝集，再经热空气干燥，形成多孔状颗粒。它是将传统制粒中的混合、搅拌制粒、干燥等多道制粒工序合并在同一容器中完成，在理想参数中完成作业，故称一步法制粒。

一、结构与工作原理

（一）结构

如图 1-1-2 所示，沸腾制粒机的结构可分成四大部分：一是空气过滤加热部分；二是物料沸腾喷雾和加热部分；三是粉末捕集、反吹装置及排风结构；四是输液泵、喷枪管路、阀门和控制系统。机器主要由流化室、原料容器、进风口、出风口、空气过滤器、空压机、供液泵、鼓风机、空气预热器、袋滤装置等组成。

图 1-1-1 沸腾制粒机外形图

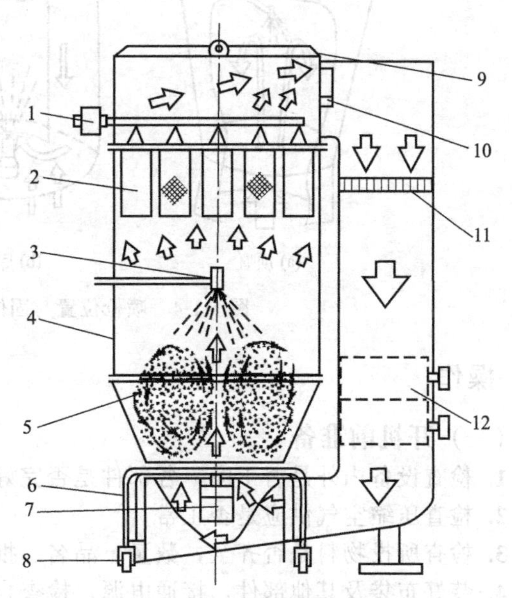

图 1-1-2 FL120 型沸腾制粒机结构简图

1—反冲装置；2—过滤袋；3—喷枪；4—喷雾室；5—盛料器；6—台车；7—顶升汽缸；8—排水口；9—安全盖；10—排气口；11—空气过滤器；12—加热器

（二）工作原理

沸腾制粒机是喷雾技术和流化技术的综合运用，其工作原理是粉末粒子在流化床受到经过净化后的加热空气预热和混合时，物料受下部热气流作用而呈悬浮状态，自下而上运动到最高点时向四周分开下落，至底部再集中于中间向上，依次不停地运动，使粉末呈流态化。喷嘴将黏合剂雾化喷入，使物料黏合、聚集成颗粒（图 1-1-3）。热的气流带走颗粒中的水分，并使黏合剂凝固。此过程不断重复进行，形成理想的、均匀的多微孔球状的颗粒。由于气流的温度可以调节，因此可将混合、制粒、干燥等操作在一台设备上完成，故又称为一步制粒机。沸腾制粒机的工作原理见图 1-1-4。

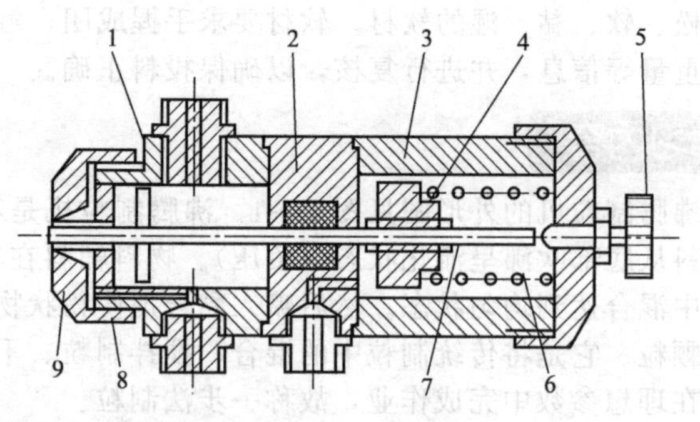

图 1-1-3 喷嘴结构示意图

1—枪体；2—连接体；3—汽缸；4—活塞；5—调节螺钉；6—弹簧；
7—针阀杆；8—阀座；9—空气调节帽

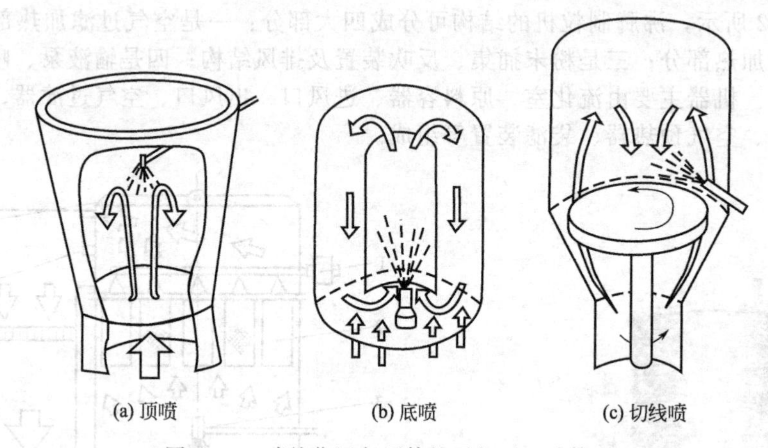

图 1-1-4 喷枪位置与固体粒子相对运动简图

二、操作

(一) 开机前准备

1. 检查设备内外是否干净，各部件是否完好，清洁标志完好。

2. 检查压缩空气供应是否正常。

3. 检查所投物料是否齐全，数量、品名、批号是否与生产指令相符，外观是否合格。

4. 装好布袋及其他部件，接通电源，检查自动、手动开关是否灵活，并设定相关数据。

5. 将物料加入沸腾器内，检查密封圈内空气是否排空，排空后可将沸腾器慢慢推入上、下气室间，此时沸腾器上的定位头与机身上的定位块应吻合（如不吻合，注意沸腾器与机身上牙嵌式离合器的齿牙方向是否相嵌），就位后沸腾器应与密封槽基本同心。

注意：加料量上限为沸腾器容量的 2/3。

6. 接通压缩空气气源及电加热气源，开启电器箱的空气开关，此时电器箱面板上的电源指示灯亮。

7. 机身内的总进气减压阀调到 0.5MPa 左右，气封减压阀调到 0.1MPa，后者可根据充气密封圈的密封情况作适当调整，但压缩空气压力不得超过 0.15MPa，否则密封圈容易爆裂。

8. 预设相应的进风温度和出风温度（出风温度通常为进风温度的一半），然后将切换开关复位，此时温度调节仪显示实际进风温度。

9. 选择“自动/手动”设置。

（二）开机操作

1. 合上“气封”开关，等指示灯亮后观察充气密封圈的鼓胀密封情况，密封后方可进行下一步。

2. 启动风机，根据观察窗内观察物料的沸腾情况，转动机顶的气阀调节手柄，控制出风量，以物料似煮饭水开时冒气泡的沸腾情况为适中。如物料沸腾过于剧烈，应将风量调小，风量过大令颗粒易碎，细粉多，且热量损失大，干燥效率降低；反之，如物料湿度、黏度大，难沸腾，可增大出风量。

3. 开动电加热约半分钟后，开动“搅拌”，确保搅拌器不致物料未疏松而超负载损坏，在物料接近干燥时，应关闭“搅拌”，否则搅拌桨易破坏物料颗粒。

4. 检查物料的干燥程度，可在取样口取样确定，若物料放在手上搓捏后仍可流动、不粘手，可视为干燥，不取样时，将取样棒的盛料槽向下放置。

5. 干燥结束关闭加热器，关闭“搅拌”。

6. 待出风口温度与室温相近时，关闭风机。

7. 约1min后，按“振动”按钮点动（约8～10次），使捕集袋内的物料掉入沸腾器内。

8. 关闭“气封”，待密封圈完全回复后，拉出沸腾器卸料。

9. 干燥完毕，关掉电源和压缩空气。

10. 按“沸腾制粒机清洁规程”进行清洁，并挂好清洁、消毒标识。

11. 填写“设备运行记录”。

（三）清洁程序

1. 拉出沸腾器，放下捕集袋架，取下过滤袋，关闭风门。

2. 用有一定压力的饮用水冲洗残留的主机各部分的物料，特别对原料容器内气流分布板上的缝隙要彻底清洗干净，然后开启机座下端的放水阀，放出清洗液，不能冲洗的部位可用毛刷或布擦拭。

3. 捕集袋应及时清洗干净，烘干备用。

（四）操作注意事项

1. 电气操作顺序（必须严格按此顺序执行）

启动：风机开→加热开→搅拌开。

停止：加热关→搅拌关→风机关。

2. 手动状态

必须靠人工控制搅拌器和风机的关闭。实际进风温度≥预设进风温度时，手动关闭加热器。

3. 自动状态

实际进风温度≥预设进风温度时，加热器自动关闭；实际进风温度＜预设进风温度时，加热器重新启动；实际出风温度≥预设出风温度时，自动关闭搅拌器和风机。

4. 关闭风机后，必须等约1min，再按“振动”，确保捕集袋不致在排气未尽的情况下振动而破损。

5. 关闭“气封”后，必须等密封圈完全回复后（即圈内空气排尽），方可拉出沸腾器，否则易损坏密封圈。

三、维护与保养

（一）日常维修保养

1. 操作人员在每次操作之前先检查压缩空气供应及各计量仪表是否正常。

2. 检查上、下气囊密封圈是否有凸起，平头螺钉是否松脱，防止料车推入时撞坏。

3. 检查料斗的桨叶是否过紧，桨叶过紧，加上物料的阻力，造成搅拌马达传动负荷增加，使传动凸块折断或马达烧毁。

4. 检查上、下气囊密封圈的气压是否在 0.1～0.15MPa 以下，气压过高容易引起密封爆裂，过低起不到密封作用而出现漏粉，影响生产效率及干燥质量。

5. 检查压缩空气压力是否过高，压力过高将导致：

(1) 容易造成冷热风门汽缸冲力过大，使风门活接折断或密封圈损坏、漏气，影响干燥效果；

(2) 布袋柜架汽缸推力过大，推杆容易弯曲。

(二) 定期维修保养

1. 定期对中效过滤袋每月清洗一次，从沸腾机风口进入，松脱框架螺钉，取出布袋，先用清洁剂浸泡 30min，再用清水冲洗、烘干。根据设备的使用情况，更换布袋。

2. 定期对搅拌装置中的变速箱清洗加润滑油。

3. 离心式鼓风机要每周检修一次，消除机内的灰尘、污垢等杂质，防锈蚀，每次检修后，更换润滑油。

4. 若设备闲置时，注意防止气阀因时间过长润滑油干枯，每月检查气阀一次。

5. 设备维护、保养后，应处于整齐、清洁、完好的状态。

6. 维护保养后的设备，不得带病工作。

7. 填写“设备检修记录”。

四、常见故障及排除方法

常见故障及排除方法如表 1-1-1 所示。

表 1-1-1　常见故障及排除方法

常见故障	产生原因	排除方法
沸腾状况不佳	过滤器长时间没有抖动，布袋上吸附的粉尘太多	检查布袋过滤器抖动汽缸
排除空气中细粉多	袋滤器布袋破裂	检查袋滤器布袋是否有破口，如有小孔都不能用，必须补好或更换
	床层负压高，将细粉抽除	调节风门开启度
干燥颗粒时出现沟流或死角	颗粒含水分太高	降低颗粒水分
		不装足量待其稍干后再将湿颗粒加入
		湿颗粒不要久放在原料容器中
	湿颗粒进入原料容器里置放过久	开机时将风门手动开闭几次，注意汽缸的执行节奏，要全开、全闭引风阀，使其在流化床内急剧鼓动颗粒，消除沟流
干燥颗粒时出现结块现象	部分湿颗粒在原容器中压死	开机时将风门手动开闭几次，注意汽缸的执行节奏，要全开、全闭引风阀，使其在流化床内急剧鼓动颗粒，消除沟流
	抖动袋滤器时间太长	调整抖袋时间

续表

常见故障	产生原因	排除方法
制料操作时颗粒不均	喷嘴开闭不严有滴流	检查喷嘴开闭情况是否灵敏可靠
	雾化压缩空气压力偏小	调整雾化压力
		调小液流量
	喷嘴有块状物堵塞	检查喷嘴，排除块状异物
	喷嘴出口雾化角度不好	调整喷嘴的雾化角度(按喷枪操作)

五、主要技术参数

FL 型沸腾制粒机的主要技术参数如表 1-1-2 所示。

表 1-1-2　FL 型沸腾制粒机的主要技术参数

项目		机型						
		30	60	90	120	200	300	500
原料容器	容量/L	100	220	300	420	670	1000	1500
生产能力(批)	最小/kg	15	30	60	80	100	150	300
	最大/kg	45	90	120	160	300	450	700
风机功率/kW		5.5	11	15	18.5	22	30	37
蒸汽耗量/(kg/h)		70	140	169	211	282	366	451
压缩空气量/(m^3/min)		0.4	0.6	0.9	0.9	0.9	1.3	1.5
温度/℃		常温至 120℃ 自动调节						
操作时间/min		20～60(视物料而定)						
物料收率/%		≥98						
黏合剂密度/(kg/L)		1.25						
主机噪声/dB		<82						
主机高度/mm		2300	3100	3100	3300	3500	3800	4200
终湿含量/%		可达 0.2						

六、基础知识

(一) 制粒定义

把粉末、熔融液、水溶液等状态的物料经加工制成具有一定形态与大小的粒状物的操作。

(二) 制粒的目的

1. 改善流动性；
2. 防止各成分的离析、分层；
3. 防止粉尘飞扬及在器壁上的黏附；
4. 调整松密度，改善溶解性能；
5. 改善片剂生成中压力的均匀传递；
6. 便于服用，携带方便，提高商品价值等。

(三) 制粒方法

目前制粒方法可以分为三大类：干法制粒、湿法制粒和喷雾制粒。

1. 干法制粒

将药物粉末直接压缩成较大的片状物后，重新粉碎成所需大小的颗粒。该法不加入任何液体，靠压缩力的作用使粒子间产生结合力。干法制粒的步骤主要为：药物与辅料混合均匀；压成大片；再粉碎成小颗粒。干法制粒有压片法和滚压法。常用于热敏性和遇水易分解的药物，容易压缩成形的药物。该法所需辅料少，有利于提高颗粒的稳定性、崩解性和分散性。

2. 湿法制粒

将物料中加入黏合剂，靠黏合剂的黏结作用使粉末聚结。湿法制粒包括挤压制粒、转动制粒、流化制粒和搅拌制粒等。该制粒方法为常规制粒工艺，但对湿、热不稳定药物宜采用干法制粒。湿法制成的颗粒经过表面润湿，具有颗粒质量好、外形美观、耐磨性较强、压缩成型性好等优点，在医药工业中应用最为广泛。

3. 喷雾制粒

将原辅料与黏合剂混合，搅拌成含固体量为50%～60%的均匀混悬液，雾化形成细微液滴，使在热空气流中干燥得到近似球形的细小颗粒。由液体直接得到固体粉末颗粒，雾滴比表面积大，干燥速度快，干燥物料的温度较低，适用于热敏性物料的处理；粒子具有良好的溶解性、分散性和流动性；但体积大，质地疏松。

七、制粒工序操作考核

制粒工序操作考核主要技能要求如表 1-1-3 所示。

表 1-1-3　制粒工序操作考核标准

考核内容	技能要求		分值
生产前准备	生产工具准备	1. 检查核实清场情况，检查清场合格证 2. 对设备状况进行检查，确保设备处于合格状态 3. 对计量容器、衡器进行检查核准	10
	物料准备	1. 按生产指令领取生产原辅料 2. 按生产工艺规程制定标准核实所用原辅料	
投料量	根据工艺要求正确计算各种原辅料的投料量		10
制粒操作	1. 正确调试及使用快速混合制粒机制颗粒 2. 正确调试及使用沸腾制粒机 3. 正确调试及使用摇摆颗粒机进行整粒 4. 选择适当的设备进行总混操作		40
质量控制	颗粒干燥、粒度均匀		10
记　录	生产记录填写准确完整		10
生产结束清场	1. 生产场地清洁 2. 工具和容器清洁 3. 生产设备的清洁 4. 清场记录填写准确完整		10
其他	正确回答考核人员提出的问题		10
合计			100

学生学习进度考核评定

一、学生学习进度考核

（一）问答题

1. 试述沸腾制粒机结构组成。

2. 试述沸腾制粒机操作步骤组成。

3. 如何维护沸腾制粒机？

4. 沸腾制粒机常见故障是什么？如何排除？

（二）实际操作题

操作沸腾制粒机，并维护维修沸腾制粒机。

二、学生学习进度考核评定标准

编号	考核内容	分值	得分
1	能正确说出和指出沸腾制粒机结构和组成	30	
2	能正确操作沸腾制粒机	30	
3	能正确说出和排除常见故障	20	
4	能正确维护沸腾制粒机	20	
5	合计	100	

模块二 高速混合制粒机

学习目标

1. 认识高速混合制粒机的组成。
2. 正确操作高速混合制粒机。
3. 正确维护高速混合制粒机。

所需设备、材料和工具

名称	规格	单位	数量
高速混合制粒机	GHL 型	台	1
维护、维修工具		箱	1
工作服		套	1

准备工作

一、职业形象

进入D级洁净生产区的人员不得化妆和佩带饰物。洁净区内工作人员应尽量减少交谈，进入洁净区要随时关门，在洁净区内动作要尽量缓慢，避免剧烈运动、大声喧哗，减少个人发尘量，保持洁净区的风速、风量和风压。生产区、仓储区应当禁止吸烟和饮食；操作人员避免裸手直接接触药品、与药品直接接触的包装材料和设备表面。当同一厂房内同时生产不同品种时，禁止不同工序之间人员随意走动。

二、职场环境

1. 环境

室内装修水、电、气管道敷设，照明灯具设计按照GMP要求设计。洁净区外窗均采用双层固定窗，并要求密封，防止灰尘和粉尘进入。设备安装环境应符合D级洁净要求，生产区所需压缩空气须经除油、无菌过滤处理。洁净室内安装紫外杀菌灯，一步制粒车间、制浆包衣间及其制浆室应注意电气防爆，各制浆间需设酒精浓度报警器。洁净级别不同的区域之间的压差应当不低于10Pa，并要安装有测压差装置，其中粉碎过筛、混合制粒、快速整粒房间应当保持相对负压。

2. 环境温湿度

应当保证操作人员的舒适性。控制温度18～26℃，相对湿度45%～65%。

3. 环境灯光

不能低于300lx，灯罩应密封完好。

4. 电源

应在操作间外，确保安全生产。

三、物料要求

把药物粉末经过筛、混合后加入适宜的辅料（黏合剂、湿润剂、崩解剂）制成软材。软材要求轻握成团，轻压即散。投料前应检查物料的名称、编号、重量等信息，并复核，确保投料正确。

图 1-2-1　高速混合制粒机外形图

学习内容

高效混合制粒机（如图 1-2-1 所示）是通过搅拌器及高速制粒刀切割，而将湿物料制成颗粒的装置。高效混合制粒机通常由盛料桶、搅拌器、造粒刀、电动机和控制器等组成。该机有如下优点：

（1）混合制粒时间短、颗粒大小均匀，细粉少，流动性好；

（2）压成片剂后硬度好，崩解、溶出性能较好；

（3）所消耗的黏合剂少；

（4）易操作，设备密封性好，清洗方便。

一、结构与工作原理

（一）结构

高速混合制粒机的整体结构见图 1-2-2。

1. 机身

机身由角钢与钢板焊接而成，外表包衬不锈钢，机身主要起到对各部件的支撑作用，它的内部安装有搅拌电机、切碎电机、同步带传动机构以及各种气动元件。

2. 搅拌传动锅

搅拌传动锅的外形如图 1-2-3 所示。搅拌传动的动力由搅拌电机提供，通过同步带传动

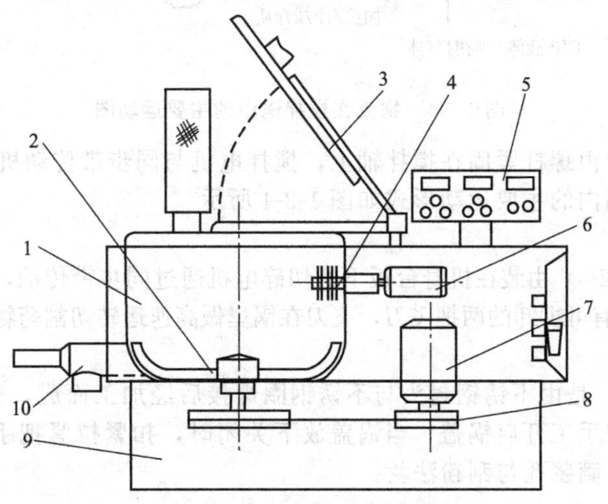

图 1-2-2　高速混合制粒机的整体结构图

1—盛料器；2—搅拌桨；3—盖；4—制粒刀；5—控制器；6—制粒电机；7—搅拌电机；8—传动皮带；9—机座；10—控制出料门

图 1-2-3 搅拌传动锅与制粒刀

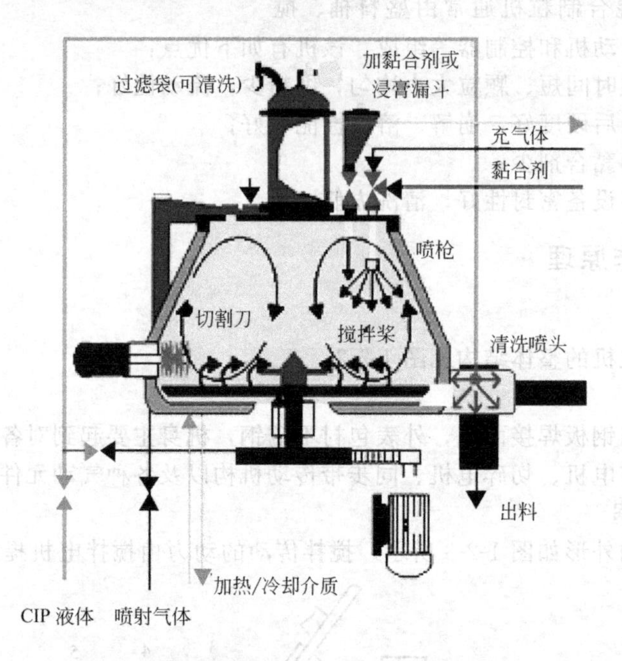

图 1-2-4 物流在搅拌锅中的主要运动图

给搅拌轴，搅拌桨叶由螺杆紧固在搅拌轴上，搅拌电机与同步带传动机构安装在机身台板的下方。物流在搅拌锅内的主要运动形式如图 1-2-4 所示。

3. 切割机构

切割机构（图 1-2-5）由装在机身台板下的切碎电机通过同步带传动，带动飞刀轴在锅内高速旋转，飞刀轴上装有可拆卸的两把飞刀，飞刀在锅里做高速运转切割药物使其成为颗粒。

4. 锅盖

锅盖（图 1-2-6）是由不锈钢封头与不锈钢圈焊接后经加工而成，锅盖下口装有 T 形硅胶密封圈。本机采用手工开启锅盖，当锅盖放下关闭时，扣紧拉紧把手使锅盖与锅体密封，锅盖上方有观察孔、滴浆孔与刮粉法兰。

5. 出料门

出料门装在一只防旋转的汽缸头上，当汽缸往前推进时，喷气嘴向出料口喷气，清洁出料口的粉粒，使料门顺利密闭；当汽缸后退时，料门打开，物料（颗粒）在桨叶的推动下，

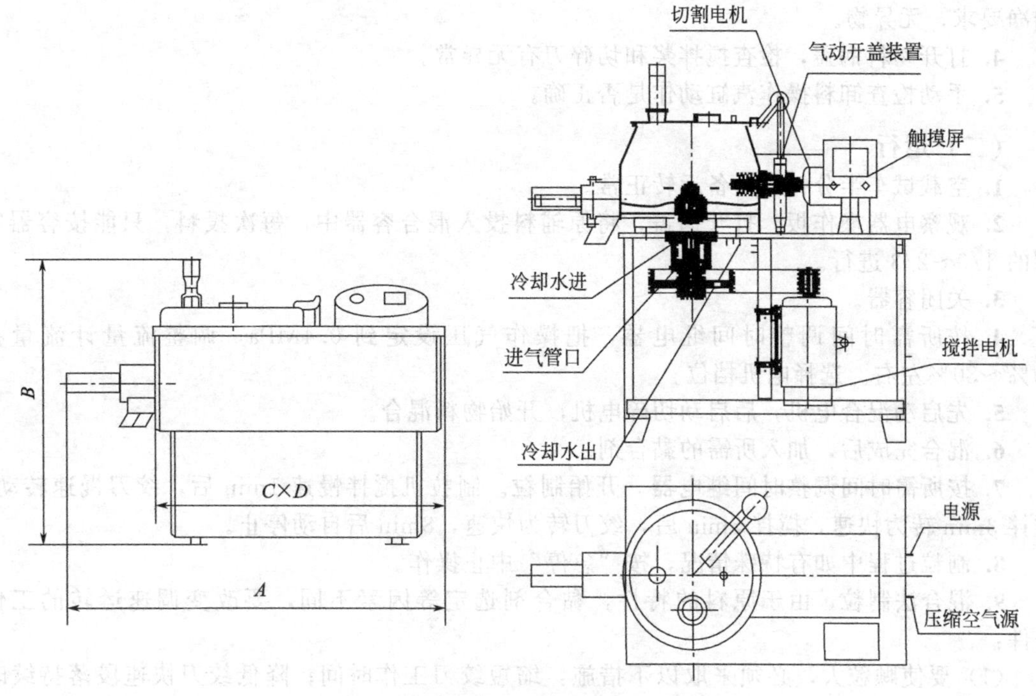

图 1-2-5　高速混合制粒机的切割机构图

从出料口排出。

（二）工作原理

该机的工作原理是混合及制粒两道工序在同一容器中完成。搅拌器采用下旋式搅拌，桨叶安装在锅底，要与锅底形成间隙。搅拌叶面能确保物料碰撞分散成半流动的翻滚状态，以达到充分的混合。随着黏合剂的注入，使粉料逐渐湿润，物料形状发生变化。而位于锅壁水平轴的切碎刀与搅拌桨的旋转运动产生涡流，使物料被充分混合、翻动及碰撞，此时处于物料翻动必经区域的切碎刀可将团状物料充分打碎成颗粒。同时，物料在三维运动中颗粒之间的挤压、碰撞、摩擦、剪切和捏合，使颗粒摩擦更均匀、细致，最终形成稳定球状颗粒，而成潮湿均匀的软材。其中，制粒颗粒粒度由物料的特性、制粒刀的转速和制粒时间等因素决定。

本机采用卧式圆筒结构，结构合理。充气密封驱动轴，清洗时可切换成水。流态化造粒，成粒近似球形，质地疏松，流动性好。其次，较传统工艺减少 25%黏合剂，干燥时间缩短，生产效率高，劳动强度低。每批次干混 2min，造粒 1～4min，工作效率比传统工艺高 4～5 倍。同时，其出口可与沸腾干燥机相接，而粉料可用提升机或真空上料机加到高速混合制粒机内。在同一封闭容器内完成干混-湿混-制粒，工艺简化，符合 GMP 要求。但是该设备电耗较高，控制参数需因品种不同而改变。

二、操作

（一）准备工作

1. 检查设备内外是否干净，清洁标识完整。

2. 接通电源、气源，调节压力至 0.4MPa。供气源应为洁净的压缩空气。

3. 检查水、电是否正常，混合容器内是否符合

图 1-2-6　高速混合制粒机锅盖外形图

洁净要求，无异物。

4. 打开物料锅盖，检查搅拌桨和切碎刀有无异常。

5. 手动检查卸料操作汽缸动作是否正确。

（二）运行

1. 空载试车半分钟，设备运转正常。

2. 观察电器操作板，打开锅盖，将原辅料投入混合容器中，每次投料，只能按容器容积的 1/3～2/3 进行。

3. 关闭容器。

4. 按所需时间调整时间继电器，把操作气压设定到 0.4MPa，调整流量计流量在 50%～80%左右。选择电机档位。

5. 先启动混合电机，后启动切碎电机，开始物料混合。

6. 混合完成后，加入所需的黏合剂。

7. 按所需时间调整时间继电器，开始制粒。制粒机搅拌慢速 1min 后，绞刀慢速转动，搅拌 3min 转为快速，搅拌 5min 后，绞刀转为快速，8min 后自动停止。

8. 制粒过程中如有特殊情况，按“急停”中止操作。

9. 混合法制粒，由于原料的特性，黏合剂选定等因素不同，要改变调速运转的工作条件：

（1）要使颗粒大，必须采取以下措施：缩短绞刀工作时间；降低绞刀快速段落持续时间；增大黏合剂浓度。

（2）要使颗粒小，则要采取相反措施。

10. 制粒完成后，关闭搅拌电机及切碎电机，将料车放在出料口下，开启卸料阀，启动搅拌电机把颗粒排出。然后再进行同一批次的下一料操作。（注：从准备加料至整个过程中，压缩空气不能停止。）

11. 填写“设备运行记录”。

（三）机器清洗

1. 接通电源、水源、气源，并关闭出料阀门。

2. 把三通球阀旋转到通水位置，观察出水适量后，再转换到通气的位置。

3. 关闭物料锅盖，开启搅拌电机和切碎电机进行清洗。

4. 清洗后，打开出料活塞，把水放掉，再打开出料口门，清洗出料口。

5. 清除物料锅内的水，清洗、擦拭机器的外表壳，并做到无水痕迹。

6. 清洗完毕后，切断气源、水源、电源，挂上“已清洁”状态牌。

7. 填写“设备清洁记录”。

（四）高速混合制粒机的电气和控制要求

1. 搅拌桨与切碎刀速度可用双速电机变速，搅拌桨速度范围为 30～500r/min，切碎刀速度范围为 300～3000r/min，最好能变频调速，并能设定显示。

2. 对双速简易式控制，控制上带启动、急停、停止开关和故障显示，并有电流显示和二挡电机变速显示。

3. 当放料阀或排水口关闭时，搅拌桨与切碎刀的电机才能运转，反之亦然。此外，只有当放料阀关闭时，才能进入清洗工序。

4. 电器控制应有自我保护功能，防止因误操作而可能给设备带来的损坏。其中包括主电机故障保护及紧急停止保护。

5. 对高档配置应用 PLC 控制，触摸式彩色液晶面板操作。界面设计分为手动试运行操作界面和正常运转操作界面，并有良好人机对话界面。界面能动态反映主要工序（加料、混合、切割制粒、卸料和 CIP）的情况。能有工艺菜单的选择及参数（搅拌桨与制粒刀速度、混合与制粒时间和 CIP 时间等）的设定，能显示设定参数、实际工作参数以及故障原因等，同时有记忆功能。

三、维护与保养

（一）日常维护保养

1. 开机前后，应用洁净的布将锅内及机体擦拭干净。

2. 检查物料锅盖密封圈是否完整。

3. 检查物料锅盖是否开闭正常。

4. 检查出料口开、关闭是否灵活。

5. 用手扳动搅拌桨及铰刀是否转动灵活。

6. 气源（$P=0.4$ MPa）将油雾器调节到 1 滴/10s，以保证气动电磁阀、汽缸工作得到良好的润滑。

7. 经常观察机器下部的漏水孔，当有水流出，说明搅拌或切碎部分密封件磨损，应及时更换。

8. 仪器、仪表要保持干燥整洁，设备周围、操作场地要经常打扫。

（二）定期维护、保养

1. 每周检查一次主搅拌密封、切碎部分密封。

2. 每周检查一次装置电器线路是否损坏。

3. 定期排放油水分离器中的积水。

4. 定期检查减速箱传动轴承等部位润滑状况，及时补充润滑油。

5. 维护、保养后，设备应处于整齐、清洁、完好的状态。

6. 填写“设备检修记录”。

7. 如停用时间较长，必须将机器全身擦拭清洁，机件的光面涂上防锈油，用布蓬罩好。

（三）安全操作注意事项

1. 物料锅盖上的排气孔和观察孔不得伸入螺丝刀等工具，以防损毁设备。

2. 机器本身设有防护装置，不得随意拆除。

3. 初次开启搅拌和切碎电机时，要按先慢后快的顺序进行，不得先开高速运转。

4. 机器的操作必须由一人完成，不得多人同时进行，以免误操作而发生意外造成人身伤害或设备损坏。

5. 清理设备时，不得用金属工具敲打混合制粒机，拆卸部件时要轻拿轻放，以免造成机体或部件变形。

6. 清理设备时，对电器控制装置进行防水处理。清理锅体时必须打开气体保护压力 0.4 MPa 以上。发现密封不严时不得用水清洗，要立即报修。

7. 清理汽缸部位时要把汽缸完全打开，并按下紧急停止钮，由一人进行。

8. 制粒的时候压缩空气的风量无需太大，加入原辅料之后，在搅拌桨的周围感觉辅料稍微被风吹就可以了，这样就能保证轴里不会在制粒的时候进粉。清洗时压缩空气要大，以免水灌到轴里面。

四、高速混合制粒机的基本技术参数和验证要求

1. 运转噪声≤75dB。

2. 搅拌桨与制粒刀的速度符合相应固体制剂的工艺要求。

3. 混合制粒速度，符合产量要求。

4. 混合制粒时间符合相应固体制剂的工艺要求。

5. 成品率＞99％。

6. 制粒成品粒度范围在Φ0.17～0.83mm（20～80目）（或按工艺要求）。

7. 干燥后制粒质量应颗粒呈球形，粒度均匀且流动性好。

五、高速混合制粒机制粒成品的主要影响因素

一般来讲，采用湿法混合制粒机制成的颗粒，形状规则，粒度分布均匀，结构较其他传统制粒工艺完善，但其制粒成品又受到许多因素的影响，现将其影响作一简述。

1. 搅拌桨与切割刀转速的影响

可以说颗粒粒径的大小、分布与搅拌桨、切割刀转速直接相关，当切割刀转速慢时，颗粒粒径变大，而转速快，则颗粒粒径变小；当搅拌桨转速慢时，颗粒粒径小，而转速加快则颗粒粒径变大，两者所起的作用相反。

2. 混合、制粒程序及时间的影响

由于在高速混合制粒机运行中，搅拌桨的转动使锅内物料向空间翻滚，从而使锅底物料沿锅壁旋转抛起，此动作接二连三地把软材推向快速切割刀，并被切割成大小不同的颗粒，随着颗粒间相互翻滚一段时间被磨圆逐渐呈球形。由此可知，搅拌桨与切割刀的速度及时间对制粒的粒度是有影响的。

3. 物料与浓度的影响

总的来说，随黏合剂质量分数增加，大颗粒增加，小颗粒减少，颗粒度增加。

在湿法混合制粒生产中，常用乙醇制粒或糊精黏合剂制粒，而此二者是有一定差异的。常见的用乙醇制粒，其所制的颗粒小而细，易烘干。这是由于乙醇黏度小，而且它有松散作用，对黏度高的中药制粒用此法较为理想。而用糊精制粒的话，其所制的颗粒大而粗，烘干慢。这是由于糊精有黏性，有聚合作用，对黏度小的西药用此法较为理想。

此外，无论是用浓浸膏经稀释后作为物料，还是采用糊精或其他黏合剂的物料，在生产较小颗粒时，物料的浆料浓度可稀一点；需制较大颗粒时，则物料的浆料浓度则可稍浓一点。

六、立式与卧式高效湿法制粒机的比较

湿法制粒的设备有卧式和立式两种，一般来说，卧式湿法制粒机比立式优越。以下就卧式和立式湿法制粒设备作一比较（表1-2-1）。

表1-2-1　卧式、立式制粒机的比较

项目	卧式制粒机	立式制粒机
能耗	能耗低	能耗大(约1倍)
重量/外观	设备紧凑,重量轻	结构高大,设备笨重(约3倍)
结构	结构简单,便于维修	搅拌筒沿床身导轨升降,结构复杂,维修困难
操作	开盖方便,可通过观察孔观察制粒现况,可密闭操作,无油污和粉尘现象	锅沿导轨升降,搅拌位置受物料装置限制,有粉尘现象(瞬间),密封处易造成油污
联动	与沸腾干燥机能联动集成	难与其他干燥设备联动集成

七、常见故障及排除方法

常见故障及排除方法见表1-2-2。

表 1-2-2 常见故障及排除方法

故障内容	检查部位	原因	措施
换向阀发生故障	阀体内部	弹簧损失	更换
		密封损伤	更换
		阀芯损伤	更换
		异物粘住	清洗
		断油	加油(脂)
	汽缸内部	密封磨损	更换
		缸壁损伤	修理
汽缸发生故障	活塞杆	活塞杆损伤	修理
		断油	加油(脂)
		异物黏着	清洗
接管内检修和紧固不良	软管内部	异物黏着混入	清洗
	连接处	漏气	更换
		紧固不良	修理
材料从主机容器中溢出	密封	损伤	更换
	容器法兰	压不紧	调整
	卸料阀	不到位	调整
容器顶盖操作不方便	铰链	断油	加油滑脂
		错位	校正
噪声和振动	绞刀	变形	校正
	绞刀	断油	加油(脂)
	电机	过载	调整
	减速箱	不正常	修理

八、技术参数

常见型号的主要技术参数见表 1-2-3。

表 1-2-3 常见型号的主要技术参数

项目	规格							
	10	50	150	200	250	300	400	600
容积/L	10	50	150	200	250	300	400	600
产量/(kg/批)	3	15	50	80	100	130	200	280
混合速度/(r/min)	300/600	200/400	180/270	180/270	180/270	140/220	106/155	80/120
混合功率/kW	1.5/2.2	4/5.5	6.5/8	9/11	9/11	13/16	18.5/22	22/30
切割速度/(r/min)	1500/3000	1500/3000	1500/3000	1500/3000	1500/3000	1500/3000	1500/3000	1500/3000
切割功率/kW	0.85/1.1	1.3/1.8	2.4/3	4.5/5.5	4.5/5.5	4.5/5.5	6.5/8	9/11
压缩空气耗量/(m^3/min)	0.6	0.6	0.9	0.9	0.9	1.1	1.5	1.8

九、制粒工序操作考核

制粒工序操作考核主要技能要求如表 1-2-4 所示。

表 1-2-4　制粒工序操作考核标准

考核内容	技能要求		分值
生产前准备	生产工具准备	1. 检查核实清场情况，检查“清场合格证” 2. 对设备状况进行检查，确保设备处于合格状态 3. 对计量容器、衡器进行检查核准	10
	物料准备	1. 按生产指令领取生产原辅料 2. 按生产工艺规程制定标准核实所用原辅料	
投料量	根据工艺要求正确计算各种原辅料的投料量		10
制粒操作	正确调试及使用高速混合制粒机		40
质量控制	颗粒粒度均匀		10
记录	生产记录填写准确完整		10
生产结束清场	1. 生产场地清洁 2. 工具和容器清洁 3. 生产设备的清洁 4. 清场记录填写准确完整		10
其他	正确回答考核人员提出的问题		10
合计			100

学生学习进度考核评定

一、学生学习进度考核

（一）问答题

1. 叙述高速混合制粒机的组成。

2. 叙述高速混合制粒机的操作要点。

3. 叙述高速混合制粒机的维护保养要点。

4. 叙述高速混合制粒机的常见故障及排除方法。

（二）实际操作题

1. 动手操作高速混合制粒机。

2. 维护保养高速混合制粒机。

二、学生学习进度考核评定标准

编号	考核内容	分值	得分
1	认识高速混合制粒机的组成	30	
2	操作高速混合制粒机	40	
3	维护保养高速混合制粒机	30	
4	合计	100	

模块三　全自动高速旋转式压片机（GZPJ型）

压片机是片剂生产的主要工序的主要设备，按照结构分为偏心轮式（冲击式）和旋转式；按冲数不同可分为单冲式和多冲式；按照压片时施压次数不同可分为一次和多次压制压片机；按照操作时的转速分可分为低速压片机、亚高速压片机和高速压片机。其常用的类型有旋转式压片机、异形冲压片机、真空压片机、高速压片机等种类，现分别介绍其主要特点：

1. 旋转式压片机

旋转式压片机是目前生产中应用较广泛的多冲压片机。旋转式压片机通常按转盘上的模孔数分为5冲、7冲、8冲、19冲、21冲、27冲、33冲等；按转盘旋转一周填充、压缩、出片等操作的次数，可分为单压、双压等。单压指转盘旋转一周只填充、压缩、出片一次；双压指转盘旋转一周时填充、压缩、出片各进行两次，所以生产效率是单压的两倍，故目前药品生产中多应用双压压片机。双压压片机有两套压轮，为使机器减少振动及噪声，两套压轮交替加压可使动力的消耗大大减少，因此压片机的冲数皆为奇数。

2. 异形冲压片机

异形冲压片机主要特点是采用冲床结构，冲头的上下行程大，加料、厚度、压片均可单独调节，耗电少，并且操作简单，维修方便，更换各种规格的片剂比较简便。

3. 真空压片机

为了克服压片过程中经常出现的顶裂、裂片等问题，20世纪90年代出现小型真空压片机。该压片机中设有真空吸引方式的原料粉末供给装置，并有两个阀门的片剂排出装置、隔离箱机与此相连的真空泵，操作过程与普通压片机完全一致。其主要特点是真空操作前可排出压片前粉末中的空气，有效地防止压片时的顶裂，这时真空度为重要参数，压力必须降至17.3kPa以下。真空压片可以提高片剂的硬度，因此可降低压缩压力。上冲进入冲模中进行压缩时粉尘飞扬少，可以进行长时间的安全操作；常压下压缩成形较困难的物料，在真空下结合力增加，并且在真空条件下物料的流动性增加，因此真空压片机更适合于填充性较差的物料的压片。

4. 全自动高速压片机

全自动高速压片机是一种先进的旋转式压片设备，通常每台压片机有两个压轮和两个给料器，为适应高速压片的需要，采用自动给料装置，而且药片重量、压轮的压力和转盘的转速均可预先调节。压力过载时能自动卸压。片重误差能控制在2%以内，不合格药片自动剔出，生产中药片的产量由计数器显示，可以预先设计，达到预定产量即自动停机。该机采用微电脑装置检测冲头损坏的位置，还有过载报警和故障报警装置等。其突出优点是全封闭、压力大、噪声低、产量高、片剂的质量好、操作自动化等。

本模块主要就全自动高速旋转式压片机展开学习。

学习目标

1. 能正确操作全自动高速旋转式压片机（GZPJ型）。
2. 能正确维护、维修全自动高速旋转式压片机（GZPJ型）。

所需设备、材料和工具

名称	规格	单位	数量
全自动高速旋转式压片机	GZPJ 型	台	1
维护、维修工具		箱	1
工作服		套	1

准备工作

一、职业形象

进入D级洁净生产区的人员不得化妆和佩带饰物。洁净区内工作人员应尽量减少交谈，进入洁净区要随时关门，在洁净区内动作要尽量缓慢、轻。避免剧烈运动、大声喧哗，减少个人发尘量，保持洁净区的风速、风量和风压。生产区、仓储区应当禁止吸烟和饮食；操作人员应当避免裸手直接接触药品、与药品直接接触的包装材料和设备表面。禁止面对药品打喷嚏和咳嗽。当同一厂房内同时生产不同品种时，禁止不同工序之间的人员随意走动。任何情况下（包括去厕所后、饭后、喝水后、吸烟后）进入洁净区时均应按进入洁净室更衣程序进行洗手、消毒。

二、职场环境

1. 环境

符合GMP规范的相关要求。D级洁净区内进行生产，D级洁净区要求门窗表面应光洁，不要求抛光表面，应易于清洁。窗户要求密封并具有保温性能，不能开启。对外应急门要求密封并具有保温性能。压片操作室与外室保持相对负压。

2. 环境温湿度

应当保证操作人员的舒适性。控制温度18～26℃，相对湿度45%～65%。

3. 环境灯光

不能低于300lx，灯罩应密封完好。

4. 电源

应在操作间外，确保安全生产。380V，50Hz，三相五线制，N线和PE线不能相互干扰。

三、压片物料要求

1. 颗粒要求

（1）颗粒大小范围　12～60目，具有良好的可压性及流动性。

（2）合成药淀粉片　颗粒均匀，不潮湿，颗粒中的细粉（60目以上）所占比例不超过1/3。

（3）中药颗粒　全浸膏、半浸膏和生粉颗粒，要求不能潮湿，具有一定的流动性。

（4）含水量　颗粒剂要求颗粒的含水量不得超过2%；片剂颗粒根据每一个具体品种的不同而保留适当的水分，一般为3%左右。

2. 干粉粉末

适用于粉末直接压片，所压制粉末应具有一定的可压性及流动性。

3. 可压制片型

可压制普通圆片、大形片、异形片、特异形片、单双面刻字片、卡通片等。

学习内容

以 GZPJ（如图 1-3-1 所示）为例，机器由主机、PLC 控制系统、上料器、筛片机和吸尘机几个部分组成，见图 1-3-2。图中机器的顶部为真空上料器，通过负压状态将颗粒物流吸入，再加到压片机的加料器内。筛片机将压出的片剂除去静电及表面粉尘，使片剂表面清洁，利于包装。吸尘机的功能是将机器内和筛片机内的粉尘吸去，以便保持机器的清洁，防止室内粉尘飞扬。设备操作手轮及控制面板如图 1-3-3 所示。

图 1-3-1　设备结构外形图

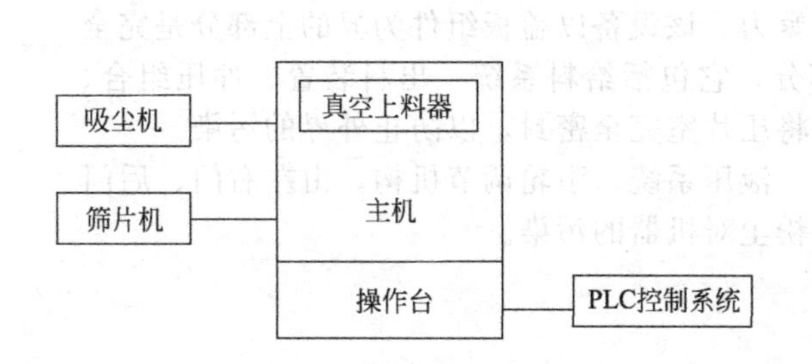

图 1-3-2　设备组成

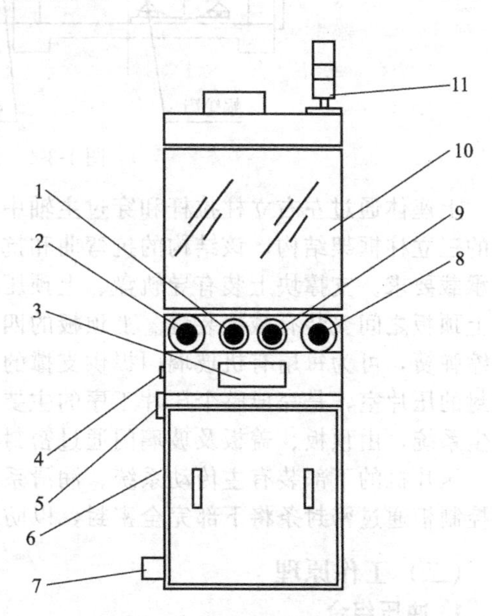

图 1-3-3　设备操作手轮及控制面板

1—预压调节手轮；2—厚度控制手轮；3—监控系统操作面板；4—急停开关；5—总电源开关；6—转盘驱动手轮；7—吸尘机机筛片机插座；8—平移手轮；9—填充手轮；10—上预压轮调节螺母；11—设备状态指示灯

一、结构与工作原理

（一）结构

机器主体结构由底板、前后框架、前后立架、顶板、涡轮箱、基座、冲盘组合及电控柜等部分组成。通过螺栓的连接，前后支架和涡轮箱体组成了一个坚固的框架，构成压片机的基础。涡轮箱体既起到固定座体的作用，同时也起到了涡轮箱体上端盖作用。以座体为基础，出片凸轮、边导轨、过渡块、下导轨凸轮、填充调节机构、垫板、预压油缸和下压主压轮等部件均安装在座体上（见图 1-3-4）。

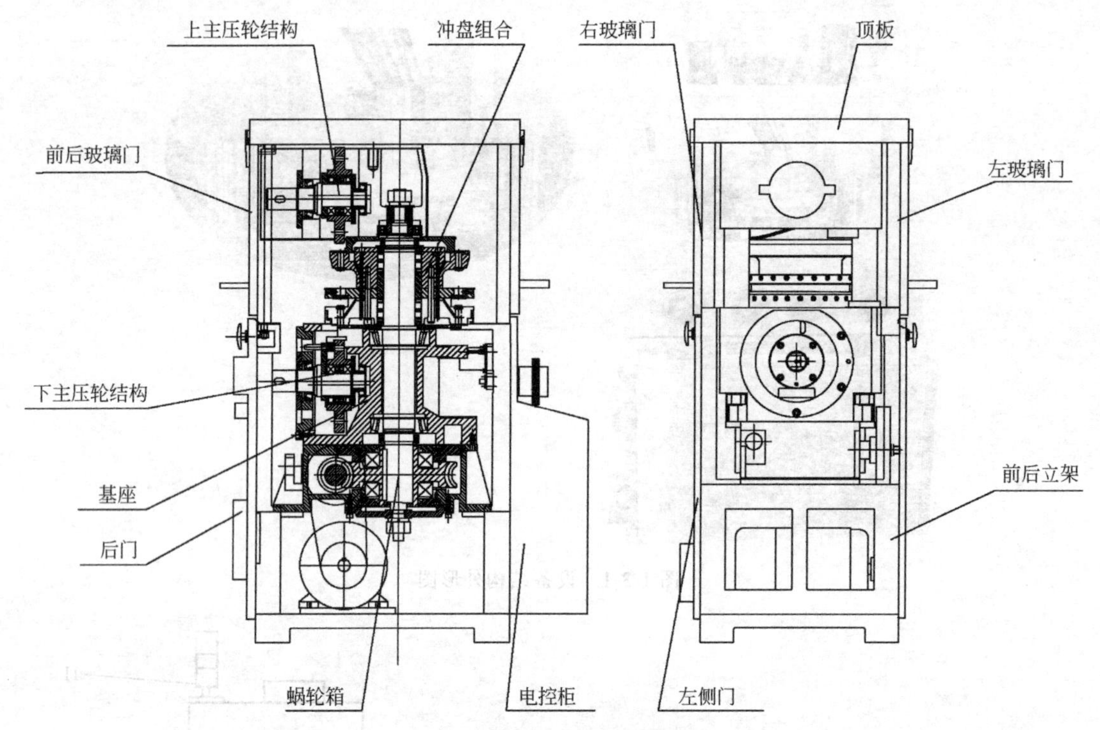

图 1-3-4　设备结构装配图

上座体通过左右立柱拉杆和穿过主轴中心的拉杆将冲盘和上导轨盘与机座相连，形成稳固的三立柱框架结构，该结构的抗弯曲和抗扭转能力极强，可以满足高速压片机高速运转时的承载要求。支撑块上装有导轨盘、上预压轮、上主压轮、上冲过紧保护装置等。在支撑块与上顶板之间安装有减振装置。上顶板的四边装有四扇有机玻璃门，每扇有机玻璃门上装有伸缩弹簧，可为每扇有机玻璃门提供支撑的锁紧力。该设备以盖板组件为界的上部分是完全密封的压片室，是完成整个压片工序的主要部分，它包括给料系统、出料装置、冲压组合、吸尘系统，由顶板、盖板及玻璃门通过密封条将压片室完全密封，以防止外界的污染。

压片机的下部装有主传动系统、润滑系统、液压系统、手轮调节机构，由左右门、后门及控制柜通过密封条将下部完全密封，以防止粉尘对机器的污染。

（二）工作原理

1. 冲压组合

冲压组合包括冲盘组合（图 1-3-5）、上下冲、冲模（图 1-3-6）、上下预压轮、上下主压轮、填充装置、上导轨盘、下导轨凸轮。冲盘组合的节圆上均匀分布着上下冲和中模。如图 1-3-5 所示，冲盘组合分上、中、下三部分。上下冲头及中模分别安装在冲盘节圆的冲孔中，上冲由一个连续凸轮上导轨引导，下冲头由下凸轮导轨，填充导轨、计量导轨、出片导轨引

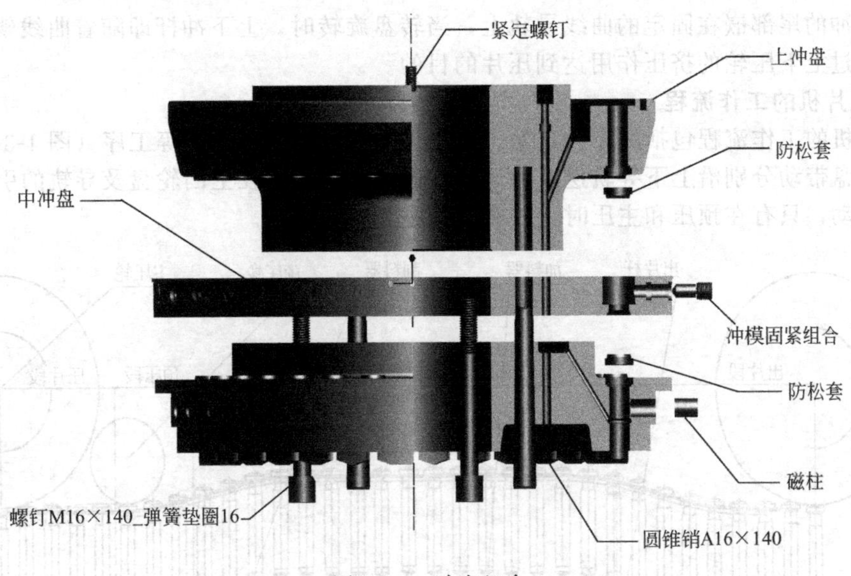

图 1-3-5　冲盘组合

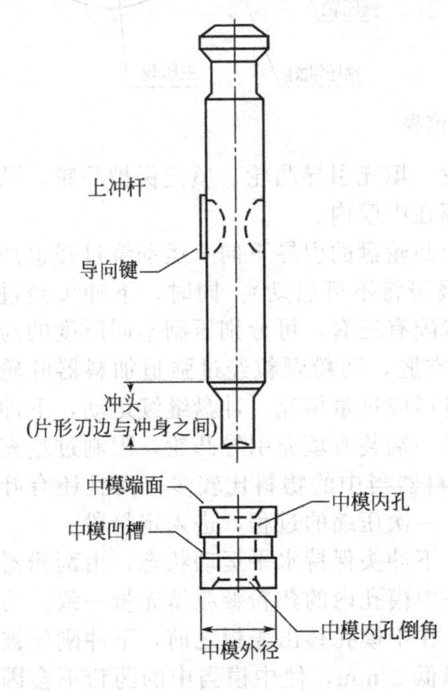

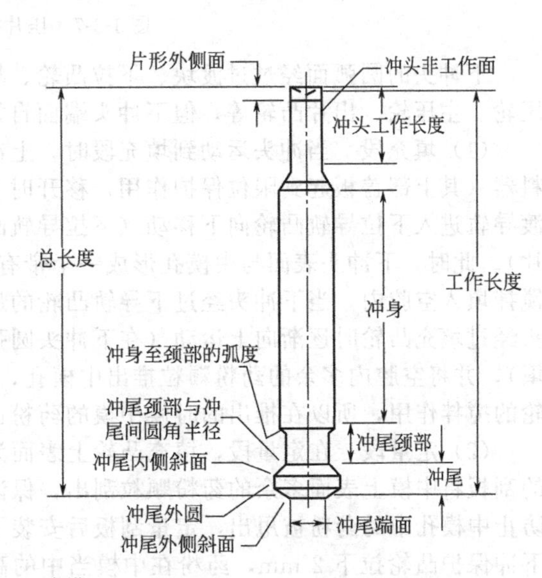

图 1-3-6　冲模

导。上下冲的尾部嵌在固定的曲线导轨上，当转盘旋转时，上下冲杆即随着曲线轨道作升降运动，通过上下压轮的挤压作用达到压片的目的。

2. 压片机的工作流程

压片机的工作流程包括填充、定量、预压、主压、成型、出片等工序（图 1-3-7）。上下冲头由冲盘带动分别沿上下导轨逆时针运动。同时，上冲头在上凸轮盘及导轨的引导下做上下往复运动，只有在预压和主压时上冲头端面进入中模孔内。

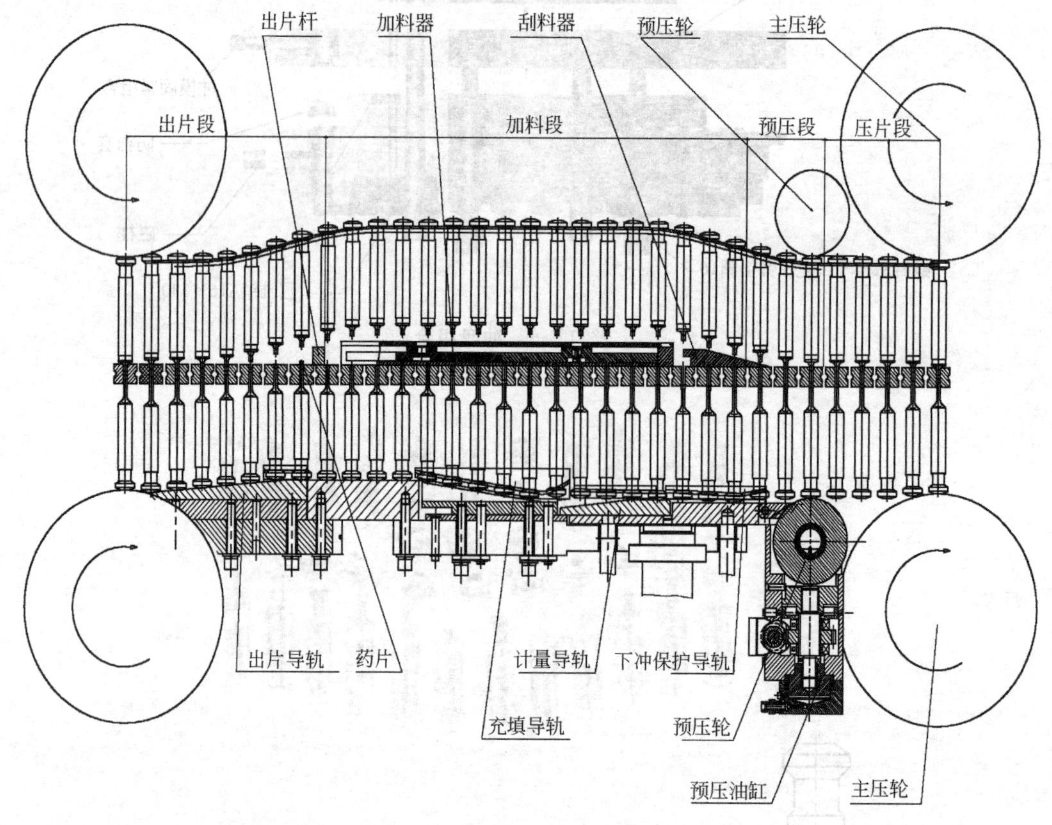

图 1-3-7　压片机的工作流程

下冲头的圆弧面经过过渡块、下拉凸轮、填充凸轮、填充引导凸轮、填充保护凸轮、预压轮、主压轮、出片凸轮等，但下冲头端面自始至终都在中模内。

(1) 填充段　当冲头运动到填充段时，上冲头在上凸轮盘的引导下向上运动绕过强迫加料器（其上部盖板起到限位保护作用，移开时主机便报警将不可启动）。同时，下冲头经过渡导轨进入下拉导轨凸轮向下移动（下拉导轨凸轮一般配有三套，可分别压制不同厚度的药片）。此时，下冲头表面与中模孔形成一个带有负压的空腔，药粉颗粒经过强迫加料器叶轮搅拌填入空腔内，当下冲头经过下导轨凸轮的最低点时形成过量填充。冲盘继续运动，下冲头经过填充凸轮时逐渐向上运动（在下冲头圆弧面的另一端装有填充引导凸轮，限制过量充填），并将空腔内多余的药粉颗粒推出中模孔，由于加料器当中的物料比较多，而且还有叶轮的搅拌作用，所以在推出的时候中模的药粉也经受了一次压缩的过程，进入定量段。

(2) 定量段　在定量段，填充凸轮上表面为水平，下冲头保持水平运动状态，由刮粉器的刮板将中模上表面多余的药粉颗粒刮出，保证了每一中模孔内的药粉颗粒填充量一致。为防止中模孔中的药粉被甩出，定量刮板后安装了盖板，在中模孔移出盖板之前，下冲刚好被下冲保护凸轮拉下 2 mm，药粉在中模当中的高度也降低 2 mm，使中模当中的药粉不会因为过高的线速度而被甩出。其内刮板可将多余的药粉送入循环通道，再进入强迫加料器继续使用。

（3）预压段　上冲头由下压凸轮作用向下运动（下压凸轮可以以轴端为中心做微量上下移动，如上冲头在中模内上下运动的摩擦力加大，将抬起下压凸轮报警停机）。当中模孔移出盖板之后，上冲头逐步进入中模孔，将中模当中的药粉盖死，上下冲头合模，这个过程保证在压缩过程当中漏粉量少而且充填量不会改变。当冲头经过预压轮时，完成预压动作。

（4）主压成型段　完成预压后经过一段过渡，在此过渡段下冲头的圆弧面经过油毛毡可得到充分润滑，再继续经过主压轮，通过主压轮的压实动作，完成主压工序。

（5）出片段　上冲头通过导轨盘做向上运动，下冲头经出片凸轮的作用向上运动（在下冲头圆弧面的另一端外侧装有出片保护凸轮，限制过量伸出），将压制好的药片推出中模孔，进入出料装置，完成整个压片流程。

3. 上下主压轮系统

上下主压轮的主体结构基本相同；基本都是由两个圆锥滚子轴承定位，为压轮提供强大的支撑力。压轮中间安装有两套圆锥滚子轴承，保证压轮能够转动灵活；两个轴承中间有一个隔套，两边装有两个挡圈，保证压轮当中的轴承不会和两边的挡环相摩擦而损坏挡环。压轮的材料采用合金工具钢，它的硬度比冲模的硬度还要高，保证长时间使用压轮不被磨损而变形。

4. 主传动系统

主传动系统如图 1-3-8 所示。主传动系统是为压片机工作提供动力。主传动系统不仅提供足够的扭矩而且速度可调，即使遇有大的冲击载荷，速度仍然稳定可靠。

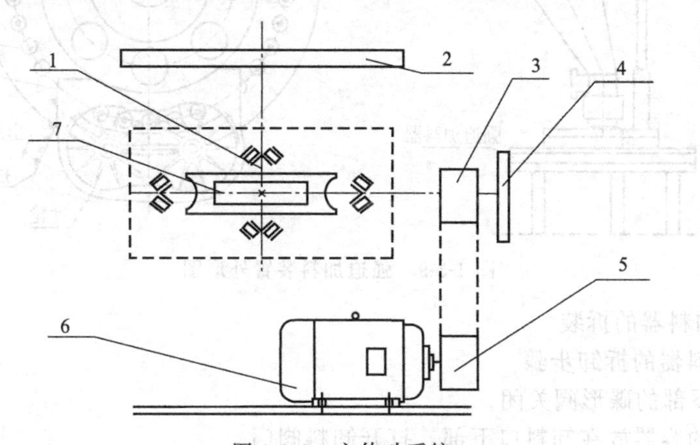

图 1-3-8　主传动系统

1—主轴；2—冲盘组合；3—大皮带轮；4—手轮；5—小皮带轮；6—电动机；7—蜗轮副

主传动系统主要包括大功率交流电动机、变频器、大皮带轮、同步齿形带、小皮带轮、手轮、蜗轮蜗杆减速器、主轴等部件。

变频调速器本身具有智能控制，电气系统控制充分发挥变频器的功能，实现了转盘的不过载平稳启动、停止、过载保护、故障报警、故障停机、速度和电流显示。通过输出参数可对执行元件进行实时监测，一旦出现异常，保护功能动作，变频器停止输出，同时显示故障代码，指示故障原因，进一步保证了电机安全可靠的工作。

主电机的输出轴通过平键直接与小皮带轮相连，小皮带轮通过一条齿形带将动力传到大皮带轮上，大带轮与蜗轮减速器的蜗杆相连。大皮带轮带动蜗杆旋转，蜗杆带动蜗轮旋转。蜗轮直接安装在主轴上，主轴通过胀圈与冲盘相连，带动冲盘转动。蜗杆的端部装有一个手轮，在非启动状态下，转动手轮可使冲盘转动，该手轮一般在更换冲模或维修机器时使用。采用同步齿形带，降低了设备噪声。设有皮带张紧机构，减少了皮带的滑移率。

5. 强迫加料装置

（1）给料装置的组成　给料装置如图 1-3-9 所示，主要由加料电机、加料涡轮减速器、万向联轴器、强迫加料器、料桶、送料入口调节器、连接管、加料平台、平台调整机构组成。

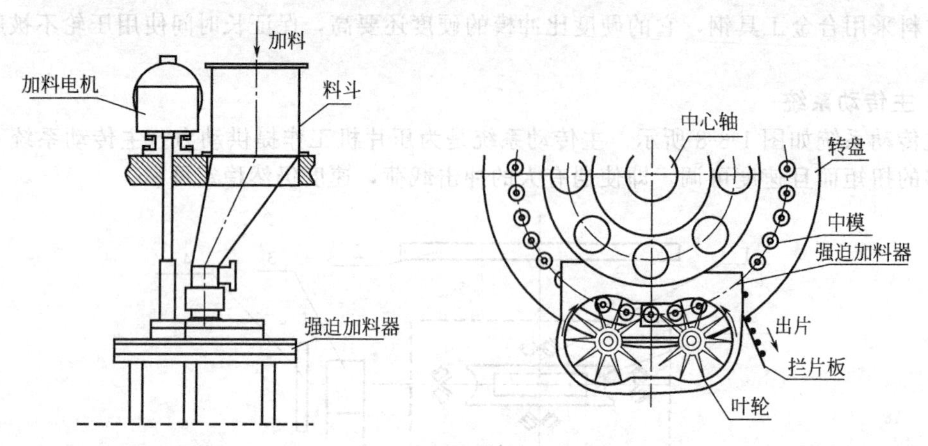

图 1-3-9　强迫加料装置外形图

（2）强迫加料器的拆装

① 强迫加料器的拆卸步骤

a. 将料桶下部的碟形阀关闭。

b. 将洁净的容器放在卸料口下部，打开卸料阀门。

c. 按下强迫加料按钮，将加料器内部的物料排空。

d. 将联轴器的外套向上提起，然后沿键槽方向推出，使其与加料器脱开。

e. 将料桶下部的连接管向上提起，使之与加料器分离。

f. 松开加料器两侧的碟形锁紧螺母，将压紧手柄向两侧分开。

g. 将加料器水平拉出。

② 强迫加料器的安装步骤　与上述步骤相反。

③ 加料器的维护　要定期检查加料器底部铜垫和收料刮板的磨损情况，如有轻微划伤，可用水砂纸抛光；如严重磨损，则必须更换。

④ 加料平台的校准　在机器运行期间加料器与冲盘的间隙校准到 0.05mm，由于长期工作造成间隙过大，可以重新调整、校准。

6. 出料装置

出料装置包括导向器和出片槽体。

（1）导向器　功能是将出模的药片导向出料装置，将冲盘上的药粉导入到加料器当中。

导向器由固定架和出片杆组成。为达到最佳出片效果，出片杆的开始段曲线与中模内孔边应相吻合。正确安装好出片杆的位置，在药片沿出片杆出片时，能避免不规则的跳动。否则，需慢慢地移动出片杆找出准确的位置。

(2) 出片槽　有一个铝托架通过两个弹性锁紧帽固定在机身上。一块长方形有机玻璃覆盖在出片槽上，以防止药片弹出，同时，也防止粉尘和灰尘的侵入。

出片槽有两条通道：一条合格片通道；一条不合格片或废片通道。两条通道的工作状态由一个装在出片槽上的电机控制，它带动了一扇门的开关。机器刚开始工作时，废片通道被打开。达到所要求的冲盘速度，废品通道马上关闭，并打开合格片通道。在停机或紧急停车时，合格片通道便立即关闭，废片通道被打开。

出片槽要拆下时，先从插座上将电机的插头拔出，然后将出片槽拆下。

清洁出片槽时，只要松开上部的滚花螺母即可将有机玻璃罩打开清洗。

7. 单片剔废系统

单片剔废系统如图 1-3-10 所示。单片剔废系统由出料挡杆、吹气嘴、剔废气阀和气路系统组成。单片剔废气路系统的压缩空气由外接的压缩空气气源提供，剔废气阀由高速压片机控制系统控制。

当控制系统检测到某个冲头上压制的药片不合格时，在废片将要经过出料杆上的吹气嘴时，控制系统根据操作者预先设置的延时时间和脉冲宽度，以及压片机的旋转速度等参数经过计算后，向单片剔废系统发出一个剔废脉冲信号，剔废气阀打开一段时间，压缩空气通过气路系统由吹气嘴喷出，将不合格药片吹入出片槽的废品通道，剔废气阀关闭，完成一个剔废动作。

8. 润滑系统

如图 1-3-11 所示。设备配备了新型的间歇式微小流量自动压力稀油润滑系统和手动干油润滑系统。

(1) 稀油润滑系统　包括电动润滑泵、滤油器、多通道分油块、定量注油器、管接头和润滑油管等。其润滑点为上导轨盘，上冲头，下冲头，主预压轮，填充装置，下预压轮。

电动润滑泵设定为冲盘旋转每 200 圈工作一次，在此期间，电动泵把油送到泵内计量阀，阀内建立约 2.5MPa 的压力，由此将阀内的油定量的供给到各个润滑点上去，每当润滑进行时，润滑泵上的指示灯会点亮。

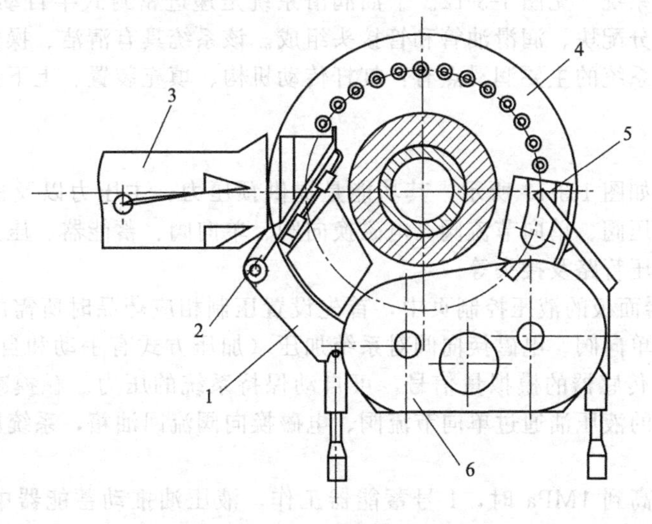

图 1-3-10　单片剔废系统

1—转板；2—单片剔废机构；3—出料装置；4—冲盘；5—粉料刮板；6—加料器

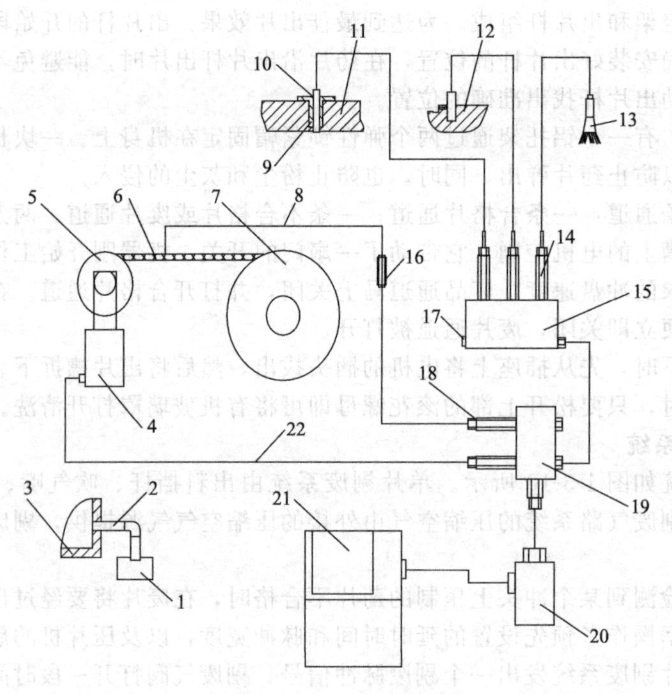

图 1-3-11　润滑系统

1—储油盒；2—排油管；3—座体；4—预压油缸；5—小压轮；6—齿形带；7—大压轮；8—铜管；9—双锥卡套；10—油管接头；11—上导轨连接盘；12—上导轨盘；13—油刷；14—容积式定量注油器；15—五通分油块；16—管路接头；17—油塞；18—容积式定量注油器；19—六通分油块；20—滤油器；21—电动润滑泵；22—尼龙管

机器刚启动时或在一段较长时间的停机后，需要增加润滑次数，此时可通过按动润滑泵上的按钮驱动润滑系统，每按动一次润滑泵注油一次。

间歇式微小流量定量自动压力润滑系统，配以高精度微量分配阀及中心润滑泵，既保证了冲杆、导轨的充分润滑，又解决了甩油污染问题。润滑泵内装有液面传感器，当液面低到一定程度，发出信号显示“润滑油位过低”。

(2) 干油润滑系统　见图 1-3-12。干油润滑系统是递进密封式半自动中心脂润滑系统，它由手动泵、递进分配块、润滑油管和管接头组成。该系统具有清洁、操作方便、润滑可靠等特点。干油润滑系统的主要润滑点有：杠杆传动机构、填充装置、上下偏心轮轴承和预压油缸供油。

9. 液压系统

液压系统原理如图 1-3-13 所示。其功能是提供预压力、主压力以及进行安全保护。它包括液压泵站、限压阀、单向节流阀、电磁换向阀、单向阀、蓄能器、压力传感器、预压油缸、主压油缸和液压管路及接头等。

在 PLC 控制器面板的液压控制页中，首先设置压制相应药品时所需的压力。触摸增压按钮，液压泵通过单向阀、电磁换向阀对系统加压（加压方式有手动和自动）。在自动状态时，PLC 通过压力传感器的模拟量信号，可自动保持系统的压力。触摸减压按钮，电磁换向阀接通，系统中的液压油通过单向节流阀、电磁换向阀流回油箱，系统压力降低（泄压应在手动状态进行）。

当系统压力升高到 1MPa 时，1 号蓄能器工作，液压油推动蓄能器中的隔膜进入蓄能器。当系统压力升高到 2.5MPa 时，2 号蓄能器工作。系统控制着限定制造特定药片所允许的最大压力水平的安全过载机构。

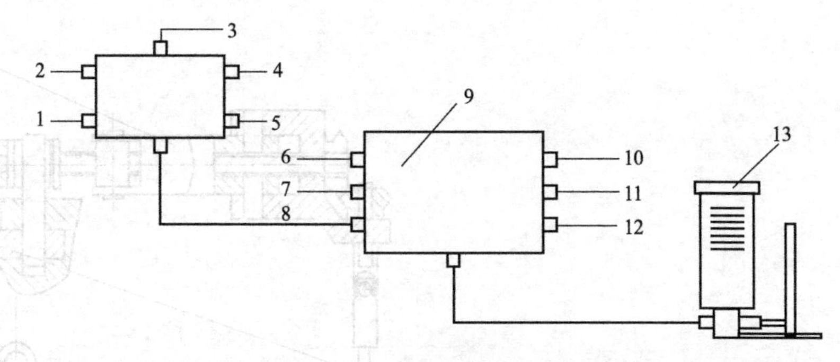

图 1-3-12　干油润滑系统

1—填充右侧弹簧；2—填充结构；3—填充左侧弹簧；4—主压丝杠；5—平移丝杠；6—下偏心轮；7—下偏心轮轴承；8—至五通分配器；9—递进式分配块；10—上预压轮；11—上偏心轮内轴承；12—上偏心轮外轴承；13—手动干油泵

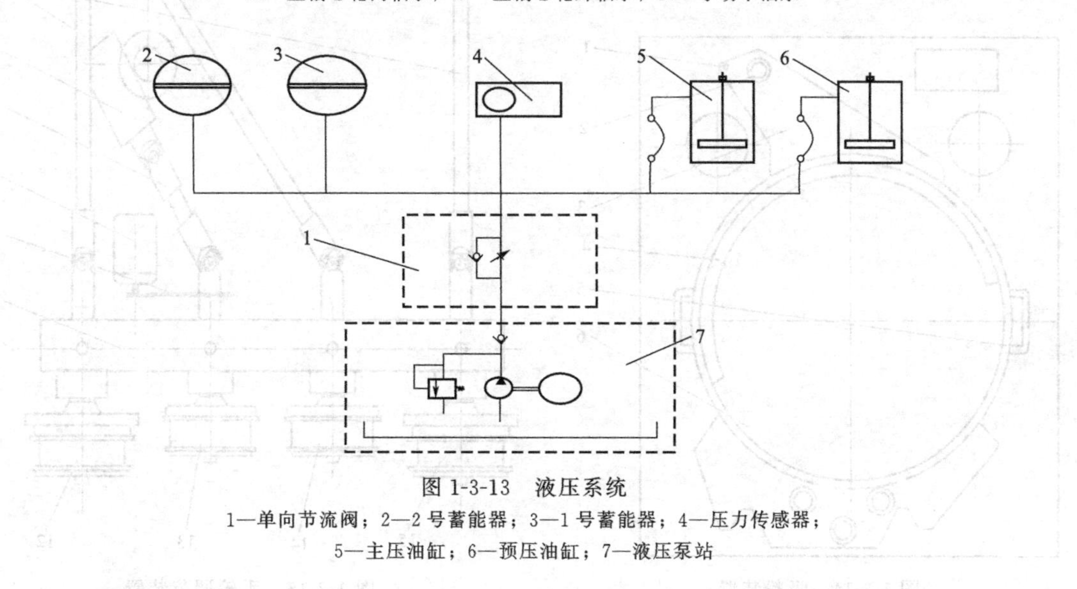

图 1-3-13　液压系统

1—单向节流阀；2—2 号蓄能器；3—1 号蓄能器；4—压力传感器；5—主压油缸；6—预压油缸；7—液压泵站

10. 吸粉装置

为了除去聚集在压片室的粉尘，设备配有一种专门设计的环形吸尘装置来清除冲盘和冲杆的粉尘。吸粉装置结构如图 1-3-14。

机器的真空源与吸尘围板相连。吸尘装置参数为：风压 880Pa，风量 $700m^3/h$。

11. 手轮调节装置

手轮调节装置如图 1-3-15 所示。压片机操作台上从左到右依次装有预压手轮、填充手轮、片厚手轮、平移手轮。

预压手轮用来调整上下预压轮之间的间距，从而调整操作中的预压力。

填充手轮用来调整填充深度即填充量，该手轮通过链轮与控制电柜相连，这样电脑控制器就可通过控制电机操纵填充手轮来调整填充量。

片厚手轮又称压力手轮，用来调整上下主压轮间的距离，从而调节施于片剂上的压力。

平移手轮用来调整上下冲头在冲模中压片成型的位置，从而延长冲模的使用寿命。

二、设备调整及控制

(一) 填充调整

用填充调节手轮能调整装填深度，标尺的刻度可以精确到 0.01mm。可根据填充深度的

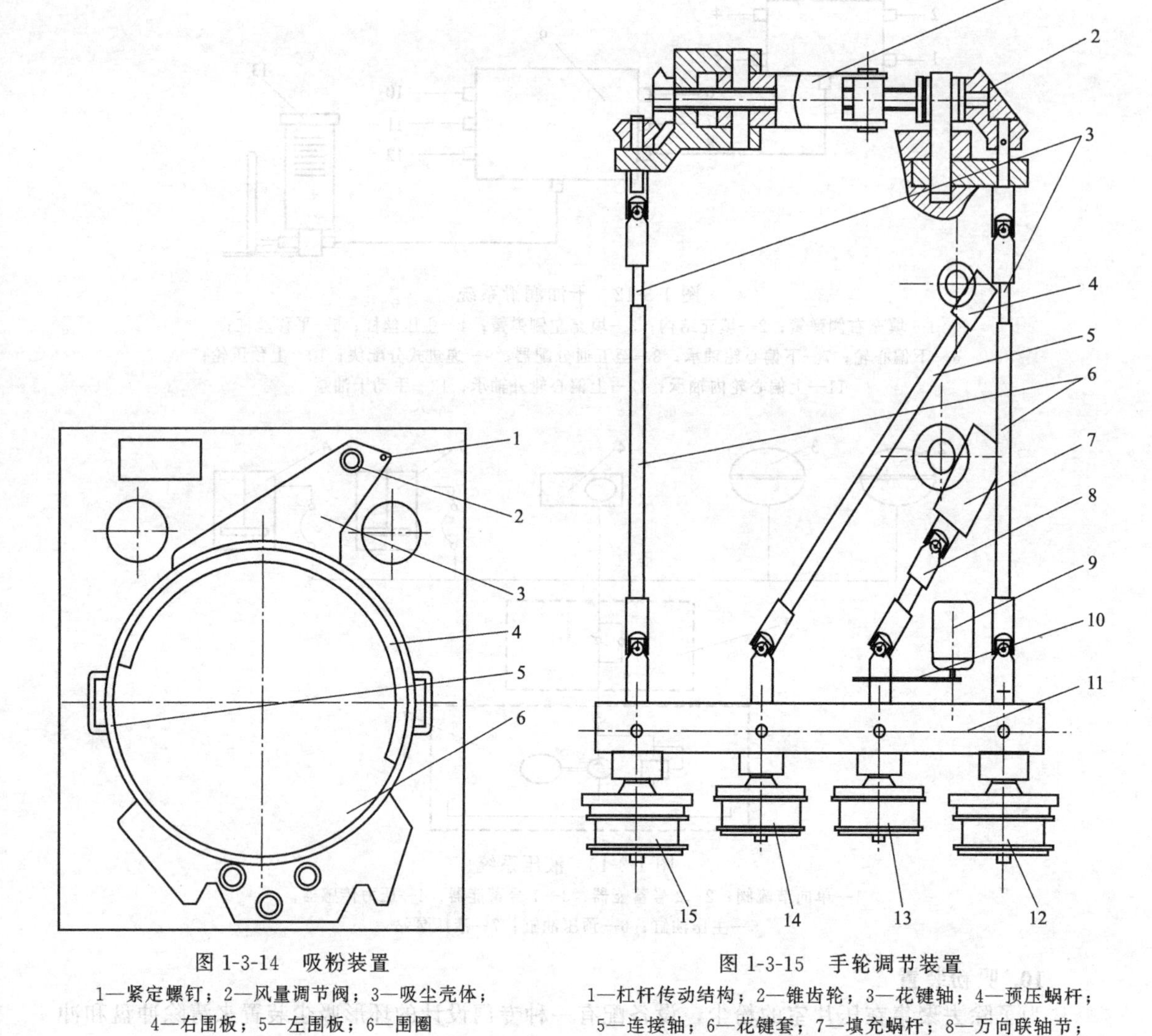

图 1-3-14　吸粉装置

1—紧定螺钉；2—风量调节阀；3—吸尘壳体；4—右围板；5—左围板；6—围圈

图 1-3-15　手轮调节装置

1—杠杆传动结构；2—锥齿轮；3—花键轴；4—预压蜗杆；5—连接轴；6—花键套；7—填充蜗杆；8—万向联轴节；9—同步电机；10—传动链条；11—前框架；12—平移手轮；13—填充手轮；14—预压手轮；15—片厚手轮

平均值选择下导轨凸轮（0～8mm、4～12mm、8～16mm，GZPJ26 型多加一个 12～20mm 规格），平均值应最接近要求的填充值，所需要的填充值可根据药片的重量、直径查得。逆时针转动时填充量增加。

（二）主压力与药片厚度调整

机器的主压力的调节及预压力和压力过载保护是通过液压装置来实现的，利用操作面板上的按钮开关来实现加、减压，其主压力允许值取决于冲头、冲模的形状和尺寸。

压片过程中的实际压力用药片厚度手轮调定，顺时针转动是增加片厚（主压片力减小），反之是减小片厚（主压片力加大）。冲头顶部之间的距离指示在圆柱形刻度盘上，精度为 0.01mm。

（三）预压力调整

预压力系统的作用是排除冲模中填充的空气，缩短主挤压过程，使机器的工作效率明显提高。为达到此目的，预压力不宜过高，否则机身会产生很大的噪声和磨损。预压力是通过控制台的预压调节手轮来调整的，顺时针方向转动为加压。

(四) 上冲到冲模的进入量调节

上冲头到冲模的进入量可以用控制柜台右边的平移手轮调节，并保持药片的厚度不变。为了保证压片质量，使填入物料受压均匀，延长冲模的寿命，需选择合适的进模深度。

(五) 冲盘转速控制

冲盘转速的调节可以在操作面板上进行，按“升速”、“降速”键可对冲盘进行无级调速，这个速度在操作面板上以主轴转速（r/min）和产量（t/h）表示。

三、操作

(一) 开机前工作

1. 设备主要部件的安装

(1) 中模安装　如图 1-3-16 所示，掀起上导轨盘缺口处嵌舌，取下上冲盖板。将转台圆周中模紧固螺钉旋出部分（勿使中模与螺钉头部相碰），放平中模，用中模打棒（随机工具）由上冲孔穿入向下轻敲中模，使中模垂直进入中模孔，再用六角扳手将螺钉紧固。（注意：中模进入模孔，不可高出转台工作面。）

(2) 上冲安装　将上导轨盘缺口处嵌舌掀起，将上冲插入模圈内，用大拇指和食指旋转冲杆，检验头部进入中模后转动是否灵活，上下升降无硬摩擦为合格，全部装妥后，将嵌舌扳下。

(3) 下冲安装　取下主体平面上的圆孔盖板，通过圆孔将下冲杆装好，检验方法如上冲杆（每只下冲杆都设置有磁性阻尼销，防止下冲自由下落和跳动），装好后将圆孔盖好。

(4) 装刮粉器　刮粉器装于模圈转盘平面上，用螺钉固定。安装时应注意它与模圈转盘的松紧应适当，太松易漏粉，太紧易与转盘产生摩擦，导致颗粒内有黑色的金属屑，造成片剂污染。

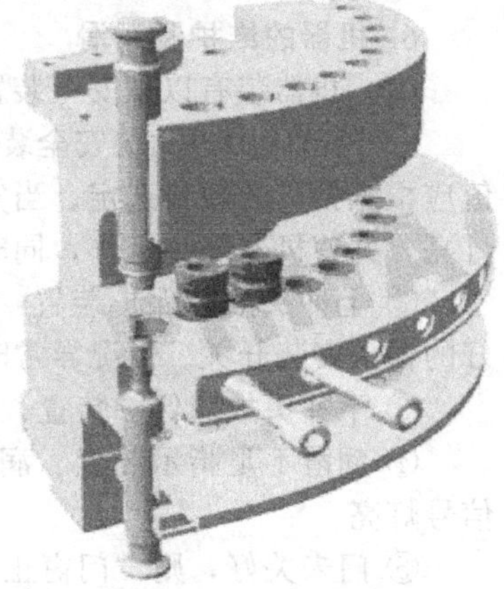

图 1-3-16　中模安装圈

(5) 装加料斗　加料斗高低会影响颗粒流速，安装时注意高度适宜，控制颗粒流出量与填充的速度相同为宜。全套装毕，将拆下的零件按原位安装好。检查储油罐液位是否适中，上下压轮是否已加黄油。

(6) 检查机器零件安装是否妥当，机器上有无工具及其他物品，所有防护、保护装置是否安装好。

(7) 安装完毕，用手转动手轮，使转台旋转 1～2 圈，观察上下冲进入模圈孔及在导轨上的运行情况，应灵活，无碰撞干涉现象即可。

2. 启动

(1) 接通主电源开关，打开安全锁，系统给电，PLC 控制器的显示器进入控制主页。

(2) 触摸机器参数按钮，检查机器各分系统是否正常，并调整好各分系统工作参数。

3. 压片前调节药片重量或者药片厚度

(1) 根据冲头的直径和形状调定压力。

(2) 装料后按下加料键，让加料器空转 1min 左右，使药粉充满加料器。

(3) 将装料刻度盘置于药片尺寸对应的适当装填量。

(4) 调节预压力　调节上预压力轮调节螺母使其刚刚接上冲头。启动机器，在工作状态下，顺时针转动预压手轮，使上预压力轮从转动到刚刚停转为止。再逆时针转动预压手轮，使上预压力轮从不转到刚刚转动为止。若压制药片的厚度相同，只需调整一次即可。

（5）药片厚度调节　调整药片厚度手轮，使其值大于查表值。启动机器，正常运转后，逐渐减少手轮调整的数值，直到达到要求的药片厚度为止。在基本调整好后，可取样测量，如果不符合要求，可适当调节药片厚度手轮和填充量，直到药片重量符合要求为止。

（6）启动主机　机器开始连续工作。机器在不工作时，应将药片厚度调节轮按顺时针方向旋转半圈，避免上下冲头在某些位置处于受压状态，以便于再次工作时启动。

4. PLC 控制器的使用

PLC 控制器的使用要按照其控制系统的要求进行。

5. 下导轨凸轮的选择

（1）不同填充范围导轨的选择　在多数情况下，可使用填充范围为 4～12mm 的导轨；对于特别薄的药片，可使用 0～8mm 的导轨；对于较大的药片导轨，选用 8～16mm 规格（GPZT26 型另加一个 12～20mm 规格的导轨）。

（2）导轨的拆卸与安装　导轨按下列步骤拆卸：

① 取走下冲头；

② 松开导轨扣紧螺钉，拉出两个定位销钉；

③ 旋转垫板 90°并朝前、向外推导轨。

安装新的导轨时，按以上相反步骤拆卸。

6. 机器的维护及润滑

（1）机器装有以下安全装置：

① 预防压力过大的安全装置　压力表指示值不能超过某一规定的极限值，其压力极限值应根据模具的规格选定。当实际工作压力超过极限值时，控制台上红色“过载保护”指示灯亮，并使机器停止工作，同时蜂鸣器报警，从而保护模具不被损坏。

② 上冲头故障保护装置　在上冲头通道上安装有保护限位开关和上冲头挡块是否安装好的保护安装开关。情况异常时保护装置可以使机器自动停止运行。

③ 下冲头故障保护装置　与上冲头故障保护装置相同。

④ 润滑不足指示装置　润滑泵油箱中装有液面开关，当液面低到一定程度时“润滑足”信号灯亮。

⑤ 门未关好，则“门窗正常”灯不亮，机器不能启动。

（2）维护和润滑

① 涡轮减速器的维护　涡轮减速器安装在空气循环冷却的环境中。冷空气由一组风扇吸进，热空气通过机器内部的正压排出机外。吸气和排气口在机器的后门上，一定要保证空气流通顺畅。涡轮减速器的油面应定期检查。每工作 400～500h 应换油。

② 皮带拉力调节　通过移动主电机调整板来保证主带轮与涡轮杆带轮在同一垂直平面内。皮带可在自由移动段的中点左右 1～2cm 之间移动。同步带拉力可通过移动主电机底座来调整，保证同步带中部偏摆量为 10～20mm，调整好后，小心将螺钉拧紧。

③ 液压维护系统　要定期检查油面，油压最高时，液面不能低于 5cm，否则应加液压油。

④ 润滑系统

a. 机器配有自动、非循环润滑系统，此系统包括润滑油泵、分配系统（管道与分配阀），称为中心润滑系统。机器的润滑由中心润滑系统来完成，润滑后的废油通过排油口流到废油箱里，废油箱要定期清理。中心润滑系统，可通过 PLC 控制面板“润滑控制”页面调整润滑油的传送。一般设定为冲盘每旋转 200～300 圈（可调节）工作一次，工作时间为冲盘转动 2～3 圈的时间（可调节）。由于具有自动润滑系统，故机器在运转中不需要特殊加油维护，而如果“润滑不足”指示灯亮时，则需要向润滑油泵加 30 号机油进行润滑。

b. 干油润滑系统为手动给油系统，每班工作前用手动泵推 1～2 次。润滑脂的牌号为：00 号氮化硼润滑脂。

c. 主轴轴承的润滑：打开左门，在座体的油池边有一个注压式油杯，每工作 200h 要注油，润滑油为钾基润滑脂。

⑤ 给料装置的维护

a. 预先填充和排空　将“给料装置”按钮按下，则可以进行预先填充，拉出给料装置下边的滑板就能把给料装置内药粉排空。

b. 给料装置平台的校准　在机器运行期间加料器与冲盘的间隙校准到 0.05mm，由于长期工作造成正常的磨损和裂缝或受料颗粒的阻碍，导致间隙不精确，需要重新用塞尺测量。调整的方法是使塞尺能够在加料器底盘和转盘之间移动，且阻力较小。

c. 给料装置平台调整步骤　拧松调平支脚上小螺钉，下放套环；拧松调平支脚上的防松大螺钉，然后旋转缺口螺栓，调整平台高度；拧紧防松螺钉后，应从加料器底盘铜衬底的多个位置再检查一下间隙；调整完毕使套环复位。

7. 注意事项

（1）冲模需要经严格探伤、化验和外形检查，须无裂缝，无变形缺边和拉毛等现象，硬度适宜，尺寸准确，检查不合格的切勿使用，以免给机器带来严重损伤。

（2）机器设备上不可拆的机件，不可随意拆卸。

（3）加料器与转盘工作台面须保持一定间隙。间隙过大会造成漏粉，过小会使加料器与转盘工作台面摩擦，从而产生金属粉末混入药粉中，使压出片剂不符合质量要求而成为废片。

（4）细粉多的原料和不干燥的原料不要使用。细粉多会使上冲飞粉多，下冲漏料多，机件容易磨损和造成原料损耗。不干燥的物料在操作过程中容易粘冲。

（5）启动前检查确认各部件完整可靠，故障指示灯处于不亮状态。

（6）机器试运转，最初 30h 内，机器工作应在最大容量的 70% 以下。

（7）速度的选择对机器的使用寿命有直接的影响，由于存在原料的性质、黏度及片径和压力大小等差异，在使用上不能作统一规定，因此，使用者必须根据实际情况而定。一般来说，压制直径大、压力大、异型片、双层片、难成形的颗粒的片剂速度宜低一点，反之速度则可高一些。

（8）开机运行时，必须先开吸尘器。

（9）使用中如果发现机器振动、异常或发出不正常的声音，应立即停车，检查。

（10）发现自动停车警报立即关闭电源，仔细检查，可能现场的工作压力已超过设定的工作压力。

（11）运转中如遇跳片、叠片或阻片，切莫用手拨动，以免造成伤害事故，应停车检查。

（12）生产将结束时，注意物料余量，接近无料应及时降低车速或停车，不得空车运转，否则易损坏模具。

（13）关玻璃门时要特别小心，由于支撑玻璃门的气弹簧力量很大，关玻璃门时应用力拉住门把，轻轻将门关上，否则容易损坏玻璃。

（14）为了操作者的安全，安装机器入位后在与电源接通前应接上接地线，以保证绝对安全。

（15）为了操作人员和机器的安全，不要乱动安全设备。

（二）开机后工作

1. 检查设备是否清洁，清洁标识牌完好。

2. 合上操作台左侧的电源开关，面板电源指示灯点亮，压力/转速显示仪显示压片支承力，转速显示“0”，其余元件无指示。

3. 将物料用真空上料机装入压片机的料斗内。

4. 按动增压按钮，观察、调整液压泵电机转向，然后将显示压力调整至所需压力。

5. 将电器箱右侧紧停开关置于“按下”状态，指示灯亮，此时主电动机电磁抢闸机构处于“脱开”位置，操作者可进行手动操作，完成装拆冲模调整工作。

6. 当压片机一切准备工作就绪，即可进行正常运行。首先将紧急停车开关置于正常位置，按下电机开关键，电机即通电运转，转动电位器，压力/转速显示仪显示转台转速。在转台运行过程中，调节电位器，可对机器进行无级调整。

7. 开车后要经常核对片重，观察电脑显示的压力值和偏差值及计量自动调节的行程，与片剂硬度、重量的关系，以及自动润滑、自动剔废功能是否正常。料桶内物料不得少于1/3。

8. 经常检查机器运转情况，有无杂音，零部件有无松动及温升情况。机器正常运转中，不得抹、擦运转部位。

9. 当需停机时，按下面板上的停止按钮，机器做正常停车。按面板启动按钮，机器重新投入运行。当发生紧急情况时，按下操作台外侧的急停按钮，机器即迅速停机，同时操作台面板紧急停车指示灯点亮。

停车时，压力减小，车速减为最低后方可停车。正常生产过程中的突然停车，必须找出原因后，方可继续开车。

10. 压片完成后，关掉电源，按“高速旋转压片机清洁规程”清洁、消毒设备。

11. 填写“设备运行记录”。

（三）全自动高速压片机（GZPJ型40冲）操作要点

1. 调节操作

（1）主压手轮（左减右加） 用来调节上、下主压轮间的距离，从而调节施于片剂的压力。

（2）预压手轮（左减右加） 用来调整上、下预压轮之间的间距，从而调节预压力。

（3）填充手轮（左加右减） 用来调整填充深度，即调整充填量。

（4）平移手轮 用来调整上、下冲头在冲模中压片成型的位置，从而可以保护中模，延长中模寿命。

2. 设备手动操作步骤

打开总电源→打开机器电源→打开吸尘器→点击“设备测试”→从上往下检查是否正常→点击“菜单”→点击“生产状态”→输入密码→点击“进入”→点击“控制面板”→点击“上料、振打”→关控制面板→点击“主机点动”（检查机器是否正常），取10粒药片用天平称取重量，检查药片重量、硬度是否合格→点击“主机启动”→开筛片机→每隔15min检查药片的重量、硬度、压力是否合格$\xrightarrow{\text{停机前}}$点击“主机降速”→点击“主机停止”→点击“菜单”→点击“初始画面”→关筛片机→关吸尘器→关机器电源→关总电源

3. 操作要点

（1）压片调试时，片厚应由大到小，充填量应由小到大，转速应由小到大，逐步调整。压制直径大，压力大的片剂，转台转速应慢一些；反之，可快一些。

（2）随时加料，使压片机加料斗内颗粒应不少于体积的1/3，压出的基片立即过筛，严禁基片及颗粒落地。

（3）压片过程中及时调整片重在规定范围内，若发现特殊情况（如异常响动，振动，转台表面、片剂表面发黑等），均应停车检查，调整至无问题后方可重新压片。

（4）压片过程中应注意监测基片的硬度、外观、脆碎度。

(5) 加料器底面应与转台平面距离精确，如高则产生漏粉。

(6) 每班压片人员在下班之前都要把本班所用完的物料桶送至清洗室清洗干净。

(7) 每班压片人员在机器运行过程中，必须最少润滑一次机器。

(8) 二人同在操作室内，开、停车要相互打招呼。压片机装拆冲头不得开车进行，必须用手盘车。压片机运转时，转动部位不得将手及其他工具伸入，以免发生事故。机器上应无工具、无用具。

(9) 新购进的模具使用前必须用游标卡尺进行检查，允许误差为0.10mm。

(10) 模具应由模具管理员定期校正尺寸，操作人员安装前须经模具管理员确认无误方可安装。

(11) 调整刮料器时必须先卸下加料斗，然后调试。

(四) 旋转压片机安全操作注意事项

1. 启动前检查确认各部件完整可靠，故障指示灯处于不亮状态。

2. 检查各润滑点润滑油是否充足，压轮是否运转自如。

3. 观察冲模是否上下运动灵活，与轨道配合良好。

4. 启动主机时确认调速钮处于零。

5. 安装加料斗注意高度，必要时使用塞规，以保证安装精度。间隙过大会造成漏粉，过小会使加料器与转盘工作台面摩擦，从而产生金属粉末混入药粉中，使压出片剂不符合质量要求而成为废片。

6. 机器运转时操作人员不得离开，经常检查设备运转情况，发现异常及时停车检查。

7. 生产将结束时，注意物料余量，接近无料应及时降低车速或停车，不得空车运转，否则易损坏模具。

8. 拆卸模具时关闭总电源，并且只能一人操作，防止发生危险。

9. 紧急情况下按下急停按钮停机，机器故障灯亮时机器自动停下，检查故障并加以排除。

10. 新机器处于磨合期，一般车速控制24r/min以下，运转3～4个月后再提高车速，最高不超过32r/min。

四、维护与保养

1. 将压片机拆卸后，清洁加料器、布粉器，清洁出片槽和起粉器，清洁刮粉器，清洁排粉罩。

2. 清洁上冲杆及存油圈，清洁下冲杆，涂抹防锈油。

3. 清洁上、下导轨。

4. 用真空吸尘器处理掉压片机中余料和残渣。

5. 检查各部件有无泄漏、松动或损坏。

6. 按照设定的工作时间和休止时间周期润滑。

7. 定期检查机件，每月进行1～2次，检查项目为蜗轮蜗杆、轴承、压轮、曲轴、上下轨道等各活动部分是否转动灵活和其磨损情况，发现缺陷应及时修复。

8. 一次使用完毕或停工时，应取出剩余粉剂，刷清机器各部分的残留粉末，如停用时间较长，必须将冲模全部拆下，并将机器全部揩擦清洁，机件的光面涂上防锈油，用布蓬罩好。

9. 保养后认真填写“设备检修记录”。

五、常见故障及排除方法

常见故障及排除方法见表1-3-1。

表 1-3-1 常见故障发生原因及排除方法

故障现象	发生原因	排除方法
机器不能启动	故障灯亮表示有故障待处理	根据各灯显示故障分别给予维修
压力轮不转	1. 润滑不足 2. 轴承损坏	1. 加润滑油 2. 更换轴承
上冲或下冲过紧	上下冲头或冲模清洗不干净或冲头变形	拆下冲头清洁或换冲头冲模
机器震动过大或有异常声音	1. 车速过快 2. 冲头没装好 3. 塞冲 4. 压力过大,压力轮不转	1. 降低车速 2. 重新装冲 3. 清理冲头,加润滑油 4. 调低压力
强迫刮料器漏粉	1. 强迫刮料器底部磨损严重 2. 刮料器与转盘台面的间隙过大 3. 颗粒中细粉含量过高 4. 刮粉刀已磨损,没压实	1. 更换强迫加料器 2. 重新调试刮料器与转盘台面间距 3. 降低原料中细粉的含量 4. 更换刮粉刀

六、主要技术参数(GZP 26/32/40)

GZP 系列全自动高速压片机常见机型的主要技术参数见表 1-3-2。

表 1-3-2 常见机型的主要技术参数

参数	型号		
	GZP26	GZP32	GZP40
冲头数	26	32	40
冲具类型(IPT)	D	B	BB
产量范围/(片/h)	34000～171600	42000～211200	52000～264000
转速范围/(r/min)	22～110		
最大主压制力	100kN		
最大预压制力	16kN		
最大填充深度	20mm	16mm	16mm
片剂厚度范围	0.5～9mm		
最大压片直径	Φ25mm	Φ16mm	Φ13mm
最大异形长轴尺寸	＜25mm	＜19mm	＜16mm
中模直径	Φ38.10mm	Φ38.18mm	Φ24.00mm
冲杆直径	Φ25.35mm	Φ19.00mm	Φ19.00mm
冲杆长度	133.60mm		
工作噪声	≤70dB		
总功率	7.5kW,380V,50Hz,三相五线制		
设备外形尺寸	820mm×1100mm×1750mm		
设备净重	1800kg		

七、基础知识

片剂的制备方法常用的有制颗粒压片和粉末直接压片。制颗粒压片又分为湿法制颗粒压片和干法制颗粒压片。

1. 湿法制颗粒压片法

湿法制颗粒压片法是将药物和辅料粉末混合均匀后，加入液体黏合剂或湿润剂制备颗粒，将颗粒干燥后压片的方法。

本法压片具有外形美观、流动性好、耐磨性强、压缩成型性好等优点，是医药工业中应用最为广泛的方法，主要适用于遇湿热稳定的药物。但对于热敏性、湿敏性、极易溶性物料等，可采用其他方法制粒。

2. 干法制颗粒压片法

干法制颗粒压片法是将药物和辅料粉末混合均匀后，不用液体湿润剂或黏合剂制备颗粒而进行压片的方法。

干法制粒的优点是物料未经湿、热处理，可缩短工时，且能提高对湿、热敏感药物产品的质量；不用或仅用少量干燥黏合剂，辅料用量较湿法制颗粒大大减少，节省辅料和成本。干法制粒的目的是增加流动性、可压性，防止分层和粉尘。

湿法制粒为常规制粒工艺，但对湿、热不稳定药物宜采用干法制粒。

3. 粉末直接压片法

粉末直接压片法是不经过制粒过程，直接将粉末状药物与适宜辅料混合均匀后进行压片的方法。

原料主要有粉末、结晶、预制颗粒。该压片法要求原料辅料晶型好，方晶，柱晶，球晶均可。但片晶、针晶的压片效果不理想。

本法无需制颗粒，不仅缩短了工艺过程，简化了设备，降低了生产成本，而且无湿热过程，提高了药物的稳定性，更利于药物的溶出，提高疗效。但本法粉末流动性差，易导致片重差异大或造成裂片等不足。

4. 质量判断

(1) 外观　应完整光洁、色泽均匀。

(2) 片重差异　片重差异不合格导致每片中主药含量不一，对治疗可能产生不利影响。

(3) 硬度和脆碎度　用脆碎度仪检查，鼓以 25 转/min 的速度转动，基片在旋转鼓中转 100 次（一般 4min）后，检查片剂的破碎情况。基片减失的重量不得超过 1%，且不得检出裂片及碎片。如减失的重量超过 1%，复检两次，三次的平均减失重量不得超过 1%。

(4) 崩解时限测定　崩解时限系指内服固体制剂在规定的条件下，在规定的介质中崩解或溶散成碎粒，除不溶性包衣材料外，全部通过直径 2.0mm 筛网的时间。

(5) 片剂的溶出度测定　溶出度是指药物从片剂或胶囊剂等固体制剂在规定的溶出介质中溶出的速度和程度，是一种模拟口服固体制剂在胃肠道中的崩解和溶出的体外试验方法。它是评价药物制剂质量的一个重要指标。

5. 常见问题及处理方法

(1) 裂片　片剂发生裂开的现象叫做裂片，如果裂开的位置发生在药片的上部或中部，称为“顶裂”。产生的主要原因有选择黏合剂不当，细粉过多，压力过大和冲头与模圈不符等，故应及早发现，及时处理解决。

(2) 松片　片剂硬度不够，受振动即散碎的现象称为松片。主要原因是黏合力差、压力不足等，一般需采用调整压力或添加黏合剂等方法来解决。

(3) 粘冲　片剂的表面被冲头粘去一薄层或一小部分，造成片面粗糙不平或有凹痕的现象称为粘冲；若片剂的边缘粗糙或有缺痕，则可相应称为粘壁。造成粘冲或粘壁的主要原因是颗粒不够干燥，物料较易吸湿，润滑剂选用不当或用量不足，冲头表面锈蚀、粗糙不光滑或刻字等，应根据实际情况查找原因予以解决。

(4) 片重差异超限　系指片重差异超过药典规定的要求。其原因主要有颗粒大小不匀、下冲升降不灵活、加料斗装量时多时少等，需及时处理解决。

(5) 崩解迟缓　一般的口服片剂都应在胃肠道内迅速崩解。若片剂超过了规定的崩解时限，称为崩解超限或崩解迟缓。产生的主要原因有崩解剂用量不足、润滑剂用量过多、黏合剂的黏性太强、压力过大和片剂的硬度过大等，需针对原因处理。

(6) 溶出超限　片剂在规定的时间内未能溶解出规定量的药物，称为溶出超限。影响药物溶出度的主要原因有片剂不崩解、药物的溶解度差、崩解剂用量不足、润滑剂用量过多、黏合剂的黏性太强、压力过大和片剂的硬度过大等，应根据情况予以解决。

(7) 片剂中的药物含量不均匀　所有造成片重差异过大的因素，皆可造成片剂中药物含量不均匀。对于小剂量的药物来说，除了混合不均匀以外，可溶性成分在颗粒之间的迁移是其均匀度不合格的一个重要原因，在干燥的过程应尽可能防止可溶性成分的迁移。

(8) 变色和色斑　系指片剂表面的颜色变化或出现色泽不一的斑点，导致外观不合格。产生原因有颗粒过硬、混料不匀、接触金属离子、润滑油污染压片机等，需针对原因逐个处理解决。

(9) 叠片　系指两个片剂叠在一起的现象。其原因主要有出片调节器调节不当、上冲粘片、加料斗故障等，应立即停止生产检修，针对原因分别处理。

(10) 卷边　系指冲头与模圈碰撞，使冲头卷边，造成片剂表面出现半圆形的刻痕，需立即停车，更换冲头和重新调节机器。

(11) 引湿和受潮　中药片剂尤其是浸膏片剂在制备过程及压成片剂后，由于生产环境湿度大或包装不严容易引湿或黏结，甚至会霉坏变质。

八、压片工序操作考核标准

压片工序操作考核标准见表 1-3-3。

表 1-3-3　压片工序操作考核标准

考核内容	技能要求	分值	相关课程
压片前的准备	按要求更衣	5	固体制剂、制剂单元操作
	核对本次生产品种的品名、批号、规格、数量、质量，检查压片所用物料是否符合要求	5	
	检查压片工序的状态标志(包括设备是否完好、是否清洁消毒、操作间是否清场等)，将自动上料机的吸管放入盛有混合好物料的桶内，将装药片的桶准备好，要清洁无异味	5	
	按规定程序对压片设备进行润滑、消毒	5	
压片过程	开机试机：顺序打开总电源→打开压片机电源→开吸尘器→输入密码→点击进入→点主机检修→点附机控制→点上料→振打→点主机点动转 2 圈	20	
	试压：点主机启动，试压一定数量的片剂	10	
	检查片剂的片重差异、硬度等	5	

续表

考核内容	技能要求	分值	相关课程
压片过程	说出主压手轮（左减右加）、预压手轮、填充手柄（左加右减）、平移手轮的各自作用	5	
	说出在压片过程中按要求时间称量片重	5	
	关机顺序：点击主机降速→点主机停止→点击菜单→点击初始画面→关筛片机→关吸尘器→关机器电源→切断压片机的总电源	10	
	清理压片机上的余料	5	
压片后的清场	操作完毕将压好后的药片装入洁净的盛装容器内，容器内、外贴上标签，注明物料品名、规格、批号、数量、日期和操作者的姓名	5	
	将生产所剩的尾料收集，标明状态，交中间站	5	
	按清场程序和设备清洁规程清理工作现场	5	
	如实填写各种生产记录	5	
合计		100	

学生学习进度考核评定

一、学生学习进度考核题目

（一）问答题

1. 叙述 GZPJ 型高速旋转压片机组成。
2. 叙述 GZPJ 型高速旋转压片机操作过程。
3. 叙述 GZPJ 型高速旋转压片机维护过程。

（二）实际操作题

操作 GZPJ 型高速旋转压片机，并维护维修 GZPJ 型高速旋转压片机。

二、学生学习考核评定标准

编号	考核内容	分值	得分
1	认识片剂设备的结构和组成	30	
2	操作片剂设备	35	
3	维护片剂设备	35	
4	合计	100	

模块四　高效包衣机

片剂包衣是片剂生产的重要工序之一。该工序一般所用的设备有：滚转包衣法包衣设备、悬浮包衣法包衣设备、压制包衣法包衣设备。以下介绍目前国内企业常用设备的主要特点。

（1）普通包衣机　一般由荸荠形（图 1-4-1）或球形（莲蓬形）包衣锅、动力部分、加热器和鼓风装置等组成。包衣锅材料为紫铜、不锈钢等材质。包衣锅轴与水平成 30°～45°角，使药片在包衣锅转动时呈弧线运动，在锅口附近形成旋涡。包衣时，包衣材料直接从锅口喷到片剂上，用可调节温度的加热器对包衣锅加热，并用鼓风装置通风，使包衣液快速挥发。在锅口上方装有排风装置。另外，可在包衣锅内安装埋管，将包衣材料通过插入片床内埋管，从喷头直接喷在片剂上，同时干热空气从埋管吹出穿透整个片床，干燥速度快。

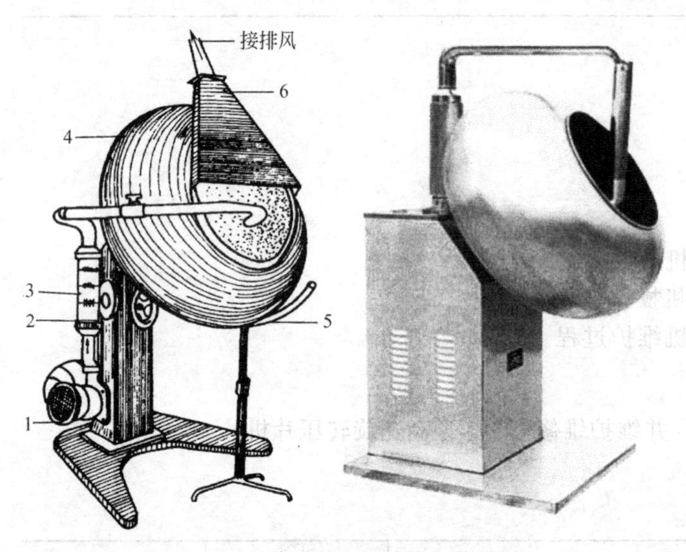

图 1-4-1　普通包衣锅结构和外形图
1—鼓风机；2—衣锅角度调节器；3—电加热器；
4—包衣锅；5—辅助加热器；6—吸粉罩

图 1-4-2　网孔式高效包衣机外形图

（2）网孔式高效包衣机（图 1-4-2 和图 1-4-3）　片芯在包衣机有网孔的旋转滚筒内，做复杂的运动。包衣介质由蠕动泵（或糖浆泵图 1-4-4）泵至喷枪（图 1-4-5），从喷枪喷到片芯，在排风和负压作用下，热风穿过片芯、底部筛孔，再从风门排出。使包衣介质在片芯表面快速干燥。工作原理见图 1-4-6，工艺流程配置图见 1-4-7。

（3）无孔式高效包衣机（图 1-4-8）　无孔高效包衣机的工作示意图见 1-4-9。片芯在包衣机无孔的旋转滚筒内，做复杂的运动，包衣介质从喷枪喷到片芯，热风由滚筒中心的气道分配器（图 1-4-10）导入，经扇形风桨（图 1-4-11）穿过片芯，在排风和负压作用下，从气道分配器另一侧风门抽走，使包衣介质在片芯表面快速干燥。图 1-4-12 和图 1-4-13 为新型无孔高效包衣机。

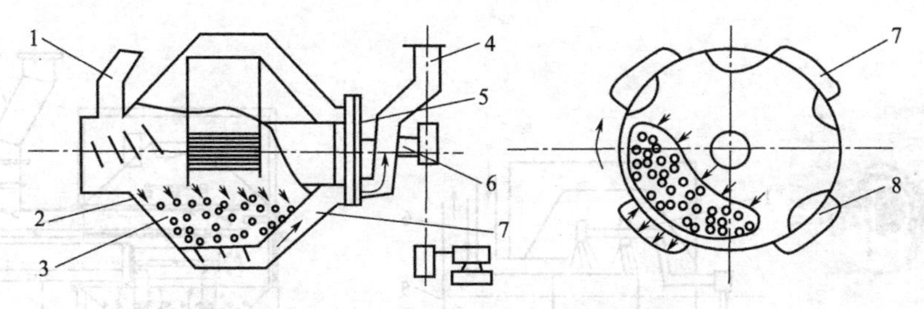

图 1-4-3　间隔网孔式高效包衣机简图

1—进风管；2—锅体；3—片芯；4—出风管；5—风门；6—旋转主轴；7—风管；8—网孔区

图 1-4-4　糖浆泵

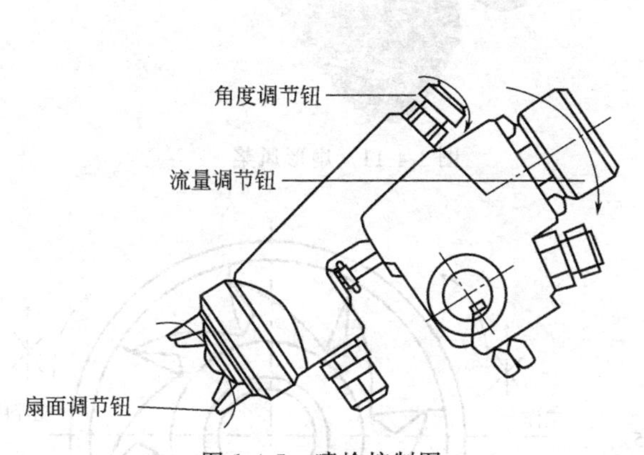

图 1-4-5　喷枪控制图

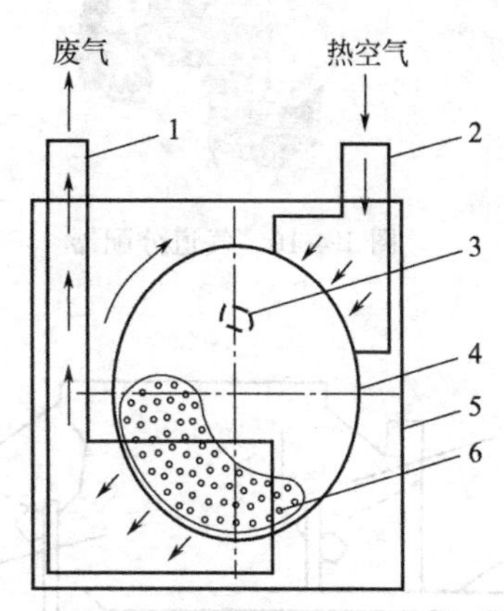

图 1-4-6　网孔高效包衣机工作原理图

1—排气管；2—进气管；3—喷嘴；4—网孔包衣锅；5—外壳；6—药片

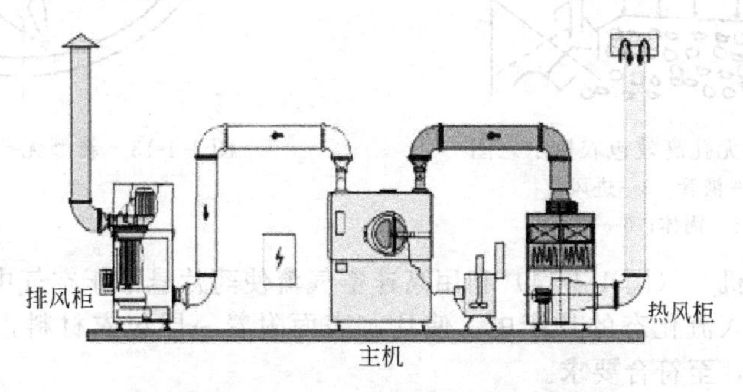

图 1-4-7　包衣成套设备工艺流程配置图

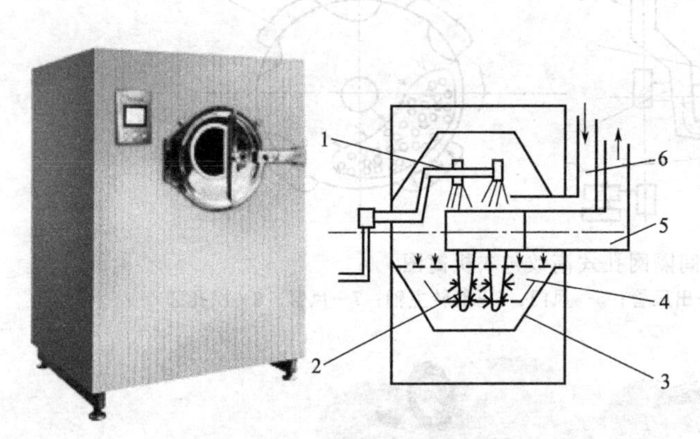

图 1-4-8　无孔式高效包衣机

1—喷枪；2—桨叶；3—锅体；4—片床；

5—排风管；6—进风管

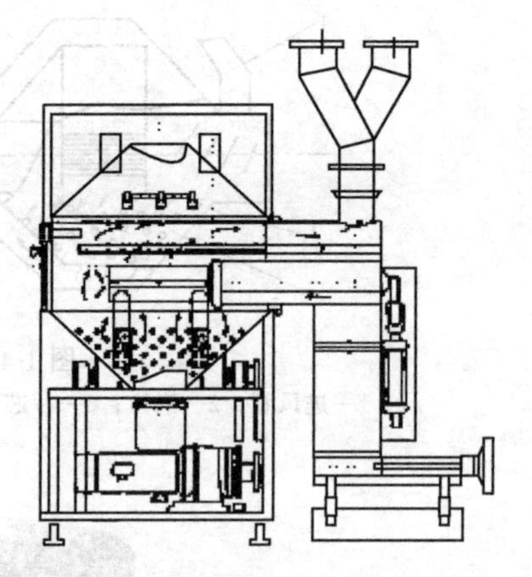

图 1-4-9　无孔式高效包衣机工作示意图

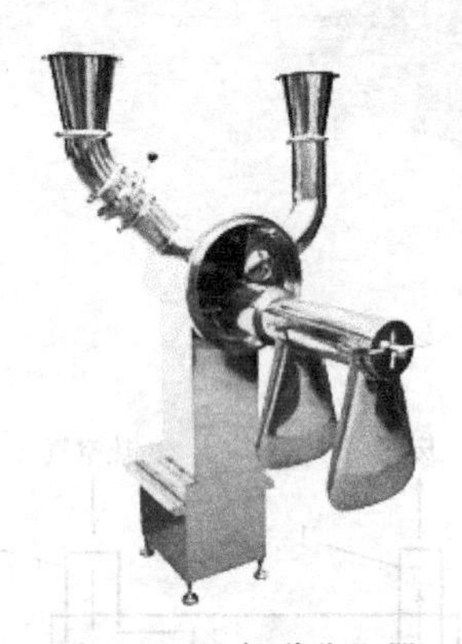

图 1-4-10　气道分配器

图 1-4-11　扇形风桨

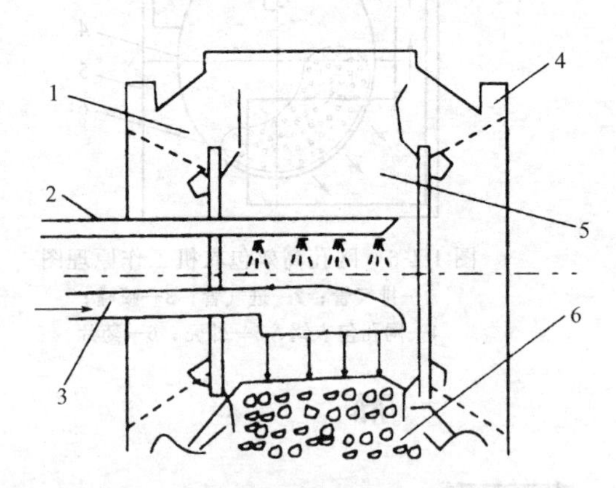

图 1-4-12　新型无孔高效包衣机示意图

1—后盖；2—液管；3—进风管；

4—前盖；5—锅体；6—片床

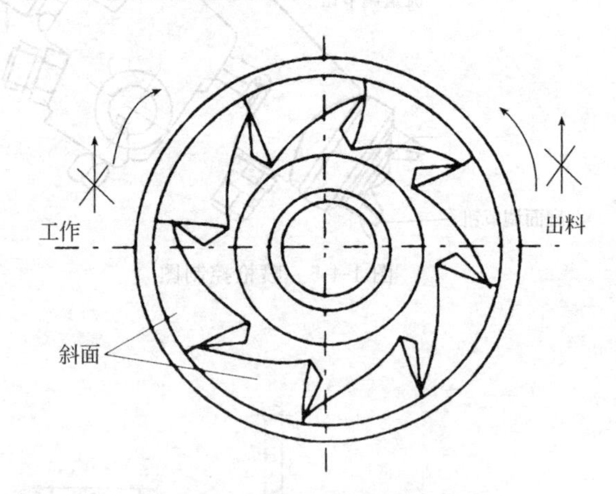

图 1-4-13　新型无孔式高效包衣机

（4）流化包衣机　（图 1-4-14）利用高速空气流使药片悬浮于空气中，上下翻滚，呈流化态。将包衣液喷入流化态的片床中，使片芯表面附着一层包衣材料，通入热空气使其干燥。如此操作数次，至符合要求。

本模块主要就网孔式高效包衣机（BGB 型）进行学习。

图 1-4-14　WBF 系列多用途流化床

学习目标

1. 能正确操作高效包衣机。
2. 能正确维护维修高效包衣机。

所需设备、材料和工具

名称	规格	单位	数量
高效包衣机	BGB 型	台	1
维护、维修工具		箱	1
工作服		套	1

准备工作

一、职业形象

进入洁净生产区的人员不得化妆和佩带饰物。生产区、仓储区应当禁止吸烟和饮食；操作人员应当避免裸手直接接触药品、与药品直接接触的包装材料和设备表面。当同一厂房内同时生产不同品种时，禁止不同工序之间的人员随意走动。

二、职场环境

1. 环境

符合 GMP 规范的相关要求。包衣操作室按 D 级洁净区要求。室内相对室外呈正压。

2. 环境温湿度

应当保证操作人员的舒适性，温度 18～26℃，相对湿度 45%～65%。

3. 环境灯光

不能低于 300lx，灯罩应密封完好。

4. 电源

应在操作间外，确保安全生产。380V，50Hz，三相五线制，N线和PE线不能相互干扰。

三、物料要求

1. 片芯的外观平整度、片重差异、脆碎度、硬度符合要求；基丸或片芯质量均一，检查合格。

2. 物料的湿度符合要求。

学习内容

一、概述

（一）设备的用途

高效包衣机是用于对中西药片、药丸进行糖衣、水相薄膜、有机薄膜包衣的专用设备。该设备是按照制药工业GMP要求制造的；其全部外壳、包衣滚筒（包衣锅）、热风机、喷洒装置以及所有与药品接触的部件全部采用不锈钢材料制造。整个工艺操作过程由微处理机可编程系统控制，实现了人机对话，可用手动操作控制，性能显示齐全。全部包衣操作是在密闭状态下进行，无粉尘飞扬和喷洒液飞溅，是一种优质高效、可靠、洁净、节能、操作方便的新型包衣设备。

（二）设备的特点

高效包衣机与其他包衣机相比有如下特点：

1. 触摸屏显示；
2. 扩展PLC模块，所有参数均在控制面板设置；
3. 隔声、隔热，对机内起到保温的作用；
4. 全密封、负压状态操作；
5. 喷枪雾化均匀，喷雾面大，方向可调，喷头无滴漏、无阻塞；
6. 碎片少，成品率高。

二、结构与工作原理

将素片（片芯）放入包衣滚筒内，片芯在洁净、密闭的旋转滚筒内做复杂轨迹的运动，由计算机控制，按优化的工艺参数自动喷洒包衣敷料，同时在负压状态下，洁净的热空气通过素片层从筛孔排出，素芯表面的包衣介质得到快速、均匀的干燥，从而在素片表面形成一层坚固、致密、平整、光滑的薄膜。设备外形见图1-4-2，设备工作原理见图1-4-6。如图1-4-15所示，高效包衣机主要由主机、排风机、热风机、喷雾系统、微处理机可编程序控制系统组成。

（一）主机

由包衣滚筒、搅拌器、驱动机构、清洗盘、喷枪、热风排风分配管、密闭工作室等部件组成（详见图1-4-16）。

（二）热风机

主要由风机、初效过滤器、中效过滤器、高效过滤器、热交换器等五大部件组成（图1-4-17）。各部件都安装在一个由不锈钢制作的立式框架内，其外表面是经过精细抛光的不锈钢板。

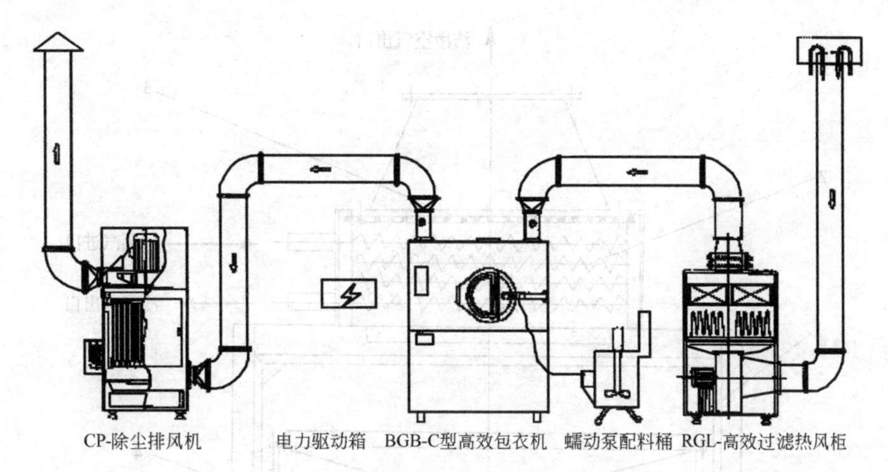

图 1-4-15　高效包衣机系统配置图

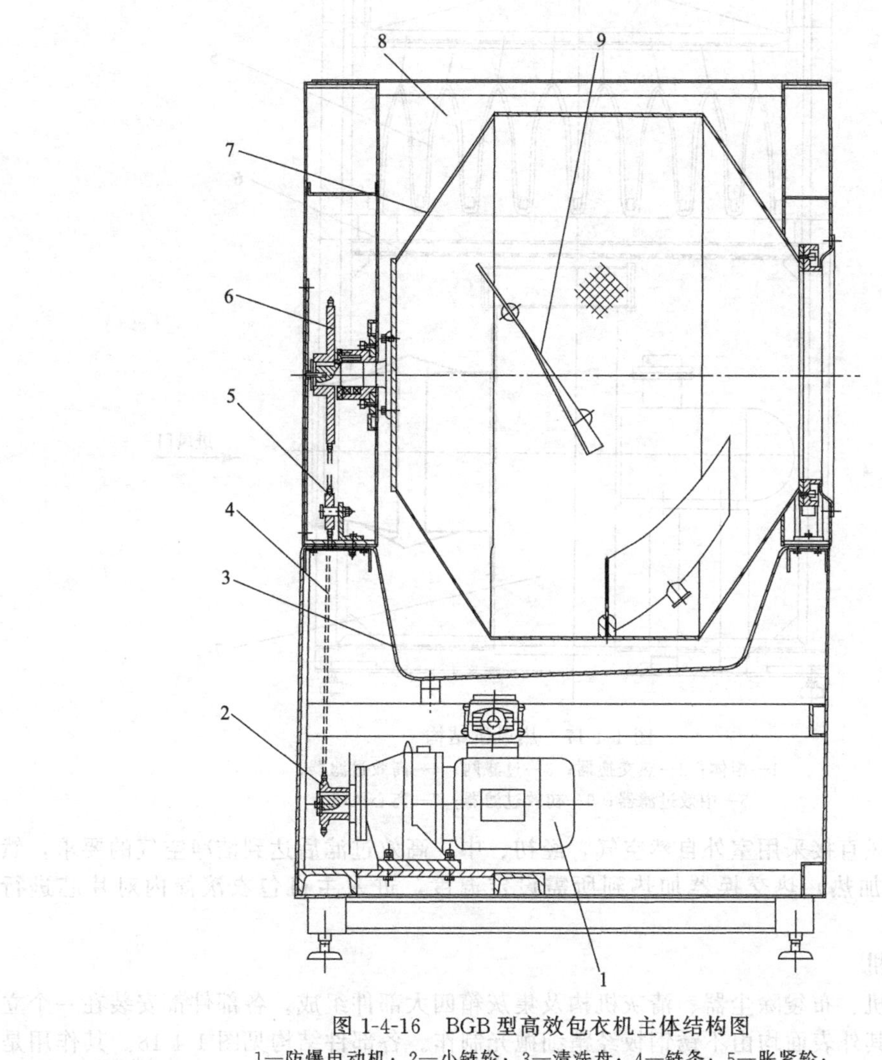

图 1-4-16　BGB 型高效包衣机主体结构图

1—防爆电动机；2—小链轮；3—清洗盘；4—链条；5—胀紧轮；
6—大链轮；7—包衣滚筒；8—工作室；9—搅拌器

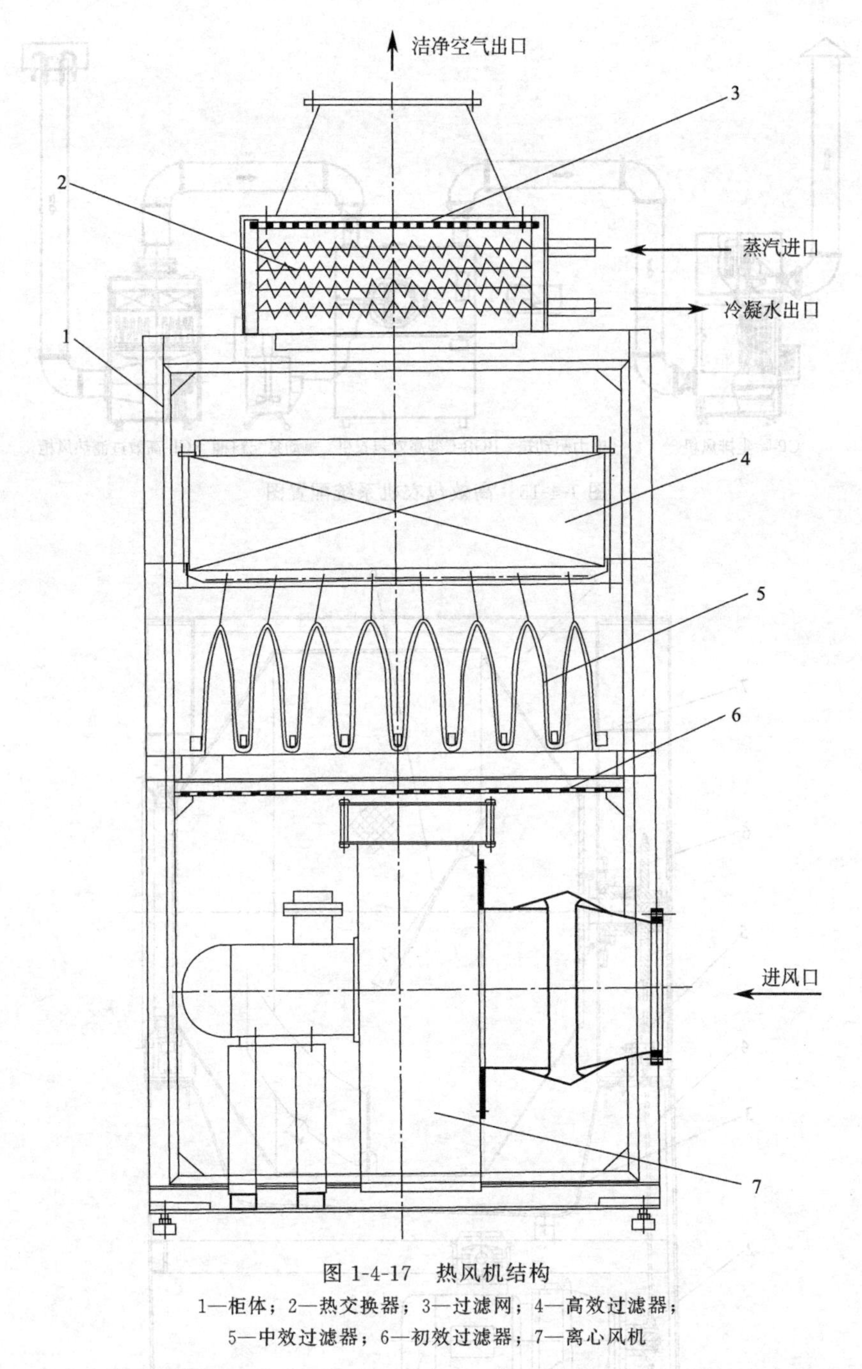

图 1-4-17　热风机结构

1—柜体；2—热交换器；3—过滤网；4—高效过滤器；
5—中效过滤器；6—初效过滤器；7—离心风机

主机所需热风直接采用室外自然空气，经初、中、高效过滤后达到洁净空气的要求，然后经蒸汽（或电加热）热交换器加热到所需设定温度，进入主机包衣滚筒内对片芯进行加热。

（三）排风机

排风机由风机、布袋除尘器、清灰机构及集灰箱四大部件组成。各部件都安装在一个立式框架内，并且其外表面均由不锈钢板经精细抛光制作。各部件结构见图 1-4-18。其作用是使包衣滚筒内处于负压状态，把包衣滚筒内的包衣尾气经除尘后排到室外，既促使片芯表面的敷料迅速干燥，又可使排至室外的尾气得到除尘处理，符合环保要求。

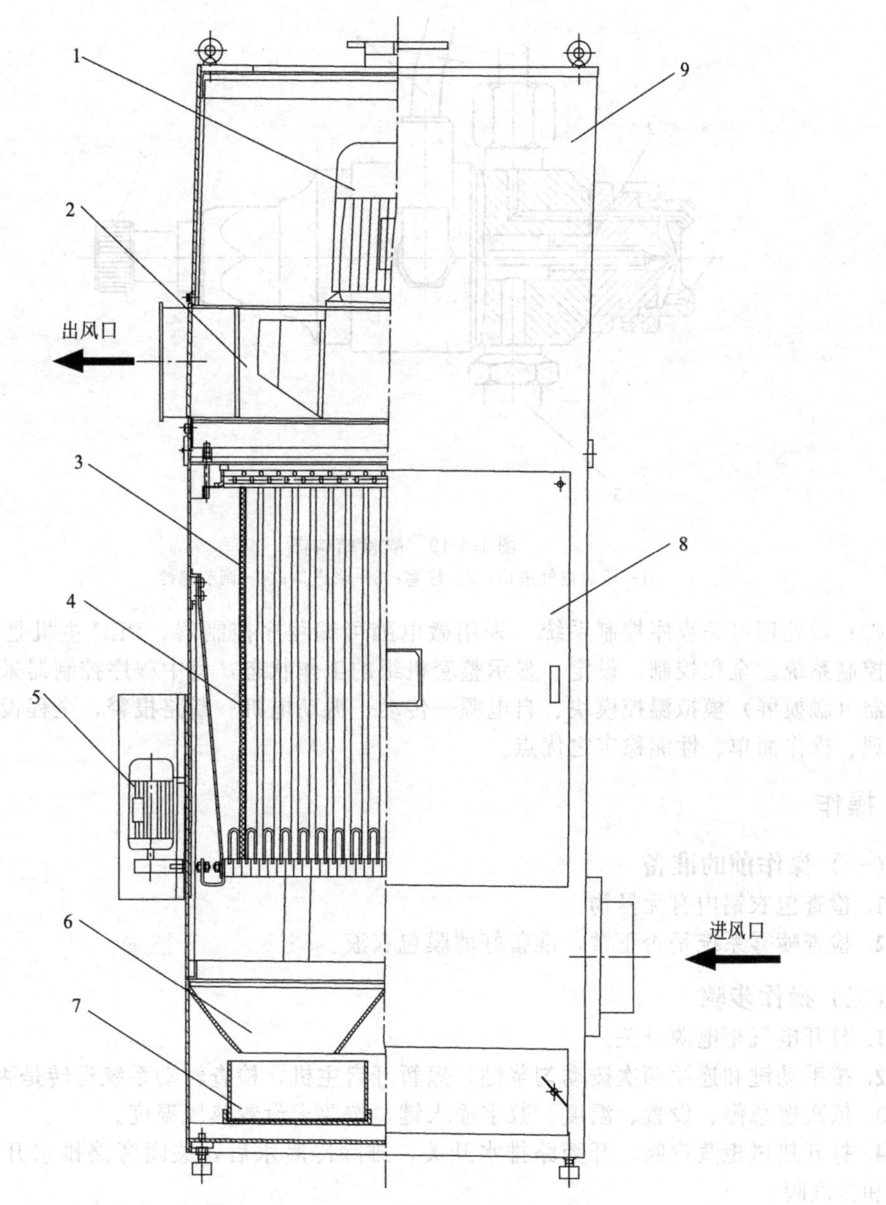

图 1-4-18　排风结构

1—电机；2—风机；3—扁布袋；4—骨架；5—振打清灰电机；
6—灰斗；7—集灰抽屉；8—检查门；9—壳体

(四) 喷雾系统

(1) 糖浆包衣系统　由硅胶管、搅拌保温罐、蠕动泵、流量调节器、多嘴分配器等部件和辅机组成。

其中蠕动泵保证料液恒压输出，因此特别适用于喷雾系统，是高效包衣机理想的配套机型。

(2) 薄膜包衣喷雾系统　由搅拌保温罐、蠕动泵、硅胶管、流量调节器、喷枪（图 1-4-19）等部件组成。该喷枪设计了通针式柱塞，既提高了雾化效果，又解决了喷嘴泄漏和堵塞的两大难题。使用时旋转喷枪尾部的调节螺栓即可调整喷浆量和改善雾化状态。在作业过程中如果出现堵塞，只要关闭一下压缩空气进气，柱塞在尾部弹簧作用下，向喷枪头部喷嘴口移动，通针进入喷嘴口即可去除堵塞物，操作十分方便。

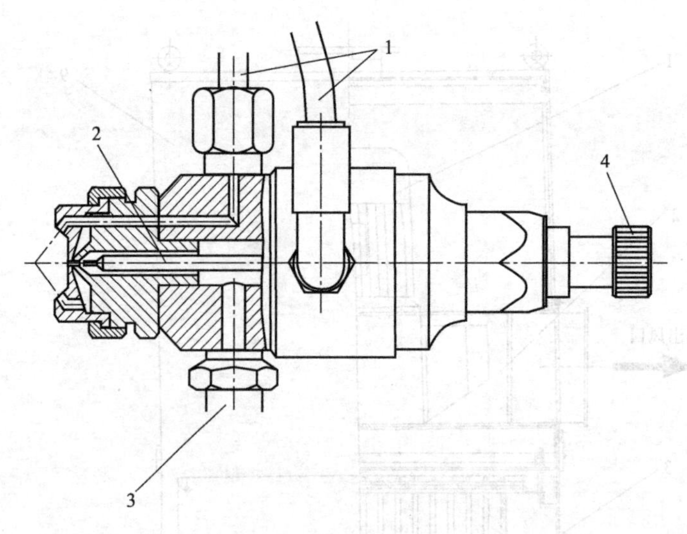

图 1-4-19　喷枪结构图

1—压缩空气进口；2—柱塞；3—浆进口；4—调节螺栓

（3）微处理可编程序控制系统　采用微电脑可编程序控制器。PLC 主机是整套设备的电器控制系统。全程控制、设定、显示整套机组的工作状态，其中程序控制器采用工业图形显示器（触摸屏）模拟温控模块、自电源—传动—振动电机—断路报警，全程设备可控，具有美观、操作简单、性能稳定之优点。

三、操作

（一）操作前的准备

1. 检查包衣锅内有无异物。

2. 检查喷雾系统是否正常，准备好薄膜包衣液。

（二）操作步骤

1. 打开电气柜电源开关。

2. 按手动键和连续两次按动匀浆键，短暂开启主机，检查转动系统运转是否正常。

3. 依次按总停、设置、温度、数字输入键，按要求设置热风温度。

4. 打开热风柜蒸汽阀，开旁路排水开关，排除冷凝水后，关闭旁路排水开关，打开进汽阀和排汽阀。

5. 打开包衣锅前门盖，盖紧出料孔盖。

6. 将片芯放入锅内，按手动键及热风键，将药片预热，在预热过程中经常短暂启动主机搅拌药片，使预热温度均匀。

7. 启动主机，开启排风键，抽除细粉。

8. 将包衣液加入保温桶，装好喷雾系统，预热达到要求后，打开压缩空气开关，按匀浆键、排风键、喷浆键，调整喷雾角度和大小，调整好后，进行包衣操作。

9. 在喷浆过程中根据工艺要求，用加速或减速键，调整主机转速，用温度键、数字键调整热风温度。

10. 包衣操作完成后，关机的顺序为停止喷雾，关热风、喷浆及压缩空气和蒸汽阀，将喷枪连同支架移出包衣锅；关闭主机，装上卸料器后，再启动主机，将药片取出盛于洁净容器中，关闭电源、蒸汽开关、压缩空气。

11. 填写“设备运行记录”。

（三）高效包衣机清洁标准操作过程

1. 取下输液管，将管中残液弃去。将输液管浸入合适溶剂清洗数遍，至溶剂无色。另取适量新鲜溶剂冲洗输液管。最后将清洗干净的输液管浸入75％乙醇中消毒后取出晾干。

2. 清洗喷枪每次包衣结束后，取下输液管，装上洁净输液管。将喷枪转入滚筒内，开机，用适宜的溶剂冲洗喷枪。此时可转动滚筒，对滚筒初步润湿、冲洗。待“雾”无色后，关闭喷浆，从喷枪上拔除压缩空气管。待喷枪上所滴下清洗液清澈透明。喷枪清洗结束。泵入75％乙醇对喷枪消毒。完成后喷枪接上压缩空气管，按喷浆键，用压缩空气吹干喷枪。

3. 清洗滴管可直接开机用热水冲洗至清澈透明，消毒，吹干。

4. 打开进料口，开机转动滚筒，用适宜的溶剂冲洗滚筒至洁净，并用洁净的毛巾擦洗滚筒。对喷枪旋转臂需一同进行清洗，清洗后停止滚筒转动。

5. 当滚筒内壁清洗干净后，打开主机两边侧门，拆下排风口，用适宜的溶剂清洗滚筒外壁；外壁清洗干净后，再次清洗内壁；拆下排风管清洗干净，待晾干后装回原位，然后装上侧门。

6. 擦洗进料口门内侧，卸料斗。

7. 用湿布擦拭干净设备外表面。

8. 每周清洗一次进风口。

9. 按“高效包衣机清洁标准操作规程”进行清洁，填写“主要设备运行记录”及“设备清洗记录”。

（四）高效包衣机安全操作注意事项

1. 启动前检查确认各部件完整可靠。

2. 电器操作顺序（必须严格按此顺序执行）如下：

启动　开滚筒→开排风→开加热

停止　关加热→关排风→关滚筒

3. 配制糖衣液时谨防烫伤。

4. 包衣操作时，应将室门关好，注意排气口密封性。运行中严禁打开机盖，以免发生危险，损坏机件。

5. 操作中禁止动火。

发现机器故障或产品质量问题，必须停机，关闭电源再处理。不得在运行中排除各类故障。

6. 定期为机器加润滑油脂。

7. 每次使用完毕后，必须关闭电源，方可进行清洁。

四、维护与保养

（一）保养内容

1. 检查减速机油位。

2. 检查密封条是否损坏。

3. 检查各紧固件是否松动。

4. 检查各气、液管路是否有泄漏。

5. 检查有无异常震动及杂音。

6. 经常清除设备的油污及尘埃。

7. 包衣锅及包衣介质喷（滴）系统工作后，应及时清洗干净。

8. 每次清洗主机后，应及时将清洗站过滤器清洗干净。

9. 主机驱动机构即摆线针轮减速机必须采用指定润滑脂。

（二）维护内容

1. 检查紧固连接螺钉和管接头是否松动。

2. 检查并添加减速机润滑剂润滑脂。

3. 包衣机主机中的摆线针轮减速机用油浸式润滑。首次加注润滑油经 100～250h 运转之后，应更换新油，以后每运转 1000h 再更换润滑油。

4. 清洗热风柜的防尘过滤板。

5. 检查和更换密封件。

6. 检查和修理风门开关机构。

7. 检查和更换各弹簧件。

8. 清除计算机控制柜中的灰尘。

9. 维护、保养后，设备应处于整齐、清洁、完好的状态。

10. 整套电气设备每工作 50h 或每周清洁、擦净电器开关探头，每年检查调整热继电器、接触器。

11. 工作 2500h 后清洗或更换热风空气过滤器，每月检查一次热风装置内离心式风机。

12. 排风装置内离心式风机、排气管每月清洗一次，以防腐蚀。

13. 工作时注意热风风机、排风风机有无异常情况，如有异常，须立即停机检修。

14. 每半年不论设备是否运行都需分别检查独立包衣滚筒、热风装置内离心式风机、排风装置内离心式风机各连接部件是否有松动。

15. 每半年或大修后，需更新润滑油。

五、常见故障及排除方法

常见故障及排除方法见表 1-4-1。

表 1-4-1　常见故障发生原因及排除方法

故障现象	发生原因	排除方法
风量小	1. 检修门关闭不严 2. 连接风管漏风 3. 过滤器阻力太大	1. 关紧检修门，压平密封件 2. 压紧各连接风管密封件 3. 清洗或更换各过滤器
净化效果差	1. 各过滤器密封垫损坏 2. 过滤器损坏	1. 检查密封垫料是否损坏，损坏的应更换 2. 调换过滤器
热交换效能差	1. 蒸汽气源不足 2. 冷凝水未排出	1. 调整蒸汽汽源组件，增大供汽量 2. 更换疏水器
机座产生较大震动	1. 电机紧固螺栓松动 2. 减速机紧固螺栓松动 3. 电机与减速机之间的联轴节位置调整不正确 4. 变速皮带轮安装轴错位	1. 拧紧螺栓 2. 拧紧螺栓 3. 调整对正联轴节 4. 调整对正联轴节
异常噪声	1. 联轴节位置安装不正确 2. 包衣锅与送排风接口产生碰撞 3. 包衣锅前支承滚轮位置不正	1. 调整安装轴位置 2. 调整风口位置 3. 调整滚轮安装位置

续表

故障现象	发生原因	排除方法
减速机轴承温度高	1. 电机紧固螺栓松动 2. 减速机紧固螺栓松动 3. 电机与减速机之间的联轴节位置调整不正确 4. 变速皮带轮安装轴错位	1. 拧紧螺栓 2. 拧紧螺栓 3. 调整对正联轴节 4. 调整对正联轴节
异常噪声	1. 联轴节位置安装不正确 2. 包衣锅与送排风接口产生碰撞 3. 包衣锅前支承滚轮位置不正	1. 调整安装轴位置 2. 调整风口位置 3. 调整滚轮安装位置
减速机轴承温度高	1. 润滑油牌号不对 2. 润滑油少 3. 包衣药片超载	1. 换成90#机械油 2. 添加润滑油 3. 按要求加料
包衣锅调速不合要求	1. 调速油缸行程不够 2. 皮带磨损	1. 油缸中添满油 2. 更换皮带
热空气效率低	热空气过滤器灰尘过多	清洗或更换热空气过滤器
风门关不紧	风门紧固螺钉松动	拧紧螺钉
包衣机主机工作室不密封	密封条脱落	更换密封条
蠕动泵开动包衣液打不出来	1. 软管位置不正确或管破 2. 泵座位置不正确	1. 更换软管 2. 调整泵座位置,拧紧螺帽
喷雾管道泄漏	1. 管接头螺母松 2. 组合垫圈坏 3. 软管接口损坏	1. 拧紧螺母 2. 更换垫圈 3. 剪去损坏接口
喷枪不关闭或关得慢	1. 气源关闭 2. 料针损坏 3. 汽缸密封圈损坏 4. 轴密封圈损坏	1. 打开气源 2. 更换料针 3. 更换密封圈 4. 更换密封圈
枪端滴漏	1. 针阀与阀座磨损 2. 枪端螺帽未压紧 3. 汽缸中压紧活塞的弹簧失去弹性或已损坏	1. 用碳化矽磨砂配研 2. 旋紧螺帽 3. 更换弹簧
压力波动过大	1. 喷嘴孔太大 2. 气源不足	1. 改用较小的喷嘴 2. 提高气源压力或流量
胶管经常破裂	1. 滚轮损坏或有毛刺 2. 位置上使用过长	1. 修复或更换滚轮 2. 适时更换滚轮压紧胶管的部位
胶管往外跑或往泵壳里缩	胶管规格不对	按规定更换胶管

六、主要技术参数

BGB150型高效包衣机主要技术参数见表1-4-2。

表 1-4-2 BGB150 型高效包衣机主要技术参数

序号	项目	技术参数
1	生产能力	150kg/次
2	包衣滚筒直径	1200mm
3	加料口直径	480mm
4	包衣滚筒调速范围	3～18r/min
5	主机电动机功率	2.2kW
6	风量	＜$4500m^3/h$
7	热风调温范围	80℃
8	热空气过滤精度	0.5μm(C 级)
9	热风机电动机功率	1.5kW
10	排风机电动机功率	5.5kW
11	蠕动泵电动机功率	0.18kW
12	主机外形尺寸	1450mm×2200mm×2100mm
13	主机重量	1200kg
14	高效过滤热风机外形尺寸	1150mm×1120mm×2280mm
15	高效过滤热风机重量	300kg
16	除尘排风机外形尺寸	915mm×800mm×2030mm
17	除尘排风机重量	400kg
18	电源	三相四线 10kW、380V、50A 电加热(8kW)
19	无油压缩空气压力	＞0.4MPa 耗气量 $50m^3/h$
20	蒸汽压力	＞0.4MPa 耗气量＞100kg/h
21	供水压力	＞0.15MPa

七、基础知识

(一) 包衣的定义

包衣是指在片芯的表面包上适宜材料的衣层，使药物与外界隔离的操作。

(二) 包衣目的

1. 防止药物的配伍变化；
2. 制成肠溶衣片，避免药物被胃酸胃酶的破坏；
3. 增加药物的稳定性；
4. 改善外观、便于识别；
5. 掩盖药物的不良臭味；
6. 遮掩活性成分的颜色；
7. 减少片芯在包装时的破碎，提高产品的成品率。

(三) 包衣片的种类

1. 糖衣片；
2. 薄膜衣片；
3. 半薄膜衣片。

(四) 包衣要求

1. 衣层应均匀牢固、层层干燥；

2. 衣料与药物不起任何作用；
3. 贮存期间，外观、性质不变。

（五）片芯的质量要求

1. 呈“双凸片”；
2. 片芯的硬度比一般压制片大；
3. 片芯的脆性要求最小。

（六）包衣片的质量判断

1. 外观性状；
2. 重量差异；
3. 崩解时限；
4. 溶出度；
5. 含量均匀度；
6. 微生物限度；
7. 鉴别和含量测定。

八、包衣工序操作考核

包衣工序操作考核主要技能要求如表 1-4-3 所示。

表 1-4-3　包衣工序操作考核标准

考核内容	技能要求	分值	相关课程
包衣前准备	按要求更衣，穿洁净服	5	无菌制剂、制剂单元操作
	核对本次生产品种的品名、批号、规格、数量、质量，检查所用物料是否符合要求	5	
	正确检查包衣工序的状态标志（包括设备是否完好、是否清洁消毒、操作间是否清场等）	5	
	按规定程序对设备进行润滑、消毒	5	
包衣操作	开机试机	5	
	正确设置各工艺参数	5	
	正确使用高效包衣机，准确完成包衣操作	15	
	按要求生产一定数量包衣的片剂，外观、异物、紧密度符合要求	10	
	其他注意事项	5	
清场操作	作业场地清洁	5	
	工具和容器清洁	5	
	生产设备的清洁	5	
	如实填写各种生产记录	5	
	其他注意事项	5	
熟练	按时完成生产操作	10	
提问	正确回答考核人员的提问	5	
合计		100	

学生学习进度考核评定

一、学生学习进度考核

（一）问答题

1. 叙述高效包衣机的组成。
2. 叙述高效包衣机的操作要点。
3. 叙述高效包衣机的维护维修要点。
4. 叙述高效包衣机的常见故障及如何排除。

（二）实际操作题

1. 动手操作高效包衣机。
2. 维护维修高效包衣机。

二、学生学习考核评定标准

编号	考核内容	分值	得分
1	说出和指出高效包衣机结构和组成	30	
2	操作高效包衣机	30	
3	说出和排除常见故障	20	
4	维护维修高效包衣机	20	
5	合计	100	

项目二　胶囊剂生产设备

胶囊剂（capsules）是指将药物或加有辅料的药物充填于空心硬质胶囊或弹性软质囊材中而制成的固体制剂。胶囊剂可以分为硬胶囊剂和软胶囊剂两大类，胶囊剂的制备设备同样分为软胶囊剂制备设备（模块一）和硬胶囊剂制备设备（模块二）。

软胶囊的制法有压制法及滴制法两种，其中压制法制成的软胶囊称为有缝软胶囊，滴制法制成的软胶囊称为无缝软胶囊。

软胶囊生产工艺流程如图 2-0-1，其中压（滴）制成型是关键工序。

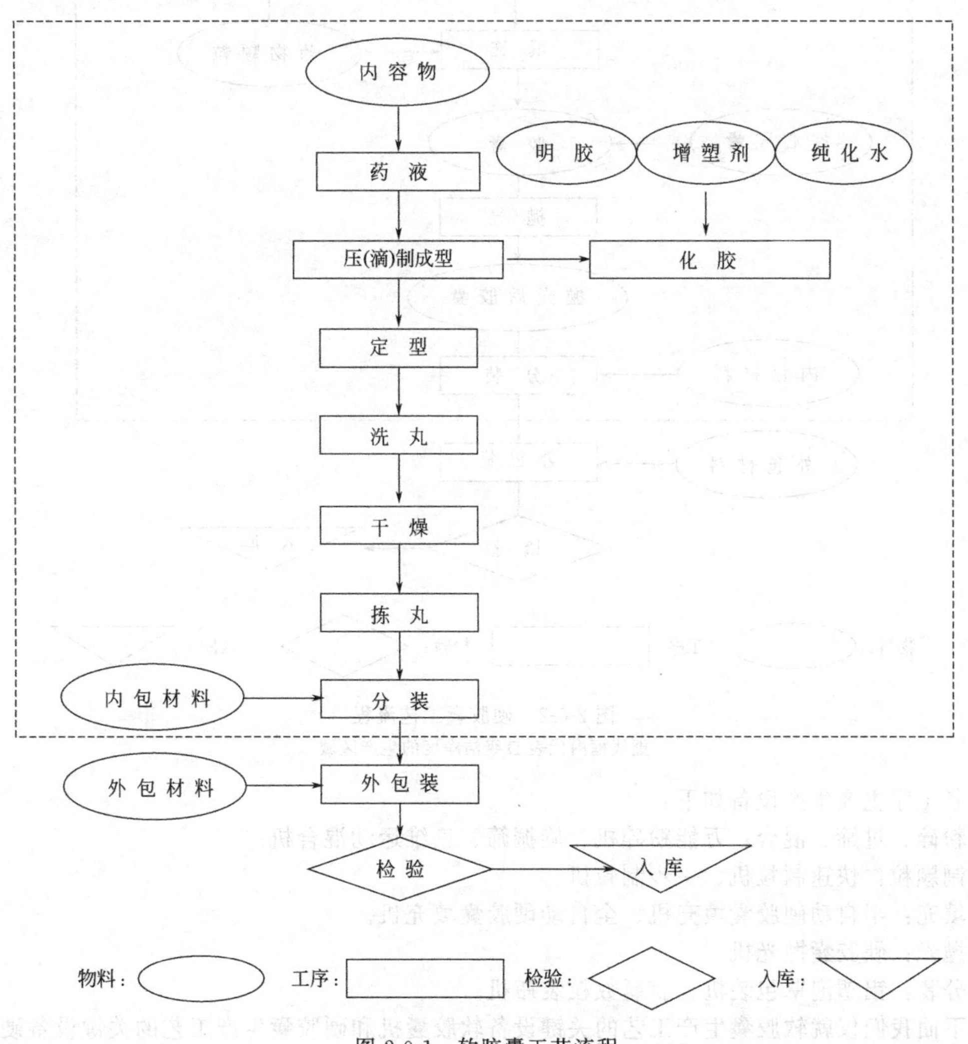

图 2-0-1　软胶囊工艺流程

虚线框内代表 D 级洁净度的生产区域

各工序主要生产设备如下：

化胶：化胶罐。

压（滴）制成型：滚模式软胶囊机、滴制式软胶囊机。

定型：干燥转笼。

洗丸：超声波洗丸机。

干燥：干燥托盘。

硬胶囊剂的制备一般分为填充物料的制备、胶囊填充、胶囊抛光、分装和包装等过程，其生产工艺流程见图 2-0-2，其中胶囊填充是关键工序。

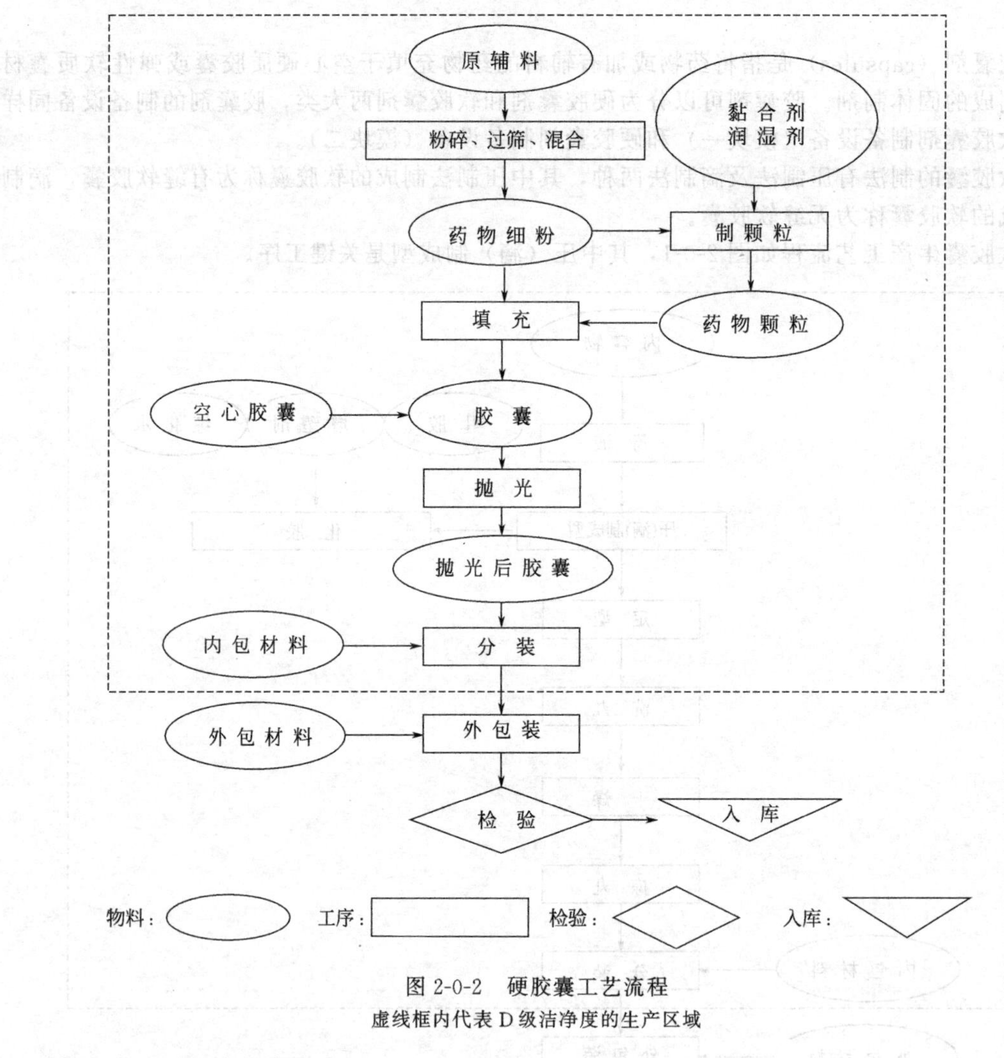

图 2-0-2 硬胶囊工艺流程

虚线框内代表 D 级洁净度的生产区域

各工序主要生产设备如下：

粉碎、过筛、混合：万能粉碎机、旋振筛、三维运动混合机。

制颗粒：快速制粒机、一步制粒机。

填充：半自动硬胶囊填充机、全自动硬胶囊填充机。

抛光：硬胶囊抛光机。

分装：铝塑泡罩包装机、胶囊数粒装瓶机。

下面我们仅就软胶囊生产工艺的关键设备软胶囊机和硬胶囊生产工艺的关键设备硬胶囊填充机分别作介绍。

模块一　软胶囊机

学习目标

1. 能正确操作软胶囊机。
2. 能正确使用和维护软胶囊机。

所需设备、材料和工具

名称	规格	单位	数量
软胶囊机	滚模式	台	1
软胶囊机	滴制式	台	1
维护、维修工具		箱	1
工作服		套	1

准备工作

一、职业形象

穿着及行动符合 GMP 要求，进入洁净区人员按 D 级控制区内要求操作。

二、职场环境

1. 环境

符合 GMP 规范的相关要求。D 级洁净区内进行生产，D 级洁净区要求门窗表面应光洁，不要求抛光的表面应易于清洁。窗户要求密封并具有保温性能，不能开启。对外应急门要求密封并具有保温性能。

2. 环境温湿度

软胶囊生产车间应用空调保持恒温，恒湿。

(1) 配料间　保持室温 20～28℃，RH60%以下。

(2) 压丸间　保持室温 21～24℃，RH40%～55%。

(3) 干燥间　保持室温 24～30℃，RH40%以下。

(4) 拣丸间　保持室温 20～28℃，RH60%以下。

3. 环境灯光

不能低于 300lx，灯罩应密封完好。

4. 电源

应在操作间外，确保安全生产。380V，50Hz，三相五线制，N 线和 PE 线不能相互干扰。

5. 压制物料要求

胶液处方组分比例：明胶：甘油：水＝1.0：(0.4～0.6)：(1.0～1.6)。

胶液的黏度：一般为 30～40mPa·s。

内容物 pH 值：4.5～7.5。

学习内容

软胶囊的制法可分为压制法及滴制法，成套的软胶囊剂生产设备包括明胶液配制设备、药液配制设备、软胶囊压（滴）制设备、软胶囊干燥设备、回收设备等，其中软胶囊压（滴）制设备为主要设备。

压制法软胶囊制造设备又可分为滚模式和平板模式两种。

压制法制备的软胶囊形状有球形、圆柱形、橄榄形、管形、鱼形等（图 2-1-1）。

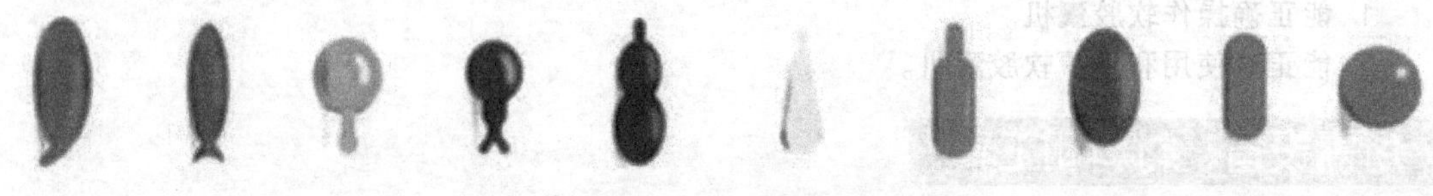

图 2-1-1 软胶囊形状

平板模式软胶囊压制机是利用往复冲压平模，在连续生产中自动对胶皮完成灌装液体、混悬物、颗粒，并冲切成软胶囊的机器（图 2-1-2）。其生产能力比滚模式机器要高 50%。

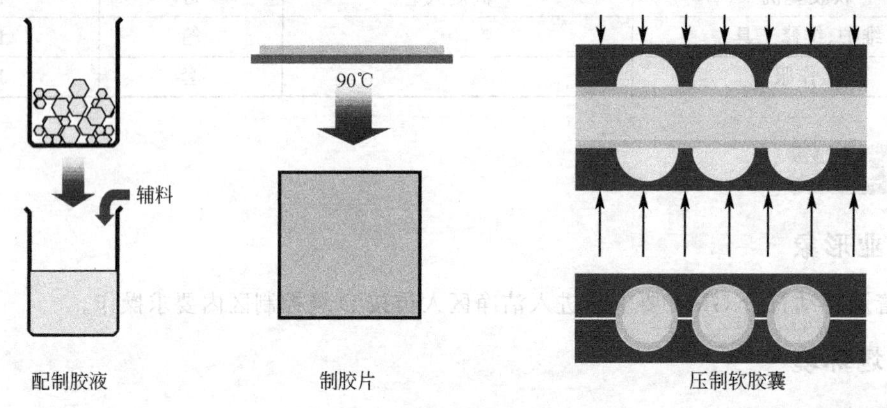

图 2-1-2 平板模式压制软胶囊示意图

（1）压制法 压制法产量大，自动化程度高，成品率也较高，计量准确，适合于工业化大生产。

（2）滴制法 滴制法设备简单，投资少，生产过程中几乎不产生废胶，产品成本低。

一、结构与工作原理

（一）滚模式软胶囊机

1. 结构

滚模式软胶囊机的成套设备由软胶囊压制主机、输送机、干燥机、电控柜、明胶桶和料桶等部分组成。其中关键设备是主机。

（1）主机 包括机座、机身、机头、供料系、油滚、下丸器、明胶盒、润滑系等（如图 2-1-3、图 2-1-4 所示）。

① 机头 是主机的核心，由机身传来的动力通过机头内部的齿轮系再分配给供料泵、滚模及下丸器等，驱动这些部件协调运动。

两个滚模分别装在机头的左右滚模轴上，右滚模轴只能转动，左滚模轴既可转动又可横向水平运动（图 2-1-5）。

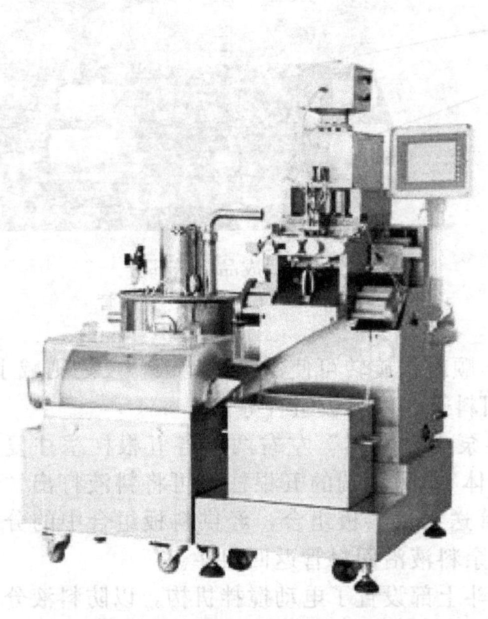

图 2-1-3　滚模式软胶囊机外形图

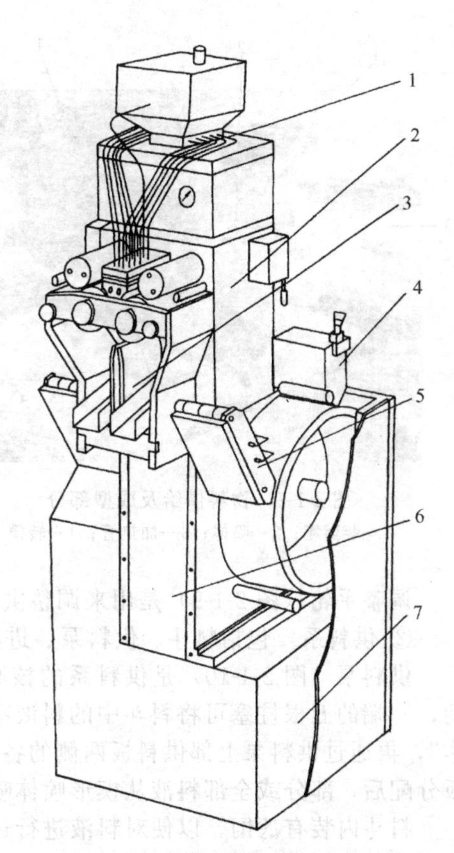

图 2-1-4　滚模式软胶囊机主机结构

1—供料系；2—机头；3—下丸器；4—明胶盒；5—油滚；6—机身；7—机座

图 2-1-5　滚模

图 2-1-6　“对线”调整结构

当滚模间装入胶皮后，可旋紧滚模的侧向加压旋钮，将胶皮均匀地压紧于两滚模之间。

机头后部装有滚模“对线”调整机构，用来调整右滚模转动，使左右滚模上的凹槽一一对准（图 2-1-6）。

喷体内有两个圆柱孔，孔内装有电加热管，调节电加热管的温度，以便加热喷体进而可加热其外侧的胶皮，以保证液压胶囊时能有效黏合（图 2-1-7）。喷体上装有传感器，温度控制仪可显示喷体的温度。加热管在喷体内，可加热喷体使胶皮受热后能黏合。

下丸器使胶丸从胶网或模腔中脱落（图 2-1-8）。

图 2-1-7　物料供给及成型部分

1—装药箱；2—喷体；3—加热管；4—转模

图 2-1-8　成品输送部分

1—油滚；2—下丸器；3—输油管

调整手轮（图 2-1-9）是用来调整供料量的，顺时针旋转可使供料量增大，反之则减小。

② 供料系　包括料斗、供料泵、进料管、回料管、供料板组合等。

供料泵（图 2-1-10）是供料系的核心。供料泵中“本体”左右两端各五根柱塞往复运动，一端的五根柱塞可将料斗中的料液吸入“本体”，另一端的五根柱塞可将料液打出“本体”，再通过供料泵上部供料板两侧的各五根导管送入供料板组合，经供料板组合中的分流板分配后，部分或全部料液从楔形喷体喷出，其余料液沿回料管返回料斗。

料斗内装有滤网，以便对料液进行过滤。料斗上部设置了电动搅拌机构，以防料液分层或沉淀。

③ 明胶盒　其用途是将胶液分别均匀涂敷在两个旋转的胶皮轮上形成胶皮（图 2-1-11）。

每个明胶盒上装有两个电加热管和一个温度传感器，温度控制在 60℃左右。转动明胶盒两边的调整螺钉则可调节胶皮的厚度和均匀度（图 2-1-11）。

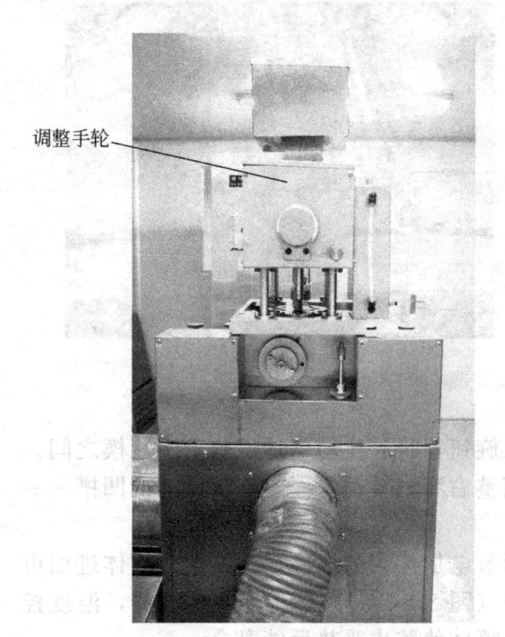

图 2-1-9　调整手轮

图 2-1-10　供料泵

④ 油滚　位于机身左右两侧，用来输送胶皮，并给胶皮表面涂一层液态石蜡（见图 2-1-8）。

（2）输送机　用来输送软胶囊（见图 2-1-12）。

它由机架、电机、链轮链条、传送带和调整机构等组成。

调整机构用来张紧不锈钢丝编制的传送带，传送带向左运动时可将压制合格的胶囊送入干燥机内，向右运动时则将废胶囊送入废胶囊箱中

（3）干燥机　用来将合格的软胶囊进行干燥和定型（见图 2-1-12）。由用不锈钢丝制成的转笼、电机、支撑板等组成。

转笼正转时胶囊留在笼内滚动，反转时胶囊可以从一个转笼自动进入下一个转笼。

端部鼓风机是用来通过风道向各个转笼输送净化风。

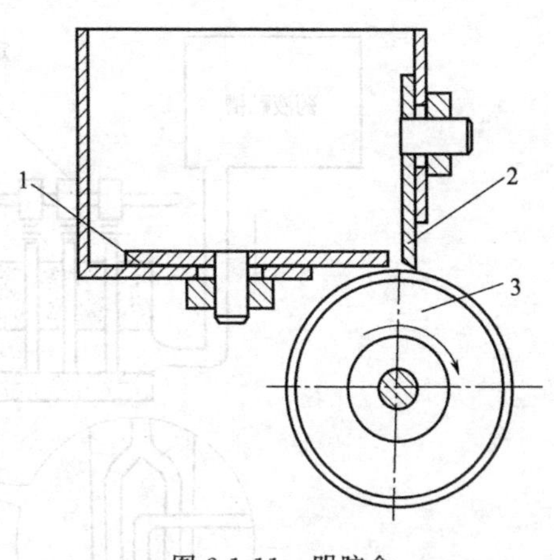

图 2-1-11　明胶盒

1—流量调节板；2—厚度调节板；3—胶带鼓轮

（4）明胶桶　系用不锈钢焊接而成的三层容器，桶内盛装制备好的明胶液，夹层中盛软化水并装有加热器和温度传感器，外层为保温层。打开底部球阀，胶液可自动流入明胶盒（见图 2-1-12）。

（5）料桶　用来贮存制备好的料液，用不锈焊接而成。打开底部球阀，料液可自动流进料斗内。

图 2-1-12　明胶贮存及成品干燥部分

1—输送机；2—干燥转笼；3—控制柜；4—主机；5—明胶桶

2. 工作原理

侧向胶皮轮和明胶盒共同制备的胶皮相对进入滚模夹缝处，药液通过供料泵经导管注入楔形喷体内，借助供料泵的压力将药液及胶皮压入两滚模的凹槽中，由于滚模的连续转动，使两条胶皮呈两个半定型将药液包封于胶膜内，剩余的胶皮被切断分离成网状，俗称胶网。

（二）滴制式软胶囊机

1. 结构

滴制式软胶囊机主要由 3 部分组成，主机结构见图 2-1-13。

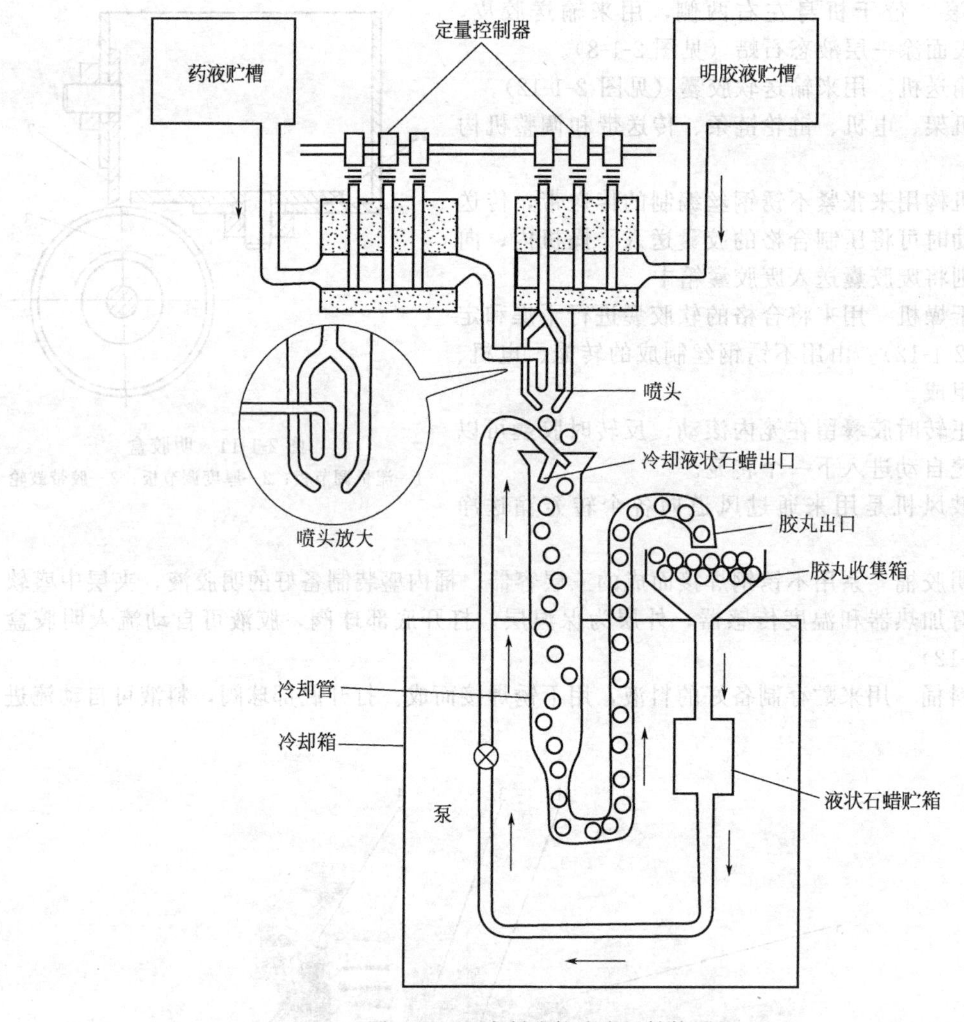

图 2-1-13　滴制式软胶囊机结构图

（1）滴制部分　将油状药液及熔融明胶通过喷嘴制成软胶囊。由贮槽、计量、喷嘴等组成。

（2）冷却部分　由冷却液循环系统、制冷系统组成。

（3）干燥部分　由干燥转笼等组成。

明胶液和药液的计量可采用泵打法，泵打法的计量是采用单柱塞泵或三柱塞泵。泵打法现在逐步被脉冲切割法所替代，后者滴出的胶丸质量有所提高。

2. 工作原理

滴制法生产软胶囊，明胶液与油状药液分别由计量装置压出，将药液包裹到明胶液膜中以形成球形软胶囊。这两种液体应分别通过喷嘴套管的内外侧在严格同心条件下先后有序地喷出，而不致产生偏心、破损、拖尾等不合格品。

二、操作

滚模式软胶囊机操作方法：

1. 开机前的准备工作

（1）检查主机各个电控开关是否处于安全位置。

(2) 检查主机各个工作部件，是否处于安全位置。

2. 开机

(1) 打开主机总电源。

(2) 按顺序打开 PLC 电源开关。

(3) 胶带成型器安装，加热，不到 50～60℃不得压胶液经管进胶带成型器。

(4) 用液态石蜡油灌入上油滚轮储油箱 2/3 以上。

(5) 胶液在保温桶内 60℃加热，15min 后可压胶液出桶。

(6) 调整判断料液泵总体行程基本量程。

(7) 用 200g 料液进料斗，再以 2r/min 车速喷洗料斗、楔形注液器、泵体等。

(8) 加料液，泵体排空。

(9) 调整料液泵总体行程基本量程，停机。

(10) 胶带成型器闸口封抹。

(11) 打开保温桶空气压缩进气开关，压胶液进布胶盒，并调整好大小。

(12) 液态石蜡油封胶液面。

(13) 胶液面达 2/3 高度时以 2r/min 车速开机。

3. 运行

(1) 将胶带剥离冷却定型鼓，送入上油滚轮，经导向装置进模。

(2) 手指不伸入模间，胶带正确送入网胶箱。

(3) 放下楔形注液器并到位。

(4) 双模均匀先里（前）、后外（后）加压，至丸囊皮完全压制下。

(5) 楔形注液器加热至 45℃，实际可以根据胶液情况按 0.2℃/次调整。

(6) 调节胶带厚薄，符合工艺要求。所用时间在 15min 内。

(7) 定型干燥机正确运转。

(8) 制丸时机判断正确，出丸后胶囊输送带及时左行。

(9) 调整机速，调到正常车速 3～4r/min。

4. 停机

(1) 关闭内容物料液供料开关。

(2) 切断加料开关电源。

(3) 关闭胶液供气开关，卸下各联结件。

(4) 关上胶带成型器加热开关。

(5) 关上楔形注液器滑阀，停止供料。

5. 清理

(1) 提升楔形注液器。

(2) 胶囊输送机右行。

(3) 松模。

(4) 断胶带。

(5) 卸下已凉的胶带成型器电热棒。

(6) 卸下胶带成型器，安全放妥，凉后剥尽附壁胶，或常温水浸洗，禁用烫水。

(7) 清理胶带成型转鼓表面的残胶。

(8) 内容物料液泵调整排空余留的内容物料液。

(9) 以 2r/min 车速，冲洗内容物料液泵内腔及注液管路等。

(10) 冲洗净后，按顺序操作按钮，停机，PLC 开关保持打开，以使滚笼运行。

(11) 关胶带冷却风机及冷源。

(12) 待定型干燥机胶囊排空后，关停并清理。

（13）关闭 PLC 电源。

（14）切断总电源。

三、维护与保养

1. 为了生产安全及设备保障，新机器各机械传动部位未完全磨合时，滚模转速不宜超过 3r/min。

2. 严禁喷体在未与胶膜接触的情况下通电加热。

3. 生产时供料泵的转动必须和滚模转动协调同步，以保证喷体注射与滚模上模腔对应。调整时放下供料组件，将喷体放在滚模上，喷体与滚模之间放一纸垫，以防相互损伤。

4. 滚模安装后，在两滚模间没有胶膜的情况下，严禁用加压手轮给滚模加压。

5. 滚模是由硬铝合金或铜铝金制成的精密零件，调整时一定注意保护，避免磕碰损伤，同时严禁将硬物掉入两滚模之间。

6. 胶盒前板底部的平面质量决定了胶膜的质量，因此必须保护好前板底部的平面及刃口，一旦发现损伤，应立即进行修复，方可使用。

7. 干燥机换向时必须待干燥机完全静止后方可换向，否则可能导致电器元件损坏。

8. 停机后严禁排空料斗，防止空气进入供料泵柱塞腔内，避免氧化腐蚀。

四、常见故障及排除方法

常见故障及排除方法见表 2-1-1。

表 2-1-1　常见故障及排除方法

故障现象	故障原因	排除方法
胶膜有线条状凹沟或割裂	胶盒出口处有异物或硬胶块	清除异物或硬胶块，不需停车
	胶盒出胶刃口零件损伤	停车修复或更换胶盒出胶刃口零件
单侧胶膜厚度不一致	胶盒端盖安装不当，胶盒出口与胶皮轮母线不平行	调整端盖，使胶盒在胶皮轮上摆正
胶膜在油滚系与滚模之间弯曲、堆积	胶膜过重	校正胶膜厚度
	喷体位置不当	升起供料泵，校正喷体位置，不需停车
	胶膜润滑不良	改善胶膜润滑，不需停车
胶膜粘在胶皮轮上	冷风量偏小、风温或明胶温度过高	增大冷气量，降低风温及明胶温度，不需停车
明胶盒出口有胶块拖曳	开机后短暂停机胶液结块或开机前明胶盒清洗不彻底	清除胶块，必要时停机重新清洗明胶盒
胶囊形状不对称	两侧胶膜厚度不一致	校正两侧胶膜厚度，使之一致
胶囊表面有麻点	胶液不合格	调节胶膜厚度
	胶皮轮划伤或磕碰	停机，重新校对滚模同步
胶囊畸形	胶膜太薄	调节胶膜厚度
	环境温度低，喷体温度不适宜	调节环境温度，调节喷体温度
	内容物温度高	调节内容物温度
	内容物流动性差	改善内容物流动性
	滚模模腔未对齐	停机，重新校对滚模同步

续表

故障现象	故障原因	排除方法
胶囊接缝质量差(接缝太宽、不平、张口或重叠等)	滚模损坏	更换滚模
	喷体损坏	更换喷体
	胶膜润滑不足	改善胶膜润滑
	胶膜温度低	提高喷体温度
	滚模模腔未对齐	停机,重新校对滚模同步
	两侧胶膜厚度不一致	校正两侧胶膜厚度,使之一致
	供料泵喷注定时不准	停车,重新校对喷注同步
	滚模间压力小	调节加压手轮
胶膜过窄引起破囊	胶盒出口有障碍物	除去障碍物
	胶皮轮过冷	降低空调冷气,增加胶膜宽度
胶囊封口破裂	胶膜太厚	减小胶膜厚度
	胶液不合格	调换胶液
	喷体温度太低	提高喷体温度
	滚模模腔未对齐	停机,重新校对滚模同步
	内容物与胶液不适宜	检查内容物,调整内容物或胶液
	环境温度太高或湿度太大	降低环境温度和湿度
胶囊中有气泡	液料过稠,夹有气泡	排除料液中气泡
	供液管路密封破坏	更换密封件
	胶膜润滑不良	改善润滑
	喷体变形	更换喷体
	喷体位置不正	摆正喷体
胶囊装量不准	内容物中有气体	排除内容物中气体
	供液管路密封破坏	更换密封件
	供料泵柱塞磨损,尺寸不一致	更换柱塞
	料管及喷体内有杂物	清洗料管、喷体等供料系统
	供料泵喷注定时不准	停车,重新校对喷注同步
胶膜缠绕下丸器六方轴或毛刷	胶膜温度高	降低喷体温度
网胶拉断	拉网轴压力过大	调松拉网轴紧定螺钉
	胶液不合格	调换胶液
滚模对线错位	机头后面对线机构螺钉未锁紧	停机,重新校对滚模同步,并将螺钉锁紧

五、主要技术参数

RJNJ-2 型软胶囊机主要技术参数见表 2-1-2。

表 2-1-2　RJNJ-2 型软胶囊机主要技术参数

序号	项目	技术参数
1	滚模转速	0～5r/min 无级调速
2	装量差异	≤±2%
3	滚模尺寸	Φ103mm×152mm
4	供料泵单柱塞供料量	0～2mL
5	主电机功率	380V，1.5kW
6	加热功率	1.3kW
7	主机外形尺寸	880mm×640mm×1900mm
8	重量	约 900kg
9	转笼转速	8.35r/min
10	转笼尺寸	Φ423mm×620mm
11	风机风量	$2\times2000m^3/h$
12	总功率	2.1kW
13	转笼干燥机外廓尺寸	3546mm×600mm×1140mm
14	重量	约 1000kg

六、基础知识

（一）软胶囊剂生产概况

软胶囊剂系将油类液体、混悬液、糊状物或粉粒定量压注并包封于胶膜内，形成大小、形状各异的密封软胶囊，其优点如下：

（1）外表整洁、美观，与片剂相比，崩解速度快，生物利用度高，易于吞服，便于储存和携带等；

（2）可以掩盖药物的不适味道；

（3）可制成速效、缓释、肠溶、胃溶等软胶囊剂；

（4）含油量高、不易制成片剂或丸剂的药物可制成软胶囊剂，或主药的剂量小、难溶于水，在消化道内不容易吸收的药物，可将其溶于适宜的油中再制成软胶囊剂；

（5）对光敏感及不稳定的药物，可填装于不透光的胶囊中，提高其稳定性；

（6）由于完全密封，其内容物不易被破坏，具有防伪功能；

（7）可制成保健品、化妆品等。

缺点如下：

（1）药物的水溶液或稀醇溶液能使明胶溶解，不能制成软胶囊剂；

（2）软胶囊剂一般不适用于婴幼儿及消化道溃疡的患者；

（3）遇高温、热易分解。

（二）软胶囊剂的原料

1. 明胶是生产软胶囊剂的主要原料，是由大型哺乳动物的皮、骨或腱加工出的胶原，经水解后浸出的一种复杂的蛋白质。

2. 明胶的理化性质随胶原的来源、提取工艺、提取时间、pH 值、热的降解和电解质含量等条件的不同而异。

3. 动物胶一般分骨胶、皮胶，统称明胶，明胶按其用途又分为食用明胶、医用明胶、照相材料明胶和工业明胶。后者在工业上用作黏合剂。

七、软胶囊剂成型工序操作考核标准

软胶囊成型工序操作考核主要技能要求如表 2-1-3 所示。

表 2-1-3　软胶囊剂成型工序操作考核标准

考核内容	技能要求	分值	相关课程
生产前的准备	按"进入 D 级洁净区更衣标准操作程序"要求更衣进入洁净区	5	固体制剂、制剂单元操作
	检查操作间应具有"已清场"状态标志和"清场合格证"副本	5	
	检查生产所使用设备应有"已清洁"标志，且有"设备待用"标志	5	
	检查所有的管道、阀门及控制开关应无故障	5	
	检查所使用的容器具及取料器具，应有"已清洁"标志，卫生符合要求	5	
	检查水、电、气应正常	5	
	开启空调室控制箱门，调节温湿度，使软胶囊压制室温度控制在 20～24℃，相对湿度控制在 45%～55%，胶桶保温 55～65℃	5	
操作规程	按照所需要的丸型装好转模、注射器分配板和可变齿轮	5	固体制剂、制剂单元操作
	调正"同步"	5	
	预热展布箱	5	
	连接胶液桶	5	
	药液准备	5	
	输送胶液，制胶皮	5	
	压制软胶囊	10	
	按操作规程进行软胶囊定型、干燥	5	
操作结束	按照压制机清洁标准操作规程进行清洁	5	
	按照洁净区清洁标准操作规程对操作间及工器具等进行清洁	5	
	清场结束，填写清场记录，由质监员检查清洁度，检查合格后在清场记录上签名并发放"清场合格证"	5	
	在指定位置悬挂清洁标示牌	5	
合计		100	

学生学习进度考核评定

一、学生学习进度考核题目

（一）问答题

1. 软胶囊的制备方法有几种？

2. 如何根据软胶囊的外形来判断制备方法？

3. 滚模式软胶囊机主要结构是什么？

4. 压制法生产软胶囊的装量靠什么来控制？

5. 滴制式软胶囊机的组成部分包括哪些？

（二）实际操作题

操作滚模式软胶囊机，并维护滚模式软胶囊机。

二、学生学习考核评定标准

编号	考核内容	分值	得分
1	认识滚模式软胶囊机结构和组成	30	
2	操作滚模式软胶囊机	35	
3	维护维修滚模式软胶囊机	35	
4	合计	100	

模块二　全自动硬胶囊填充机

学习目标

1. 能正确操作全自动硬胶囊填充机。
2. 能正确维护、维修全自动硬胶囊填充机。

所需设备、材料和工具

名称	规格	单位	数量
全自动胶囊填充机	NJP	台	1
维护、维修工具		箱	1
工作服		套	1

准备工作

一、职业形象

穿着及行动符合 GMP 要求，进入洁净区人员按 D 级洁净区内要求操作。

二、职场环境

1. 环境

符合 GMP 规范的相关要求。D 级洁净区内进行生产，D 级洁净区要求门窗表面应光洁，不要求抛光的表面，应易于清洁。窗户要求密封并具有保温性能，不能开启。对外应急门要求密封并具有保温性能。

2. 环境温湿度

温度 25℃，相对湿度（RH）40%。

3. 环境灯光

不能低于 300lx，灯罩应密封完好。

4. 电源

应在操作间外，确保安全生产。380V，50Hz，三相五线制，N 线和 PE 线不能相互干扰。

5. 填充物料要求

（1）囊壳要求　外观、含水量、松紧度、脆碎度、崩解时限等，符合《中华人民共和国药典》（2010 年版）要求。

含水量要求：12%～15%。溶解要求：25℃ 水，15min 不溶；36～38℃ 0.5% HCl，15min 完全溶解。

（2）内容物要求　内容物不论其活性成分或辅料，均不应造成胶囊壳的变质。

内容物应具有一定流动性，可将药物加适宜的辅料（如稀释剂、助流剂、崩解剂等）制成均匀的粉末、颗粒或小片。

普通小丸、速释小丸、缓释小丸、控释小丸或肠溶小丸单独填充或混合后填充，必要时加入适量空白小丸作填充剂。

小剂量药物，应先用适宜的稀释剂稀释，并混合均匀。

(3) 可填充胶囊型号　8个型号：000、00、0、1、2、3、4、5。

生产时根据药物剂量所占容积选择最小的型号。

学习内容

硬胶囊填充机按充填工作形式分有间歇式和连续式，按充填方式分有孔板（或称孔盘）充填和插管充填。

硬胶囊填充机型号编制按制药机械产品型号编制方法（YY/T 0216）的规定执行。

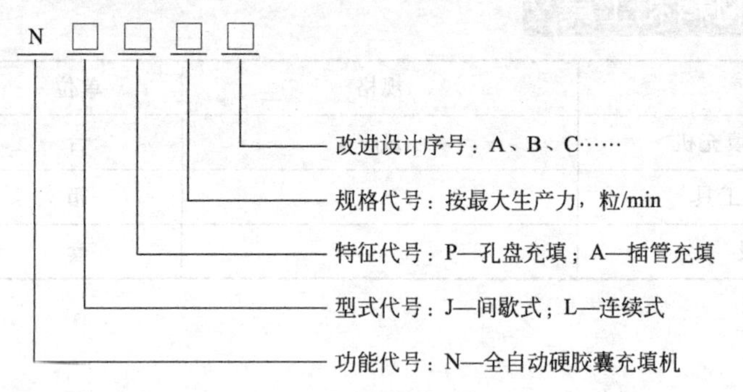

标记示例：

NJP800型：表示经过第一次改进设计、最高生产能力800粒/min、控盘充填、间歇式全自动硬胶囊充填机。

一、结构与工作原理

以NJP型硬胶囊填充机为例，机器由胶囊填充机主机、PLC控制系统、真空上料器、吸尘器、硬胶囊抛光机等几个部分组成，见图2-2-1和图2-2-2所示。

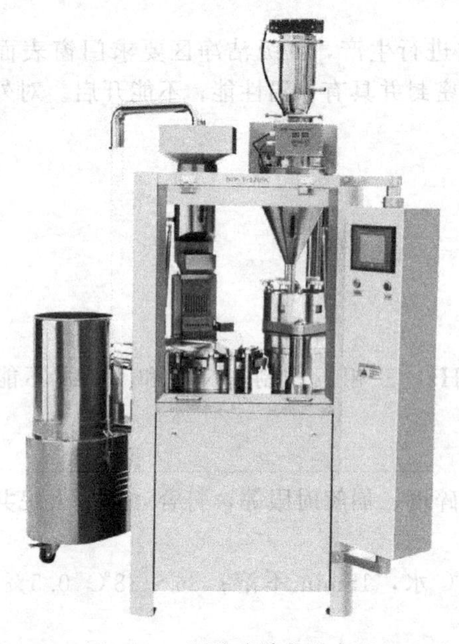

图2-2-1　硬胶囊填充机主机

图2-2-2　抛光机

图 2-2-1 中机器的顶部为真空上料器，通过负压状态将颗粒物流吸入，再加到胶囊填充机的加料器内。吸尘器的功能是将机器内的粉尘吸去，保持机器的清洁，防止室内粉尘飞扬，并有剔除废胶囊的作用。

（一）结构

1. 主机结构

全自动胶囊充填机按其工作台运动形式可分为间歇运转式和连续回转式，NJP 全自动胶囊填充机属间歇回转式。机器主体结构主要由机架、回转台、传动系统、胶囊送进机构、粉剂充填组件、颗粒充填机构、胶囊分离机构、废胶囊剔除机构、胶囊封合机构、成品胶囊排出机构等组成（图 2-2-3）。

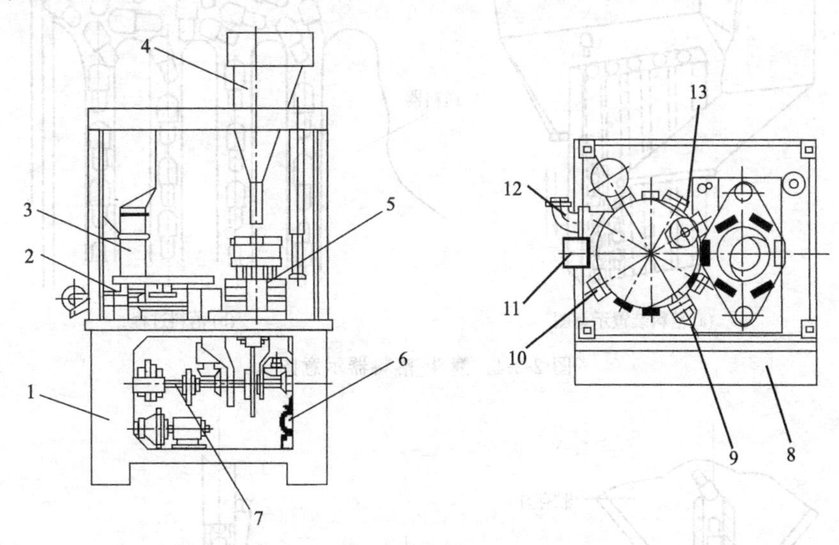

图 2-2-3　NJP 全自动胶囊填充机主机结构

1—机架；2—胶囊回转机构；3—胶囊送进机构；4—粉剂搅拌机构；5—粉剂充填机构；6—真空泵系统；7—传动装置；8—电气控制系统；9—废胶囊剔出机构；10—合囊机构；11—成品胶囊排出机构；12—清洁吸尘机构；13—颗粒充填机构

2. 硬胶囊填充机各装置介绍

（1）供给装置

① 空胶囊落料装置　是把空胶囊从饲料斗（又称供囊斗）连续不断地供给方向限制部的装置（如图 2-2-4 所示）。

帽体经预锁的空胶囊是在孔槽落料器（即空胶囊落料供给装置）中移动完成落料动作的。孔槽落料器本身在驱动机构带动下做上、下滑动机械运动。落料器上下滑动一次，由于落料器下端阻尼弹簧进行的阻尼运动，相应完成一次空胶囊的输送。落料器输出的空胶囊落入整向装置（又称顺向器）的接受孔中。

② 药粉的供给装置　通常由独立电动机带动减速器输出轴连接的输粉螺旋构成，进料斗（盛粉斗）中的药粉或颗粒按定量要求供入计量盛粉器腔内，借助于转盘的转动和搅粉环，将粉粒体供给充填装置的接受器（即计量环）中，实现药粉供给。

（2）方向限制装置　又称顺向器或整向器。灌装工艺要求胶囊在进入胶囊夹具前必须实现定向排列，这样就要求设置一个整理方向的整向装置。方向限制的原理是利用囊身与囊帽的直径差和排斥力差，使空胶囊通过比囊帽外径稍窄一点的槽，完成二次顺向落入重合且对中的上、下模块（胶囊的夹具）孔中，以便于进行下步的分囊动作。

具体地说，由水平校正器（推手）将空胶囊在顺向槽内把胶囊支推呈水平状态，第一次由不规则排列的垂直入孔的胶囊转换成帽在后、体在前的水平状态。

接着，垂直校正器（推手）下移时，使胶囊形成帽在上、体在下的第二次转位，实现整向并规则排列。其落料及整向过程如图 2-2-5。

图 2-2-5 分别为落料器输出囊帽在上、囊体在下和囊体在上、囊帽在下两种情况下的整向过程。绝大多数的自动胶囊灌装机都采用这种结构原理来完成空胶囊的落料和整向。区别

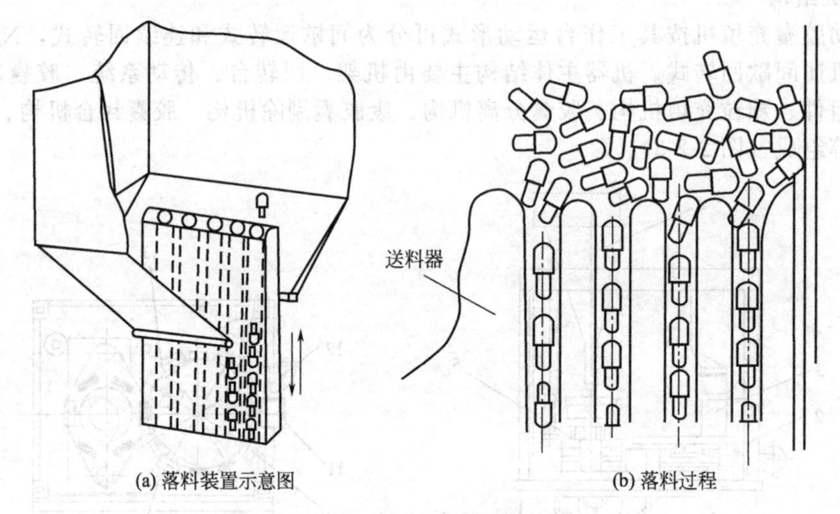

图 2-2-4　囊斗-落料器示意图

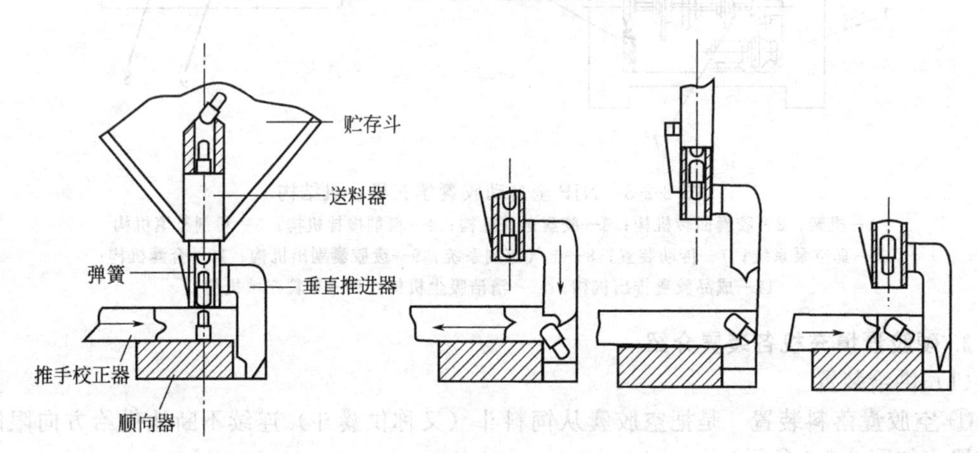

胶囊帽向上的落料情况

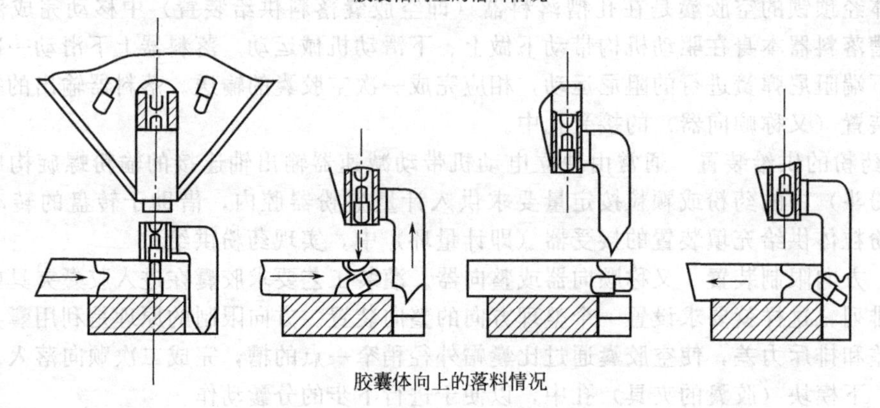

胶囊体向上的落料情况

图 2-2-5　方向限制装置原理图

仅在于落料器结构略有差异：间歇式机型多采用多排滑槽上下滑动式结构；回转式机型采用多根单管式滑导输送杆且与喂料斗一起回转并做上下滑动完成送囊。

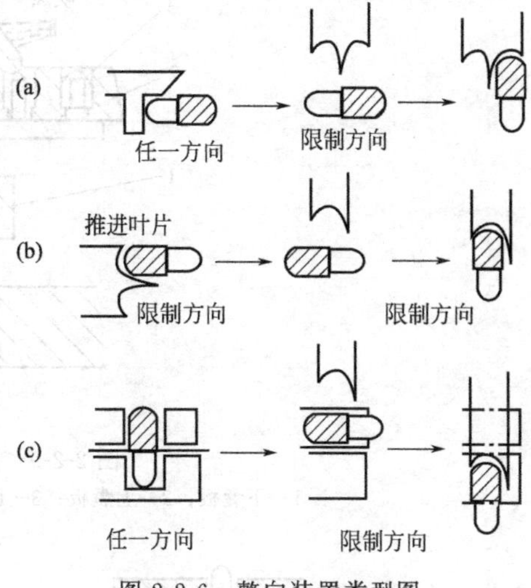

图 2-2-6　整向装置类型图

整向原理大同小异，由于机型差异，其整向装置的结构类型常见有三种（如图 2-2-6 所示）。

（3）囊体与囊帽分离装置　空胶囊在间歇回转的转台上的上、下模块中，由真空吸口把胶囊体吸向下模中，胶囊帽则因上模孔下部内径小于囊帽外径而被留在上模孔中，从而实现了胶囊帽与囊体的分离。分离后分别留在上模和下模的囊帽和囊体随其载体模块进一步分离。

真空分离胶囊帽与体的装置如图 2-2-7 所示。

（4）填充装置-送粉计量机构　已垂直分离的胶囊帽、体，随着转台的间歇运转，模块沿径向再度分离。载胶囊帽的上模块向内且向上让位，载胶囊体的下模块依次间歇回转到填充部位，由填充装置填充药物。

冲塞式间歇计量送粉是冲压式灌装，又称间接式（如图 2-2-8 所示）。

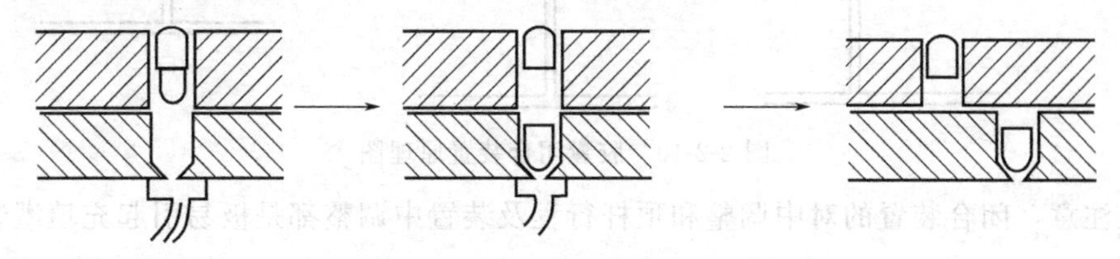
图 2-2-7　真空分囊装置示意图

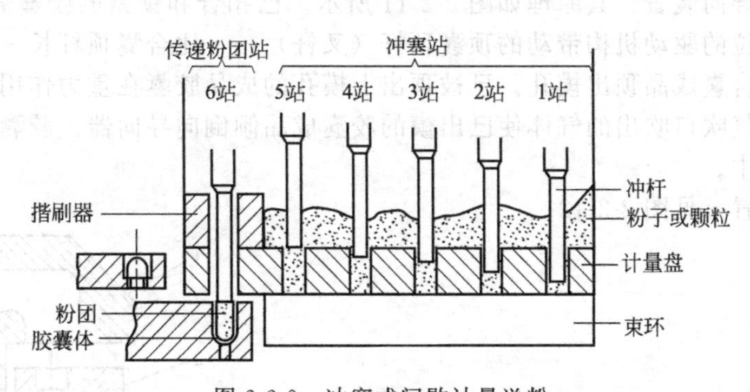

图 2-2-8　冲塞式间歇计量送粉

（5）剔废装置　工作过程中个别空胶囊可能会因某些原因使得体帽未能分开，这些空胶囊会滞留于上囊板孔中，但并未填充药物。为防止这些空胶囊混入成品，应在胶囊闭合前将其剔除。

剔除装置的结构与工作原理如图 2-2-9，其核心构件是一个可上下往复运动的顶杆架，上面设有与囊板孔相对应的顶杆。

（6）胶囊帽体闭合装置　已充填的囊体应即与囊帽扣合。欲扣合的胶囊帽和囊体需将囊帽与囊体通过各自夹具（模块）重合对中，然后驱动下夹具内的顶杆，顶住囊体上移扣合囊身入帽；同时，上夹具上缘前盖板止推囊帽，被推上移的囊体沿夹具孔道上滑与帽扣合并锁紧胶囊（如图 2-2-10 所示）。

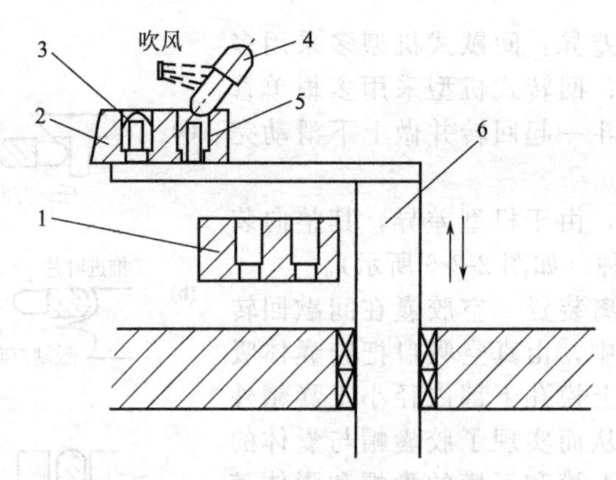

图 2-2-9 剔除装置的结构与工作原理

1—下囊板；2—上囊板；3—胶囊帽；4—未拔开空胶囊；5—顶杆；6—顶杆架

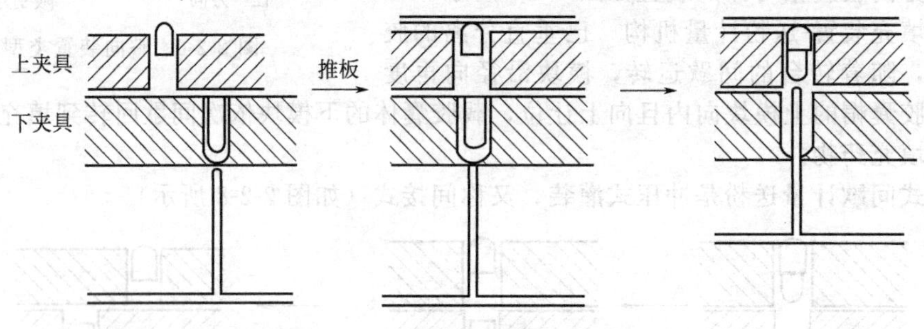

图 2-2-10 胶囊闭合装置原理图

应该注意，闭合装置的对中调整和顶杆行程及装置中调整都是极易引起充填灌装质量变化的要素。

(7) 排出和导向装置　其原理如图 2-2-11 所示。已扣合和锁紧的胶囊需从夹具中取出。它主要靠排囊工位的驱动机构带动的顶囊顶杆（叉杆）——比合囊顶杆长——上移，将仍保留在上夹具中的合囊成品顶出模孔。已被顶出上模孔的成品胶囊在重力作用下倾斜，此时导向槽上缘压缩空气吹口吹出的气体使已出模的胶囊成品倾倒向导向器。胶囊在风力和重力作用下滑向集囊箱中。

(8) 清洁装置　见图 2-2-12。

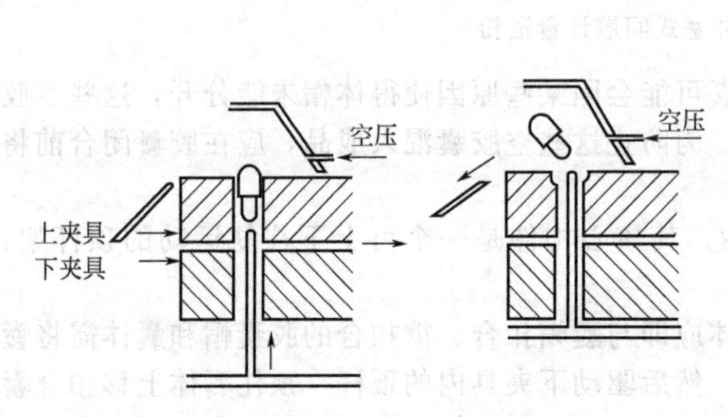

图 2-2-11 胶囊排出和导向装置原理图

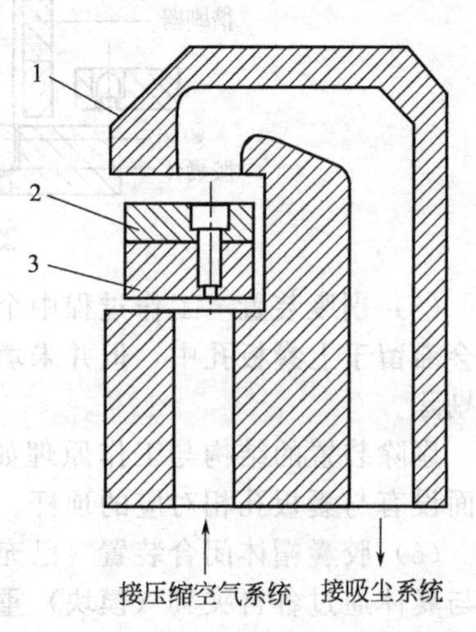

图 2-2-12 清洁装置的结构与工作原理

1—清洁装置；2—上囊板；3—下囊板

（二）原理

全自动胶囊充填机主要工作原理是机器运转时，胶囊料斗内的胶囊会逐个地竖直进入分送装置的分送叉内。当分送叉向下动作一次会送下一排胶囊，并且胶帽在上。间歇回转的工作台分有 12 个工位，在第 1 工位上，真空分离系统把胶囊顺入到模块中，同时将体帽分开。转盘间歇旋转到第 2 工位时，上模块上升并向内运动，在第 5 工位充填杆把压实的药柱推入到下模块的胶囊内，未分开的胶囊在第 8 工位上排除。上、下模块在第 10 工位上合在一起，并将下胶囊体推向上使之扣合，在第 11 工位上，将扣好的胶囊成品被推出收集。在第 12 工位，吸尘器清理模块后又进入下一循环。药柱是在间歇旋转的计量盘内经过多次充填压实而成（见图 2-2-13 所示）。

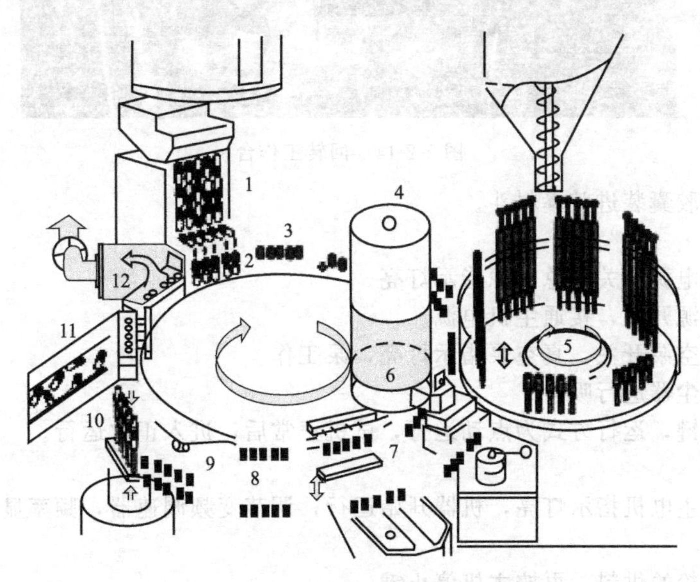

图 2-2-13 硬胶囊填充机工位

1—将排好的胶囊插入模板；2—分开胶囊；3—移动胶囊上部模板，打开通向胶囊的通道；4—小丸或小片填料站；5—粉剂填料剂量站；6—小丸填料站；7—检验胶囊盖，排除有毛病的胶囊；8—胶囊盖和囊身轴线对中；9，10—闭合胶囊；11—排出已填料的胶囊；12—由真空吸尘机清理胶囊模板

回转工作台（见图 2-2-14 所示）设有可绕轴旋转的主工作盘，主工作盘可带动胶囊板作周向旋转。围绕主工作盘设有空胶囊排序与定向装置、剔除废囊装置、分囊装置、闭合胶囊装置、出囊装置和清洁装置等。

二、操作

NJP-1200 全自动胶囊填充机标准操作方法如下：

1. 开机前的检查工作

（1）检查设备是否挂有“完好”、“已清洁”设备状态标志牌。

（2）取下“已清洁”标示牌，准备生产。

（3）检查电源连接正确。

（4）检查润滑部位，加注润滑油（脂）。

（5）检查机器各部件是否有松动或错位现象，若有应加以校正并坚固。

（6）更换或安装模具。

（7）将吸尘器软管插入填充机吸尘管内。

（8）打开真空泵水源阀门。

图 2-2-14 回转工作台

(9) 将空心胶囊装进胶囊料斗。

2. 开机

(1) 合上主电源开关，总电源指示灯亮。

(2) 旋动电源开关，接通主机电源。

(3) 启动真空泵开关，真空泵指示灯亮，泵工作。

(4) 启动吸尘器进行吸尘。

(5) 按点动键，运行方式为点动运行，试机正常后，进入正常运行。

3. 运行

按启动键，主电机指示灯亮，机器开始运行，调节变频调速器，频率显示为零。

4. 关机

(1) 停止药粉的供料，再按主机停止键。

(2) 关闭真空泵。

5. 清理

(1) 每批生产完毕或换品种，必须对胶囊填充机进行清洁。

(2) 对直接接触药物的部件，应拆下来清洗，表面用75%乙醇消毒。

(3) 对不能拆下来的部件，可用吸尘器吸除残留药粉，然后用湿布抹干净，再用75%乙醇消毒。

(4) 当需要更换配件模具，也要进行清理，可用湿布将模具擦拭干净，再用脱脂棉蘸75%乙醇消毒。

(5) 机器的传动件要经常将油污擦净，以便清楚地观察运转情况。

(6) 真空系统的过滤器要定期清理，如发现真空度不够不能打开胶囊时，应仔细检查真空管路，并清理堵塞的污物。

(7) 当机器较长时间停用时应尽可能拆下各部件，进行彻底清洗，消毒。

三、调整与更换

(一) 调整

1. 胶囊料斗的调整

在料斗出口处胶囊的深度由一个装在料斗上的滑动门板控制，松开门板固定螺母，拉动门板，变换开口大小，就可以改变胶囊深度(深度应根据机器运转速度调节，以确保顺利下囊)。经验表明，胶囊深度大约为出口高度的一半为好。

2. 扣囊簧片的调整

当顺序叉运动到下方时，拨板上的轴承撞在限位轴上，使扣囊簧片抬起放下胶囊。当顺序叉升起时，弹簧片又扣住胶囊。因此，调整限位块的位置是控制扣囊簧片开合时间的关键。

扣囊簧片的开合时间以保证胶囊每次只从顺序叉内出一粒为准。拧松限位块的紧固螺栓，调整限位块，使顺序叉每次排出一粒胶囊，并把其余胶囊扣留在图 2-2-15 所示位置。限位块太高，则可能有两粒或两粒以上胶囊排出；限位块太低，则可能有的通道没有胶囊排出。

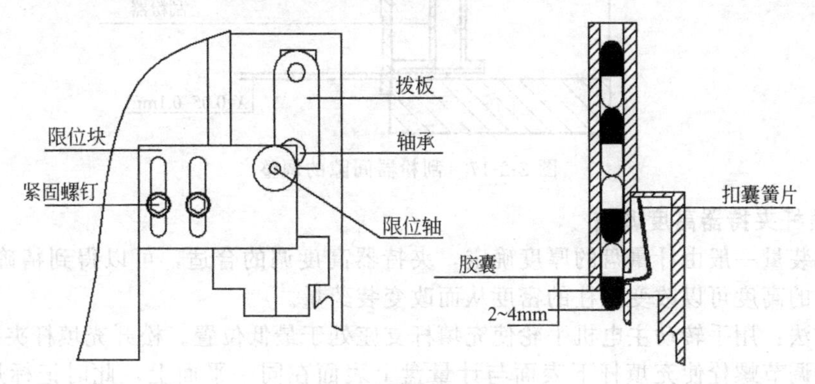

图 2-2-15　扣囊簧片的调整

3. 真空分离器的调整

机器每回转一个工位，真空分离器就上下动作一次，只要其能与下模块严密接触就可以，一般不用调整。如果要调整，就要用手扳动主电机手轮，使真空分离器升到最高点，松开机器台面下拉杆两端的锁紧螺母，旋转拉杆调整真空吸板的高度，调好后锁紧螺母，检验一次，直到合适为止。

4. 上、下模块对中调整

当更换模块后，或在充填过程中发现有的胶囊总在某对模块中分不开或扣合不好的现象，必须进行模块对中调整。

5. 计量盘与铜盘间隙的调整

调整螺栓改变铜盘高度，调好后 5 个调整点都应与铜盘接触（图 2-2-16）。调整时可以在计量盘下用塞尺测量，但最好用一个刀口尺测量。计量盘和铜盘间隙大约在 0.05～0.10mm 之间，如果药粉颗粒大，也可以将间隙适宜调大些，间隙太小会增加计量盘和铜盘之间的阻力。机器运转时如发现漏粉过多或阻力大，就要调节此间隙。

6. 刮粉器间隙的调整

每次更换计量盘后都应调整这一间隙（因计量盘厚度改变），此间隙在 0.05～0.10mm 之间为最好。

调整方法：拧松锁紧螺母，旋转调节螺栓，刮粉器即可升降（图 2-2-17）。间隙可用塞尺测量。

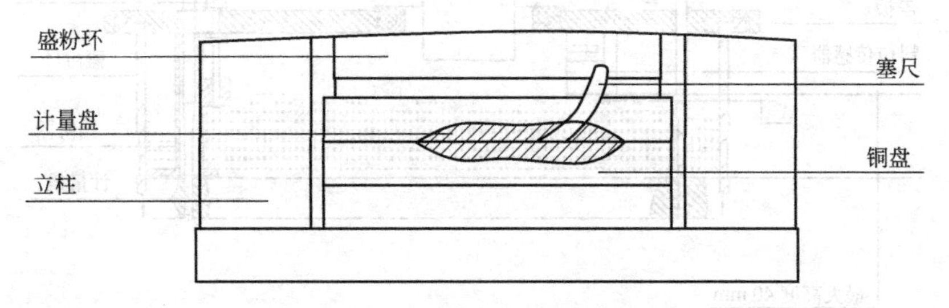

图 2-2-16　计量盘与铜盘间隙的调整

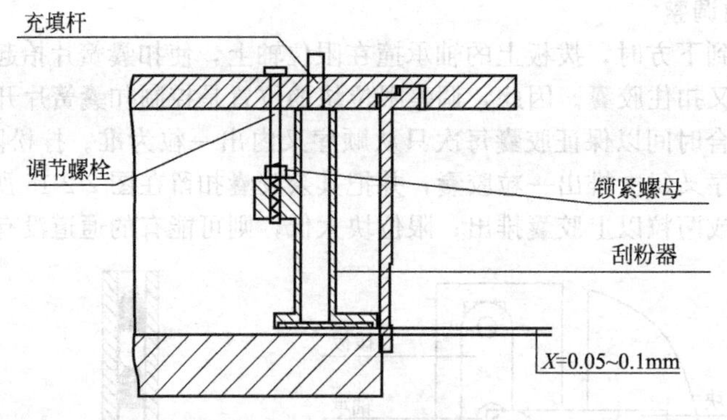

图 2-2-17 刮粉器间隙的调整

7. 充填杆夹持器高度调整

机器的装量一般由计量盘的厚度确定，夹持器高度调的合适，可以得到精确的装药量，改变夹持器的高度可以改变药柱的密度从而改变装药量。

调整方法：用手转动主电机手轮使充填杆支座处于最低位置。松开充填杆夹持器的锁紧螺钉，旋转调节螺栓使充填杆下表面与计量盘上表面在同一平面上，此时记标尺刻度值为零点。

1～5 工位充填杆没入计量盘的深度，建议按表 2-2-1 数值调整（当计量盘厚度为 18mm 时），不宜过深。

表 2-2-1 充填杆没入计量盘的深度

工位号	1	2	3	4	5
没入深度/mm	5	4	3	2	1 或 0

以上数值可根据实际情况有所变化。

8. 药粉高度传感器的调整

盛粉环里药粉的高度由一个电容式传感器控制，选取的高度与药粉的流动性有关。当充填易于流动的药粉时，最小高度必须大于计量盘的厚度，最大高度为 40mm。

调整方法：松开锁紧螺钉在竖直方向移动传感器，传感器灵敏度的调整可转动其上部的调节螺栓来实现（图 2-2-18）。传感器端面与药粉间的距离为 X（2～8mm）。

9. 残次胶囊剔除的调整

在第 8 工位上，有吸嘴和上下运动的推杆，对未被分开的或有其他问题的胶囊进行剔除。吸嘴和推杆的高度可以调整，当更换胶囊的规格时，就要进行适当的调整。

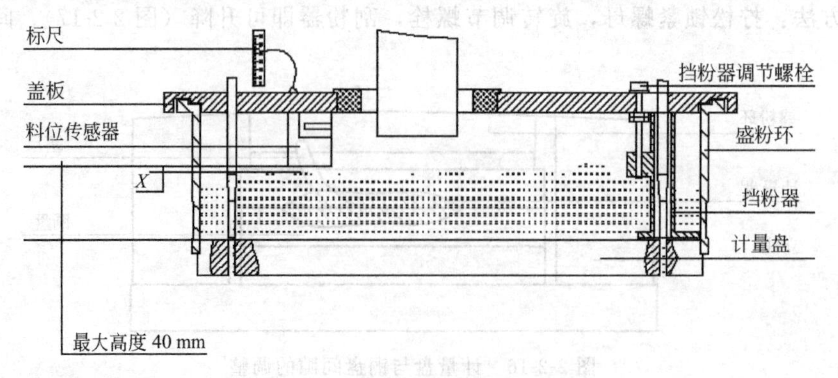

图 2-2-18 药粉高度传感器的调整

残次胶囊剔除调整装置见图 2-2-19。

吸嘴的调整方法是：松开紧固顶丝，上下调整吸嘴高度，然后拧紧顶丝即可，注意吸嘴不要过低，否则会吸掉上模块中已分开的胶囊帽。残次胶囊剔除调整部位见图 2-2-20。

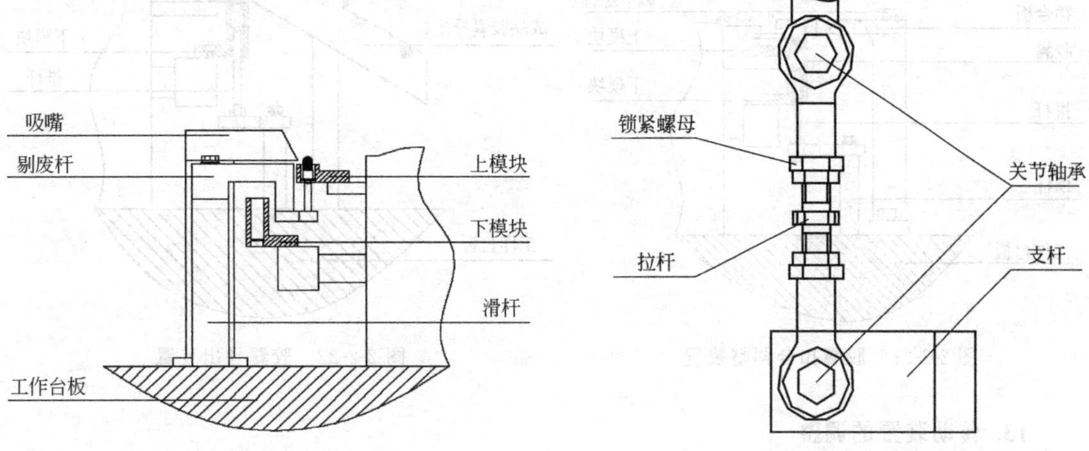

图 2-2-19　残次胶囊剔除调整装置　　图 2-2-20　残次胶囊剔除调整部位

调整推杆时要仔细，推杆上下运动时不能与上、下模块相碰。调整方法是：在工作台面下，松开拉杆两端关节轴承上的锁紧螺母，转动拉杆就可以调整推杆高低。将未分开的胶囊装入上模块孔中，推动拉杆上下运动，观察推杆的位置和高度，合适后拧紧锁紧螺母即可。

10. 胶囊扣合的调整

当胶囊套合后的成品长度不符合要求时，或更换胶囊规格后，就要对压合机构进行调整。胶囊扣合调整装置见图 2-2-21。压合机构的调整分为锁合板的调整和推杆调整两部分。

锁合板的调整方法是：松开锁紧螺母，旋转调节螺栓即可调节锁合板高度，锁合板与上模块孔中胶囊最高点间隙为 0.2～0.3mm，拧紧螺栓即可。

推杆的高度是保证胶囊完全闭合的重要条件。

调整方法：一个扣合好的胶囊放入上模块中，然后手动使顶杆上升到最高点，松开拉杆两端的锁紧螺母，转动拉杆使推杆顶着胶囊上升，当胶囊升到刚好接触压板时，拧紧锁紧螺母即可。在手动升起顶杆时，若顶杆未到最高点时胶囊已接触压合板，那么先调整拉杆把推杆降低些再继续调整即可。

在充填过程中，如果发现胶囊闭合不好（太松未闭合，太紧胶囊变形），就要重新进行更仔细的调整。

11. 胶囊导出装置的调整

胶囊导出装置见图 2-2-22。

成品导出装置的调整包括成品导向板和推杆的调整。成品导向板可以改变角度和高低位置，只要松开两端的螺栓就可调整，根据实际情况，以能顺利导出胶囊为准，调好后拧紧螺栓即可。导向板设有压缩空气通路，为保证胶囊导出可靠，可外接压缩空气辅助吹出胶囊。

成品顶杆的调整与压合顶杆的调整方法相同。推杆最高位置以顺利推出胶囊为准，最低位置必须低于下模块的下表面。

12. 安全离合器的调整

安全离合器是安装在主电机减速机输出端的装置，它是在机器过载时起保护作用的，负载正常时离合器不应打滑，但由于长时间使用也会出现打滑现象。当正常使用出现打滑现象时，可以将离合器的螺母拧紧些，以达到保证机器正常运转又能起保护作用的目的。

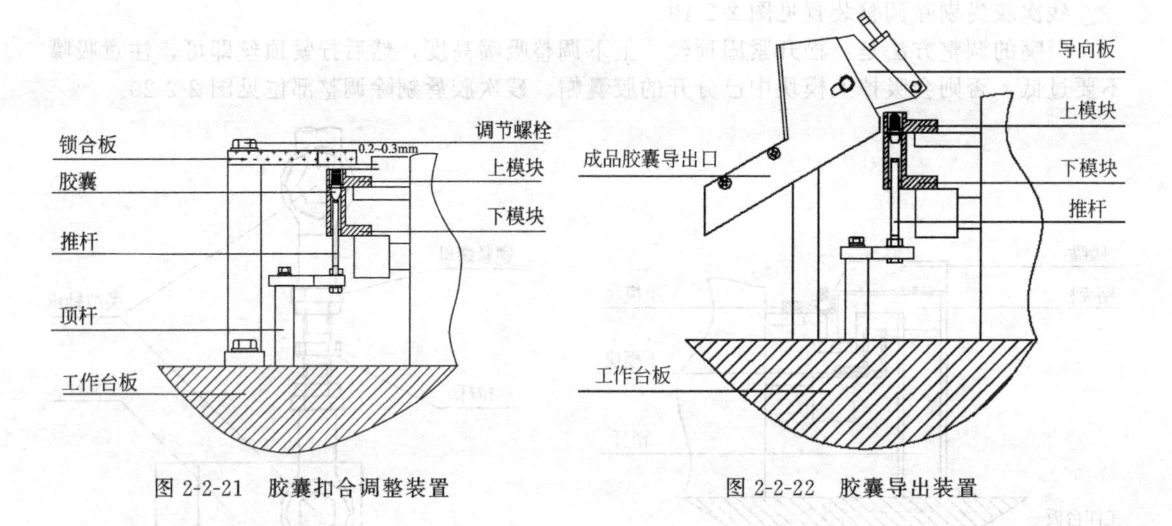

图 2-2-21　胶囊扣合调整装置　　　　图 2-2-22　胶囊导出装置

13. 传动装置的调整

传动调整装置见图 2-2-23。

传动凸轮位置是在出厂时调好的。它保证了各机构运动不发生干扰，如果需要调整一定要慎重。轴向位置按主轴部件来调整。

14. 传动链条的调整

当发现传动链条过松时，可适当调整主电机的位置，使链条变紧。

注：每月检查一次链条，有松动需上紧一次，并加润滑油。

15. 真空压力的调整

水环真空泵需用洁净压力水，水压为 0.4MPa，水量不需很大，可以用截止阀调节，只要保证供给泵内密封用水循环即可。

真空度可根据需要调节，真空度可以在真空表上读出，通过阀门调节，从而保证胶囊拔开而又不被损坏。

（二）更换

当改变胶囊规格时，必须更换计量盘、上下模块、顺序叉、拨叉、导槽、充填杆，并对机器作适当的调整。每次换完零件在开机前都必须用手扳动主电机手轮，将机器运转 1～2 个循环。如果感到有异常阻力，就不能再继续转动，需对更换部分进行更细致的检查，并排除故障。

1. 更换上下模块（图 2-2-24）

（1）松开上下模块的紧固螺钉，取下上下模块。

（2）下模块由两个圆柱销定位，安装完后不需调整。

（3）装上模块时两个螺钉先不拧紧，在第 8 工位上把两个模块调试杆分别插入到两个外侧胶囊孔中使上下模块孔对准，然后把螺钉上紧，定好位后两个模块调试杆应能灵活转动，如有其他模孔不能灵活转动，应把调试杆在不灵活孔调试。

（4）更换模块时用手扳动主电机手轮旋转转盘，注意旋转时必须取出模块调试杆。模块具有互换性。

2. 更换胶囊分送部件（图 2-2-25）

（1）拧下两个紧固螺钉取下胶囊料斗。

（2）用手扳动主电机手轮使顺序叉运行到最高位。

（3）拧下 2 个固定顺序叉部件的螺钉，将顺序叉件拔离两个定位销，慢慢取下。

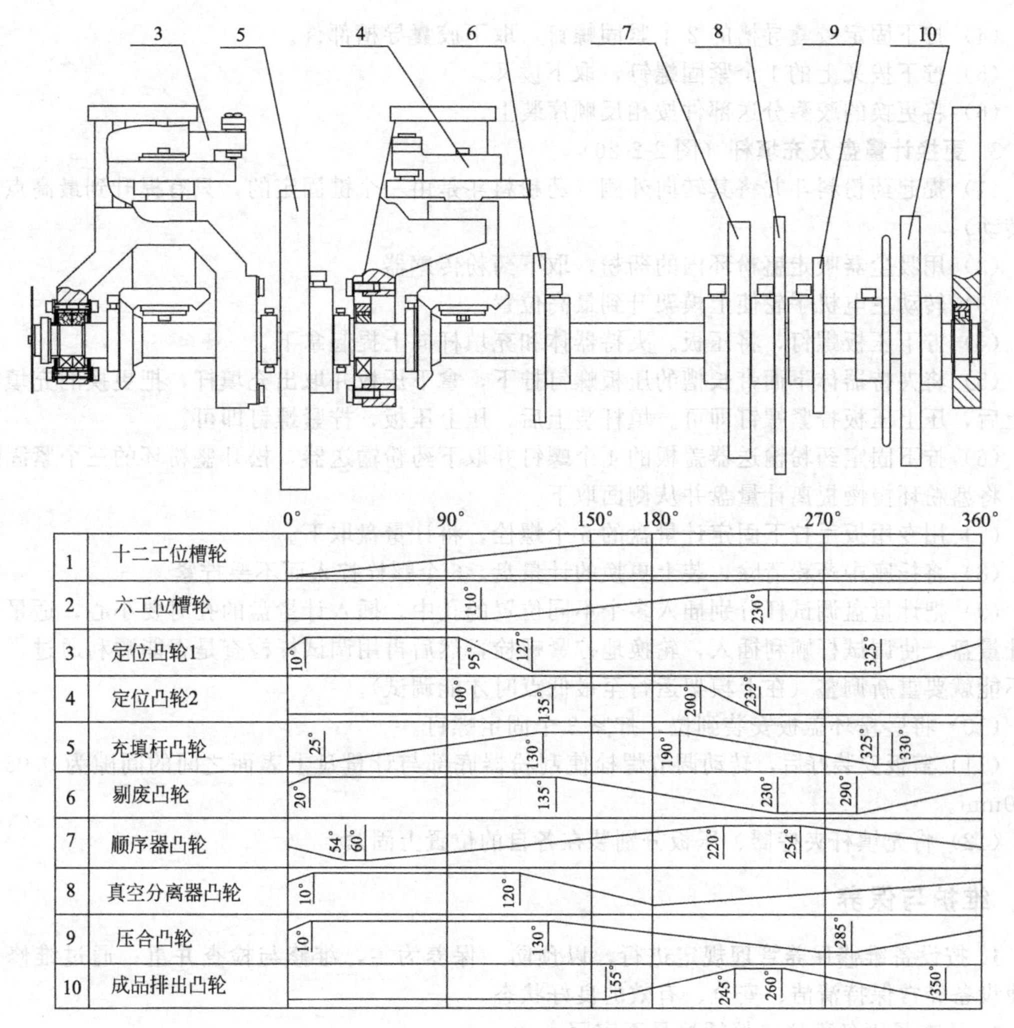

图 2-2-23 传动调整装置

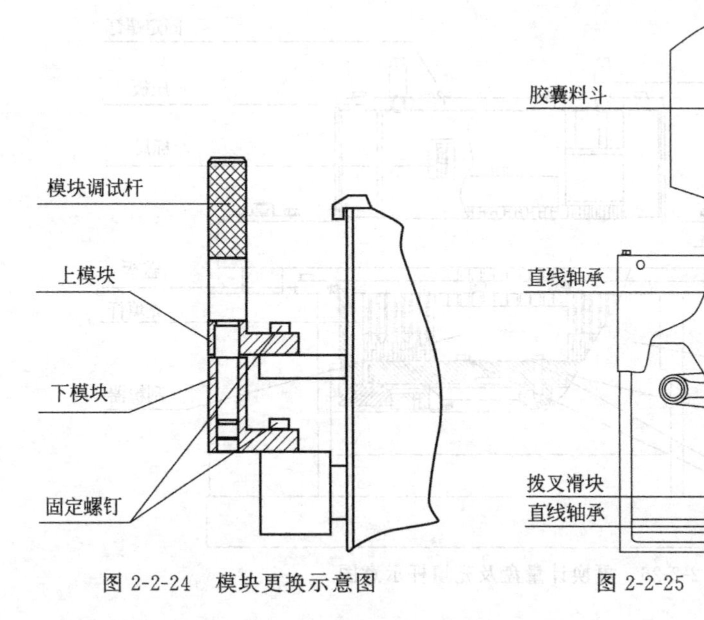

图 2-2-24 模块更换示意图

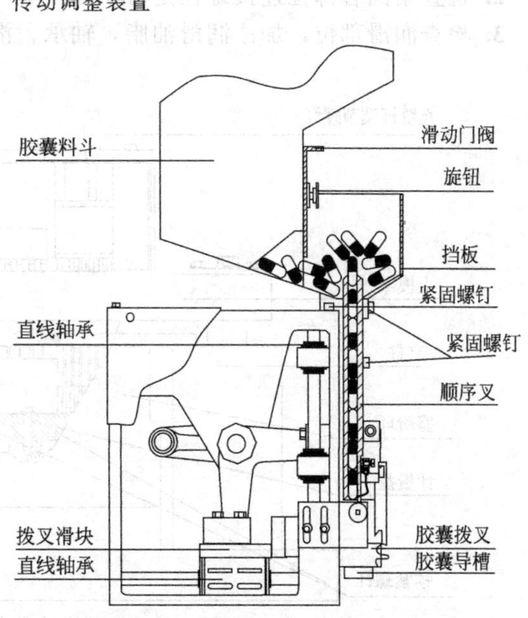

图 2-2-25 更换胶囊分送部件示意图

（4）拧下固定胶囊导槽的 2 个紧固螺钉，取下胶囊导槽部件。

（5）拧下拨叉上的 1 个紧固螺钉，取下拨叉。

（6）将更换的胶囊分送部件按相反顺序装上。

3. 更换计量盘及充填杆（图 2-2-26）

（1）提起药粉料斗并将其转向外侧（药粉料斗是由一个键固定的，只有提升到最高点才可转动）。

（2）用吸尘器吸走盛粉环内的药粉，取下药粉传感器。

（3）转动主电机手轮使上模架升到最高位置。

（4）拧下压板螺钉，将压板、夹持器体和充填杆向上提起拿下。

（5）将夹持器体下面带长槽的压板螺钉拧下，拿下压板并取出充填杆，把更换的充填杆装上后，压上压板拧紧螺钉即可。填杆装上后，压上压板，拧紧螺钉即可。

（6）拧下固定药粉输送器盖板的 4 个螺钉并取下药粉输送器，松开盛粉环的三个紧固螺钉，将盛粉环慢慢提离计量盘并从侧面取下。

（7）用专用扳手拧下固定计量盘的 6 个螺栓，将计量盘取下。

（8）将托座中药粉清除，装上更换的计量盘，6 个螺栓拧入而不要拧紧。

（9）把计量盘调试杆分别插入多个不同位置的孔中，插入计量盘的孔时要小心，适量转动计量盘，使调试杆顺利插入，轮换地拧紧螺栓，然后再用调试杆检查是否能顺利通过，如果不能就要重新调整（在上模架运行至最低点时才能调试）。

（10）将盛粉环盖板安装到位，拧紧 3 个固定螺钉。

（11）盖板安装好后，转动调节螺栓使刮粉器底部与计量盘上表面之间的间隙为 0.05～0.10mm。

（12）将充填杆夹持器、压板分别装在各自的位置上固紧。

四、维护与保养

1. 按设备维修保养管理规定进行，以预防、保养为主，维修与检查并重；通过维修保养使设备经常保持清洁、安全、有效的良好状态。

2. 检查紧固各部位连接螺栓是否牢固。

3. 检查润滑部位，加注润滑油脂，轴承、滑动部位、凸轮滚轮涂润滑脂。

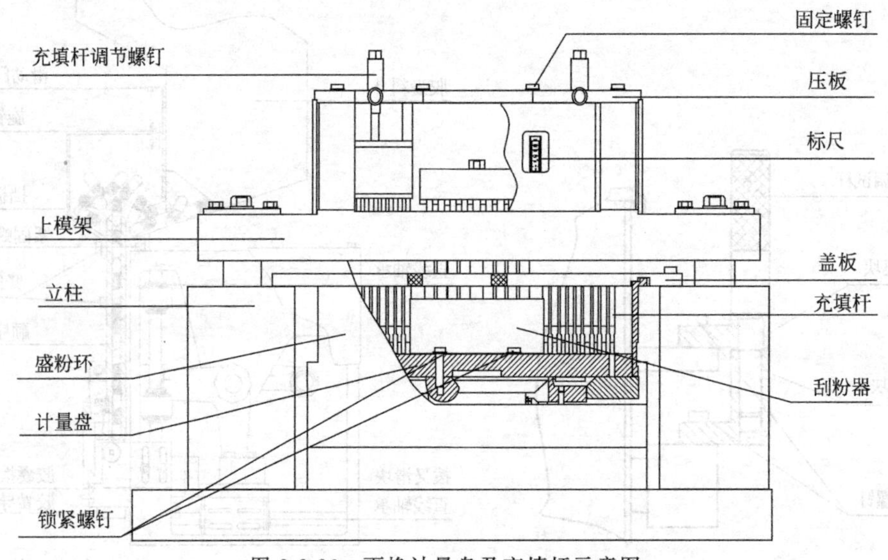

图 2-2-26 更换计量盘及充填杆示意图

4. 检查运动部位清洁。

5. 检查真空过滤器清洁，管路是否清洁。

6. 检查传动链松紧度。

7. 作好运行情况以及故障情况等记录。

8. 发现问题及时与维修人员联系，进行维修。

9. 维修完毕应进行试车验收。

10. 试车机器运转应平稳，无异常振动，无杂音，并符合生产要求。

五、常见故障及排除方法

NJP-1200 型全自动胶囊填充机常见故障及排除方法见表 2-2-2。

表 2-2-2　NJP-1200 型全自动胶囊填充机常见故障及排除方法

序号	故障现象	可能原因	排除方法
1	胶囊帽体分离不良	胶囊尺寸不合格，预锁过紧	目视检查胶囊
		上下模块错位	用模块调试杆调节模块位置，并检查盘凸盘对中销位置情况
		模板孔中有异物	观察模块中是否有异物，如有，用钳子、毛刷清理
		真空度太小，管路堵塞或漏气	检查真空表的气压，同时检查真空管道，清理过滤器
		真空吸板不贴模板	仔细调节真空吸板位置，同时检查真空管路及过滤器
2	运行中突然停机	药粉用完	添加料粉
		药粉中混入异物阻塞出料口	检查药粉中是否混入异物，如有，取出
		电控系统元器件损坏	检查料斗电控系统，电机接触器是否良好
		机械传动零件松动，损坏卡住，电机过载	检查机械传动部分是否有零件松动，造成运动干扰、电机过载，如属此类问题，应仔细检查修复，并对机器进行相应的调整
3	不自动加料	电路接触不良	参考电器原理图检查相应的电路，由电工排除故障
		料位传感器或供料电器损坏	检查传感器灵敏度，清理传感器接近开关，调整传感器灵敏度
		上料开关跳闸	检查是否由上料开关保护引起，如属此类问题，将其复位
4	成品抛出不畅	胶囊有静电	检查出料口是否有胶囊粘留现象，如有，加清洁压缩空气吹出成品
		异物堵塞	检查推杆和导引器的位置
		出料口仰角过大	清理出料口
		固定出料口螺钉松动突起	如属于出料口仰角过大问题，通过调整螺钉，减少出料口仰角

续表

序号	故障现象	可能原因	排除方法
5	胶囊叉劈	模块孔内有毛刺	刮刀剔除
		胶囊内装颗粒太硬太满	改变物料形状
		上、下模块不对中	调整上、下模块
		胶囊变形不圆	更换胶囊
6	胶囊内容物偏差大	药粉流动性不好	加辅料、滑石粉、微粉硅胶、硬脂酸镁
		药粉粘充填杆	调整周期，加辅料
		药粉不均匀，易分离分层	改变物料性状
		6工位上模架孔与12工位下模块孔不能对中	调整至两孔对中
7	漏粉严重	计量盘与铜环间隙太大	调整铜环
		盛粉环与铝盖间隙太大	调整盛粉环
		6工位上模架与12工位下模块孔不能对中	调整至两孔对中
		药粉不能压合成形	改变物料性状
8	其他异常情况	机器噪声大	① 主电机链条过松
			② 两锥齿轮间隙过大
			③ 机器有机械摩擦过大增加负载
			④ 凸轮上滚轮轴承不转动，更换之
		12工位移位	① 松开十二工位槽轮上的8个M10螺钉，调整转盘部分位置使下模块与上模架孔同心，或打开转台护罩，拆下端面凸轮，松开转台上8个M10的螺钉，转台位置即可调整至理想位置
			② 经调整供料系统仍不能满足计量用料，改进加料搅拌器之螺旋杆的螺距
		机器不能启动	① 机器负载过大，变频器过载保护
			② 电气部分线路接触不良
			③ PLC损坏需更换

六、主要技术参数

NJP系列全自动充填机主要技术参数见表2-2-3。

七、基础知识

药物定量填充装置的类型很多，常见的如下：

(1) 插管定量装置　图2-2-27。

(2) 模板定量装置　图2-2-28。

(3) 活塞-滑块定量装置　图2-2-29。

(4) 真空定量装置　图2-2-30。

表 2-2-3　NJP 系列全自动充填机主要技术参数

项目＼型号	NJP-400	NJP-800	NJP-1200	NJP-2000	NJP-3200
充填剂型	粉剂、微丸、片剂	粉剂、微丸、片剂	粉剂、微丸、片剂	粉剂、微丸、片剂	粉剂、微丸、片剂
产量	400 粒/min	48000 粒/h	72000 粒/h	120000 粒/h	192000 粒/h
模孔数量	3	6	9	18	23
适用胶囊	00#～4# 胶囊	00#～5# 胶囊	00#～5# 胶囊	00#～5# 胶囊	00#～5#
电源要求	380V 50Hz	380V 50Hz	380V 50Hz	380V 50Hz	380V 50Hz
总功率	3.32kW	5.3kW	5.9kW	7.4kW	7.62kW
吸尘器	$180m^3/h$	$180m^3/h$	$210m^3/h$	$210m^3/h$	$210m^3/h$
噪声指标	<75dB	<75dB	<75dB	<78dB	<78dB
主机重量	700kg	800kg	900kg	1300kg	1500kg
主机尺寸	750mm×680mm ×1700mm	930mm×790mm ×1930mm	1020mm×860mm ×1970mm	1150mm×1050mm ×1970mm	1375mm×1345mm ×(2000+250)mm
胶囊上机率	>99.5%	>99.5%	>99.5%	>99.5%	>99.5%

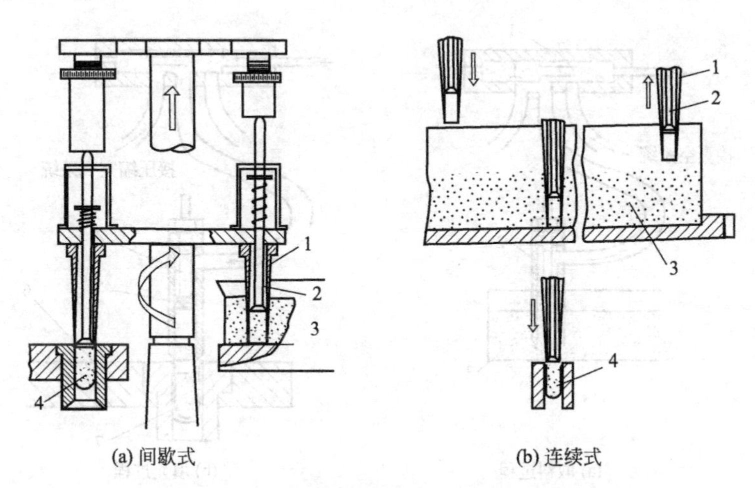

图 2-2-27　插管定量装置的结构和工作原理

1—定量管；2—活塞；3—药粉斗；4—胶囊体

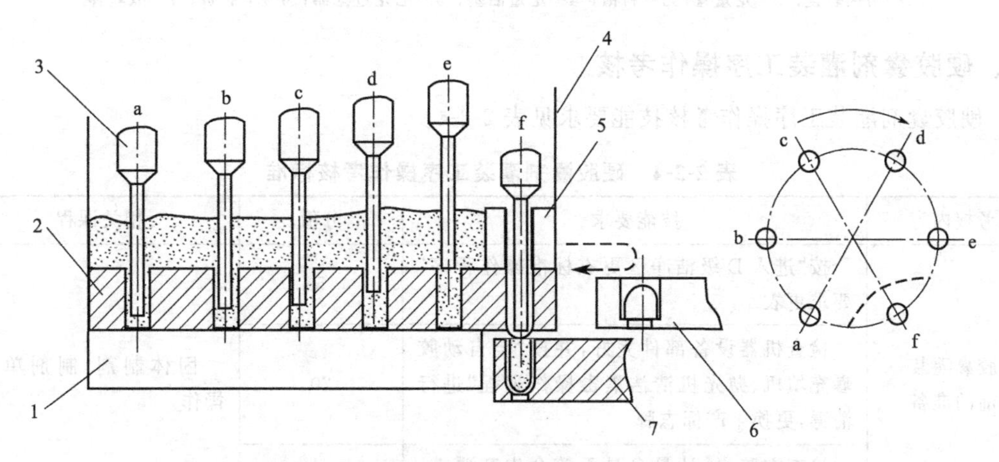

图 2-2-28　模板定量装置的结构和工作原理

1—底盘；2—定量盘；3—剂量冲头；4—粉盒圈；5—刮粉器；6—上囊板；7—下囊板

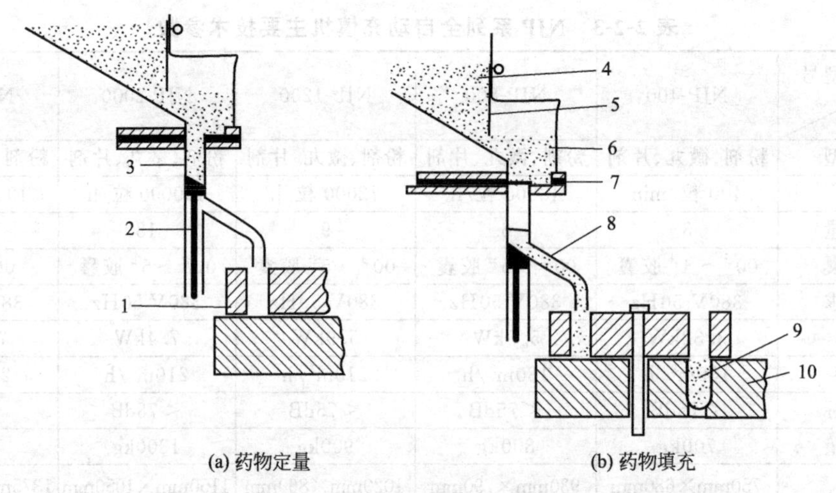

图 2-2-29　活塞-滑块定量装置的结构与工作原理

1—填料器；2—定量活塞；3—定量管；4—料斗；5—物料高度调节板；6—药物颗粒或微丸；7—滑块；8—支管；9—胶囊体；10—下囊板

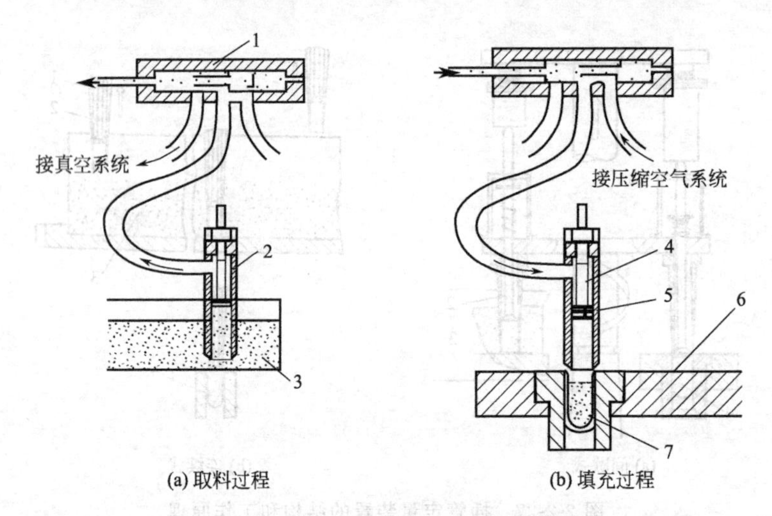

图 2-2-30　真空定量装置工作原理示意图

1—切换装置；2—定量管；3—料槽；4—定量活塞；5—尼龙过滤器；6—下囊板；7—胶囊体

八、硬胶囊剂灌装工序操作考核

硬胶囊剂灌装工序操作考核技能要求见表 2-2-4。

表 2-2-4　硬胶囊剂灌装工序操作考核标准

考核内容	技能要求	分值	相关课程
胶囊灌装前的准备	按“进入D级洁净区更衣标准操作程序”要求更衣	5	固体制剂、制剂单元操作
	检查机器设备部件完好，并按“全自动胶囊充填机、抛光机清洁消毒操作规程”进行消毒，更换生产标志牌	20	
	检查空胶囊、计量盘是否符合生产要求，并润滑机器	5	

续表

考核内容	技能要求	分值	相关课程
胶囊灌装前的准备	按批生产指令从中转站领取物料并核对品名、批号、规格、数量与指令相符	10	固体制剂、制剂单元操作
	调节好充填杆插入料盘的深度	5	
	将自动上料机、装填充好的胶囊的桶、吸尘器放在适当的位置	5	
	手动盘车1～3周，待一切正常后，将物料、胶囊装入机器	5	
	打开电源，启动真空泵，点动运行查看机器下囊、分囊、装料、扣合是否满足生产要求，并调整	5	
连续灌装过程	关闭机器门，启动机器	5	
	每隔20min取样一次检查剂量、扣合是否符合要求	5	
	生产过程中随时观察及时加料、空胶囊	5	
	启动抛光机，灌好胶囊抛光	5	
灌装后的清场	待生产完，停止操作，关掉机器，将抛光的胶囊放入密封袋后扎紧口贴上物料标签，写好物料交接单交予中转站	5	
	按该岗位清场程序进行清场	5	
	更换循环水箱的水	5	
	按"全自动胶囊充填机维护保养程序"进行机器保养	5	
合计		100	

学生学习进度考核评定

一、学生学习进度考核题目

（一）问答题

1. 叙述NJP型硬胶囊填充机组成。

2. 叙述NJP型硬胶囊填充机操作过程。

3. 叙述NJP型硬胶囊填充机维护维修过程。

（二）实际操作题

操作NJP型硬胶囊填充机，并维护维修NJP型硬胶囊填充机。

二、学生学习考核评定标准

编号	考核内容	分值	得分
1	认识硬胶囊填充机的结构和组成	30	
2	操作硬胶囊填充机	35	
3	维护维修硬胶囊填充机	35	
4	合计	100	

项目三　丸剂生产设备

丸剂是药物与适宜的辅料均匀混合，以适当方法制成的球状或类球状的固体制剂。

丸剂分类方法有以下几种：

1. 按赋形剂分类

（1）水丸　是指将药物细粉以纯化水或按处方规定的黄酒、醋、药材煎液、糖浆等作黏合剂而制成的丸剂，一般以水用泛制法制备，故又称水泛丸。

水丸在消化道中崩解较快，发挥疗效亦较迅速，适用于解表剂与消导剂。由于不同的水丸重量多不相同，故一般按重量服用。

（2）蜜丸　是指将药物细粉以炼蜜为黏合剂而制成的丸剂，一般用塑制法制备。亦可将蜂蜜加水稀释，用泛制法制成小蜜丸（又称水蜜丸）。

蜜丸在胃肠道中逐渐溶蚀，故作用持久，适用于治疗慢性疾病和用作滋补药剂。

（3）糊丸　是指将药物细粉用米粉或面粉糊为黏合剂制成的丸剂。

糊丸在消化道中崩解迟缓，适用于作用峻烈或有刺激性的药物，但溶散时限不易控制，现已较少应用。

（4）蜡丸　是指将药物细粉与蜂蜡混合而制成的丸剂。

蜡丸在消化道内难于溶蚀和溶散，故在过去多用于剧毒药物制丸，但现已很少应用，《中华人民共和国药典》1977年版起制剂通则中已不再收载。

（5）浓缩丸　是指将处方中的部分药物经提取浓缩成膏再与其他药物或适宜的辅料制成的丸剂，可用塑制法或泛制法制备。

浓缩丸减小了体积，增强了疗效，服用、携带及贮存均较方便，符合中医用药特点。

2. 按制法分类

（1）塑制丸　是指将药物细粉与适宜的黏合剂混合制成软硬适宜的可塑性丸块，然后再分割而制成的丸剂，如蜜丸、糊丸、部分浓缩丸等。

常用设备如传统的捏合机、丸条机、扎丸机，以及现在比较常用的多功能制丸机、全自动制丸机等。

（2）泛制丸　是指将药物细粉用适宜的液体为黏合剂泛制而成的丸剂，如水丸、水蜜丸、部分浓缩丸、糊丸等。

现在多采用荸荠式糖衣机来代替传统制药工具药匾。

（3）滴制丸　是指将主药溶解、混悬、乳化在一种熔点较低的脂肪性或水溶性基质中，滴入到一种不相混溶的液体冷却剂中冷凝而制成的丸剂。

滴丸生产线包括配料设备、滴丸机和离心机等。

模块一 多功能制丸机

学习目标

1. 能正确操作 WK-12 型多功能制丸机。
2. 能正确维护 WK-12 型多功能制丸机。

所需设备、材料和工具

名称	规格	单位	数量
多功能制丸机	WK-12 型	台	1
维护、维修工具		套	1
工作服		套	1

准备工作

一、职业形象

穿着及行动符合 GMP 要求，进入洁净区人员按 D 级洁净区内要求操作。

二、职场环境

1. 环境

符合 GMP 规范的相关要求。D 级洁净区内进行生产，要求门窗表面应光洁，不要求抛光表面，应易于清洁，窗户要求密封并具有保温性能，不能开启，对外应急门要求密封并具有保温性能。

2. 温湿度

温度应保持在 18～26℃，相对湿度应当保持在 45%～65%。

3. 环境灯光

不能低于 300lx，灯罩应密封完好。

4. 电源

应在操作间外，确保安全生产。380V，50Hz，三相五线制，N 线和 PE 线不能相互干扰。

三、物料要求

1. 塑制法制丸常用的黏合剂为蜂蜜，可视处方药物的性质，炼成黏度适宜的炼蜜。

2. 为了防止药物与工具粘连，并使丸粒表面光滑，在制丸过程中还应用适量的润滑剂。

3. 蜜丸所用的润滑剂是蜂蜡与麻油的融合物（油蜡比一般为 7∶3）。滑石粉或石松子粉也可作为润滑剂使用。

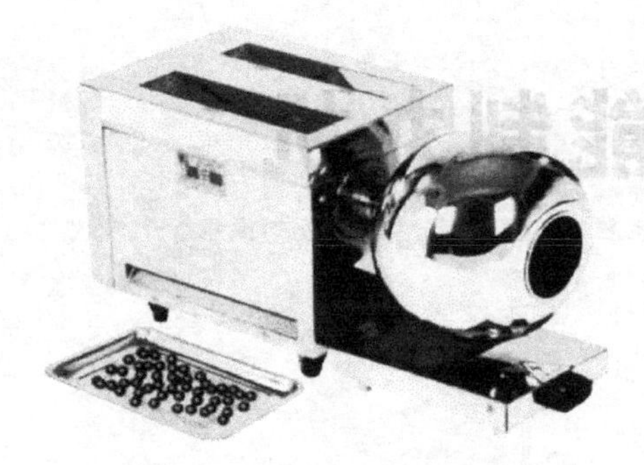

图 3-1-1　WK-12 型多功能制丸机

学习内容

WK-12 型多功能制丸机（图 3-1-1）主要由压片部分、出条部分（制丸块滚轴和搓丸条滚轴）、制粒部分（制丸滚轴）、抛光烘干球和烘干加热器五部分组成。其具有体积小、重量轻、耗能小、效率高、效果好、噪声小、无污染、操作简单、安全可靠等特点。

一、结构与工作原理

（一）结构

WK-12 型多功能制丸机的结构见图 3-1-2、图 3-1-3。

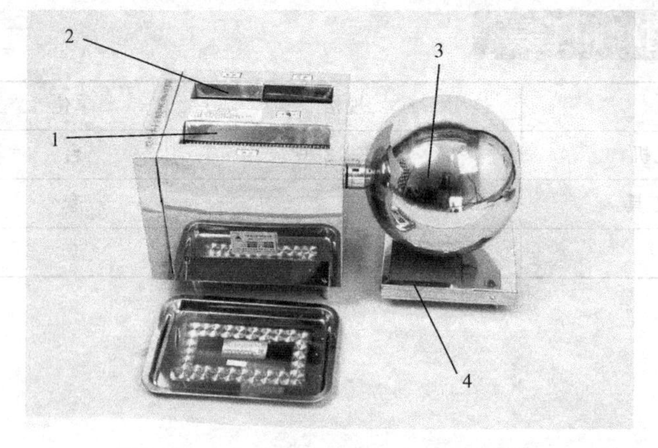

图 3-1-2　WK-12 型多功能制丸机的结构
1—制粒部分；2—压片、出条部分；3—抛光烘干筒；4—烘干加热器

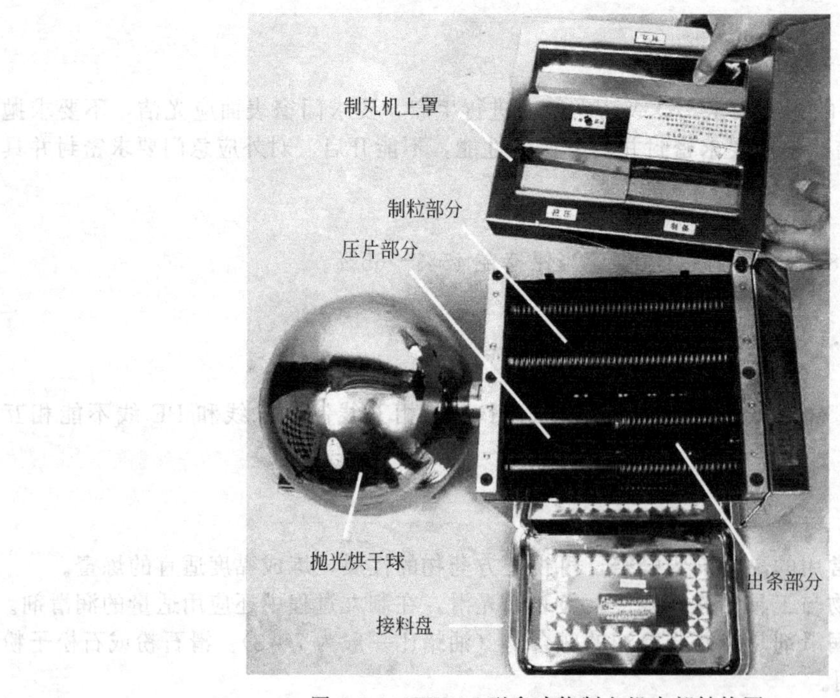

图 3-1-3　WK-12 型多功能制丸机内部结构图

（二）工作原理

取适量调配均匀的团状药料投入挤压槽中进行压饼，然后将饼状药料投入出条槽中成条。将药条一根一根横放在制丸槽中，搓制成丸（先把手柄用手向下压，接着把成条的药条放在制丸槽中，然后松开手柄，等片刻药物成丸后，马上把手柄向下压，成品药丸即从出丸槽中滚出）。

药丸放进滚筒内（滚筒仍保持倾斜），连续滚动，时间越长，表面越光滑。

二、操作

1. 开机前的准备工作

（1）本机使用前，取下上盖壳，齿轮箱盖，必须在各油眼处滴加数滴无水分食用油，再用75%乙醇擦洗四根滚轴及与药丸相接触的部位，做消毒处理。

（2）将上盖壳、齿轮箱盖重新安装复位。

2. 开机

接通电源，打开开关，空机转动1～2min。

3. 运行

（1）取适量调配均匀的团状药料投入挤压器中，进行出条，然后将药条逐根横放在制丸槽中直接搓制成丸。

（2）包衣：待药丸制成后，可放在水丸包衣器中，包成白色、红色等外衣。

（3）烘干：药丸制成后，将药丸进入水丸包衣器进行电加热，亦可进行烘干。

（4）抛光：将药丸放在水丸包衣器中，连续翻滚，滚动时间越长，表面越光滑。

4. 关机

关闭主机电源，拔出电源插头。

5. 清理

（1）本机使用后，拆下内六角螺钉，以滚轴为界分上、下两部分打开，取下四根滚轴，用75%乙醇擦洗干净后，再安装复位。

（2）水丸包衣器顺时针方向旋转拔出，清洗。水丸包衣器的外露部分应涂少量清洁的无水食用油，以防止产生浮锈。

（3）严禁直接用水清洗整机或电加热器。

三、维护与保养

1. 设备使用一段时间以后，须将四根滚轴进行酒精擦洗。

2. 使用过程中严禁在出丸轴上加食用油，否则药丸粘滚轴不易脱落。

3. 设备宜放于清洁、干燥、通风处。

4. 制丸机在开机使用中，严禁用手、毛刷或其他工具接触制丸机滚轴和出条离合滚轴，以避免扎伤手指，严禁在无上盖壳、齿轮箱盖的保护下通电加工制丸，以避免发生事故。

5. 抛光烘干球在使用后，可直接拆洗，向逆时针方向旋转，将其拔出即可；清洁消毒后，放在可靠、清洁的位置待用。设备不使用时，必须放在干燥、清洁、通风处。在电加热器使用过程中，严禁接触水。

四、常见故障及排除方法

制丸机常见故障产生原因及排除方法见表3-1-1。

表 3-1-1 制丸机常见故障产生原因及排除方法

设备故障	产生原因	排除方法
设备通电后,电机不运转	1. 电源线接触不良或电源插头松动 2. 开关接触不良	1. 修复电源或调换同规格插头 2. 修理或更换同规格开关
设备制丸时,滚轴槽黏结药料	排齿板松动,与滚轴最底部之间产生距离,不能将药丸从滚槽内刮落	调整排齿和滚轴槽的最低部距离(大约 0.1mm),并将固定螺钉拧紧
设备工作时,突然电机停止旋转	1. 电容断路 2. 齿轮卡住	1. 报告维修部 2. 检查齿轮槽是否有杂物并做好清洁处理
设备工作时,滚轴有跳动	哈夫螺钉松动	打开上盖,将 6 只内六角螺钉均匀拧紧
设备器在运转过程中,产生异常噪声	各齿轮之间缺润滑油	各齿轮槽涂少量润滑油脂
加热器发热失效	1. 插头松动或电源线脱落 2. 加热器的加热丝熔断	1. 更换同规格插头或修理电源插座 2. 更换加热丝

五、主要技术参数

多功能制丸机主要技术参数见表 3-1-2。

表 3-1-2 多功能制丸机主要技术参数

项目	WK-12 多功能制丸机	WK-11 半自动大蜜丸机
功能	可生产蜜丸、药丸、水丸、糊丸、浓缩丸、水蜜丸及丸制食品等,及其包衣、抛光和烘干	可生产蜜丸、水丸、水蜜丸、糊丸等丸状制品及其烘干与包衣等
制丸尺寸	3mm,4mm,5mm,6mm,7mm,8mm	3g(16mm),6g(19mm),9g(23mm)
理论产量	蜜丸 10～15kg/h	蜜丸 10～30kg/h
电机输出功率	制丸电机:180W 电加热:1kW 电源:220V、50Hz	制丸电机:250W 电加热:1kW 电源:220V、50Hz
设备用途	诊所、药房、门诊部、医院、药厂试制室、中药研究所、中医药物科研单位、中药房	医院、诊所、药店、门诊部、小型药厂、大中药厂试制室、中药研究所、中医药物科研单位、中药房、食品加工厂
外形	550mm×330mm×450mm	650mm×340mm×400mm
重量	35kg	45kg

六、基础知识

(一) 塑制丸剂的生产流程

在工业生产中采用塑制法生产丸剂，其工艺流程如图 3-1-4。

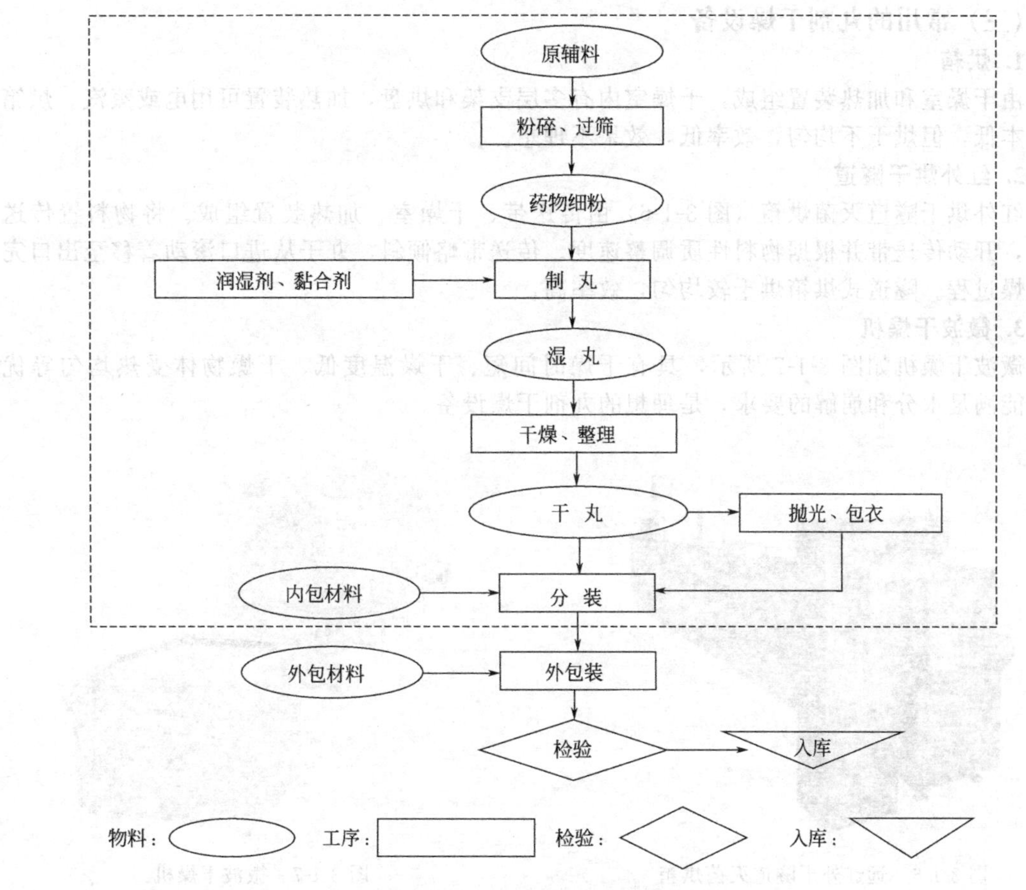

图 3-1-4 塑制法制丸工艺流程

虚线框内代表 D 级洁净生产区域

（二）其他常用丸剂生产设备

中药丸剂的制备方法有泛制法和塑制法，泛制法如同“滚雪球”，塑制法如同“搓汤丸”。蜜丸和蜡丸常用塑制法制造，水丸、水蜜丸、糊丸、浓缩丸可用泛制法或塑制法制造。

塑制法是制备中药丸剂的常用方法，目前常采用制丸连动装置，主要设备有多功能制丸机和全自动制丸机，辅助设备有炼蜜锅、混合机、干燥设备、抛光机。塑制法采用现代化生产设备，自动化程度高，工艺简单，丸大小均匀、表面光滑，而且粉尘少，污染少，效率高，目前药厂多采用塑制法制备中药丸剂。

全自动制丸机（图 3-1-5）主要由捏合、制丸条、轧丸和搓丸等部件构成，其工作原理是：将药粉置于混合机中，加入适量的润湿剂或黏合剂混合均匀制成软材（即丸块），丸块通过制条机制成药条，药条通过顺条器进入有槽滚筒切割、搓圆成丸。

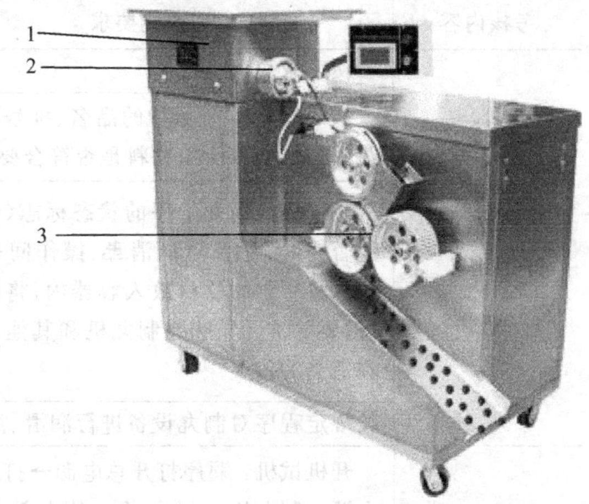

图 3-1-5 全自动制丸机

1—捏合器；2—出条口和电加热器；3—轧丸和搓丸滚圆部分

（三）常用的丸剂干燥设备

1. 烘箱

由干燥室和加热装置组成，干燥室内有多层支架和烘盘，加热装置可用电或蒸汽。烘箱的成本低，但烘干不均匀，效率低，效果不理想。

2. 红外烘干隧道

红外烘干隧道灭菌烘箱（图 3-1-6）由传送带、干燥室、加热装置组成。将物料置传送带上，开动传送带并根据物料性质调整速度。传送带略倾斜，丸子从进口滚动着移至出口完成干燥过程。隧道式烘箱烘干较均匀，效率高。

3. 微波干燥机

微波干燥机如图 3-1-7 所示，具有干燥时间短、干燥温度低、干燥物体受热均匀等优点，能满足水分和崩解的要求，是理想的丸剂干燥设备。

图 3-1-6　远红外干隧道灭菌烘箱

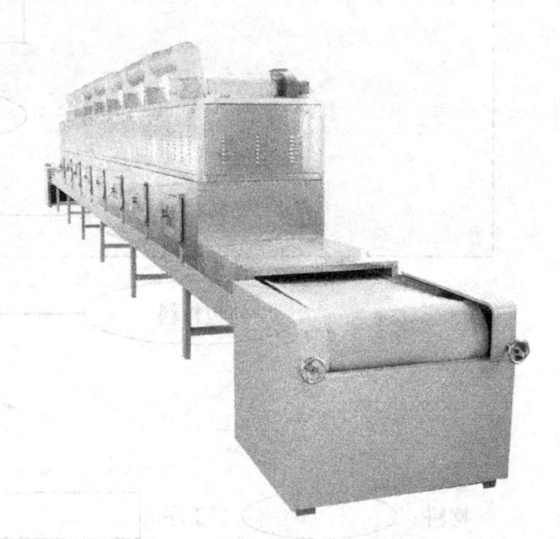

图 3-1-7　微波干燥机

七、制丸工序操作考核

制丸工序操作考核技能要求参见表 3-1-3。

表 3-1-3　制丸工序操作考核标准

考核内容	技能要求	分值	相关课程
制丸前的准备	按要求更衣	5	固体制剂、制剂单元操作
	核对本次生产品种的品名、批号、规格、数量、质量，检查所用物料是否符合要求	5	
	正确检查制丸工序的状态标志（包括设备是否完好、是否清洁消毒、操作间是否清场等），将所制的软材放入容器内，将料盘准备好，要清洁无异味。制丸机和其他润滑剂放在适当的位置	5	
	按规定程序对制丸设备进行润滑、消毒	5	
制丸过程	开机试机：顺序打开总电源→打开制丸机电源→制丸块→搓丸条→轧丸粒→滚圆→出丸→抛光烘干→遮罩保存	20	
	涂擦丸药油	10	

续表

考核内容	技能要求	分值	相关课程
制丸过程	检查丸剂的重量差异、硬度等	10	
	说出在制丸过程中按要求时间称量丸重	5	
	关机顺序:工作结束→关闭抛光加热器→关闭主机系统→关机器电源→切断制丸机的总电源	10	
	清理制丸机上的余料	5	
	操作完毕,将制好的丸剂装入洁净的盛装容器内,容器外贴上标签,注明物料品名、规格、批号、数量、日期和操作者的姓名	5	
制丸后的清场	将生产所剩的尾料收集,标明状态,交中间站	5	
	按清场程序和设备清洁规程清理工作现场	5	
	如实填写各种生产记录	5	
合计		100	

学生学习进度考核评定

一、学生学习进度考核题目

(一) 问答题

1. WK-12 型全自动制丸机的组成部分有哪些?

2. 叙述 WK-12 型全自动制丸机操作过程。

3. 叙述 WK-12 型全自动制丸机维护过程。

(二) 实际操作题

操作并维护 WK-12 型制丸机。

二、学生学习考核评定标准

编号	考核内容	分值	得分
1	认识 WK-12 型全自动制丸机的结构和组成	30	
2	操作制丸设备	35	
3	维护制丸设备	35	
4	合计	100	

模块二 糖衣机

学习目标

1. 掌握水丸泛制成型岗位操作法。
2. 掌握水丸泛制成型工艺管理要点及质量控制要点。
3. 掌握 BY-200A 糖衣机标准操作规程。
4. 掌握 BY-200A 糖衣机的清洁及维护、保养标准操作规程。

所需设备、材料和工具

名称	规格	单位	数量
糖衣机	BY-200A 糖衣机	台	1
维护、维修工具		箱	1
工作服		套	1

准备工作

一、职业形象

穿着及行动符合 GMP 要求，进入洁净区人员按 D 级洁净区内要求操作。

二、职场环境

1. 环境

符合 GMP 规范的相关要求。D 级洁净区内进行生产，D 级洁净区要求门窗表面应光洁，不要求抛光表面，应易于清洁。窗户要求密封并具有保温性能，不能开启。对外应急门要求密封并具有保温性能。

2. 温湿度

应当保证操作人员的舒适性。

3. 环境灯光

不能低于 300lx，灯罩应密封完好。

4. 电源

应在操作间外，确保安全生产。380V，50Hz，三相五线制，N 线和 PE 线不能相互干扰。

三、物料要求

1. 一般水泛丸的药粉应过 80～100 目筛，用细粉泛丸，泛出的丸粒表面细腻光滑圆整，如药材粉碎较粗，则所泛成的丸粒表面粗糙，有花斑和纤维毛，且不易成型。

2. 起模用药粉或盖面包衣用药粉，应按处方的药物性质选择粉碎方法，粉碎后的药粉应过 100～120 目筛。

学习内容

泛制法制丸设备 BY-200A 糖衣机体积小，重量轻，一机可多用，性能稳定，操作简单，清洗方便，省电安全，噪声低，造型美观，与药物接触的部分和外表全部用不锈钢制作，符合 GMP 标准。可生产水丸，也可用于丸状食品包衣、烘干、抛光等。

一、结构与工作原理

（一）结构

设备组成如图 3-2-1、图 3-2-2 所示。

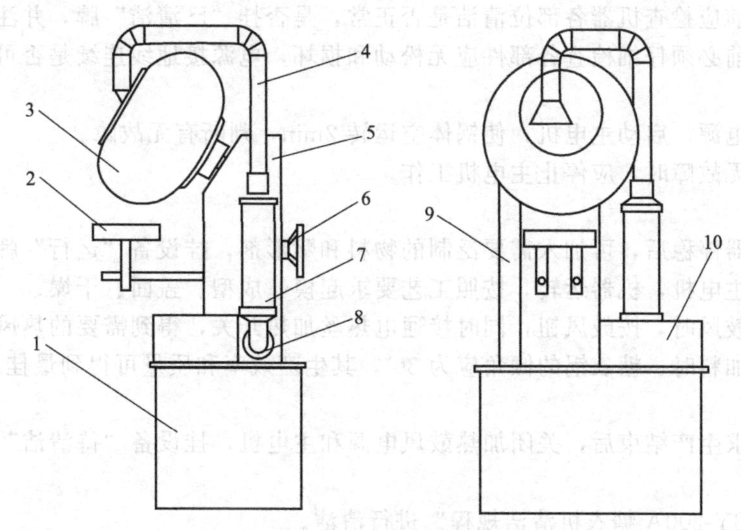

图 3-2-1 BY-200A 糖衣机结构示意图

1—电机箱；2—电炉盘；3—包衣锅；4—冷热风管；5—减速机箱；6—角度调节手轮；7—加热管；8—鼓风机出口；9—皮带罩壳；10—电控箱

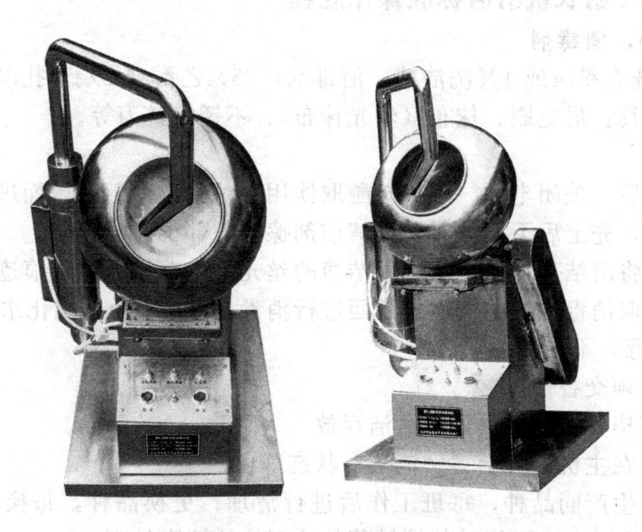

图 3-2-2 BY-200A 糖衣机

（二）工作原理

设备通过锅体顺时针旋转，使物料细粉和喷入的赋形剂在锅内起模，制成直径0.5～1mm大小的丸模后，进行筛选。将已经筛选合格的丸模重新投入锅体中，将适当水和药粉泛制于筛选合格的丸模上，逐渐加大至接近成品。盖面是将适当材料（纯化水、清浆或处方中部分药物的极细粉）泛制丸粒上，使成品丸粒表面致密，大小、光洁、色泽一致。盖面后的丸粒应及时干燥。干燥温度一般控制在60～80℃，含挥发性或热敏性成分的药丸应控制在60℃以下。将制成的水丸进行筛选，除去过大、过小及不规则的丸粒，使成品大小均一。

二、操作

BY-200A糖衣机设备操作过程如下：

1. 开机前的准备工作

（1）使用前应检查机器各部位清洁是否正常，是否挂“已清洁”牌，并注意有效期。

（2）操作前必须仔细检查各部件应无松动和损坏，电源接地线连续是否可靠。

2. 开机

（1）接通电源，启动主电机，使锅体空运转2min，判断有无故障。

（2）检查无故障时，应停止主电机工作。

3. 运行

（1）待机器停稳后，可加入需要泛制的物料和赋形剂，挂设备“运行”牌。

（2）启动主电机，机器运转，按照工艺要求起模、成型、盖面、干燥。

（3）当需鼓风时，按鼓风钮，同时接通电热丝加热开关，得到需要的热风。

（4）正常加料时，糖衣锅的倾角应为30°，其生产效率和质量可得到最佳。

4. 关机

按工艺要求生产结束后，关闭加热鼓风电源和主电机，挂设备“待清洁”牌。

5. 清理

机器按“BY-200A糖衣机清洁规程”进行清洁。

三、维护与保养

（一）BY-200A糖衣机清洁标准操作规程

1. 配制清洁剂、消毒剂

清洁剂：1%洗衣粉液或1%洗洁精。消毒剂：75%乙醇或2‰苯扎溴铵。

准备好清洁用具：尼龙刷、抹布（丝光抹布）、不锈钢铲刀等。

2. 清洁程序

（1）生产结束后，关闭电源。用抹布蘸取饮用水对主机内部及表面进行清理至无积垢。

（2）由内到外，先上后下用抹布蘸取清洁剂擦拭各部位。

（3）用纯化水将清洁剂冲洗干净（用洁净的丝光毛巾擦拭无不洁痕迹）。

（4）用抹布蘸取消毒剂对主机内外表面进行消毒。10min后用纯化水冲洗，除去消毒剂（用75%的乙醇消毒，不用除去）。

3. 消毒剂每月须交替使用。

4. 清洁消毒完毕，清洁工具进行清洁存放。

5. 清洁完毕，在主机上挂上“已清洁”状态牌。

6. 清洁周期：生产同品种，每班工作后进行清理；更换品种，每换一品种都要进行清洁；若设备停用3天以上，再用时其接触药品的部位须消毒处理。

7. 填写“设备清洁记录”。

（二）设备维护内容及方法

1. 机器第一次使用或更换蜗轮蜗杆后，每运转 300h，需更换 68# 专用蜗轮蜗杆润滑油，加油量不少于 2L。

2. 一般情况下，机器累计运转 1000h 需更换 68# 专用蜗轮蜗杆润滑油，加油量不少于 2L。

3. 蜗杆轴端的防油密封圈每使用 2500h 由维修人员及时更换。

4. 机器必须有可靠接地，其接地电阻应≤4Ω。

5. 运行中应确保减速箱内润滑油的品质与油量，以保证蜗轮副有良好的润滑条件，运行中箱体温升不得超过 60℃（可用手摸来判断）。运行中如发现油温偏高，或有不正常的噪声，应立即停机检查原因，故障排除后方可继续运行。

四、常见故障及排除方法

泛丸生产中糖衣机常见故障及排除方法见表 3-2-1。

表 3-2-1　泛丸生产中糖衣机常见故障及排除方法

设备常见故障	产生原因	排除方法
设备通电后，电机不转动	1. 电源线接触不良或电源插头松动 2. 开关接触不良	1. 修复电源或调换同规格插头 2. 修理或调换同规格开关
设备工作时突然电机停止转动	电容短路	报告维修部，由专业人员进行维修
加热器发热失效	1. 插头松动或电源线脱落 2. 加热器加热丝熔断	1. 更换同规格插头或修理电源插座 2. 报告维修部，由专业人员进行维修

注：必须切断电源，才能进行以上操作。

五、主要技术参数

荸荠式糖衣机主要技术参数见表 3-2-2。

表 3-2-2　荸荠式糖衣机主要技术参数

项目	BY-600	BY-800	BY-1000	BY-1250
糖衣锅直径/mm	600	800	1000	1250
糖衣锅转速/(r/min)	41	32	28	30
糖衣锅倾角	15°～45°可调			
主电机功率/kW	0.55	1.1	1.5	2.2
鼓风机功率/kW	0.04	0.25	0.25	0.25
电加热功率/kW	0.5	1	1	1
生产能力/(kg/次)	15	30～50	50～70	90～150
重量/kg	100	230	250	280
外形尺寸/mm	560×680×900	925×900×1500	1180×1000×1600	1200×1250×1630

六、基础知识

1. 水丸的含义

水丸系将药物细粉用冷开水、酒、醋、药汁或其他液体为赋形（润湿）剂泛制成的小球形丸剂。

2. 水丸的特点

（1）体积小，表面致密光滑，便于吞服，不易吸潮，有利于保管贮存。

（2）制备时可根据药物性质、气味等分层泛入，掩盖不良气味，防止其芳香成分挥发。

（3）因赋形剂为水溶性的，服后较易溶散、吸收，显效较快。

（4）设备简单，但操作较为繁复。

（5）不易控制成品的主药含量和溶散时限。

3. 水丸的制法

泛制法工艺流程：原料的准备、起模、成型、盖面、干燥、选丸、质检、包装。

（1）原料的准备　根据药物的性质，采用适宜的方法粉碎、过筛、混合制得药物细粉，过 80～100 目筛，起模用粉或盖面包衣用粉过 100～120 目筛。部分药材可经提取、浓缩作为赋形剂应用。

（2）起模　系将药粉制成直径 0.5～1mm 大小丸粒的过程。

（3）成型　系指将已经筛选合格的丸模交替加入水和药粉，逐渐加大至接近成品的操作。

（4）盖面　系指将适当材料（清水、清浆或处方中部分药物的极细粉）泛制于筛选合格的成型丸粒上至成品大小，使丸粒表面致密、光洁、色泽一致的操作。常用的盖面方法有干粉盖面、清水盖面、清浆盖面等。

（5）干燥　盖面后的丸粒应及时干燥。干燥温度一般控制在 60～80℃，含挥发性或热敏性成分的药丸应控制在 60℃以下。

（6）选丸　系将制成的水丸进行筛选，除去过大、过小及不规则的丸粒，使成品大小均一的操作。大量生产可用振动筛、滚筒筛及检丸器等。

七、泛制法制丸工序操作考核

泛制法制丸工序操作考核技术要求见表 3-2-3。

表 3-2-3　泛制法制丸工序操作考核标准

考核内容	技能要求	分值	相关课程
泛丸前的准备	按要求更衣	5	固体制剂、制剂单元操作
	核对本次生产品种的品名、批号、规格、数量、质量，检查泛丸所用物料是否符合要求	5	
	正确检查泛丸工序的状态标志（包括设备是否完好、是否清洁消毒、操作间是否清场等），将设备定位好，将装丸剂的桶准备好，要清洁无异味	5	
	按规定程序对泛丸设备进行润滑、消毒	5	
泛丸过程	开机试机：顺序打开总电源→打开泛丸机电源→开加热器和鼓风机→起模→筛选丸模→成型→盖面→筛丸→干燥	20	

续表

考核内容	技能要求	分值	相关课程
泛丸过程	试运行：主机启动，试运行 2min，判断有无故障	10	
	检查丸剂的丸重差异、硬度等	5	
	说出泛丸的关键、类型、设备特点、用途	5	
	说出在泛丸过程中，设备操作的注意事项	5	
	关机顺序：加热停止→鼓风机停止→主机停止→关机器电源→切断泛丸机的总电源	10	
	清理泛丸机上的余料	5	
泛丸后的清场	操作完毕将泛制后的丸剂装入洁净的盛装容器内，容器内、外贴上标签，注明物料品名、规格、批号、数量、日期和操作者的姓名	5	
	将生产所剩的尾料收集，标明状态，交中间站	5	
	按清场程序和设备清洁规程清理工作现场	5	
	如实填写各种生产记录	5	
合计		100	

学生学习进度考核评定

一、学生学习进度考核题目

（一）问答题

1. 叙述 BY-200A 糖衣机组成。

2. 叙述 BY-200A 糖衣机泛丸的操作过程。

3. 叙述 BY-200A 糖衣机维护过程。

（二）实际操作题

操作并维护 BY-200A 糖衣机。

二、学生学习考核评定标准

表 3-2-4　学生学习考核评定表

编号	考核内容	分值	得分
1	认识泛丸设备的结构和组成	30	
2	操作泛丸设备	35	
3	维护泛丸设备	35	
4	合计	100	

模块三　全自动滴丸机

学习目标

1. 掌握滴丸滴制成型岗位操作法。
2. 掌握滴丸滴制成型工艺管理要点及质量控制要点。
3. 掌握DWJ-2000型滴丸机标准操作。
4. 掌握DWJ-2000型滴丸机的清洁及维护、保养。

所需设备、材料和工具

名称	规格	单位	数量
滴丸机	DWJ-2000型	台	1
维护、维修工具		箱	1
工作服		套	1

准备工作

一、职业形象

穿着及行动符合GMP要求，进入洁净区人员按D级洁净区内要求操作。

二、职场环境

1. 环境

符合GMP规范的相关要求。D级洁净区内进行生产，D级洁净区要求门窗表面应光洁，不要求抛光表面，应易于清洁。窗户要求密封并具有保温性能，不能开启。对外应急门要求密封并具有保温性能。

2. 环境温湿度

温度应保持在18～26℃，相对湿度应当保持在45%～65%。

3. 环境灯光

不能低于300lx，灯罩应密封完好。

4. 电源

应在操作间外，确保安全生产。380V，50Hz，三相五线制，N线和PE线不能相互干扰。

三、物料要求

常用的基质有聚乙二醇6000、聚乙二醇4000、硬脂酸钠和甘油明胶等。有时也用脂肪性基质，如用硬脂酸、单硬脂酸甘油酯、虫蜡、氢化油及植物油等制备成缓释长效滴丸。

冷却剂必须对基质和主药均不溶解，其密度小于基质，但两者应相差极微，使滴丸滴入后逐渐下沉，以保证有充分的时间冷却。否则，如冷却剂密度较大，滴丸浮于液面；反之则急剧下沉，来不及全部冷却，滴丸会变形或合并。

学习内容

全自动滴丸机是生产实心滴丸的主要设备。该机采用机电一体化紧密型组合方式，集计算机控制系统、药物调剂供应系统、循环制冷系统、动态滴制收集系统和筛选干燥抛光系统于一体。它造型美观大方，符合 GMP 要求，自动化程度高，占地面积小。

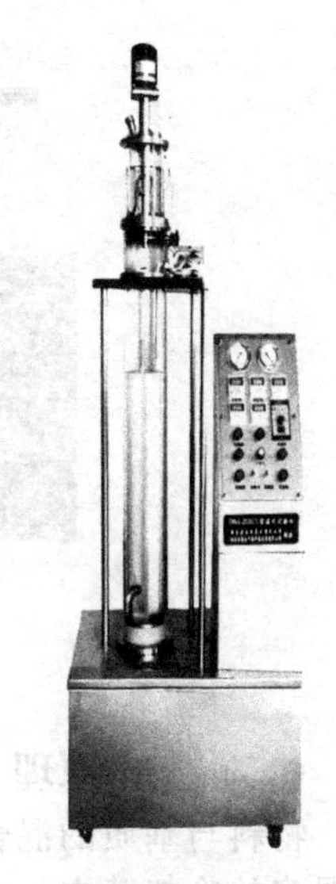

图 3-3-1 DWJ-2000 自动化滴丸机

一、结构与工作原理

（一）结构

主要结构可分为动力滴丸系统和冷却系统两部分，其中动力滴丸系统包括调速电机和柱塞、泵体组成的三柱泵，冷却系统包括冷却箱和液态石蜡储箱。DWJ-2000 型滴丸机（图 3-3-1～图 3-3-4）是采用机电一体化紧密型组合方式，集动态滴制收集系统、循环制冷系统、电气控制系统于一体。

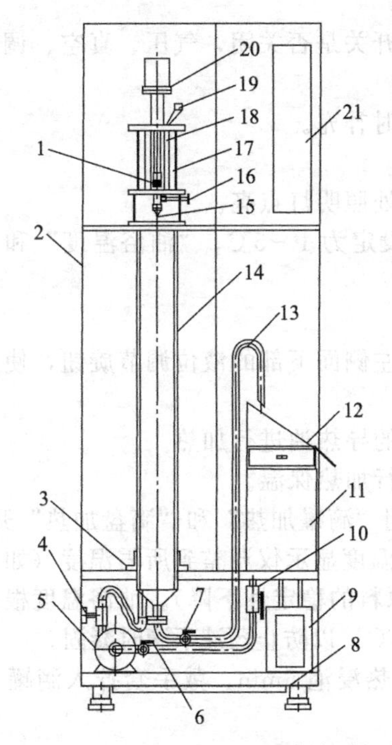

图 3-3-2 DWJ-2000 型全自动滴丸机结构

1—搅拌器；2—柜体；3—升降装置；4—液位调节手柄；5—冷却油泵；6—放油阀；7—放油阀；8—接油盘；9—制冷系统；10—油箱阀；11—油箱；12—出料斗；13—出料管；14—冷却柱；15—滴制滴头；16—滴制速度手柄；17—导热油；18—药液；19—加料口；20—搅拌电机；21—控制盘

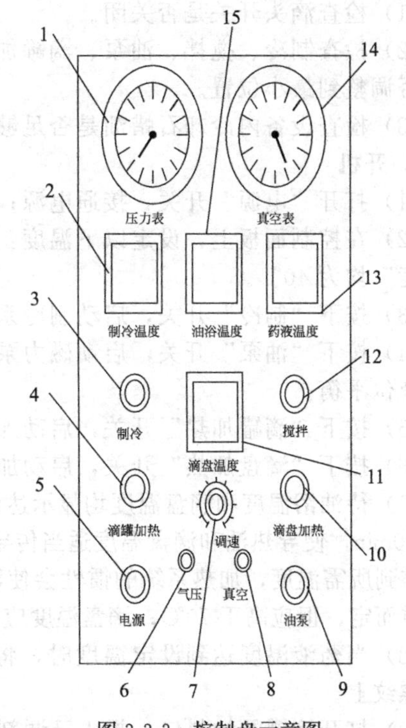

图 3-3-3 控制盘示意图

1—气压压力显示；2—制冷温度显示；3—制冷系统启动开关；4—滴罐加热启动开关；5—总电源启动开关；6—气动调节旋钮；7—搅拌电机速度调节旋钮；8—真空调节旋钮；9—冷却油泵气动开关；10—滴盘加热气动开关；11—滴盘温度显示；12—搅拌电机启动开关；13—药液温度显示；14—真空度显示；15—导热油温度显示

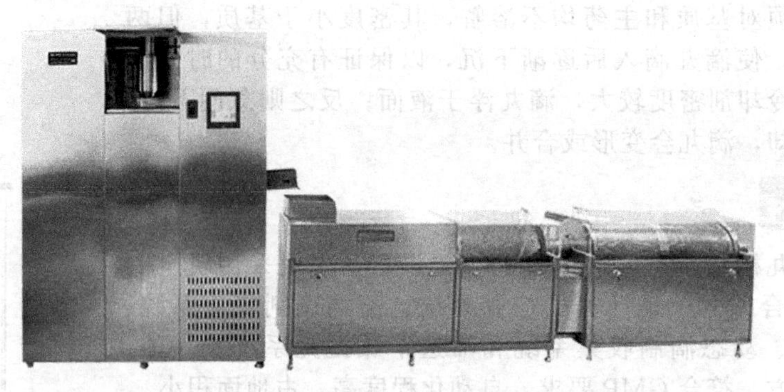

图 3-3-4 DWJ-2000Z 产业化中型自动化滴丸生产线

(二) 工作原理

物料与基质的混合物在可加热的柱体里混合均匀，通过特殊的滴头滴出，进入到与之不相混溶的冷却液中，由于表面张力作用使之形成球形，并逐渐冷却，凝固成丸。

二、操作

1. 开机前准备工作

(1) 检查滴头开关是否关闭。

(2) 检查制冷、搅拌、油泵、滴罐加热、滴盘加热开关是否关闭，气压、真空、调速旋钮是否调整到最小位置。

(3) 检查设备内冷却石蜡油是否足够，如不足应及时补充。

2. 开机

(1) 打开“电源”开关，接通电源；滴罐及冷却柱处照明灯点亮。

(2) 在控制面板上，设定以下温度：“制冷温度”设定为 1～5℃；“油浴温度”和“滴盘温度”均为 40℃。

(3) 按下“制冷”开关，启动制冷系统。

(4) 按下“油泵”开关，启动磁力泵，并调节柜体左侧面下部的液位调节旋钮，使其冷却剂液位平衡。

(5) 按下“滴罐加热”开关，启动加热器为滴罐内的导热油进行加热。

(6) 按下“滴盘加热”开关，启动加热盘为滴盘进行加热保温。

(7) 待油浴温度和滴盘温度均显示达到 40℃时，关闭“滴罐加热”和“滴盘加热”开关，停留 10min，使导热油和滴盘温度适当传导后，再将二者温度显示仪调整到所需温度（如一次性调整到所需温度，加热系统的惯性会使温度飙升，令原料的稳定性下降）。油浴温度根据原料性质而定，但应高于 70℃；滴盘温度应比油浴温度高 5℃，以防止药液下滴时凝固。

(8) 当药液温度达到设定温度时，将滴头用开水加热浸泡 5min，戴手套拧入滴罐下的滴头螺纹上。

(9) 打开滴罐的加料口，投入已调剂好的原料，关闭加料口。

(10) 打开压缩空气阀门，调整压力为 0.7MPa。如原料黏度小，可不使用压缩空气。

(11) 启动“搅拌”开关，调节调速旋钮，使搅拌器在要求的转速下进行工作。

(12) 待制冷温度、药液温度和滴盘温度显示达设定值后，缓慢扭动滴缸上的滴头开关，打开滴头开关，使药液以一定的速度下滴。

(13) 试滴 30s，取样检查滴丸外观是否圆整，去除表面的冷却油后，称量丸重，根据实际情况及时对冷却温度、滴头与冷却液面的距离和滴速作出调整，必要时调节面板上的

“气压”或“真空”旋钮（药液黏稠、丸重偏轻时调“气压旋钮”，药液较稀、丸重偏重时调“真空”旋钮），直至符合工艺规程为止。

3. 运行

正式滴丸后，每小时取丸 10 粒，逐粒称量丸重，根据丸重调整滴速。

4. 关机

（1）关闭滴头开关。

（2）将“气压”和“真空”、“调速”旋钮调整到最小位置，关闭面板上的“制冷”、“油泵”、“滴罐加热”、“滴盘加热”、“搅拌”开关。

三、维护与保养

（一）DWJ-2000 型滴丸机安全操作注意事项

1. 滴罐玻璃罐处与照明灯处温度较高，投料时要小心操作，谨防烫伤。

2. 药液温度低于 70℃时不可启动搅拌机进行搅拌，否则原料未完全熔融易损坏电机。

3. 搅拌器不允许长期开启，且调节转速不应过高，一般在 60～100r/min 范围内。

4. 经常留意冷却油液面高度是否适中，通过调节液位调节旋钮，使冷却油液位平衡。

5. 滴头为较精密部件，必须小心拆装，防止磕碰。

（二）DWJ-2000 型滴丸机清洁标准操作规程

1. 往滴罐注入 80℃以上的饮用水（必要时加入清洁液），关闭。

2. 打开“搅拌”开关，调节调速旋钮，对滴罐内热水进行搅拌，提高搅拌器转速，使残留的药液溶于热水中。

3. 在滴头上插上放水胶管，然后打开滴头开关，将热水从滴头排出。打开滴头开关前，在冷却柱上口处放进接盘，防止泄漏的热水滴入冷却柱内，影响冷却油的纯度。

4. 重复以上操作，直至滴罐内无药液残留、饮用水清澈无泡沫，然后用纯化水清洗，最后待滴罐内的水全部流出为止。用 75％乙醇擦拭消毒。

5. 关闭电源，拔下电源插头。

6. 拆卸滴头，用热水清洗干净，吹干，用 75％乙醇擦拭消毒，待乙醇全部挥发干燥后，戴手套拧入滴罐下的滴头螺纹上。

7. 设备表面用饮用水擦净，必要时用洗洁精溶液擦拭后用饮用水擦拭至无滑腻感觉。

四、常见故障及排除方法

滴丸生产中常见问题及排除方法见表 3-3-1。

表 3-3-1　滴丸生产中常见问题及排除方法

序号	故障现象	发生原因	排除方法
1	粘连	冷却油温度偏低、黏性大，滴丸下降慢	升高冷却油温度
2	丸剂表面不光滑	冷却油温度偏高，滴丸定型差	降低冷却油温度
3	滴丸拖尾	冷却油上部温度过低	升高冷却油温度
4	滴丸成扁形	冷却油上部温度过低，药液与冷却油面碰撞成扁形，且未收缩成球形已成型	升高冷却油温度
		药液与冷却油密度不相符，使液滴下降太快影响形状	改变药液或冷却油密度，使两者相符

序号	故障现象	发生原因	排除方法
5	丸重偏重	药液过稀，滴速过快	适当降低滴罐和滴盘温度，使药液黏稠度增加
		过大使滴速过快	调节压力旋钮或真空旋钮，减小滴罐内压力
6	丸重偏轻	药液太黏稠，搅拌时产生气泡	适当增加滴罐和滴盘温度，降低药液黏度
		药液太黏稠，滴速过慢	适当升高滴罐和滴盘温度，使药液黏稠度降低
		压力过小使滴速过慢	调节压力旋钮或真空旋钮，增大滴罐内压力

五、主要技术参数

DWJ-2000 型滴丸机主要技术参数见表 3-3-2。

表 3-3-2 DWJ-2000 型滴丸机主要技术参数

序号	项目	技术参数
1	工作电压	220V
2	功率	1.8kW
3	滴缸容量	600mL
4	外部供气压力	≤0.6MPa
5	丸重	5～600mg(直径 1～10mm)
6	滴头数量	1～12 孔滴头，或 1～5 孔滴头(大滴丸)
7	搅拌速度	0～1400r/min
8	冷机组	1/3 匹
9	温度控制	药液、油浴、制冷、滴盘、管口、滴头
10	外形尺寸	750mm×600mm×1980mm
11	重量	180kg

六、基础知识

滴丸系指固体、液体药物或药材提取物与基质加热熔化混匀后，滴入不相混溶的冷凝液中，收缩冷凝而形成的制剂。选择适宜的基质与冷凝剂十分重要，常用水溶性基质有聚乙二醇 6000、聚乙二醇 4000、硬脂酸钠等，脂肪性基质有硬脂酸、单硬脂酸甘油酯等。

一般生产流程如图 3-3-5。

七、滴丸工序操作考核

滴丸工序操作考核技术要求见表 3-3-3。

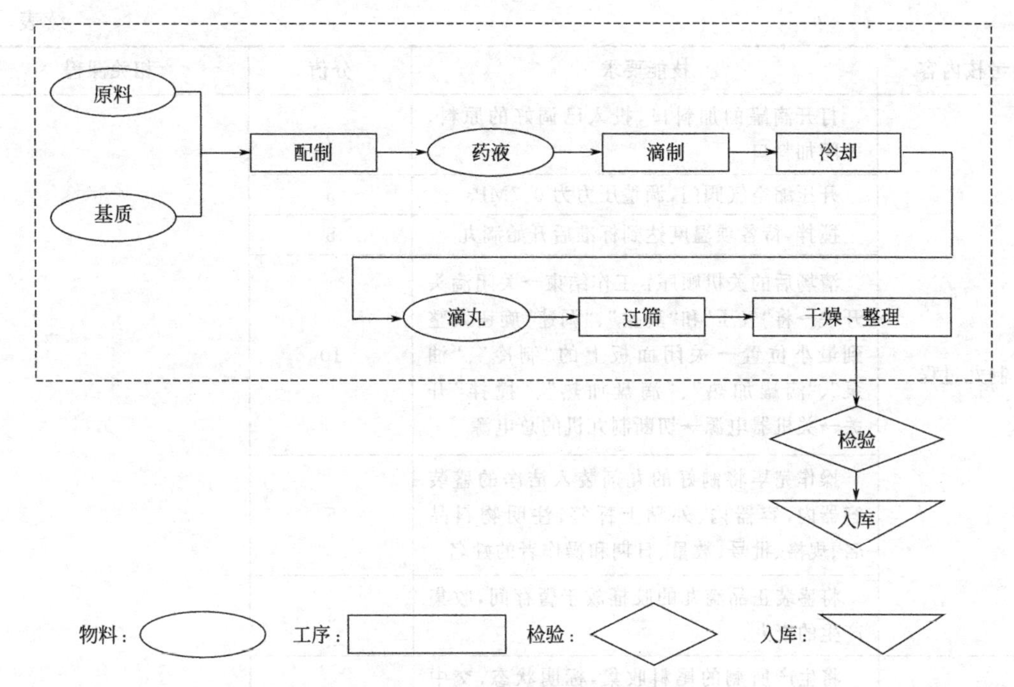

图 3-3-5　滴制法制丸工艺流程图

虚线框内代表 D 级洁净生产区域

表 3-3-3　滴丸工序操作考核标准

考核内容	技能要求	分值	相关课程
制丸前的准备	按要求更衣	5	固体制剂、制剂单元操作
	核对本次生产品种的品名、批号、规格、数量、质量，检查所用物料是否符合要求	5	
	正确检查制丸工序的状态标志(包括设备是否完好、是否清洁消毒、操作间是否清场等)； 检查滴头开关是否关闭； 检查油箱内的冷却油是否足够； 检查电子秤、电子天平是否计量范围符合要求	5	
	将所需物料准备好，如需投料前加热混匀的按照操作规程处理合适后再进行投料	5	
制丸过程	开启电源→按规定程序设定“制冷温度”、“油浴温度”和“滴盘温度”，启动制冷、油泵、滴罐加热、滴盘加热	20	
	待油浴温度和滴盘温度均显示达到 40℃ 时，关闭“滴罐加热”和“滴盘加热”开关，停留 10min	5	
	当药液温度达到设定温度时，将滴头用开水加热浸泡 5min，戴手套拧入滴罐下的滴头螺纹上	5	

续表

考核内容	技能要求	分值	相关课程
制丸过程	打开滴罐的加料口，投入已调好的原料，关闭加料口	5	
	开压缩空气阀门，调整压力为0.7MPa	5	
	搅拌，待各项温度达到标准后开始滴丸	5	
	清场后的关机顺序：工作结束→关闭滴头开关→将“气压”和“真空”、“调速”旋钮调整到最小位置→关闭面板上的“制冷”、“油泵”、“滴罐加热”、“滴盘加热”、“搅拌”开关→关机器电源→切断制丸机的总电源	10	
	操作完毕将制好的丸剂装入洁净的盛装容器内，容器内、外贴上标签，注明物料品名、规格、批号、数量、日期和操作者的姓名	5	
	将盛装正品滴丸的胶桶放于暂存间，收集产生的废丸	5	
制丸后的清场	将生产所剩的尾料收集，标明状态，交中间站	5	
	按清场程序和设备清洁规程清理工作现场	5	
	如实填写各种生产记录	5	
合计		100	

学生学习进度考核评定

一、学生学习进度考核题目

（一）问答题

1. 叙述DWJ-2000型滴丸机组成。

2. 叙述DWJ-2000型滴丸机操作过程。

3. 叙述DWJ-2000型滴丸机维护过程。

（二）实际操作题

正确操作并维护DWJ-2000型滴丸机。

二、学生学习考核评定标准

编号	考核内容	分值	得分
1	认识滴丸设备的结构和组成	30	
2	操作滴丸设备	35	
3	维护滴丸设备	35	
4	合计	100	

项目四　小容量注射剂生产设备

模块一　超声波洗瓶机

学习目标

1. 能正确操作安瓿超声波洗瓶机。
2. 能正确维护保养安瓿超声波洗瓶机。

所需设备、材料和工具

名　　称	规格	单位	数量
安瓿超声波洗瓶机	QCL120 型	台	1
维修维护工具箱		箱	1
工作服、防护面罩或护目镜、防刺穿乳胶手套		套	1

准备工作

一、职业形象

按照人员进出洁净区标准操作规程穿着恰当的工作服，戴护目镜、防刺穿乳胶手套，劳动保护到位。

二、职场环境

1. 环境

符合 GMP 规范的相关要求。窗户要求密封并具有保温性能，不能开启。对外应急门要求密封并具有保温性能。设备、管道、管线排列整齐并包扎光洁，无跑、冒、滴、漏现象发生，且符合相关清洁要求。检查确认生产现场无上次生产遗留物。

2. 环境温湿度

应当保证操作人员的舒适性。温度 18～26℃；湿度 45%～65%。

3. 环境灯光

不能低于 300lx，灯罩应密封完好。

4. 电源

应在操作间外，确保安全生产。

三、物料要求

符合国家食品药品监督管理局颁布的《国家药用包装容器（材料）标准》的色环易折安瓿或点刻痕易折中性硼硅玻璃安瓿。

学习内容

如图 4-1-1，该机为立式转鼓结构，采用传送网带螺杆进瓶，机械手夹瓶，翻转并连续旋转，洗瓶喷管做往复摆动、跟踪运动，瓶子在倒立状态下水气交替喷射清洗，并采用了超声波洗涤功能，具有很好的洗涤效果。机器由机座、转鼓、螺杆提升机构、传动机构、水泵、过滤器等部件组成。

图 4-1-1 QCL120 型立式超声波洗瓶机外观图

一、结构与工作原理

1. 结构

见图 4-1-2。

2. 工作原理

该设备能自动完成进瓶、超声波清洗、外洗、内洗、出瓶的全过程。

首先瓶子由倾斜的进瓶网带（8）带动沿进瓶盘自动滑下，经喷水板（23）注满水后再滑入贮水槽（20）中完成约 1min 的超声波清洗。水温控制在 50～60℃，使超声波处于最佳工作状态。

在水槽中进瓶螺杆（12）将瓶子分离并送至提升拨轮（13）上，变节距、变槽深螺杆按最佳曲线设计，能够实现瓶子从网带末端到提升拨轮的完美过渡传输。拨轮将瓶子自水中平稳地提升并送至大转鼓的机械手上。带有软性夹头（15）的机械手将瓶子夹住并翻转 180°，使瓶口朝下，随后进入下面的冲洗工位上。

首先由喷水头（24）连续喷出高压的循环水冲洗瓶子的外壁，然后间歇同速摆转的喷针插入瓶内：第一、二组喷针冲循环水；第三组喷针冲压缩空气，将瓶内残留的循环水排出；第四组喷针冲新鲜水；第五、六组喷针冲压缩空气，将瓶内残留水排出。最后由喷气头（25）连续喷射压缩空气冲瓶子外壁，至此完成瓶子清洗全过程。

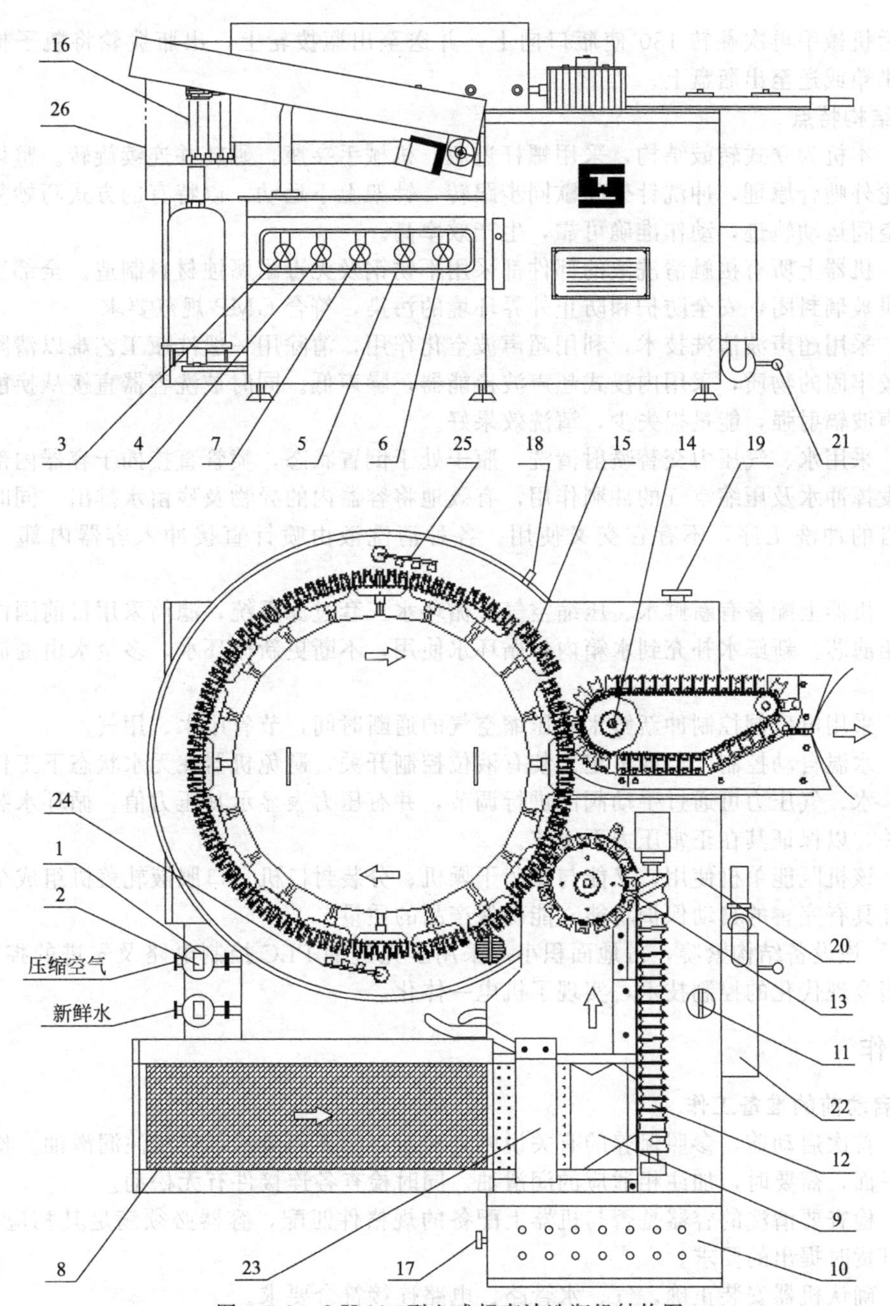

图 4-1-2　QCL120 型立式超声波洗瓶机结构图

1—过滤器（三个过滤器分别完成压缩空气、新鲜水、循环水过滤）；2—压力表（气压、水压显示或控制）；3—压缩空气控制阀（整机压缩空气总控调节）；4—新鲜水控制阀（喷针新鲜水冲洗控制）；5—循环水控制阀（循环水冲洗总控调节）；6—喷淋水控制阀（喷淋板喷水控制）；7—新鲜水入槽控制阀（水槽进水控制）；8—进瓶网带（瓶子摆放储存与输送进给）；9—超声波换能器（完成电能与动能转换，实现瓶壁超声波清洗与初步灭菌）；10—操作箱（整机控制，单机控制与联动转换）；11—清洗槽溢流插管（水位控制和污水排放）；12—进瓶螺杆（完成瓶子从网带到提升拨轮的过度传输与啮合交接）；13—提升拨轮（完成瓶子从螺杆到机械手的提升和啮合交接）；14—出瓶转盘（将洁净的瓶子从机械手传递到出口料斗或灭菌干机）；15—夹头（机械手的安装部件）；16—喷针（水或气的出口通道，伸入瓶口以内实现瓶子内壁清洗）；17—急停开关（可以实现整机紧急停止）；18—升降调节柄（机械手整体高度调节，以夹持不同规格的瓶子）；19—主机手轮（用于调试过程中的手动控制）；20—贮水槽（贮水实现瓶子初步清洗，作为超声波能量载体实现超声波清洗）；21—排水控制阀（打开阀门可以排除水箱中所有的水）；22—水箱（水的储存与加热，杂物的初步过滤）；23—喷水板（使网带进给的瓶子在进入水槽前完全冲水，避免瓶子漂浮）；24—喷水头（瓶子外壁冲洗）；25—喷气头（清除瓶子外壁水滴）；26—有机玻璃罩（整机安全防护，约束水、气外溢使其从专门通道排出）

然后机械手再次翻转 180°使瓶口向上，并送至出瓶拨轮上，出瓶拨轮将瓶子推出，瓶子进入烘箱或送至出瓶盘上。

3. 结构特点

（1）本机为立式转鼓结构，采用螺杆进瓶，机械手夹瓶，翻转并连续旋转。整体传动模拟三齿轮外啮合原理，冲洗针架间歇同步跟转，针架上下运动，以特有的方式巧妙复合形成理想的空间运动轨迹，动作准确可靠，生产效率高。

（2）机器上所有接触清洗液的部件都采用不锈钢及无毒耐腐蚀材料制造。全部工作区用透明有机玻璃封闭，安全防护和防止外界环境的污染，符合 GMP 规范要求。

（3）采用超声波清洗技术，利用超声波空化作用，清除用一般洗瓶工艺难以清除的瓶内外黏附较牢固的物质，采用内浸式超声波换能器，噪声低。同时被洗容器直接从换能器上通过，超声波辐射强，能量损失少，清洗效果好。

（4）采用水、气压力交替喷射清洗，瓶子处于倒置状态，喷管直接插于容器内部，这样能充分发挥冲水及压缩空气的冲刷作用，有效地将容器内的异物及残留水排出。同时各喷针完成各自的冲洗工序，不存在交叉使用。各种清洗液由喷针直接冲入容器内部，无压力损失。

（5）机器上配备有新鲜水、压缩空气、循环水三套过滤系统，滤筒采用目前国内外较流行的褶裙滤芯。新鲜水补充到水箱内作循环水使用，不断更新循环水，多余水由溢流口自行排出。

（6）采用电磁阀控制冲新鲜水和压缩空气的通断时间，节省用水、用气。

（7）水温自动控制，温度恒定。装有液位控制开关，避免机器在无水状态下工作。

（8）水、气压力可通过手动阀门进行调节，并有压力表显示其压力值。循环水装有压力控制开关，以保证其在正常压力下工作。

（9）该机既能单机使用，又能与杀菌干燥机、分装封口机、口服液轧盖机组成全自动生产线，并具有完善的自动保护功能，能确保产品的质量。

（10）该设备结构紧凑，占地面积小。采用了先进的 PLC 控制电路及先进的控制元件，体现了当今现代化的控制技术，实现了机电一体化。

二、操作

1. 启动前的准备工作

（1）首次启动前，参照保养的有关说明，对所有需要润滑的部件加注润滑油。检查变速箱内油平面，需要时，加注相适应的润滑油。同时检查各连接件有无松动。

（2）检查要清洗的容器是否与机器上配备的规格件匹配，容器必须满足其相应的标准，并符合订货时提出的要求。

（3）确认机器安装正确，气、水管路、电路连接符合要求。

（4）将清洗好的滤芯装入过滤器罩内，并检查滤罩及各管路接头是否紧牢。

（5）插好溢水管，关闭排水阀门。

（6）打开新鲜水入槽阀门，给清洗槽注水。清洗槽注满水后，水将自动溢入储水槽内。储水槽水满后，即可关闭新鲜水入槽阀门。

2. 正常启动

（1）打开电器箱后端主开关，接通主电源，这时整个电气箱供电，电气箱和操作箱的轴流风机转动向外排风，电源指示灯亮。

（2）接通加热按钮，水温加热绿色信号灯亮，水箱自动加热，并将水温恒定在 50～60℃。

（3）打开新鲜水控制阀门，将压力调到 0.25MPa。

（4）打开压缩空气控制阀门，将压力调到 0.25MPa。

(5) 启动水泵按钮，水泵启动绿色信号灯亮，同时将循环水过滤罩内的空气排尽。水泵启动时水箱内的水位会下降，这时应打开新鲜水入槽阀门，将水箱注满水。

(6) 打开循环水控制阀门，将压力调到0.25MPa。

(7) 打开喷淋水控制阀门，并调节流量（以能将空瓶注满水为准）。

(8) 将操作选择开关旋钮调到“2”挡（正常操作）。

(9) 将操作箱上的“主机调速”旋钮调到“0”位。

(10) 按下主机启动按钮，表示启动的绿色信号灯亮，主电机处于运行状态。

(11) 慢慢将速度旋钮调到与容器规格相适应的位置。

3. 机器在“单动”状态下运行

(1) 将工作状态选择按钮调到“1”位。

(2) 将速度调节旋钮调到适当的位置。

(3) 按下“主机启动”钮，机器运行；再次按“主机启动”钮，机器停止运行。

4. 机器走空

如果要将机器上所有容器走空，可将选择开关调到“1”位，在点动状态下完成。但为保证容器清洗的洁净度，应保持所有的清洗条件不变。

5. 停机

(1) 按下“主机停止”钮，主机驱动信号灯灭，主机停止运行。

(2) 按下“加温停止”钮，水箱加热信号灯灭，水箱停止加热。

(3) 按下“水泵停止”钮，水泵运行信号灯灭，水泵停止运行。

(4) 关闭压缩空气供给阀。

(5) 关闭新鲜水供给阀。

(6) 关闭主电源开关，电源信号灯灭。

(7) 打开贮水箱内排水阀，贮水箱水排空。

(8) 拉起清洗槽溢水插管，清洗槽内水排空。

(9) 用水将清洗槽冲洗干净。

(10) 必要时清洗水箱内过滤网及过滤器内的滤芯。

(11) 将机器外部的污迹、水擦拭干净。

6. 清洗

(1) 关闭由用户提供新鲜水和压缩空气的管路。拆除清洗槽上的玻璃护罩。

(2) 打开贮水槽排水阀，拉出清洗槽内溢水管，将槽内所有水放尽。

(3) 按由上往下的原则将机器内剩余的容器及玻璃渣清除干净。应仔细清除进瓶盘、螺杆及提升轮、冲洗槽、出瓶拨轮等地方的玻璃渣及粉尘。

(4) 拿开循环水箱盖板，端出网孔板，并刷洗干净。

(5) 转动贮水箱内的过滤器并将其拔出，将过滤器刷洗干净。

(6) 检查过滤器上O形圈有无损坏、插座上有无玻璃渣后，将其插回原处。

(7) 放回网孔板、盖板；关闭排水阀，将溢水管放回插孔中，复位所有的护罩。

(8) 如管路渗漏，应更换已损坏的管路及密封圈。

三、维护与保养

1. 更换滤芯

(1) 松开过滤器卡钳，拿下过滤罩。

(2) 旋下滤芯，按滤芯生产厂家要求清洗或更换滤芯。

(3) 按相反程序装回滤芯及过滤罩。

(4) 滤芯的清洗与更换应在清洗剂的冲洗压力能满足设定的压力值的情况下进行。

(5) 滤芯应贮存在洁净干燥的地方，并用专门的箱子装好。

2. 检查密封伸缩套

(1) 机械手伸缩套应每周检查一次，如有破损应立即更换。

(2) 更换工作应由有经验的技工或专业装配工来做。

3. 润滑

(1) 加注润滑油脂应每周全面进行一次。

(2) 润滑油脂必须用带压力针的高压油枪加注。

(3) 定期检查齿轮箱油面，并加注到适当的位置。

(4) 传动链条加注适量的机油。

(5) 滚轮、凸轮槽加注适量的黄油。

(6) 难以加油的部件配有加油器，按下几次即可。

4. 特别提示

(1) 水泵禁止长时间干运转，检查转动方向时只需通电 1s。

(2) 加热器、超声波禁止干运转。

四、常见故障及排除方法

QCL120 型安瓿超声波洗瓶机简易故障排除方法见表 4-1-1。

表 4-1-1 QCL120 型安瓿超声波洗瓶机简易故障排除方法

故障现象	原因	处理方法
超声波红色信号灯亮	超声波发生器开关未开，超声波故障	打开超声波开关，由专业人员检修超声波装置
循环水压力红色信号灯亮	水泵未开	开启水泵
	水泵出故障	检查水泵
	水位不够	向贮水槽内注水
	循环水阀门开启不够	开启循环水阀门
	喷淋水阀门开启不够	开启喷淋水阀门
	管路泄漏	检修管路
	过滤器堵塞	更换或清洗滤芯
	过滤器排气口开启	关闭排气口
主机过载红色信号灯亮	主传动部件干涉	检查传动链
	进出瓶拨轮卡死	排除异物
	提升拨轮与机械手交接不对位	查明原因并调整对位
	机械手与出瓶拨轮交接不对位	查明原因并调整对位
	喷针不能插入瓶内	查明原因并调整
	电机电流过大	查明机器过载原因，并排除；查明电路故障，并排除
洗瓶洁净度不够	新鲜水压力不够	加大新鲜水压力
	压缩空气压力不够	加大压缩空气压力
	滤芯损坏或堵塞	更换滤芯
	超声波不工作	检修超声波
掉瓶	机械手与拨轮交接不准	调整拨轮交接
	机械手开合时间不对	调整夹瓶块的周向位置
	喷针与瓶子不对中	调整喷针中心

五、主要技术参数

QCL120 型立式超声波洗瓶机主要技术参数见表 4-1-2。

表 4-1-2　QCL120 型立式超声波洗瓶机主要技术参数

型号	QCL120 型
工件头数	120 个
适用规格	安瓿 1～20mL
洗瓶澄明度合格率	≥99%
安瓿破损率	≤0.5%
生产能力	250～600 瓶/min
电容量	17.6kW
耗水量	1.0m^3/h　压力:0.25MPa
耗气量	75m^3/h　压力:0.25MPa
外形尺寸($L\times W\times H$)	2261mm×2488mm×1227mm
总重量	2400kg

六、基础知识

超声波清洗是利用超声波在液体中的空化作用、加速度及直进流作用对液体和污物直接、间接的作用，使污物层被分散、乳化、剥离而达到清洗目的。目前所用的超声波清洗机中，空化作用和直进流作用应用得更多。空化作用就是超声波以每秒 2 万次以上的压缩力和减压力交互性的高频变换方式向液体进行透射。在减压力作用时，液体中产生真空核群泡的现象，在压缩力作用时，真空核群泡受压力压碎时产生强大的冲击力，由此剥离被清洗物表面的污垢，从而达到精密洗净目的。

七、洗瓶工序操作考核

洗瓶工序操作考核技能要求见表 4-1-3。

表 4-1-3　洗瓶工序操作考核标准

考核内容	技能要求	分值
生产前准备	1. 检查核实清场情况，检查“清场合格证” 2. 按操作规程检查设备、管路、循环管路情况，调节仪表 3. 确认机器安装正确，气、水管路、电路连接符合要求 4. 检查滤罩及各管路接头是否紧牢 5. 挂好本次运行状态标志	20
生产操作	1. 打开电器箱后端主开关，接通主电源 2. 接通加热按钮，水温加热绿色信号灯亮，水箱自动加热 3. 打开新鲜水控制阀门、压缩空气控制阀门，启动水泵 4. 打开循环水控制阀门、喷淋水控制阀门，并调节流量 5. 将操作选择开关旋钮调到“2”挡（正常操作）。将操作箱上的“主机调速”旋钮调到“0”位。按下主机启动按钮，主电机处于运行状态 6. 按顺序关机及关闭各阀门	40
质量控制	各项参数应符合相应的要求	10

续表

考核内容	技能要求	分值
记录	运行记录填写准确完整	10
生产结束清场	1. 生产场地清洁 2. 工具和容器清洁 3. 生产设备的清洁 4. 清场记录填写准确完整	10
其他	正确回答考核人员提出的问题	10
合计		100

学生学习进度考核评定

一、学生学习进度考核题目

（一）问答题

1. 叙述 QCL120 型立式超声波洗瓶机的组成。

2. 叙述 QCL120 型立式超声波洗瓶机的操作过程。

3. 叙述 QCL120 型立式超声波洗瓶机的维护保养过程。

（二）实际操作题

操作 QCL120 型立式超声波洗瓶机，能维护保养 QCL120 型立式超声波洗瓶机，处理一些常见故障。

二、学生学习考核评定标准

编号	考核内容	分值	得分
1	认识超声波洗瓶机的结构和组成	30	
2	操作超声波洗瓶机	35	
3	维护保养超声波洗瓶机	35	
4	合计	100	

模块二　隧道式灭菌烘箱

学习目标

1. 能正确操作隧道式灭菌烘箱。
2. 能正确维护保养隧道式灭菌烘箱。

所需设备、材料和工具

名　　称	规格	单位	数量
隧道式灭菌烘箱	ASMR620-43 型	台	1
维修维护工具箱		箱	1
工作服、防护面罩或护目镜、防刺穿乳胶手套		套	1

准备工作

一、职业形象

按照人员进出洁净区标准操作规程穿着适当的工作服，戴护目镜、防刺穿乳胶手套，劳动保护到位。

二、职场环境

1. 环境

符合 GMP 规范的相关要求。窗户要求密封并具有保温性能，不能开启。对外应急门要求密封并具有保温性能。设备、管道、管线排列整齐并包扎光洁，无跑、冒、滴、漏现象发生，且符合相关清洁要求。检查确认生产现场无上次生产遗留物。

2. 环境温湿度

应当保证操作人员的舒适性。温度 18～26℃；湿度 45%～65%。

3. 环境灯光

不能低于 300lx，灯罩应密封完好。

4. 电源

应在操作间外，确保安全生产。

三、物料要求

符合国家食品药品监督管理局颁布的《国家药用包装容器（材料）标准》的色环或点刻痕易折中性硼硅玻璃安瓿，经过上道工序清洗合格。

学习内容

该机用于密封输送系统内容器的干燥、消毒和冷却，它利用层流状态的热空气高速消毒工艺，可使容器在密封隧道内达到A级标准。它与洗瓶机、灌封机组成一条完整的洗、烘、灌、封水针自动生产线。

本机为整体隧道式结构（见图4-2-1），分为预热区、高温灭菌区、冷却区三部分，利用热空气层流消毒原理对容器进行短时高温灭菌。适用于安瓿瓶、抗生素瓶和口服液瓶的烘干灭菌，也可用于其他药用玻璃瓶的烘干灭菌。本机利用电加热作为热源，由电加热元件产生能量，利用热风循环风机对烘箱加热段内的A级净化风进行对流循环，对所需灭菌的瓶子进行热传递，并不断补充新鲜空气，从而达到对瓶子类物品进行干燥灭菌的目的。瓶子经箱内低温区预热、高温加热灭菌到冷却，完成整个瓶子灭菌工艺。瓶子在A级净化热风循环的风压作用下快速均匀干燥和灭菌，同时也避免了外界空气的进入，含水的湿热空气通过排风口排出机外。其中，加热段的空气在烘箱内的加热是循环的。烘箱内置测温点，其所需温度可分段设定和自动调节控制。

图4-2-1 ASMR620-43型隧道式热风循环灭菌烘干机外形图

该机采用先进的PLC人机界面控制系统，通过人机界面显控，除监控本机工作状况、保证生产工艺要求外，还能与清洗设备、灌封设备实行工作状况联控，显示故障发生的原因、位置，采取简单的方法进行排除等。

一、结构与工作原理

ASMR620-43型热风循环隧道烘箱主要是由输瓶网带、预热段、加热灭菌段、冷却段四部分组成的。被加工的瓶子由网带携载直接穿越预热段、加热段和冷却段。

（一）输瓶网带

1. 功能

携载被加工瓶子穿越预热段、加热段和冷却段。网带运行速度可在50～300mm/min范围内任意设定，也可通过预设程序进行调用。网带运行情况均被记录储存，并具转速超差报警、故障报警。网带具有与本机其他运行参数及整条流水线其他设备连锁功能。

2. 工作原理

网带为环状连续式结构，在出瓶口末端有一主动拖动鼓轮，拖动网带做连续转动。在隧道烘箱内腔有网带导轨支承着网带，使其保持水平状态。在拉紧装置作用下，网带在腔内始终保持拉紧平整状态，可有效避免倒瓶。主拖动鼓轮是由变频电机拖动，可以通过触摸显示屏选择其运行状态及设置运行参数，来选择或改变网带运行速度。

（二）预热段

1. 预热段的组成及工作原理

预热段结构如图4-2-2所示。

（1）粗效过滤器是将进风进行预过滤。

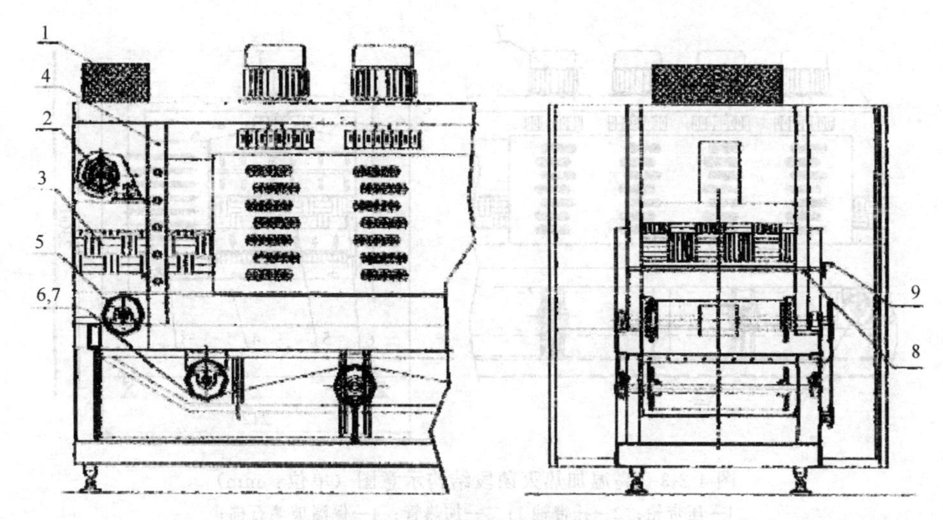

图 4-2-2 预热段结构示意图

1—粗效过滤器；2—预热段小风机；3—高效过滤器；4—保温层；5—被动轮；
6—网带护条；7—不锈钢网带；8—隔板调节齿条；9—隔板调节把手

(2) 预热段风机是采用 YDF 型离心式通风机，该通风机具有风量大、体积小、振动小、噪声低等优点。小风机的作用是使烘箱的预热段形成风幕，以此来保护清洗后瓶子进烘箱内不受污染。

(3) 高效过滤器具有聚尘率高、使用寿命长、初阻率低等优点。主要作用是将烘箱内的洁净风进一步净化，以保证烘干灭菌后的瓶子满足 GMP 的要求。

(4) 保温层是采用无碱玻璃石棉，无碱玻璃石棉具有耐高温、耐腐蚀、吸声好、热导率低等优点。主要是用来将加热段的高温有效隔离，使预热段及外界的温度不受加热灭菌高温的影响，并能有效地保证高温灭菌段的温度控制在一定范围内。

(5) 被动轮是通过被主动轮带动而使网带运行。

(6) 网带护条与不锈钢网带做同步运动，以保护网带两侧的瓶子在输送过程中有良好的稳定性。

(7) 不锈钢网带是采用 316L 不锈钢制作。此不锈钢具有良好的耐热性、耐腐蚀性及抗晶间腐蚀能力，焊接性良好，反复在高温下运行不变形等优点。

(8) 隔板调节齿条主要是通过旋动调节把手，提升隔板，使隔板与瓶口位置距离减小。瓶口位置与隔板距离越小，加热段的热量就越难穿越到预热段，加热段升温就越快。

(9) 隔板调节把手的作用是提升隔板。顺时针方向旋转调节把手，隔板上升；逆时针旋转调节把手，隔板下降。

2. 气流的净化

采用 A 级高效过滤器。高效过滤器采用由上向下安装方式。采用特殊结构与材质的密封垫密封，确保在高温下的密封性。高效过滤器上下要足够静压分配空间，确保工作区气流处于良好层流状态。在排风管末端装设有亚高效过滤器，以防室外空气倒流产生污染。

(三) 高温加热灭菌段

1. 高温加热灭菌段的工作原理

高温加热灭菌段的结构如图 4-2-3 所示。

压带轮主要是用来压紧输送网带，防止输送网带的跑偏。托带轴是用来调整网带的松紧的。加热管主要采用不锈钢翅片电热管。此加热管具有升温快、使用寿命长、耗电量低等优点，主要是用来对隧道烘箱内的瓶子进行高温灭菌。保温层采用无碱玻璃石棉，主要是用来

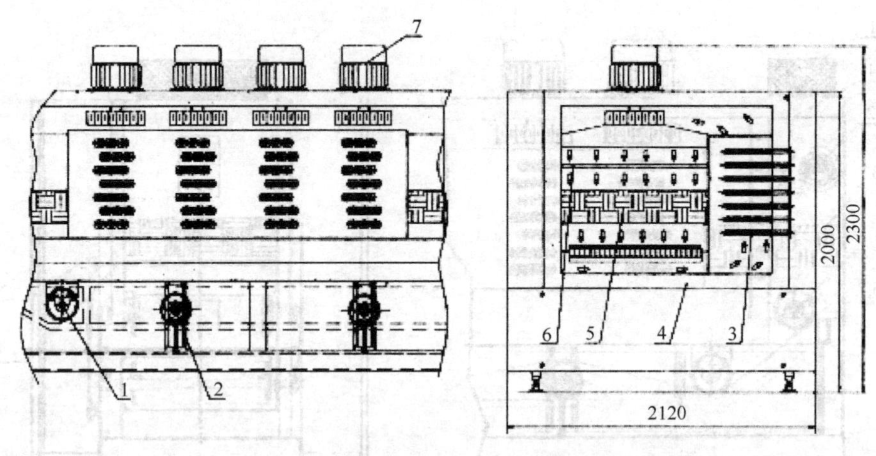

图 4-2-3 高温加热灭菌段结构示意图（单位：mm）

1—压带轮；2—托带轴 1；3—加热管；4—保温玻璃石棉；

5—高效过滤器；6—匀风栅；7—热循环风机

将加热段的高温有效隔离，使预热段、冷却段及外界的温度不受加热灭菌高温的影响，并能有效地保证高温灭菌段的温度控制在一定范围内。采用耐高温的高效过滤器，具有聚尘率高、使用寿命长、初阻率低、耐高温等优点，可最高耐高温 500℃，主要作用是将烘箱内的洁净风进一步净化，以保证烘干灭菌后的瓶子满足 GMP 的要求。匀风栅主要用来使加热后风均匀地分布于高效过滤器，以确保风量的均衡性。热循环风机采用 PDF 型热风机，具有结构紧凑、运行平稳、耐高温、耐腐蚀、效率高等特点。风机所有零件都采用不锈钢，风机上叶轮由电机直接驱动，主要作用是对隧道烘箱内的高温灭菌段的加热管的热量进行循环，这样有利于将隧道烘箱内的瓶子迅速干燥，并进行高温灭菌。

2. 加热段气流的净化

采用耐高温（350℃）的 A 级高效过滤器。高效过滤器采用由上向下安装的方式。采用特殊结构与材质密封垫密封，可保证在高温下的密封性。高效过滤器上下要足够静压分配空间，确保工作区气流处于良好层流状态。

(四) 冷却段

1. 冷却段的组成

冷却段的结构如图 4-2-4 所示。

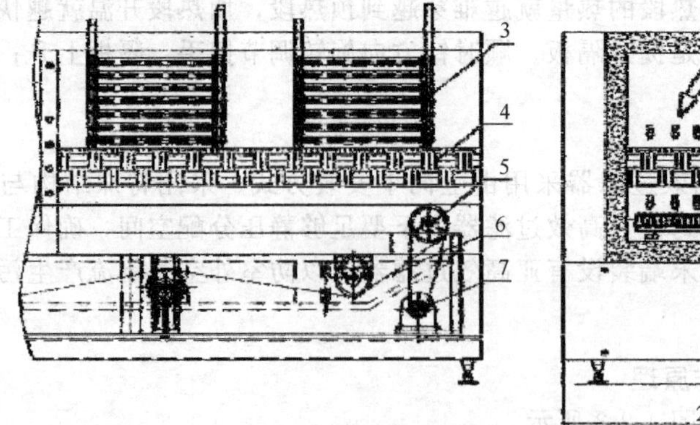

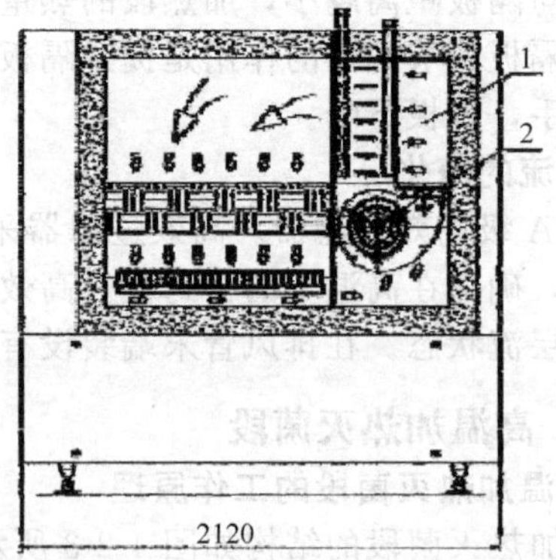

图 4-2-4 冷却段结构示意图

1—风箱；2—冷却段大风机；3—表冷器；4—高效过滤器；

5—轴承座；6—网带；7—网带输送电机

冷却段由风箱、冷却段大风机、高效过滤器、轴承座、网带、网带输送电机组成。风箱是洁净风的一个储存箱。冷却段大风机是采用 YDF 型离心式通风机，该通风机具有风量大、体积小、振动小、噪声低等优点。风机的作用是使烘箱的冷却段的风经过表冷器冷却后，直接吹到瓶子上，对瓶子进行冷却。表冷器是通过冷却水来使表冷器表面温度降低，并由离心式通风机将风吹过表冷器，使洁净风的温度降低，经高效过滤器过滤后对瓶进行冷却。采用的高效过滤器具有聚尘率高、使用寿命长、初阻率低等优点，主要作用是将烘箱内的洁净风进一步净化，以保证烘干灭菌后的安瓿满足 GMP 的要求。不锈钢网带是采用 316L 不锈钢制作。此不锈钢具有良好的耐热性、耐腐蚀性及抗晶间腐蚀能力，焊接性良好，反复在高温下运行不变形。网带输送电机采用摆线针轮减速电机，主要作用是用来带动热风循环隧道烘箱内的网带。

2. 冷却段的工作原理

(1) 气流的净化　采用常温 A 级高效过滤器。对于经常发生突然停电地区建议采用耐高温高效过滤器。高效过滤器采用由上向下安装方式，具有调换安装方便的优点。采用特殊结构与材质密封垫密封，可保证在高温下的密封性。高效过滤器上下要足够静压分配空间，确保工作区气流处于良好层流状态。对于 A 级空调室自然风垂直冷却方式，其排风管末端装有亚高效过滤器。若直接取自室内空气，在进口加装中效过滤器。对于 A 级冷却循环风垂直冷却方式，其新风补充进气口处加装中效过滤器。

(2) 冷却段风路　采用 YDF 大功率离心式通风机，循环风机可变频调速。可任意设定或调节预热段内风速与风压。加热段风速可在 0.5～1m/s 之间调节。排风管内设置有手动调节阀，用以调节排风量。在冷却段的出口处及与加热段交接处各设有一扇能上下调节的隔板。配合风机用于调控冷却区内的压力。

二、操作

1. ASMR620-43 型隧道式热风循环灭菌烘箱电气部分说明和系统启动界面

系统接通电源后，首先检查电气箱内空气断路器全部处于闭合位置，旋转紧急停机开关与钥匙开关使控制回路通电，此时触摸屏会显示企业名称与软件版本，10s 后自动切换到状态选择界面。

(1) 工作状态选择界面　见图 4-2-5。

① 调整时间　当系统时间有偏差时，可以点击“调整时间”按键改变系统当前的时间，以便配合温度曲线的记录与温度记录的打印。

② 调整亮度　当屏幕显示模糊时，点击“调整亮度”按键可以调整液晶屏幕的亮度、对比度，以便获得最佳显示效果。

③ 手动操作　当设备在调试或检修期间，点击“手动操作”图标进入手动操作界面。在此状态下，可以独立启停设备的各部分，便于设备的试车与故障检修。

④ 自动操作　当设备在日常工作期间，点击“自动操作”图标进入自动操作界面。在此状态下，可以通过简单的操作由 PLC 来完成设备的启动与停车。

(2) 手动工作界面　见图 4-2-6。

(3) 按键操作部分：“预热区”、“高温 1#”、“高温 2#”、“冷却 1#”、“冷却 2#”按键，对应控制 5 台风机的启、停；“网带”按键，控制网带电机的启、停；“冷循环”按键，控制冷循环风机的启、停。以上 7 台电机都由各自的变频器控制独立调速，每个按键的上部都有“+”、“-”按键用于变频器调速，每按下一次频率会改变 0.3Hz。当按住该键时，变频器会以 0.3Hz/s 的速度改变运行频率。“抽湿”按键，控制抽湿风机的启、停；“水

图 4-2-5　工作状态选择界面

阀”按键，控制循环水阀的通、断；2个“高温加热”按键，控制2个高温区加热器组的启、停。在加热启动状态时，加热器组仍受2个温控器控制恒温状态。“清除报警”按键，用于在设备发生故障时，清除报警状态，解除系统对各个按键启动的锁定；“返回”按键，使系统返回状态选择界面，只有所有设备处于停机状态时，系统才允许此按键操作。

(4) 温度显示部分　“预热区”、“冷却区”、“高温1区”、“高温2区”、“箱体1”、“箱体2”部分每3s刷新一次各区域的当前温度。

(5) 报警信号部分　“变频过载”，当7台变频器中有任意一台发生故障时，系统会停止所有电机的运转。“箱体超温”，当2支箱体温度检测传感器达到设定的报警温度时，为保障设备的安全，系统会切断加热器的电源。“温控异常”，当2台温控器发生故障时，系统会切断加热器的电源。以上3类故障发生时，对应指示灯会闪烁并且蜂鸣器会有声音提示。此时各手动按键会被锁定，不允许再次启动。只有在排除故障并按下“返回”按键后，方可继续操作。

(6) 自动工作界面　见图4-2-7。

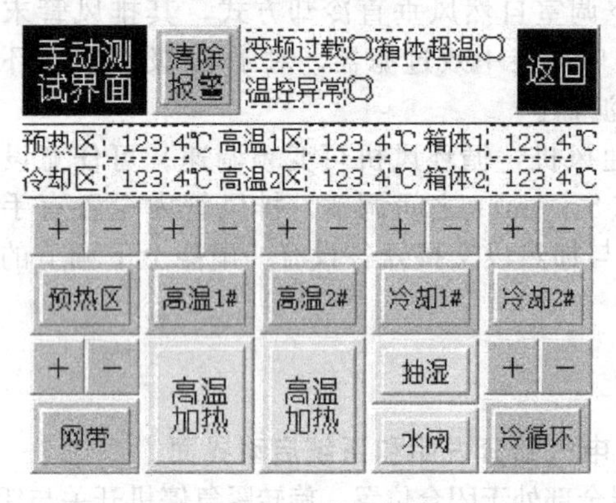

图4-2-6　手动工作界面

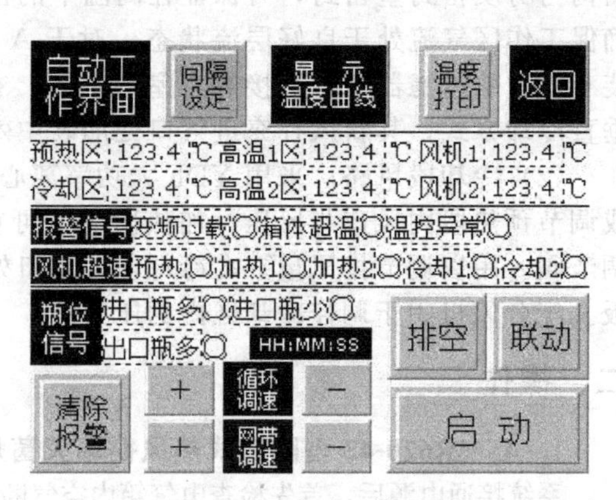

图4-2-7　自动工作界面

(7) 按键操作部分

①“间隔设定”按键：调整微型打印机记录温度的时间间隔，范围1～60min。

②“温度打印”按键：启、停微型打印机的温度打印记录功能。

③“显示温度曲线”按键：切换到温度曲线界面，显示设备温度变化趋势图。

④“+”、“−”按键用于变频器调速，每按下一次频率会改变0.3Hz。当按住该键时，变频器会以0.3Hz/s的速度改变运行频率，可以对网带电机与冷却循环风机的速度进行控制。

⑤“清除报警”按键：用于在设备发生故障时，清除报警状态，解除系统对各个按键启动的锁定。

⑥“返回”按键：使系统返回状态选择界面，只有设备处于停机状态时，系统才允许此按键操作。

⑦“启动”按键：设备自动运行状态的启、停。当系统启动后，首先会开启全部风机，在风机达到预定的风量后（由5支接近开关检测风门的开启程度），然后接通加热器，在温控器检测到高温区温度达到300℃后，启动网带电机开始正常工作。此时网带电机仍会受设备进口处的瓶子多、少接近开关的控制。当烘箱进口处出现瓶少信号时，网带电机会停止工作，当瓶子正常后，网带电机会再次自动启动；当系统停机时，首先会停止网带电机运行，关闭加热器，在高温区降到50℃时，关闭全部风机，完成停机过程。

⑧“联动”按键　在与联动型洗瓶机、灌装机组成生产线工作时，按下该按键。在联动状态下，网带电机还会受灌装机的信号控制，当灌装机的入口（即烘箱的出口）出现瓶多信

号时，烘箱的网带电机会停机，等待灌装机消耗部分瓶子，入口不再拥挤而切断烘箱出口瓶多信号时，网带电机再次启动。此时应适当提高灌装机的产量。洗瓶机的主机在烘箱网带停机时，也会停机等待并与烘箱网带电机同步启、停；在联动状态下，网带电机的启、停与烘箱进口处的传感器也密切相关，当烘箱的进口处出现瓶多信号时，系统会送出信号使洗瓶机停机，同时会以每次 0.5Hz 的步幅降低洗瓶机主机的速度，此时烘箱网带电机正常工作继续消耗进入烘箱的瓶子。当瓶多信号解除后，洗瓶机会被再次启动，此时产量已有一定的降低。经过几次调整后，将洗瓶机的产量控制到与烘箱产量同步。同理，在烘箱的进口处出现瓶少信号时，网带电机会停机并待洗瓶机主电机提速。在瓶少信号解除后，网带电机继续运转。几个周期后也会匹配二者之间的产量。

⑨“排空”按键　在本批生产结束，需要将烘箱内部的瓶子排空时，按下该键。在此状态下，网带电机不再对进口处的瓶子状态进行检查，只与灌装机联动，将烘箱内的瓶子全部产出。

(8) 温度显示部分　同手动界面。

(9) 报警信号部分　同手动界面。

(10) 风机超速部分　在自动启动的状态下，风机的速度是与受风门检测的接近开关控制的。当过滤器堵塞造成风门开启不足时，系统会自动提供风机的速度，以维持箱体内的风压。在达到风机的最大速度（变频器频率达到 50Hz）时，风门仍未能开启到预定位置，此时相应的电机会产生风机超速报警。这时应检查过滤器的堵塞情况、风门的灵活度、接近开关的安装情况、风机的工作状态，并作出相应的处理。

(11) 瓶位信号部分　随时反映设备进、出口的瓶子拥堵情况。

(12) 温度曲线界面　见图 4-2-8。

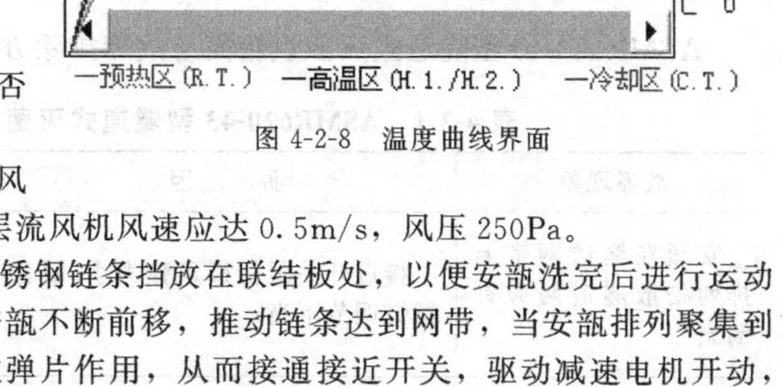

图 4-2-8　温度曲线界面

4 条颜色深浅不同的曲线可以反映出预热区、高温 1 区、高温 2 区、冷却区在不同时间的温度变化情况，以便直观地反映设备的工作情况，点击曲线的相应位置可以看到该时间的详细温度值。

“返回”按键：使系统返回自动操作界面。

2. 设备的正确使用

(1) 空车运行，检查所有电机是否运转，有无异常噪声。

(2) 测量风速和风压，中间烘箱风速应达 0.7m/s，风压 250Pa；进出口层流风机风速应达 0.5m/s，风压 250Pa。

(3) 安瓿进入干燥机时，将一条不锈钢链条挡放在联结板处，以便安瓿洗完后进行运动状态时不会跌倒。洗瓶机连续运转，安瓿不断前移，推动链条达到网带，当安瓿排列聚集到一定程度后，形成一定的压力，使限位弹片作用，从而接通接近开关，驱动减速电机开动，输送网带同时前移。输送网带的移动是随洗瓶机的间断输送安瓿，从而也间断进行。链条可以随安瓿瓶一同到出瓶口再取下。

3. 规格件更换

(1) 更换安瓿规格或其他容器，需调节门距瓶口的高度约 10mm。

(2) 门的高度调节时，首先要拉出手轮，拉出后，转动手轮可调节门离瓶口的高度（约 10mm），然后按相反方向压下手轮，即可固定。

(3) 根据安瓿容器的需要，可以调节烘箱温度，但必须达到烘干和杀菌的效果。

(4) 在自动线上，针对前后机器的产量要求协调好。

(5) 如果需要，可以在排风系统上装流量控制器。

三、维护与保养

1. 更换高效过滤器

当风机以最高转速运转，空气流速仍未达到0.5m/s时，需要更换高效过滤器，换上新的高效过滤器。用专用工具或4方扳手旋转高效提升框中的压高效轴，使高效提升框上升，即可取出高效过滤器，再装上新的。注意：高效过滤器必须按箭头朝下方向安装。

2. 更换管状加热元件

断开接线端，不要将电源线接头拉松，松开支承托架，拆掉损坏的电热管，再换上新的电热管，接上接线端子，固定在支承托架上。换好以后，盖上网孔盖，将整个加温座重新装上烘箱，拧紧螺栓。

3. 清扫碎屑

清扫进口过滤段的玻璃碎屑，每天工作完后，必须检查进口过滤段的弹片凹形弧内是否聚集有很多玻璃碎屑，从而影响弹片弹力。如有，必须进行清扫，以使机器正常稳定运行，建议每星期彻底打扫一次。作为一种辅助设备，碎屑聚集箱和抽屉安装在烘箱背后下面的排气孔机构中，以便经常打扫。每星期拉出抽屉，倒掉碎屑，再重新装上。

4. 定期进行润滑保养

(1) 烘箱风机长期处于高速运动状态，运行1年后通过油嘴补充润滑脂；运行3年后，应将风机拆下，拆开电机，换上新的高温轴承润滑脂，重新装配风机，应进行动平衡试验，以保证噪声不超过80dB (A)，无较大振动。高温润滑脂型号为ZFG-4型4号钙基复合润滑脂。

(2) 进出口层流风机运行3年后，也应将风机拆下，拆开电机，换上新的钙基润滑脂，重新装配风机时，应进行动平衡试验，保证噪声不超过70dB，无较大振动。

(3) 底座排气风机运行1年后，应对叶轮轴承注入钙基润滑脂；运行3年后，更换电机轴承润滑脂。

(4) 输送网带减速机每年换上新的20#机油润滑，更换时旋开箱体上的两个油塞，倒出旧油，换上新油，再旋紧装上。

四、常见故障及排除方法

ASMR620-43型隧道式灭菌烘箱简易故障排除方法见表4-2-1。

表4-2-1 ASMR620-43型隧道式灭菌烘箱简易故障排除方法

故障现象	原因	处理方法
安瓿在输送网带上排列松散隧道两旁有倒流	接近开关限位板预弹力小，限位螺钉调节不当	可用调节输送网带上限位板的薄弹片，减小曲率半径，减小弧度，同时，顺时针旋紧螺栓，直到用压力压限位板时，能启动减速电机，再固定螺母
安瓿在进口过渡段上排列太紧，洗瓶机出料嘴上挤瓶严重，碎瓶较多，澄明度差	1. 接近开关限位板弹力太大	1. 可用手调节输送网带上限位板的薄弹片，增大曲率半径，增大弧度，同时，逆时针旋松螺栓，只要用手轻轻压限位板就能启动减速，使安瓿在输送网带上排列呈不松不紧状态，再固定螺母
	2. 输送网带进口段接近开关发生故障	2. 排除接近开关故障
输送网带上安瓿排列太紧	下道工序安瓿灌封机中安瓿输出太低，产量低	可提高灌封机速度，使之正好与洗瓶机匹配

续表

故障现象	原　因	处理方法
输送网带停止驱动	屏幕指示灯闪烁，喇叭鸣叫，指示隧道安瓿过多或灌封机输出太低	提高灌封机运转速度，调整机器输出速度
澄明度不高	1. 进口过渡段是否挤瓶严重 2. 空气不洁净，进出口层流箱空气速度为 0.5m/s，烘箱热空气流动速度为 0.7m/s（用处常温状态中风速表测量）	1. 调整进口过渡段限位板和限位螺钉 2. 重新更换高效过滤器和高温高效过滤器
烘箱温度偏低，未达到表上设定温度	屏幕指示灯闪烁，喇叭鸣叫，电热管可能损坏	检查电热管是否损坏，如损坏重新更换新的加热元件
烘箱温度超过表上设定温度，进口层流箱温度很高	屏幕指示灯闪烁，喇叭鸣叫，抽风机出现故障或损坏	检查或更换抽风机
"马达过载"，喇叭鸣叫	说明电机可能出现故障	排气风机、微型抽风机、减速电机可直接用钳形电流表检查，发生损坏，进行检查维修

五、主要技术参数

ASMR620-43 型隧道式灭菌烘箱主要技术参数见表 4-2-2。

表 4-2-2　ASMR620-43 型隧道式灭菌烘箱主要技术参数

型号	ASMR620-43 型
输送带有效宽度	620mm
烘干消毒最高温度	350℃
容器规范	1～30mL 西林瓶或瓶径 ϕ8～54，瓶高 40～160mm 或与此规格尺寸接近的圆柱形容器
生产能力	400～600 支/min
灭菌温度	350℃可调
出瓶口温度	≤40℃（风冷）
排风量	4000m^3/h
电容量	71kW，其中加热功率 60kW
洁净度	A 级
动力能耗	YDF-2.8-4S 三相外转子电机　1.1kW　3 台 DF-3.15-4S 抽风机　1.5kW　1 台 DF-3.35 热风机　1.1kW　2 台 微型排风电机　0.2kW　1 台 WBE1510W(D)减速电机　0.25kW　1 台
电热管耗能	不锈钢翅片电热管　1.8kW　220V　24 根
外形尺寸	4738mm×1465mm×2445mm 预热段有效长度：620mm 加热段有效长度：1750mm 冷却段有效长度：1690mm
净重	4000kg

六、基础知识

ASMR620-43 型隧道式灭菌烘箱的加入元件采用不锈钢翅片电热管，该管采用优质不锈钢、高电阻电热合金丝、不锈钢散热片等材料，通过先进的生产设备和工艺制作而成，具有升温快、发热均匀、散热性能好、热效率高、使用寿命长、加热装置体积小、成本低等优点。

七、灭菌工序操作考核

灭菌工序操作考核标准见表 4-2-3。

表 4-2-3 灭菌工序操作考核标准

考核内容	技能要求	分值
生产前准备	1. 检查核实清场情况，检查“清场合格证” 2. 系统接通电源后，首先检查电气箱内空气断路器是否全部处于闭合位置 3. 空车运行，检查所有电机是否运转，有无异常噪声 4. 测量风速和风压，中间烘箱风速和进出口层流风机风速应达到相应要求 5. 挂好本次运行状态标志	20
生产操作	1. 将功能选择开关、进瓶口风机开关、出瓶口风机开关、排风机开关、传送带开关、加热器开关置于自动，排空选择开关向左旋转 2. 打开电源开关，加热温度达到预置温度后，出瓶口瓶多指示灯灭；交流电流表指示灯灭 3. 按传送带启动按钮，烘干机开始自动工作 4. 操作时随时查看故障显示功能，以便准确及时排除故障 5. 观察压差（进瓶口风机操作灯、排风机指示灯），当送风系统启动后，压差计上的液柱面超过 350Pa 时，须更换高效预过滤器 6. 工作结束后，关闭所用操作钮回复原位，并关闭总电源	40
质量控制	各项参数应符合相应的要求	10
记录	运行记录填写准确完整	10
生产结束清场	1. 生产场地清洁 2. 工具和容器清洁 3. 生产设备的清洁 4. 清场记录填写准确完整	10
其他	正确回答考核人员提出的问题	10
合计		100

学生学习进度考核评定

一、学生学习进度考核题目

（一）问答题

1. 叙述 ASMR620-43 型隧道式灭菌烘箱的组成。

2. 叙述 ASMR620-43 型隧道式灭菌烘箱的操作过程。

3. 叙述 ASMR620-43 型隧道式灭菌烘箱的维护保养过程。

（二）实际操作题

操作 ASMR620-43 型隧道式灭菌烘箱，能维护保养 ASMR620-43 型隧道式灭菌烘箱，处理一些常见故障。

二、学生学习考核评定标准

编号	考核内容	分值	得分
1	认识隧道式灭菌烘箱的结构和组成	30	
2	操作隧道式灭菌烘箱	35	
3	维护保养隧道式灭菌烘箱	35	
4	合计	100	

模块三 安瓿拉丝灌封机

学习目标

1. 能正确操作安瓿拉丝灌封机。
2. 能正确维护保养安瓿拉丝灌封机。

所需设备、材料和工具

名　　称	规格	单位	数量
安瓿拉丝灌封机	AAG型	台	1
维修维护工具箱		箱	1
工作服、防护面罩或护目镜、防刺穿乳胶手套		套	1

准备工作

一、职业形象

按照人员进出洁净区标准操作规程穿着适当的工作服，戴护目镜、防刺穿乳胶手套，劳动保护到位。

二、职场环境

1. 环境

符合GMP规范的相关要求。窗户要求密封并具有保温性能，不能开启。对外应急门要求密封并具有保温性能。设备、管道、管线排列整齐并包扎光洁，无跑、冒、滴、漏现象发生，且符合相关清洁要求。检查确认生产现场无上次生产遗留物。

2. 环境温湿度

应当保证操作人员的舒适性。温度18～26℃；湿度45%～65%。

3. 环境灯光

不能低于300lx，灯罩应密封完好。

4. 电源

应在操作间外，确保安全生产。

三、物料要求

符合国家食品药品监督管理局颁布的《国家药用包装容器（材料）标准》的色环或点刻痕易折中性硼硅玻璃安瓿，经过上道工序清洗、灭菌合格。

学习内容

本机（图4-3-1）主要用于制药厂安瓿在无菌条件下的灌装和封口。设备采用了移动齿

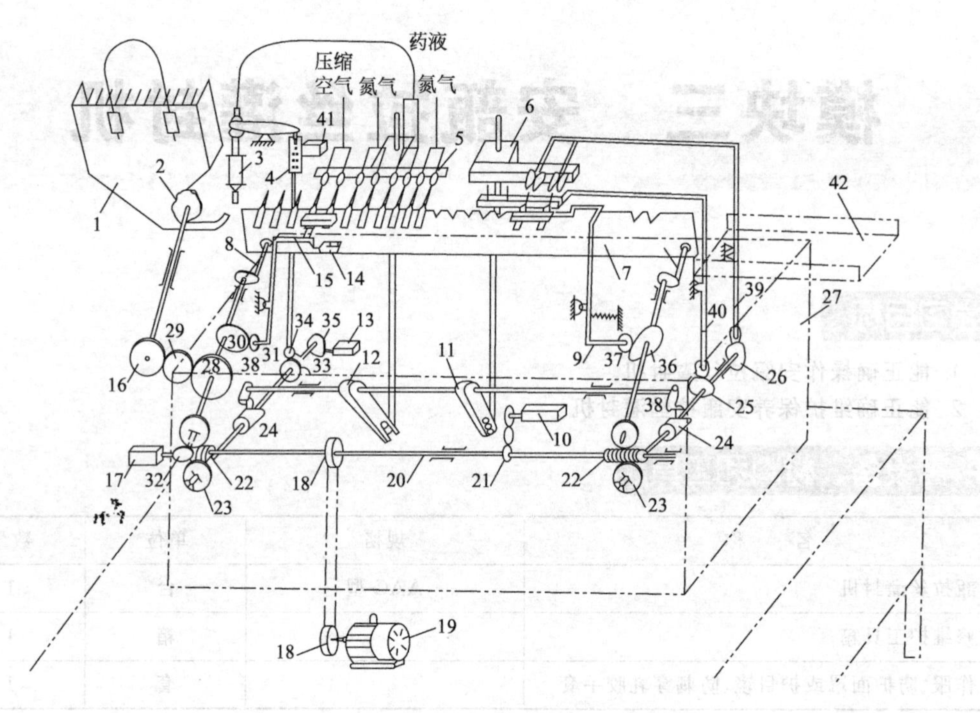

图 4-3-1　AAG 型安瓿拉丝灌封机结构示意图

1—进瓶斗；2—梅花盘；3—针筒；4—导轨；5—针头架；6—拉丝钳架；7—移瓶齿板；8—曲轴；9—封口压瓶机构；10—移瓶齿轮箱；11—拉丝钳上、下拨叉；12—针头架上、下拨叉；13—气阀；14—行程开关；15—压瓶装置；16,21,28—圆柱齿轮；17—压缩气阀；18—皮带轮；19—电动机；20—主轴；22—蜗杆；23—蜗轮；24,25,30,32,33,35,36—凸轮；26—拉丝钳开口凸轮；27—机架；29—中间凸轮；31,34,37,39—压轮；38—摇臂压轮；40—火头让开压轮摇臂；41—电磁阀；42—出瓶斗

板上进快、下回慢的矩形输瓶方式，使移动齿板一次送瓶的距离加长，并使瓶停留在固定齿板上的时间充裕，从而提高了整机的工作效率；在送瓶斗下，装有离合装置，可以在不停机的情况下停止瓶斗内安瓿的输送，便于操作；在拉丝上，采用钢丝绳控制机械手，简化了结构；在出瓶口，采用了独特的翻瓶结构，理顺了机构运动方向与出瓶运动方向的一致性，缩短了机器长度和工人操作所需空间长度。

一、结构与工作原理

1. 进瓶部分（见图 4-3-2）

（1）挡瓶板的调整　开车前，调整输送链的挡板，使安瓿落在输送链槽块中并与底板垂直，以保证安瓿输送平稳，避免产生夹瓶现象。

（2）离合器的使用　当安瓿用完需加瓶时，在不停机情况下，可以打开离合器手柄，使输送链停止送瓶，而灌装封口工位上的安瓿又能顺利工作完毕。

2. 针架组的调整（见图 4-3-3）

（1）安瓿位置调整　停机用手轮输送一组空安瓿放置于针架上，旋松螺母，使安瓿与上固定板（4）及下固定板（6）互成 90°，再调整上固定板的高低，并使上固定板（4）距离安瓿口约 17mm，然后旋紧螺母（5）。

（2）针头组的调节　针头组的作用有两种：一组吹气；另一组灌装药液。两组调节方法相同，特别是灌装药液，为保证泵打出来的药液能及时地输送到每一只安瓿内，针头在进入安瓿时必须时机适当。针头伸入安瓿内距离须超过瓶颈 2mm，但又不得摩擦安瓿瓶口。因此，可按下列步骤调节：

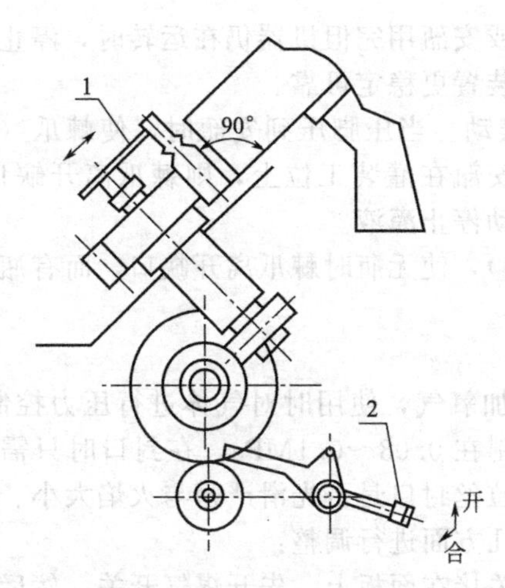

图 4-3-2 进瓶部分

1—调整输送链的挡板；2—离合器手柄

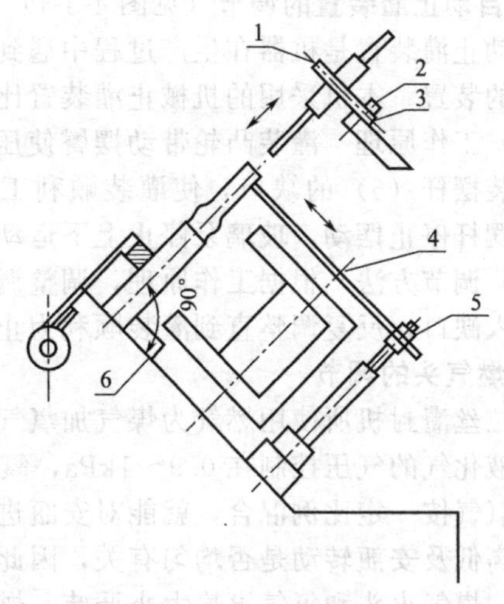

图 4-3-3 针架组的调整

1—调节针管位置的螺钉；2—针头调节螺母；3—针头固定板；4—安瓿上固定板；5—上固定板螺母；6—安瓿下固定板

① 为使针头进入安瓿时不与安瓿瓶口摩擦，可以用针头调节螺母（2）来调整。松动 2，移动针头固定板（3），然后对准安瓿中心旋紧 2 即可。

② 针管在安瓿内的调节分两步：第一步调整整体行程到瓶颈部位；第二步调节螺钉（1），使针管微量上下移动到所规定的范围内。

③ 上述两点的调节必须是用手轮来调整的（手轮反向面对操作人员为顺时针，不可逆时针旋转）。转动手轮，针头架的针头向下移动的时机应该使安瓿刚刚搁到灌注药液位置（同吹气），这时针头应开始插入瓶口，当药液灌注好后，针口应在安瓿搬动前退至安瓿瓶口，直到两组针头全部调整好为止。经过以上调节以后，应用手轮多转几圈，查看机构工作情况。但必须注意，每只松动的紧固螺钉一定要在调整后旋紧，否则会影响机器的正常运转。

3. 药液装量的调节（见图 4-3-4）

松开拼帽（2），旋动调节螺杆（1）上下调节可对药液装量进行调整，用量杯确定测试值后，旋紧 2，调整完毕。

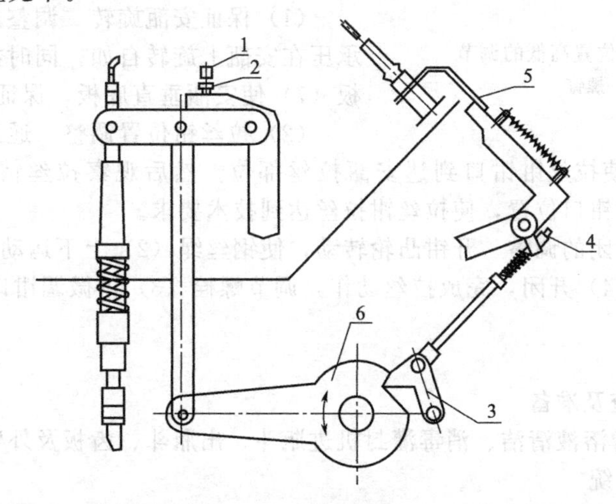

图 4-3-4 药液装量的调节

1—调节螺杆；2—拼帽；3—棘爪；4—调节螺母；5—压脚；6—灌装摆杆

4. 自动止灌装置的调节（见图 4-3-4）

自动止灌装置是机器在生产过程中遇到个别缺瓶或安瓿用完但机器仍在运转时，停止药液灌装的装置。本机采用的机械止灌装置比电子止灌装置更稳定可靠。

（1）工作原理　灌装凸轮带动摆臂使压脚（5）摆动。当压脚压到安瓿时，使棘爪（3）插入灌装摆杆（6）的缺口，使灌装顺利工作。若无安瓿在灌装工位上，则棘爪离开缺口，使灌装摆杆停止摆动，玻璃泵停止上下运动而达到自动停止灌液。

（2）调节方法　根据工作原理，调整调节螺母（4），使无瓶时棘爪离开缺口，而有瓶时棘爪插入缺口，反复调整直到灌装顺利为止。

5. 燃气头的调节

本拉丝灌封机所使用燃气为煤气加氧气或液化气加氧气，使用时对气体进行压力控制。煤气和液化气的气压控制在0.9～1kPa，氧气压力控制在0.08～0.1MPa，在封口时只需将煤气和氧气按一定比例混合，就能对安瓿进行加热。拉丝封口是否光滑严密与火焰大小、燃气位置高低及安瓿转动是否均匀有关，因此要从以下几方面进行调整：

（1）煤气火头和氧气火焰大小调节　燃气火头开关接在面板上，先开煤气开关，然后点火后再开氧气（切不可先开氧气开关），煤气和氧气调节阀将储气罐中的煤气和氧气分别送至火头，并控制其大小，通过混合产生火焰。一般蓝白色火焰为最好；绿色或红色火焰表示温度太低，可以通过提高氧气的比例来改善。往燃气头点火时，应先开燃气总开关，在熄火时也应先关燃气总开关，以确保安全。

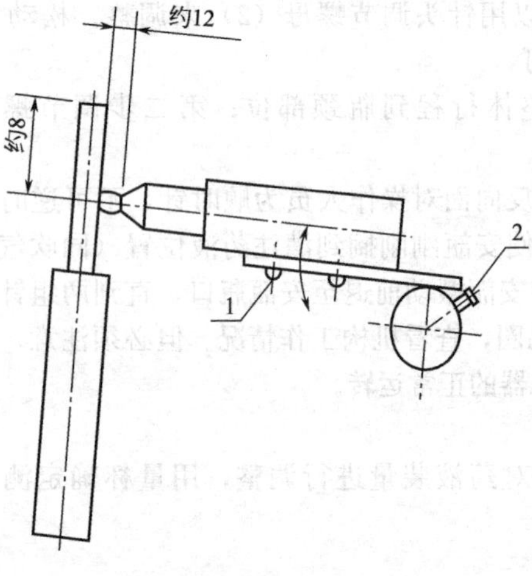

（2）燃气位置高低调节（见图 4-3-5）　调节螺钉1，使火头架上的火焰与安瓿保持一定距离（约12mm），调整调节螺钉2，使火点的火焰距离安瓿约8mm，然后根据安瓿瓶预热或加热来调节火焰大小。

图 4-3-5　燃气位置高低的调节
1,2—螺钉

6. 拉丝钳调整（见图 4-3-6）

安瓿封口的好坏除与火焰大小有关系外，还与安瓿在拉丝工位上的转动情况、拉丝钳拉丝位置有关。因此，拉丝钳上下位置、时间调节得适当与否，对拉丝封口起到相当大的作用，其调整方法如下：

（1）保证安瓿旋转　调整压杆（5）使其上轴承压在安瓿上旋转自如，同时托轮（6）及上固定板（7）使安瓿垂直底板，保证旋转平稳。

（2）拉丝钳位置调整　通过钳座（8）对拉丝钳（4）进行粗调，使拉丝钳钳口到达安瓿拉丝部位，然后观察拉丝情况，再对微调螺母（1）进行微调，修正钳口位置，使拉丝钳拉丝达到技术要求。

（3）拉丝钳开、闭的调整　开钳凸轮转动，使钢丝绳（2）上下运动，压板（9）上下运动，从而使拉丝钳（4）开闭，完成拉丝动作，调节螺栓（3）可微调钳口开合大小。

二、操作

1. 开机前的检查及准备

（1）用75%乙醇溶液清洁、消毒灌封机进瓶斗、出瓶斗、齿板及外壁。

（2）安装灌注系统

① 手部消毒后，从容器中取出玻璃灌注器，检查是否漏气。

② 将不漏气的玻璃灌注器分两部分：粗的玻璃管带细出口的一头装入灌注器钢套中，

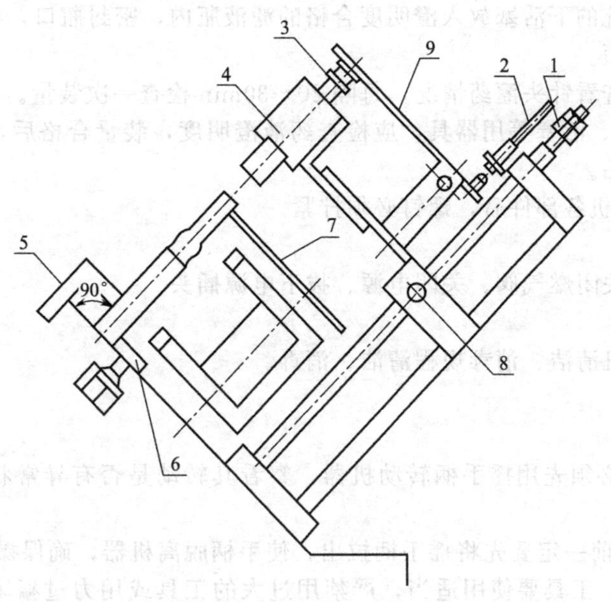

图 4-3-6 拉丝钳的调整

1—微调螺母；2—钢丝绳；3—调节螺栓；4—拉丝钳；5—调整压杠；
6—托轮；7—上固定板；8—钳座；9—压板

放入皮垫，细玻璃管带细出口的一头套上弹簧和皮垫、钢套盖，将两部分组装，拧紧钢套盖。

③ 灌注器的上下出口处分别用较短的胶管连接，灌注器上胶管连接上活塞，上活塞与针头之间用胶管连接，将针头固定在针头架上，拧紧螺钉。

④ 将灌注器底部安装在灌封机的灌注器架上，灌注器上部卡在顶杆套上。

⑤ 灌注器下部胶管连接下活塞，下活塞与玻璃三通一边出口处用胶管连接，玻璃三通另一边出口处用胶管连接另一个灌注器的下活塞，玻璃三通中间上出口处用胶管连接，并用止血钳夹住。

⑥ 玻璃三通下部出口处，用较长的胶管连接下活塞，放入过滤后的注射用水瓶中，冲洗灌注系统。

（3）用手轮顺时针转动，检查灌封机各部运转情况，有无异常声响、震动等，并在各运转部位加润滑油。

2. 开机操作

（1）取灭菌的安瓿，用镊子挑出碎口及不合格的安瓿，将合格的安瓿放入进瓶斗，取少数几个安瓿摆放在齿板上。

（2）打开燃气阀，点燃并调整火焰，启动电机，进行试开机。

（3）检查针头是否与安瓿口摩擦，针头插入安瓿的深度和位置是否合适。如果针头与安瓿口摩擦，必须重新调整针头位置，使操作达到灌装技术标准。

（4）根据调剂下的装量通知单，用相应体积的干燥注射器及注射针头抽尽瓶内药液，然后注入标化的量筒，在室温下检视装量不得少于其标示量。

（5）观察安瓿封口处玻璃受热是否均匀。如果安瓿封口处玻璃受热不均，将安瓿转瓶板中的顶针上下移动，使顶针面中心对准安瓿中心，安瓿顺利旋转，使封口处玻璃受热均匀。

（6）观察拉丝钳与安瓿拉丝情况，如果钳口位置不正，调节微调螺母，修正钳口位置，使拉丝钳的拉丝达到技术要求。

（7）将灌封机各部运转调至生产所需标准，开始灌封。

（8）将灌注系统的下活塞放入澄明度合格的滤液瓶内，密封瓶口，在出瓶斗处放洁净的钢盘装灌封后的安瓿。

（9）灌封时，查看针头灌药情况，每隔20～30min检查一次装量。

（10）更换针头、活塞等用器具，应检查药液澄明度，装量合格后，继续灌封。用镊子随时挑出灌封不良品。

（11）调整灌封机各部件后，螺钉必须拧紧。

3. 关机

灌封结束后，关闭燃气阀、关闭电源、拔下电源插头。

拆卸灌注系统。

灌封机按灌封机清洁、消毒规程清洁、消毒。

三、维护与保养

1. 每次开机前必须先用摇手柄转动机器，察看其转动是否有异常状况，判明确实正常后，才可开车。

（请注意：开机前一定要先将摇手柄拉出，使手柄脱离机器，确保操作安全）。

2. 调整机器时，工具要使用适当，严禁用过大的工具或用力过猛来拆卸零件，避免损坏机件或影响机器性能。

3. 每当机器进行调整后，一定要将松过的螺钉紧好，使用摇手柄转动机器，察看其动作是否符合要求，方可开机。

4. 应该经常从火头大小来判断燃气头是否良好，因为经过使用一定时间后，燃气头的小孔容易被积炭堵塞或变形而影响火力。

5. 灌封机火头上面要装排气管，能排除热量及燃气中的少量灰尘，同时又能保持室内温度、湿度和清洁，减少污染。

6. 机器必须保持清洁，严禁机器上有油污、药液或玻璃碎屑，以免造成机器损蚀，故必须做到：

（1）机器在生产过程中，及时清除药液或玻璃碎屑。

（2）交班前将机器各部清洁一次，并将各部加油一次。

（3）每周应大擦洗一次，特别是将平常使用中不容易清洁到的地方擦净，并可以用压缩空气吹净。

四、常见故障及排除方法

AAG型安瓿拉丝灌封机简易故障排除方法见表4-3-1。

表4-3-1 AAG型安瓿拉丝灌封机简易故障排除方法

故障现象	故障分析	处理方法
开机后主机不能运行	1. 控制系统没有复位 2. 主电源缺相	1. 检查控制系统 2. 检查接入电源
进瓶网带瓶子隆起或挤破 进瓶网带倒瓶	1. 网带尾部控制滑块卡住 2. 弹簧弹力不合适 3. 接近开关位置不恰当或开关损坏 4. 信号电路断路	1. 检查滑块灵活性 2. 调整弹簧力度 3. 调整接近开关位置 4. 检查信号电路
运瓶过程中碎瓶	齿条与拨盘或齿条与齿条之间交接时间不对	查看具体部件，调整对应的凸轮机构
控制系统报警	主机严重故障	及时停机检修

五、主要技术参数

AAG型安瓿拉丝灌封机主要技术参数见表4-3-2。

表4-3-2 AAG型安瓿拉丝灌封机主要技术参数

型号	AAG4/1-2	AAG 4/5-10	AAG 4/20	AAG 6/1-2	AAG 6/5-10	AAG 6/20	AAG 6/5-20
规格/mL	1～2	5～10	20	1～2	5～10	20	5～20
产量/(支/min)	128	95	60	190	135	90	90～135
功率/kW	0.55						
管道煤气耗量/(m^3/h)	2～2.5			3～3.5			
石油液化气耗量/(kg/h)	0.8～1			1～1.5			
氧气耗量/(kg/h)	7			10			
外形尺寸/mm	1500×930×1300	1500×980×1300		1750×950×1300	1920×1050×1350		
机器重量/kg	300	330		340	370		
电源	380V、50Hz						

六、基础知识

安瓿灌封过程中的常见问题及其解决措施：

1. 冲液和束液

冲液是指在灌注药液过程中，药液从安瓿内冲溅到瓶颈上方或冲出瓶外；束液是指在灌注药液结束时，因灌注系统“束液”不好，针尖上留有剩余的液滴。冲液和束液产生的原因不同，但其后果都会造成药液的浪费和污染，其次还会造成灌封容量不准、封口焦头和封口不良、瓶口破裂等弊病。

(1) 解决冲液的主要措施

① 将注液针头出口端制成三角形开口、中间并拢的所谓梅花形“针端”。

② 调节注液针头进入安瓿的位置，使其恰到好处。

③ 改进提供针头运动的凸轮的轮廓设计，使针头吸液和注液的行程加长，而非注液时的空行程缩短，从而使针头出液先急后缓，减缓冲液。

(2) 解决束液的主要措施

① 改进灌液凸轮的轮廓设计，使其在注液结束时返回行程缩短，速度快。

② 设计使用有毛细孔的单向玻璃阀，使针筒在注液结束后对针筒内的药液有倒吸作用。

③ 在贮液瓶和针筒连接的导管上加夹一只螺丝夹，靠乳胶导管的弹性作用控制束液。

2. 封口火焰温度与距离的控制

生产中，因封口而影响产品质量的问题较复杂。如火焰温度的过高或过低，火焰头部与安瓿瓶颈的距离大小，安瓿转动的均匀程度，以及操作的熟练与否都对封口质量有影响。其中有一些属设备问题，有一些则属于不正常操作所致。常见的封口问题如下：

(1) 焦头　产生焦头的主要原因是：灌注太猛，药液溅到安瓿内壁；针头回药慢，针尖挂有液滴且针头不正，针头碰安瓿内壁；瓶口粗细不匀，碰到针头；灌注与针头行程未配合好；针头升降不灵；火焰进入安瓿内等。解决焦头的主要措施：调换针筒或针头；选用合格的安瓿；调整修理针头升降机构；强化操作规范。

(2) 泡头　产生泡头的主要原因是：火焰太大而药液挥发；预热火头太高；主火头摆动角度不当；安瓿压脚未压妥，使瓶子上爬；钳子太低造成钳去玻璃太多。解决泡头的主要措施：调小火焰；钳子调高；适当调低火头位置并调整火头摆动角度在1°～2°间。

（3）平头　产生平头（亦称瘪头）的主要原因是：瓶口有水迹或药迹，拉丝后因瓶口液体挥发，压力减小，外界压力大而瓶口倒吸形成平头。解决平头的主要措施；调节针头位置和大小，不使药液外冲；调节退火火焰，不使已圆口瓶口重熔。

（4）尖头　产生尖头的主要原因是：预热火焰、加热火焰太大，使拉丝时丝头过长；火焰喷嘴离瓶口过远，使加热温度太低；压缩空气压力太大，造成火力过急，以致温度低于玻璃软化点。解决尖头的主要措施：调小煤气量；调节中层火头，对准瓶口离瓶3～4mm；调小氧气量。

生产中拉丝火头前部还有预热火焰，当预热火焰使安瓿瓶颈加热到微红后，再移入拉丝火焰熔化拉丝。有些灌封机在封口火焰后还设有退火火焰，使封口的安瓿缓慢冷却，以防安瓿快冷而爆裂。

七、安瓿拉丝灌封工序操作考核

安瓿拉丝灌封工序操作考核标准见表4-3-3。

表4-3-3　安瓿拉丝灌封工序操作考核标准

考核内容	技能要求	分值
生产前准备	1. 检查核实清场情况，检查“清场合格证” 2. 用75%乙醇溶液清洁、消毒灌封机进瓶斗、出瓶斗、齿板及外壁 3. 调节安装灌注系统 4. 用手轮顺时针转动，检查灌封机各部运转情况，有无异常声响、震动等，并在各运转部位加润滑油 5. 挂好本次运行状态标志	20
生产操作	1. 打开燃气阀，点燃火焰并调整火焰，启动电机，进行试开机 2. 将灌封机各部运转调至生产所需标准，开始灌封 3. 将灌注系统的下活塞放入澄明度合格的滤液瓶内，密封瓶口，在出瓶斗处放洁净的钢盘装灌封后的安瓿 4. 灌封时，查看针头灌药情况，每隔20～30min检查一次装量 5. 灌封结束后，关闭燃气阀、电源，拔下电源插头	40
质量控制	各项参数应符合相应的要求	10
记录	运行记录填写准确完整	10
生产结束清场	1. 生产场地清洁 2. 工具和容器清洁 3. 生产设备的清洁 4. 清场记录填写准确完整	10
其他	正确回答考核人员提出的问题	10
合计		100

学生学习进度考核评定

一、学生学习进度考核题目

（一）问答题

1. 叙述AAG安瓿拉丝灌封机的组成。

2. 叙述AAG安瓿拉丝灌封机的操作过程。

3. 叙述 AAG 安瓿拉丝灌封机的维护保养过程。

（二）实际操作题

操作 AAG 安瓿拉丝灌封机，维护保养 AAG 安瓿拉丝灌封机，处理一些常见故障和问题。

二、学生学习考核评定标准

编号	考核内容	分值	得分
1	认识安瓿拉丝灌封机的结构和组成	30	
2	操作安瓿拉丝灌封机	35	
3	维护保养安瓿拉丝灌封机	35	
4	合计	100	

模块四 安瓿检漏灭菌柜

学习目标

1. 能正确操作安瓿检漏灭菌柜。
2. 能正确维护保养安瓿检漏灭菌柜。

所需设备、材料和工具

名　　称	规格	单位	数量
安瓿检漏灭菌柜	AM系列	台	1
维修维护工具箱		箱	1
工作服、防护面罩或护目镜、防刺穿乳胶手套		套	1

准备工作

一、职业形象

按照人员进出洁净区标准操作规程穿着适当的工作服，戴护目镜、防刺穿乳胶手套，劳动保护到位。

二、职场环境

1. 环境

符合GMP规范的相关要求。窗户要求密封并具有保温性能，不能开启。对外应急门要求密封并具有保温性能。设备、管道、管线排列整齐并包扎光洁，无跑、冒、滴、漏现象发生，且符合相关清洁要求。检查确认生产现场无上次生产遗留物。

2. 环境温湿度

应当保证操作人员的舒适性。温度18～26℃；湿度45％～65％。

3. 环境灯光

不能低于300lx，灯罩应密封完好。

4. 电源

应在操作间外，确保安全生产。

三、物料要求

符合国家食品药品监督管理局颁布的《国家药用包装容器（材料）标准》的色环或点刻痕易折中性硼硅玻璃安瓿，经过上道工序清洗、灭菌合格，并灌封完毕的安瓿。

学习内容

AM系列安瓿检漏灭菌柜是一种高性能、高智能化的安瓿灭菌检漏清洗设备。主要用于安瓿、口服液、小输液瓶等药品制剂的灭菌和检漏处理。该设备设计先进、结构合理、控制高档。灭菌结束后通过真空或真空加色水检漏，保证废品检出率100%。最后还可用清水进行清洗处理，保证瓶外壁干净无污染。

AM系列安瓿检漏灭菌柜（图4-4-1）结构、性能、特点如下：

1. 主体采用矩形箱体结构，箱体带有加强筋的加强结构，严格按《钢制压力容器》标准和《压力容器安全技术监察规程》设计制造。内胆采用进口优质耐酸不锈钢304焊接制成，外壁及加强筋用优质碳钢板。灭菌室内表面经完善的机械精制抛光，光洁、美观、耐蚀。

2. 采用汽缸驱动锁紧装置，操作灵活轻捷，免维修。采用可靠的机械电气连锁，确保运行的安全性。

3. 门密封结构采用优质硅橡胶制成，耐温高达200℃以上，独特的燕尾形嵌入式设计，确保门的密封性。

4. 主控系统采用触摸屏PLC控制，确保运行的可靠。在数据管理方面，既可选用即时打印方式，亦可选用CF卡存盘打印。

5. 喷淋系统采用螺旋式喷嘴，喷出的冷却水环形雾状密布于整个柜体，无死角，能使安瓿均匀冷却。

6. 真空检漏试验：质差安瓿或安瓿被置于一定的真空度时会爆破或泄漏，故真空试验后很容易检出，不合格的安瓿即可从生产线中剔除出去。

图4-4-1　AM系列安瓿检漏灭菌柜外观图

一、结构与工作原理

（一）结构

主要包括矩形箱体、汽缸驱动锁紧装置、门密封结构、主控系统、喷淋系统等。

（二）工作原理

该设备利用饱和蒸汽作为灭菌介质，利用蒸汽冷凝时释放出大量潜热和湿度的物理特性，使被灭菌物品处于高温和润湿的状态下，经过设定的恒温时间，使细菌的主要成分蛋白质凝固而被杀死。主要用于安瓿、西林瓶、管制瓶装针剂、口服液产品进行高温灭菌操作和检漏，清洗处理。真空加色水相结合的检漏方式，保证了100%的废品检出率。

二、操作

（一）触摸屏操作程序

1. 主题画面（图4-4-2）

显示生产厂家商标，按“××商标”键进入主控界面。

图 4-4-2　主题画面

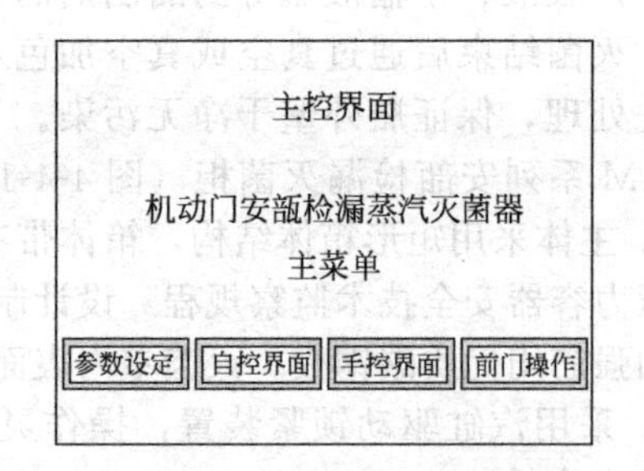

图 4-4-3　主控界面

2. 主控界面（图 4-4-3）

选择要进入的程序界面。

3. 参数设定界面（图 4-4-4）

按“数据设置”键，可修改灭菌时间、清洗时间参数，按“返回”键，返回主控界面。

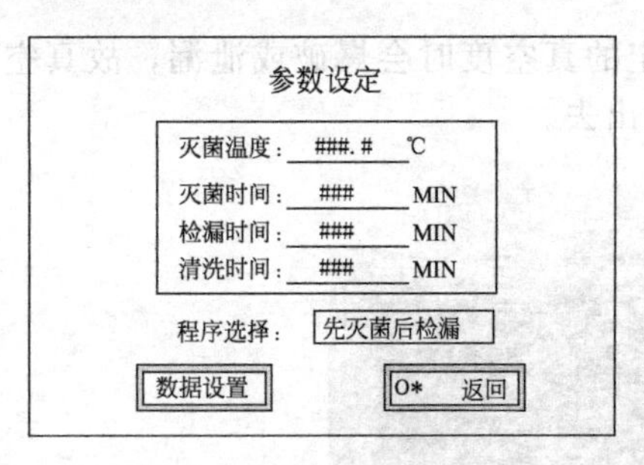

图 4-4-4　参数设定界面

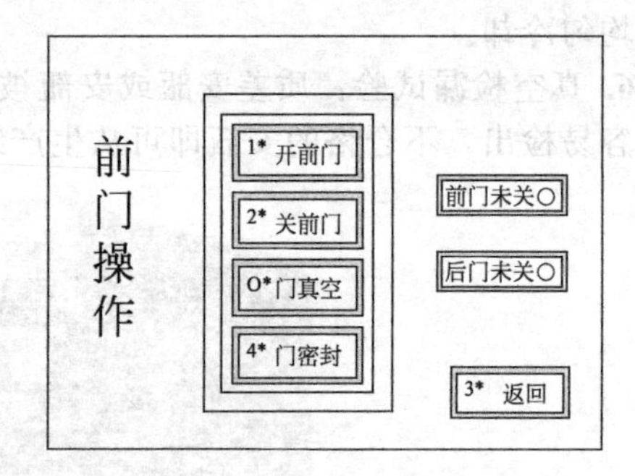

图 4-4-5　前门操作界面

4. 前门操作界面（图 4-4-5）

显示前门操作状态，按“返回”键返回主控界面。

5. 自动控制界面（图 4-4-6）

实时显示程序运行状态、各种灭菌参数、报警状况。按“返回”键返回主控界面。按“趋势”键实况显示温度曲线界面。

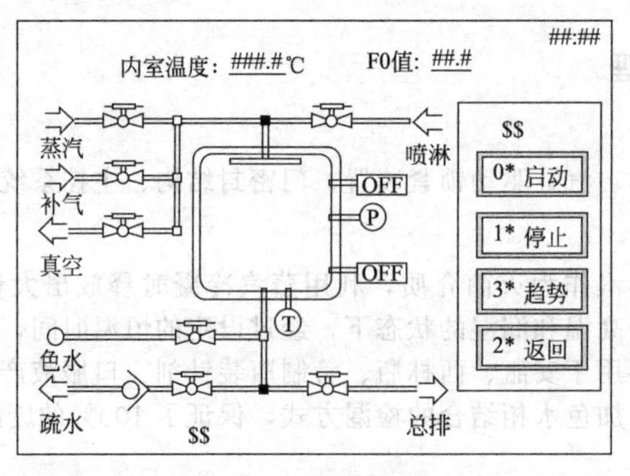

图 4-4-6　自动控制界面

6. 手动控制界面（图 4-4-7）

手动控制灭菌程序，显示各阀门控制状态、水位状态、报警状态。按“返回”键返回主控界面。

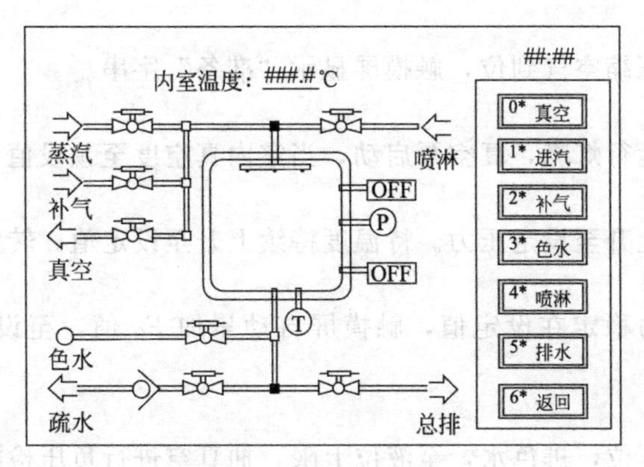

图 4-4-7　手动控制界面

7. 灭菌趋势界面（图 4-4-8）

实况显示温度变化动态曲线，按“打印”键即时控制打印输出，按“返回”键返回自动控制界面。

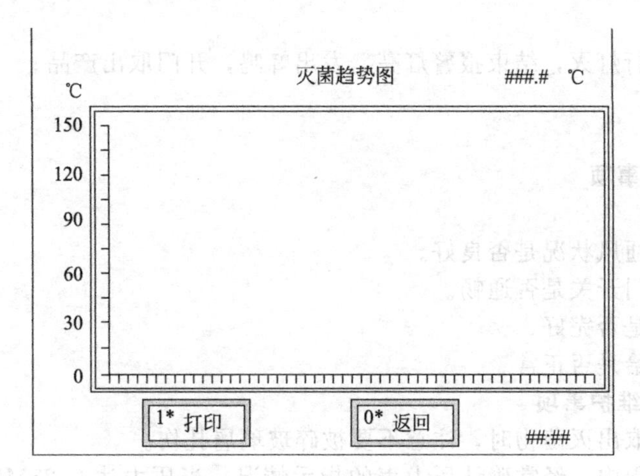

图 4-4-8　灭菌趋势界面

（二）操作方法

1. 关门

在关门前，要检查一下门的密封材料有无开裂、损伤与污物；检查筒体与门密封材料的接触面有无损伤和污物；压缩空气是否到位；门密封条是否凸出太多，如是，则按一下门真空，把密封条收进去。关门时，一手轻按门口侧门板，另一手按“关门”键。

2. 开门

只有内筒的压力与外界大气压相等时才可以把门打开。

（1）开门前必须确认下列各项：

① 内室压力为 0MPa；

② 必须在准备状态或结束状态下；

③ 门自锁装置解除。

（2）根据国家对压力容器安全性能的规定，本装置设有安全连锁装置，在内室压力大于 0.01MPa 时，门自动上锁，此时门不能打开。

（三）灭菌工作程序

灭菌工作程序包括准备、真空、升温、灭菌、检漏、清洗、结束。

1. 准备

前后门关到位，压缩空气到位，触摸屏显示“准备”字串。

2. 真空

按“启动”键，运行灯亮，真空泵启动，当室内真空度至预设值，转入升温。

3. 升温

灭菌室压力不断上升至设定压力。待温度持续上升至设定值，转入灭菌。

4. 灭菌

灭菌室温度、压力稳定在设定值，触摸屏自动累加 F_0 值，至设定灭菌时间和 F_0 值，转入检漏。

5. 检漏

灭菌室排气至零压位，进色水，至液位上限，抽真空进行负压检漏，真空计时到，进压缩空气正压检漏，计时到，排色水至液位下限，转入清洗。

6. 清洗

喷淋泵运转，清洗瓶壁残留色水，至设定清洗时间、次数，清洗结束，排水至液位下限，自动打印灭菌参数。

7. 结束

打印结束，运行灯灭，结束报警灯亮，发出蜂鸣，开门取出产品。

三、维护与保养

1. 使用前注意事项

应检查：

(1) 安装空间通风状况是否良好。

(2) 灭菌柜大门开关是否通畅。

(3) 门密封条是否完好。

(4) 各能源供给是否正常。

2. 日常使用及维护事项

(1) 在放入或取出灭菌物时，注意不要被碎玻璃屑扎伤。

(2) 在使用过程中，经常确认压力表的指示情况。当压力达 0.25MPa 以上时要关进蒸汽阀，切断电源，对供蒸汽的管路进行检查。

(3) 每天使用前，请检查内筒及内筒排汽口上有无污物。如过滤网上堆有杂物，会使灭菌不完全或干燥不良。

(4) 不能用潮湿酸性物擦洗屏面。

(5) 门的密封材料是本设备的门与筒体之间密封的主要部件，要定期检查，发现损伤时要及时更换（使用周期一般为 1～2 年）。

(6) 门机构是经常开关的部位，一定要注意螺栓是否松动，定期检查。

(7) 每隔 1 个月将安全阀拉杆拉起，反复排气数次，以防失灵。

(8) 每月清洗蒸汽过滤器和水过滤器滤网。

(9) 每月检查一次单向阀。

(10) 定期检查压力表，一般每年校对一次。

(11) 一般 1～2 年更换空气过滤器。

(12) 真空泵的维护和保养

① 泵在极限真空下工作时，会产生强烈的爆裂声，因此不允许在此状态下工作。此时可以调整渗气阀螺栓，噪声即可消除。

② 若泵长期停用，应放尽泵内的水，以防生锈锈死。若再次使用，启动前应先用手盘动泵的带轮几圈，然后方可通电启动。

③ 定时检查电机电流值，不得超过电机额定电流。

四、常见故障及排除方法

AM 系列安瓿检漏灭菌柜简易故障排除方法见表 4-4-1。

表 4-4-1　AM 系列安瓿检漏灭菌柜简易故障排除方法

故障现象	排除方法
按启动键进不了真空程序	屏幕程序是否显示有“准备”字串，门是否关到位
真空泵不运转或不抽真空	1. 确认电源是否已接通 2. 给水管道是否有故障 3. 交流接触器、真空阀是否动作
门不能打开	1. 是否在准备或结束状态 2. 内筒压力与外界大气压压差是否是 0MP
门关不上	1. 门密封圈是否损坏 2. 汽缸运行是否顺畅
升温时间过长	1. 灭菌室压力是否为设定值 2. 疏水状态是否良好

五、主要技术参数

AM 系列安瓿检漏灭菌柜主要技术参数见表 4-4-2。

表 4-4-2　AM 系列安瓿检漏灭菌柜主要技术参数

型号	外型尺寸 $(L\times W\times H)$/mm	内室尺寸 $(L\times W\times H)$/mm	蒸汽耗量/(kg/cycle)	压缩空气耗量/(m^3/cycle)	冷却水耗量/(kg/cycle)	灭菌车/台	电源/kW	净重/kg
AM-0.3	1195×1220×1720	1000×600×600	55	0.5	300	0	3	760
AM-0.6	1245×1300×1880	1050×180×850	75	0.8	400	0	3	1100
AM-1.2	1695×1370×1960	1500×750×1100	85	1.5	800	2	4	1900
AM-1.8	2445×1370×1960	2250×750×1100	100	2.0	1200	3	4	2450
AM-2.5	3195×1370×1960	3000×750×1100	180	3.0	1500	4	6	2800
AM-5.0	3635×1800×2200	3400×1000×1500	300	5.5	2500	4	6	4500

六、基础知识

湿热灭菌法是指用饱和水蒸气、沸水或流通蒸汽进行灭菌的方法，由于蒸汽潜热大，穿透力强，容易使蛋白质变性或凝固，所以该法的灭菌效率比干热灭菌法高，是药物制剂生产过程中最常用的灭菌方法。湿热灭菌法可分为：煮沸灭菌法、巴氏消毒法、高压蒸汽灭菌法、流通蒸汽灭菌法和间歇蒸汽灭菌法。

1. 煮沸灭菌法

将水煮沸至100℃，保持5～10min可杀死细菌繁殖体，保持1～3h可杀死芽孢。在水中加1%～2%碳酸氢钠时沸点可达105℃，能增强杀菌作用，还可去污防锈。此法适用于食具、刀剪、载玻片及注射器等消毒。

2. 巴氏消毒法

这是一种低温消毒法，因巴斯德首创而得名。有两种具体方法：一是低温维持法，62℃

维持 30min；二是高温瞬时法，75℃作用 15～30s。该法适用于食品的消毒。

3. 流通蒸气灭菌法

利用常压下的流通蒸汽进行灭菌。

4. 间歇蒸汽灭菌法

利用反复多次的流通蒸汽加热，杀灭所有微生物，包括芽孢。方法同流通蒸汽灭菌法，但要重复 3 次以上，每次间歇是将要灭菌的物体放到 37℃孵箱过夜，目的是使芽孢发育成繁殖体。若被灭菌物不耐 100℃高温，可将温度降至 75～80℃，加热延长为 30～60min，并增加次数。适用于不耐高热的含糖或牛奶的培养基。

5. 高压蒸汽灭菌法

103.4kPa 蒸气压，温度达 121.3℃，维持 15～20min。

影响湿热灭菌的主要因素有：微生物的种类与数量、蒸汽的性质、药品性质和灭菌时间等。湿热灭菌法可在较低的温度下达到与干热法相同的灭菌效果，因为：①湿热中蛋白吸收水分，更易凝固变性；②水分子的穿透力比空气大，更易均匀传递热能；③蒸汽有潜热存在，每 1g 水由气态变成液态可释放出 2211J 热能，可迅速提高物体的温度。湿热灭菌法一般采用 121℃，灭菌 20～30min，如果是产孢子的微生物，则应采用灭菌后适宜温度下培养几小时，再灭菌一次，以杀死刚刚萌发的孢子。

七、检漏灭菌工序操作考核

检漏灭菌工序操作考核标准见表 4-4-3。

表 4-4-3 检漏灭菌工序操作考核标准

考核内容	技能要求	分值
生产前准备	1. 检查核实清场情况，检查“清场合格证” 2. 检查门的密封材料有无开裂、损伤与污物 3. 检查筒体与门密封材料的接触面有无损伤和污物；压缩空气是否到位 4. 检查前后门关到位，压缩空气到位，触摸屏显示“准备”字串 5. 挂好本次运行状态标志	20
生产操作	1. 按启动触摸键，运行灯亮，真空泵启动，当室内真空度至预设值，转入升温 2. 灭菌室压力不断上升至设定压力。待温度持续上升至设定值，转入灭菌 3. 灭菌：灭菌室温度、压力稳定在设定值，触摸屏自动累加 F_0 值，至设定灭菌时间和 F_0 值，转入检漏 4. 检漏：灭菌室排汽至零压位，进色水，至液位上限，抽真空进行负压检漏，真空计时到，进压缩空气正压检漏，计时到，排色水至液位下限，转入清洗 5. 清洗：喷淋泵运转，清洗瓶壁残留色水，至设定清洗时间、次数，清洗结束，排水至液位下限，自动打印灭菌参数 6. 结束：打印结束，运行灯灭，结束报警灯亮，发出蜂鸣，开门取出产品	40
质量控制	各项参数应符合相应的要求	10
记录	运行记录填写准确完整	10
生产结束清场	1. 生产场地清洁 2. 工具和容器清洁 3. 生产设备的清洁 4. 清场记录填写准确完整	10
其他	正确回答考核人员提出的问题	10
合计		100

学生学习进度考核评定

一、学生学习进度考核题目

（一）问答题

1. 叙述安瓿检漏灭菌柜的组成。

2. 叙述安瓿检漏灭菌柜的操作过程。

3. 叙述安瓿检漏灭菌柜的维护保养过程。

（二）实际操作题

操作安瓿检漏灭菌柜，能维护保养安瓿检漏灭菌柜，处理一些常见故障和问题。

二、学生学习考核评定标准

编号	考核内容	分值	得分
1	认识安瓿检漏灭菌柜的结构和组成	30	
2	操作安瓿检漏灭菌柜	35	
3	维护保养安瓿检漏灭菌柜	35	
4	合计	100	

模块五　安瓿洗烘灌封联动线

学习目标

1. 能正确操作安瓿洗烘灌封联动线。
2. 能正确维护保养安瓿洗烘灌封联动线。

所需设备、材料和工具

名　　称	规格	单位	数量
安瓿洗烘灌封联动线	ALX-A 型	套	1
维修维护工具箱		箱	1
工作服、防护面罩或护目镜、防刺穿乳胶手套		套	1

准备工作

一、职业形象

按照人员进出洁净区标准操作规程穿着适当的工作服，戴护目镜、防刺穿乳胶手套，劳动保护到位。

二、职场环境

1. 环境

符合 GMP 规范的相关要求。窗户要求密封并具有保温性能，不能开启。对外应急门要求密封并具有保温性能。设备、管道、管线排列整齐并包扎光洁，无跑、冒、滴、漏现象发生，且符合相关清洁要求。检查确认生产现场无上次生产遗留物。

2. 环境温湿度

应当保证操作人员的舒适性。温度 18～26℃；湿度 45%～65%。

3. 环境灯光

不能低于 300lx，灯罩应密封完好。

4. 电源

应在操作间外，确保安全生产。

三、物料要求

符合国家食品药品监督管理局颁布的《国家药用包装容器（材料）标准》的色环或点刻痕易折中性硼硅玻璃安瓿。

学习内容

ALX-A 型安瓿洗烘灌封联动线（图 4-5-1）是由 KCQ 系列安瓿超声波清洗机、

图 4-5-1　ALX-A 系列安瓿洗烘灌封联动线外观图

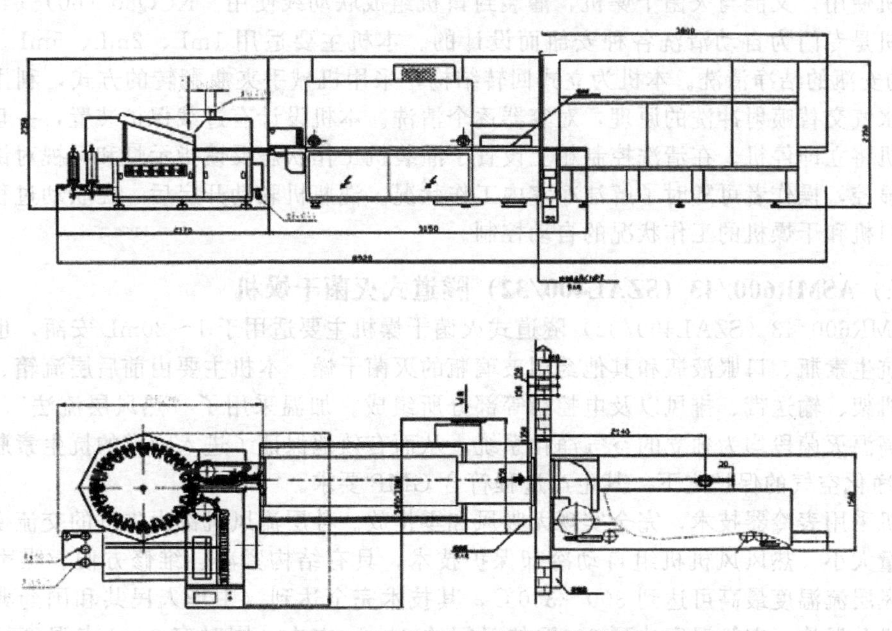

图 4-5-2　ALX-A 系列安瓿洗烘灌封联动线平面布置图

ASMR600/43（SZAL400/32）灭菌干燥机、AKGFS8 安瓿灌装封口机组成。用途是对曲颈易折安瓿进行水气交替喷射冲洗，热风层流烘干灭菌，多针灌装和封口。生产线平面布置如图 4-5-2 所示。

ALX-A 系列安瓿洗烘灌封联动线结构、性能、特点如下：

1. 整机采用 PLC 控制，能联动控制，也能单机操作，各部位的工作状况均能自动监控，并有灯柱显示，或由人机界面显控。

2. 洁净室内可设探头现场监控，自动化控制程序高。本机设有 PC 自动检测功能，一旦发生故障，能立即停车并迅速显示故障位置和显示排除故障方法，便于维修。

3. 立式超声波清洗机设计有过载保护装置，一旦主轴过载，本机将立即停机。在清洗控制箱上设置了灌装机工作状态反馈指示灯和可视对讲，或人机界面显控，操作者可随时了解洁净室内工作状况。

4. 灭菌干燥机采用表冷器技术，完全实现无吸风和零排放。

5. 灌装机台面为阶梯式，便于冲洗，并有蠕动泵、玻璃泵和陶瓷柱塞泵可供选择。

6. 伺服电机驱动、PLC、变频调速及各功能模块与伺服电机协调配合等技术的应用，使控制系统达到国内先进水平。控制操作上还可以根据生产的要求提供可视对讲装置。全程合格率可达 99%以上。

一、结构与工作原理

该联动线由 KCQ 系列超声波清洗机、ASMR600/43（SZAL400/32）型隧道式灭菌干燥机和 AKGFS8 型安瓿灌装封口机组成。

（一）KCQ 系列超声波清洗机

KCQ 系列抗生素瓶超声波清洗机主要用于抗生素瓶（模制瓶及管制瓶）和口服液瓶的清洗。

本机采用超声波预清洗与水气压力喷射清洗相结合的方式，清洗后的瓶子符合 GMP 的要求。本机运行可靠，生产操作维修方便，更换少量零件即可以进行多种规格的生产。本机既能单机使用，又能与灭菌干燥机，灌装封口机组成联动线使用。KCQ80（60）（40）超声波清洗机是专门为自动清洗各种安瓿而设计的。本机主要适用 1mL、2mL、5mL、10mL、20mL 的安瓿的洁净清洗。本机为立式回转结构，采用机械手夹瓶翻转的方式，利用超声波清洗和水气交替喷射冲洗的原理，对容器逐个清洗。本机设计有过载保护装置，一旦主轴过载，本机将立即停机。在清洗控制箱上设置了灌装机工作状态反馈指示灯和可视对讲，或人机界面显控，操作者可随时了解洁净室内工作状况。洗瓶机联动开启后，在联动过程中接受灌装封口机和干燥机的工作状况的自动控制。

（二）ASMR600/43（SZAL400/32）隧道式灭菌干燥机

ASMR600/43（SZAL400/32）隧道式灭菌干燥机主要适用于 1～20mL 安瓿，也可用于制药厂抗生素瓶、口服液瓶和其他药用玻璃瓶的灭菌干燥。本机主要由前后层流箱、高温灭菌仓、机架、输送带、排风以及电控箱等部分所组成。加温采用了“热风层流法”，前后层流箱及高温灭菌段均为独立的空气净化系统，从而有效地保证了进入隧道的抗生素瓶始终处在 A 级净化空气的保护之下，其生产过程符合 GMP 要求。

本机采用表冷器技术，完全实现无吸风和零排放。各层流风机都由先进的交流变频技术控制风量大小。热风风机机组自动冷却保护技术，具有结构紧凑、维修方便、噪声低等特点。热风层流温度最高可达到 300～350℃，其技术完全达到《中华人民共和国药典》的规定。本机升温快，空箱温度达到 300℃的时间约 20min 左右，同时有 3～6 点温度记录及显示，可随时观察记录烘箱温度。

（三）AKGFS8 安瓿灌装封口机

本机安瓿的药液灌装和封口主要适用于 1～20mL，为八针灌装封口。只要更换少许规格件，就可实现安瓿各种规格之间互换。整机包括传动部件、进瓶部件、灌装部件、加塞部件、出瓶部件及料斗机架部件等，整机结构紧凑、简洁，便于维修。该机既可单机生产，又可与洗瓶机、灭菌干燥机组成联动生产线，是 GMP 改造和实现现代化生产的理想设备。

灌装机台面为阶梯式，便于冲洗，并有蠕动泵、玻璃泵和陶瓷柱塞泵可供用户选择。伺服电机驱动、PLC、变频调速及各功能模块与伺服电机协调配合等技术的应用，使控制系统达到先进水平。本机进瓶系统是通过网带过渡，转盘加螺杆式结构。此结构可以减少由于直接进瓶所导致的瓶子破裂，从而减少瓶子污染；可以有效控制进瓶速度，达到前后同步；可以减少螺杆摩擦力，提高进瓶效率，确保达到设计生产产量。

二、主要技术参数

ALX-A 型安瓿联动生产线主要技术参数见表 4-5-1。

表 4-5-1 ALX-A 型安瓿联动生产线主要技术参数

联动机型号	ALX-A 型安瓿瓶联动生产线	
机组型号	KCQ60 安瓿超声波清洗机 ASMR600/43 隧道式灭菌干燥机 AKGFS8 安瓿灌装封口机	KCQ80 安瓿超声波清洗机 ASMR600/43 隧道式灭菌干燥机 AKGFS8 安瓿灌装封口机
适用规格	1mL,2mL,5mL,10mL,20mL 安瓿	
最大生产能力	1mL、2mL 21000 瓶/h 5mL 16000 瓶/h 10mL 12000 瓶/h 20mL 7000 瓶/h	1mL、2mL 24000 瓶/h 5mL 18000 瓶/h 10mL 14000 瓶/h 20mL 7000 瓶/h
灌装精度	符合《中华人民共和国药典》	
灌装泵精度	≤±2%	
产品合格率	≥99%	
蒸馏水	0.25MPa 50℃ 0.45m³/h	0.25MPa 50℃ 0.6m³/h
压缩空气	0.25MPa 约 45m³/h	0.25MPa 约 60m³/h
功率	60.24kW	
真空	抽气速率 17m³/h 极限真空 150mbar	
操作人员	3 人	
外形尺寸	8920mm×2345mm×2350mm	
重量	6400kg	

学生学习进度考核评定

一、学生学习进度考核题目

（一）问答题

1. 叙述安瓿洗烘灌封联动线的组成。

2. 叙述安瓿洗烘灌封联动线的操作过程。

3. 叙述安瓿洗烘灌封联动线的维护保养过程。

（二）实际操作题

操作安瓿洗烘灌封联动线，维护保养安瓿洗烘灌封联动线，处理一些常见故障和问题。

二、学生学习考核评定标准

编号	考核内容	分值	得分
1	认识安瓿洗烘灌封联动线的结构和组成	30	
2	操作安瓿洗烘灌封联动线	35	
3	维护保养安瓿洗烘灌封联动线	35	
4	合计	100	

项目五　粉针剂生产设备

粉针剂是一类在临用前加入注射用水或其他适宜溶剂将药物溶解而使用的粉状灭菌制剂。无菌粉末用溶剂结晶法、喷雾干燥法或冷冻干燥法制得。以溶剂结晶法、喷雾干燥法制得的无菌固体粉末采用无菌分装工艺，其生产过程包括粉针剂玻璃瓶的清洗灭菌和干燥、粉针剂填充、盖胶塞、轧封铝盖、半成品检查、粘贴标签等工序。以冷冻干燥法制得的无菌固体粉末则采用冻干粉针工艺，其生产过程包括粉针剂玻璃瓶的清洗灭菌和干燥、配料、灌装、冷冻干燥、盖胶塞、轧封铝盖、半成品检查、粘贴标签等工序。

粉针剂设备包括冻干粉针和无菌分装粉针设备，主要有西林瓶洗瓶机、干热灭菌隧道、冻干粉针工艺使用的液体灌装机和冷冻干燥机、无菌分装工艺使用的气流分装机和螺杆式分装机、轧盖机、不干胶贴标机等。西林瓶洗瓶设备相关知识在项目四模块一中已作详细介绍，这里不再赘述。

模块一　螺杆式粉针剂分装机

学习目标

1. 了解螺杆式粉针剂分装机（KFG 型）的主要结构与工作原理。
2. 熟悉螺杆式粉针剂分装机（KFG 型）的操作要点。
3. 熟悉螺杆式粉针剂分装机（KFG 型）基本的维护方法。

所需设备、材料和工具

名　　称	规格	单位	数量
螺杆式粉针剂分装机	KFG 型	台	1
维护、维修工具		箱	1
工作服		套	1
西林瓶(10mL 模制瓶)	0.4g	支	
注射粉末用丁基橡胶塞		个	

准备工作

一、职业形象

在B级洁净区内应当用头罩将所有头发以及胡须等相关部位全部遮盖，头罩应当塞进衣领内，应当戴口罩以防散发飞沫，必要时戴护目镜。应当戴经灭菌且无颗粒物（如滑石粉）散发的橡胶或塑料手套，穿经灭菌或消毒的脚套，裤腿应当塞进脚套内，袖口应当塞进手套内。工作服应为灭菌的连体工作服，不脱落纤维或微粒，并能滞留身体散发的微粒。

二、职场环境

1. 环境

符合GMP规范的相关要求。分装需在B级背景下的A级环境中进行。

2. 环境温湿度

温度和相对湿度应与药品生产工艺要求相适应。分装室内应保持恒温（20±2)℃，相对湿度45%～65%。需指出，分装室的相对湿度必须控制在分装产品的临界相对湿度以下，以免吸潮变质。

三、对分装物料的要求

对无菌分装的原料除应符合最终灭菌注射剂的质量要求外，还应符合下列质量要求：粉末无异物，配成溶液或混悬液的可见异物检查合格；粉末的细度或结晶应适宜，便于分装；无菌，无热原。

学习内容

分装是粉针剂无菌分装工艺中最重要的工序。常用的机械有螺杆式分装机和气流分装机。螺杆式分装机是利用螺杆的间歇旋转将药物装入抗生素瓶内达到定量分装目的，可分为单头和多头螺杆两种。其结构简单，不需要其他附属动力设备，且装量范围大，消耗低，能适应多种药粉的分装。气流分装机的原理是利用真空定量吸取粉体，再通过净化干燥压缩空气吹入西林瓶中，其运行速度快，装量误差小，性能稳定，但不适应大剂量及小剂量生产，另外还需配置真空泵及净化的无菌压缩空气设备。本模块主要就KFG型螺杆式分装机（图5-1-1）进行学习。

图5-1-1　螺杆分装机设备外形

一、结构与工作原理

（一）结构

KFG型螺杆式分装机由理瓶转盘、进出瓶轨道、分装机构、粉斗、振荡器、传动机构、压塞机构、主电机、控制面板、下塞轨道等装置组成（图5-1-2）。其主要用于制药行业中2～30mL规格的抗生素瓶的分装加塞，采用螺杆定量分装与旋转式加塞的结构，自动完成从理瓶、分装、上塞、加塞到出瓶的全套生产过程。该设备既能单机使用，也能与洗瓶机、隧道式灭菌干燥机组成联动线使用。

螺杆式分装机中最重要的结构是螺杆式分装头（图5-1-3）。螺杆式分装头经精密加工，其截面为矩形（图5-1-4）。每个螺距有相同的容积，计量螺杆与导料管的内壁间有均匀适量

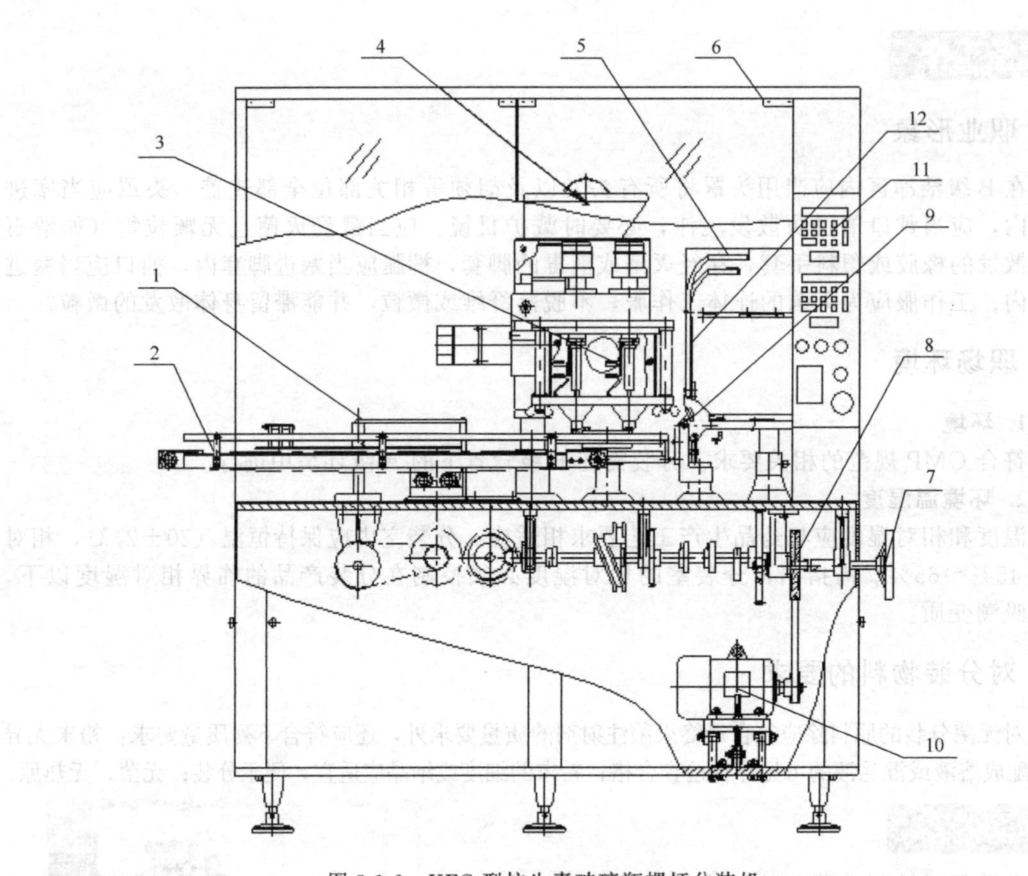

图 5-1-2　KFG 型抗生素玻璃瓶螺杆分装机

1—理瓶转盘；2—进出瓶轨道；3—分装机构；4—粉斗；5—振荡器；6—有机玻璃罩；7—手摇轴；8—传动机构；9—压塞机构；10—主电机；11—控制面板；12—下塞轨道

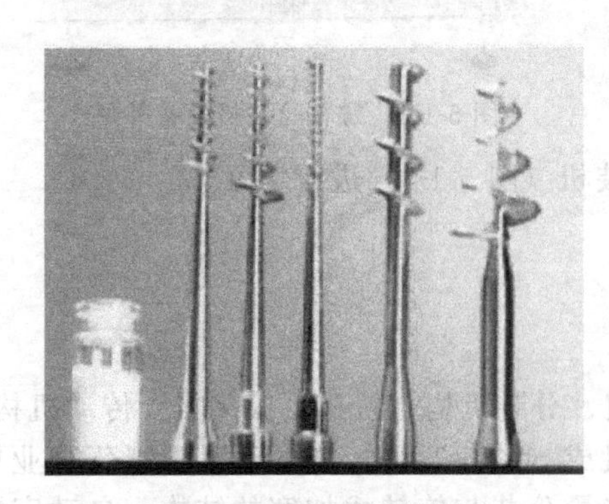

图 5-1-3　各种规格的螺杆

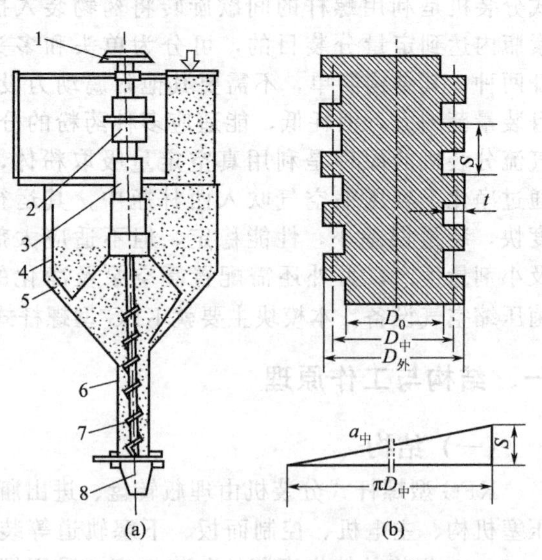

图 5-1-4　螺杆分装头结构

（a）装置示意图；（b）计量螺杆剖面

1—传动齿轮；2—单向离合器；3—支承座；4—搅拌叶；5—料斗；6—导料管；7—计量螺杆；8—送药嘴

的间隙。螺杆转动时，料斗内的药粉被其沿轴向旋转推移送到送药嘴，并落入送药嘴下的药瓶中，精确地控制螺杆的转角就能获得药粉的准确计量，容积计量精度可达±2%。为使粉剂加料均匀，料斗内有一个与螺杆反向连续旋转的搅拌桨以疏松药粉。螺杆式分装头使用时通过调节螺母控制。拧进调节螺母（右螺旋纹）时，落粉量增加；反之，退拧调节螺母时，落粉量减少。落粉多少可由调节盘上的刻度或实测决定。当装量要求变化较大时，则需更换不同螺距和根径尺寸的螺杆才能满足计量要求。

（二）工作原理

经灭菌干燥的抗生素瓶送至螺杆分装机，理瓶机构将无序状态的抗生素瓶整理成有序的分离状态，并将抗生素瓶逐个送入进瓶轨道。轨道将瓶子送至等分盘进行定位分装，加塞后，通过控瓶盘将瓶子推入出瓶轨道，再利用出瓶链条将瓶送至接瓶盘（若为联动生产，将直接进行轧盖）。

二、操作

（一）操作要点

1. 运行前的检查工作台面、各转动部位、电源及数控系统。

2. 开机，打开电源，开“供粉调速”开关。

3. 安装分装头（需注意，搅拌装置和螺杆的螺钉都要拧紧，防止中途脱落；螺杆和分漏斗下端出口应装平，过高或过低都会影响装量，螺杆与漏斗之间距离保持均匀）。

4. 安装分装螺杆、分装漏斗、视料罩。

5. 调节装量。

6. 把药粉倒入料斗，开启供粉电机，将药粉送入分装漏斗中。

7. 旋动胶塞振荡器按钮，开启真空阀门，检查胶塞振荡器及扣塞是否正常。

8. 放入空瓶。

9. 开启进瓶电源开关，开启供粉开关、搅拌开关，按下“运行”，开始正式分装，注意不得有倒瓶进入分装转盘。

10. 生产结束，待拨瓶盘上抗生素瓶全部分装完毕，按下“停止”按钮，关闭搅拌器、供粉器、数控系统、进瓶及主电机电源。

11. 拆下分装漏斗、分装螺杆、视粉罩及搅拌装置。

12. 拆下供料器。

13. 清洗拆下的分装部件。

14. 清洗主机。

（二）注意事项

1. 在操作中应注意安全，不可随意用手触摸转动部件。

2. 盖胶塞时如发现跳塞，应及时予以清除，以防胶塞卡住输送带。

3. 分装过程如有碎瓶，应立即停机，清除药粉及碎玻璃后，方可重新开机。

4. 发现有异常噪声时，应立即停车检查，排除故障后才能继续生产。

5. 发现产品装量出现连续不合格时，应停车检查调整。

三、维护与保养

1. 每天对设备进行巡回检查，并作好运行记录。

2. 在各运动部位应加注润滑油，槽凸轮及齿轮等部件可加钠基润滑脂，进行润滑。

3. 开机前应检查各部位是否正常，确认无误后方可操作。

4. 输粉漏斗及输粉螺杆部分、装粉斗及计量螺杆部分与药粉直接接触部位每批号生产后应拆卸、清洗一次。

5. 调整机器时工具要适当，严禁用过大的工具或用力过猛拆卸零件，以防影响或损坏其性能。

四、常见故障及排除方法

常见故障及排除方法见表5-1-1。

表5-1-1 常见故障及排除方法

常见故障	主要原因	排除方法
装量差异	螺杆位置过高，致使装药停止时仍有一部分药粉进入瓶内，使装量偏多	重新调整螺杆位置
	螺杆位置过低，造成落粉时散开而进不到瓶内，使装量偏少	重新调整螺杆位置
	单向离合器失灵，使螺杆反转或刹车后仍向前转动一个角度	检修单向离合器或调换
不能正常盖胶塞	胶塞硅化时硅油过多	调整硅油用量
	胶塞振荡器振动弹簧不平衡	检修振荡器
	机械手位置调整偏差	重新调整机械手位置
分装头内发生油污，使药粉污染	螺杆套筒（或支撑座）轴承密封不严，造成油污	拆卸分装头，更换轴承或密封圈，清洗灭菌后重新安装分装头，调试合格后再使用
经常自动停车，亮灯报警	药粉湿度过大或漏斗绝缘体受潮，有金属嵌入造成导电	用万用表检查
	控制器本身故障	拔出漏斗上的传感线插座，以检查控制器是否仍亮红灯
运转中突然停车或开不起车	剂量螺杆跳动量过大	拆卸漏斗，调整计量螺杆
	计量螺杆与粉嘴接触，造成控制电器自动断电	调整漏斗使其不与计量螺杆发生接触

五、KFG型螺杆式粉针剂分装机主要技术参数

KFG型螺杆式粉针剂分装机主要技术参数见表5-1-2。

表5-1-2 KFG型螺杆式粉针剂分装机主要技术参数

序号	项目	技术参数
1	灌装形式	双螺杆灌装
2	装量误差	≤3%
3	自动上塞率	≥99%
4	速度控制	变频调速
5	单机噪声	≤70dB
6	配用真空度	0.06MPa
7	配用抽气速度	$14m^3/h$
8	电源	380V 50Hz
9	用电功率	1kW
10	重量	约300kg
11	外形尺寸：长×宽×高	1720mm×1000mm×1750mm
12	生产能力	① 瓶子规格2～10mL 7000瓶/h ② 瓶子规格15～25mL 5000瓶/h ③ 瓶子规格5～100mL 3000瓶/h

六、基础知识

1. 粉针剂用抗生素玻璃瓶（西林瓶）

目前根据制造方法不同分两种类型：一是管制抗生素玻璃瓶；二是模制抗生素玻璃瓶。这两种玻璃瓶都已列入国家标准。

（1）管制抗生素玻璃瓶　管制瓶用于盛装一次性使用的粉针注射剂，其规格有 3mL、7mL、10mL、25mL。

（2）模制抗生素玻璃瓶　模制瓶是用于盛装抗生素粉剂药物的玻璃瓶。模制抗生素玻璃瓶按形状分为 A 型、B 型两种。A 型瓶 5～100mL 共 10 种规格；B 型瓶 5～12mL 共 3 种规格。

2. 粉针制备方法

（1）无菌分装　将原料药精制成无菌粉末，在无菌条件下直接分装在灭菌容器中密封。

（2）冷冻干燥　将药物配制成无菌水溶液，在无菌条件下经过滤、灌装、冷冻干燥，再充惰性气体，封口而成。

3. 胶塞处理

胶塞先用 0.3%盐酸煮沸 5～15min 后，用饮用水连续冲洗至中性（约需 1～2h），冲洗过程中用洁净的压缩空气搅拌；再用注射用水冲洗两次。漂洗后的胶塞用甲基硅油在 100℃下硅化 60min。硅化后的胶塞还应在 150℃以上干热消毒灭菌 3h 后，室温冷却待用。

七、粉针剂分装工序操作考核

粉针剂分装工序操作考核技能要求见表 5-1-3。

表 5-1-3　粉针剂分装工序操作考核标准

考核内容	技能要求	分值	相关课程
分装前准备	按要求更衣，穿洁净服	5	无菌制剂、制剂单元操作
	核对本次生产品种的品名、批号、规格、数量、质量，检查所用物料是否符合要求	5	
	正确检查分装工序的状态标志（包括设备是否完好、是否清洁消毒、操作间是否清场等）	5	
	按规定程序对设备进行润滑、消毒	5	
分装操作	开机试机	5	
	安装分装头	5	
	安装分装螺杆、分装漏斗、视料罩	5	
	正确调节装量，设置各工艺参数	5	
	将药粉倒入料斗，正确开启供粉电机，放入空瓶	5	
	按要求生产一定数量的粉针剂，装量及装量差异符合要求	10	
	其他注意事项	5	
清场操作	作业场地清洁	5	
	工具和容器清洁	5	
	生产设备的清洁	5	
	如实填写各种生产记录	5	
	其他注意事项	5	
熟练	按时完成生产操作	10	
提问	正确回答考核人员的提问	5	
合计		100	

学生学习进度考核评定

一、学生学习进度考核题目

（一）问答题

1. 叙述KFG型螺杆式粉针剂分装机的组成。

2. 叙述KFG型螺杆式粉针剂分装机的操作要点。

3. 简述无菌粉末分装的工艺流程与常用的分装设备。

（二）实际操作题

操作并维护KFG型螺杆式粉针剂分装机。

二、学生学习考核评定标准

编号	考核内容	分值	得分
1	认识设备的结构和组成	25	
2	操作设备	30	
3	维护维修设备	30	
4	粉针剂分装的工艺过程操作	15	
5	合计	100	

模块二 西林瓶轧盖机

学习目标

1. 了解 KGL 型西林瓶轧盖机的主要结构与工作原理。
2. 熟悉 KGL 型西林瓶轧盖机的操作要点。
3. 熟悉 KGL 型西林瓶轧盖机基本的维护方法。

所需设备、材料和工具

名　称	规格	单位	数量
西林瓶轧盖机	KGL 型	台	1
维护、维修工具		箱	1
工作服		套	1
铝塑盖		个	

准备工作

一、职业形象

在 B 级洁净区内应当用头罩将头发以及胡须等相关部位全部遮盖，头罩应当塞进衣领内，应当戴口罩以防散发飞沫，必要时戴护目镜。应当戴经灭菌且无颗粒物（如滑石粉）散发的橡胶或塑料手套，穿经灭菌或消毒的脚套，裤腿应当塞进脚套内，袖口应当塞进手套内。工作服应为灭菌的连体工作服，不脱落纤维或微粒，并能滞留身体散发的微粒。

二、职场环境

1. 环境

符合 GMP 规范的相关要求。根据已压塞产品的密封性、轧盖设备的设计、铝盖的特性等因素，轧盖操作可选择在 C 级或 D 级背景下的 A 级送风环境中进行。A 级送风环境应当至少符合 A 级区的静态要求。

2. 环境温湿度

温度和相对湿度与药品生产工艺要求相适应，无特殊要求时，温度应控制在 18～26℃，相对湿度控制在 45％～65％。

三、对物料的要求

检查铝塑盖，塑料与铝盖应结合紧密，将已变形、破损、边缘不齐的铝盖拣出存放在指定地点。

学习内容

粉针剂易吸湿，在有水分的情况下药物稳定性下降，因此粉针剂在分装、塞胶塞后还要再轧

图 5-2-1 KGL 型单刀八头滚压式轧盖机外形

上铝盖，确保药物在储存期内的质量。粉针剂轧盖机按工作部件可分为单刀式和多刀式，目前国内最常用的是单刀式轧盖机。单刀式轧盖机能适应于铝盖及铝塑盖等不同工艺要求，并具有封口卷边光滑，密封性能好等特点。单刀多头式轧盖机与多刀式（一般为三刀式）轧盖机相比，其生产效率高、破损率小，但是适应性不如后者。本模块主要就 KGL 型单刀八头式西林瓶轧盖机展开介绍。

一、结构与工作原理

（一）结构

KGL 型单刀八头滚压式轧盖机（图 5-2-1）主要由理瓶转盘、进出瓶输送轨道、理盖振荡器、轧盖机构、拨轮、下盖轨道与电气控制部分等组成（结构见图 5-2-2）。

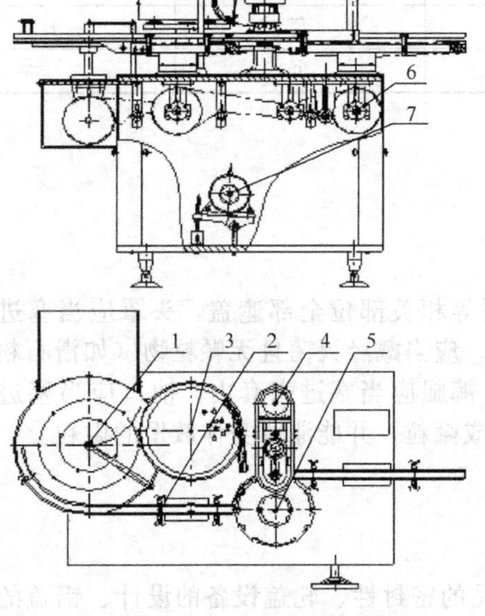

图 5-2-2 KGL 型单刀八头滚压式轧盖机主要结构图

1—理瓶转盘；2—进出瓶轨道；3—振荡理盖机构；4—轧盖机构；5—等分盘拨轮；6—传动机构；7—主电机；8—下盖机构；9—操作面板

（二）工作原理

盖好胶塞的西林瓶由进瓶转盘送入轨道，经过输送轨道时铝盖供料振荡器将铝盖放置在瓶口上，由拨瓶盘将瓶子送入轧盖位置，底座将瓶子顶起，由轧盖头压紧瓶口，轧盖刀高速旋转中压紧铝盖下边缘，同时瓶子也旋转，将铝盖下缘轧紧于瓶颈上。

二、操作

（一）操作要点

1. 操作前准备

（1）检查机器上是否有玻璃渣及工具等其他异物，如有发现需及时清扫。

（2）手动盘车检查各传动机构齿轮的配合情况，并加油润滑。

（3）检查所有固定螺钉，若发现松动请及时拧紧螺钉。

（4）检查输送链板的运行是否正常。

（5）检查轧刀的刀口光滑度，轧刀若有缺损，及时更换。

（6）检查电器连接线是否良好。

（7）检查各部件弹簧是否折断，若发现应及时更换。

（8）盘动手轮检查控瓶盘规格与生产瓶规格是否一致。

（9）观察瓶位情况，察看下盖是否合适，轧刀的轧盖位置是否合适，机器是否有卡滞现象。应使各部分处于正常状态。

2. 开机操作

（1）打开主电源开关，进入操作界面。

（2）打开输瓶电机，调节好输瓶电机速度。

(3) 开启振药理盖机构，调节好理盖速度，使铝盖充满在轨道内。

(4) 启动缺盖检测与缺瓶检测开关。

(5) 按下轧盖按钮，使轧盖头运行。

(6) 按下设备启动按钮，机器进入运行状态。

3. 结束操作

(1) 关闭主机电机速度调节旋钮，同时关闭输瓶电机速度调节旋钮与理盖振荡锅速度调节旋钮。

(2) 关闭缺盖检测与缺瓶检测开关。

(3) 关闭电器箱主开关。

(4) 清洗设备零部件，擦拭轨道。

(二) 注意事项

1. 生产前操作人员应佩戴好防护耳罩。

2. 如输送带出现倒瓶，应及时扶正。

3. 如出现卡瓶、出瓶等分盘处炸瓶以及其他影响设备安全或者人身安全的状况，应立即按下急停按钮，且必须待故障解除后方可将急停按钮向右旋进行复位。

三、维护与保养

1. 检查/润滑传动区域凸轮、齿轮、链条，当检查发现缺油时，即需要加注润滑油；当检查发现油污物过多时，应首先清除油污物，再加注润滑油。完成润滑工作后，装上设备下部的不锈钢防护板。

2. 检查/更换压盖刀头及压盖顶头，如发现轧盖成品包边有拉丝或压盖顶头压盖时有打滑现象，应立即停机检查，若发现压盖刀头或压盖顶头有明显磨损现象，应立即更换。

3. 润滑传动区域所有润滑油嘴，对装有润滑油嘴的轴套处用高压油脂枪顶住润滑嘴，按下手柄加注润滑脂。

4. 每天对设备进行巡回检查，并作好运转记录。

5. 开机前及运转中按规定对各润滑点进行润滑。

四、常见故障及排除方法

常见故障及排除方法见表 5-2-1。

表 5-2-1 常见故障及排除方法

故障现象	产生原因	处理方法
松盖	三旋刀太松	三旋刀向中心略调紧
铝盖漏盖	铝盖轨道位置太高	略调下轨道位置
轧盖机头不稳且运动时晃动	轧盖头往复轴松动	调换轴承
铝盖轧出成品出现波纹或皱皮	三旋刀的位置及弹簧力未调整到位	相应调整
瓶子进轧刀座时的对中心不好	等分拨盘及工作导向板间磨损严重	相应调换零件
落盖不畅通或有卡盖现象	轨道的间隙或卡钳未调整好	相应调整

五、KGL250 型单刀八头滚压式轧盖机主要技术参数

KGL250 型单刀八头滚压式轧盖机主要技术参数见表 5-2-2。

六、基础知识

根据国标 GB 5198.1—1996 抗生素瓶铝盖类型可以分为中心孔铝盖（A 型）、两接桥开花铝盖（B 型）、三接桥开花铝盖（C 型）、撕开式铝盖（D 型）和不开花铝盖（E 型）。铝盖

表 5-2-2　KGL250 型单刀八头滚压式轧盖机主要技术参数

序号	项目	技术参数
1	瓶子规格	250mL
2	单机噪声	≤70dB
3	破瓶率	≤0.1%
4	上盖合格率	≥99%
5	铝盖定向失误率	≤3‰
6	缺瓶不落盖动作完成率	100%
7	工作时挤瓶破损率	<0.1‰
8	轧盖成功率(经轧盖后圆形瓶成品铝盖滚压质量合格：用三个手指力转动铝盖，铝盖与抗生素瓶之间不能发生相对转动。滚压后铝盖弯边尺寸约 1mm)	≥99%
9	用电	380V　50Hz　1.1kW
10	外形尺寸(长×宽×高)	1540mm×1520mm×1550mm
11	重量	约 400kg
12	生产能力	≥80 瓶/min

应清洁，无残留润滑剂、毛刺和损伤。铝盖使用前还需灭菌处理。对无污铝盖只需用电烘箱或隧道烘箱灭菌即可。若在机械冲制中沾有油污时，可用洗涤剂清洗，再用去离子水冲洗干净后在 120℃烘箱中灭菌 1h。

抗生素瓶药用铝塑组合盖其型式有 ZB 型（由带中心孔铝件和有凸缘塑料件组成）、ZD 型（由带撕开式撕片的铝件和有凸缘塑料件组成）、OB 型（由带中心孔铝件和无凸缘塑料件组成）以及 OD 型（由带撕开式撕片的铝件和无凸缘塑料件组成）。

七、粉针剂分装工序操作考核

粉针剂分装工序操作考核技能要求见表 5-2-3。

表 5-2-3　粉针剂分装工序操作考核标准

考核内容	技能要求	分值	相关课程
轧盖前准备	按要求更衣，穿洁净服	5	无菌制剂、制剂单元操作
	核对本次生产品种的品名、批号、规格、数量、质量，检查所用物料是否符合要求	5	
	正确检查轧盖工序的状态标志(包括设备是否完好、是否清洁消毒、操作间是否清场等)	5	
	按规定程序对设备进行润滑、消毒	5	
轧盖操作	开机试机	5	
	正确设置各工艺参数	5	
	准确完成轧盖操作	15	
	按要求生产一定数量的粉针剂，外观、异物、紧密度符合要求	10	
	其他注意事项	5	
清场操作	作业场地清洁	5	
	工具和容器清洁	5	
	生产设备的清洁	5	
	如实填写各种生产记录	5	
	其他注意事项	5	
熟练	按时完成生产操作	10	
提问	正确回答考核人员的提问	5	
合计		100	

学生学习进度考核评定

一、学生学习进度考核题目

（一）问答题

1. 叙述 KGL 型单刀八头滚压式轧盖机的组成。

2. 叙述 KGL 型单刀八头滚压式轧盖机的操作要点。

（二）实际操作题

操作并维护 KGL 型单刀八头滚压式轧盖机。

二、学生学习考核评定标准

编号	考核内容	分值	得分
1	认识设备的结构和组成	30	
2	操作设备	35	
3	维护维修设备	35	
4	合计	100	

项目六　大容量注射剂生产设备

模块一　洗瓶设备

学习目标

1. 能正确操作大容量注射剂洗瓶设备。
2. 能正确维护保养大容量注射剂洗瓶设备。

所需设备、材料和工具

名　　称	规格	单位	数量
大容量注射剂洗瓶设备	QBX 型	台	1
维修维护工具箱		箱	1
工作服、防护面罩或护目镜、防刺穿乳胶手套		套	1

准备工作

一、职业形象

按照人员进出洁净区标准操作规程穿着适当的工作服，戴护目镜、防刺穿乳胶手套，劳动保护到位。

二、职场环境

1. 环境

符合 GMP 规范的相关要求。窗户要求密封并具有保温性能，不能开启。对外应急门要求密封并具有保温性能。设备、管道、管线排列整齐并包扎光洁，无跑、冒、滴、漏现象发生，且符合相关清洁要求。检查确认生产现场无上次生产遗留物。

2. 环境温湿度

应当保证操作人员的舒适性。温度 18～26℃；湿度 45％～65％。

3. 环境灯光

不能低于 300lx，灯罩应密封完好。

4. 电源

应在操作间外，确保安全生产。

三、物料要求

符合国家食品药品监督管理局颁布的《国家药用包装容器（材料）标准》的钠钙玻璃输液瓶。

学习内容

QBX 型玻璃瓶清洗机（图 6-1-1）由超声波洗瓶机和箱式洗瓶机组成。

超声波洗瓶机是专供 100～500mL 型玻璃输液瓶完成粗洗过程的设备。玻璃输液瓶通过理瓶、分瓶机构分成多列进入洗瓶机内超声波水池进行超声波粗洗，倒掉水后，再进行常水二次内外清洗，完成粗洗瓶过程。生产线洗瓶时，玻璃瓶浸泡在超声波水池中时间长，粗洗充分，多次常水冲洗，用水采用回收利用，使其既保证洗瓶效果，又节约水资源。

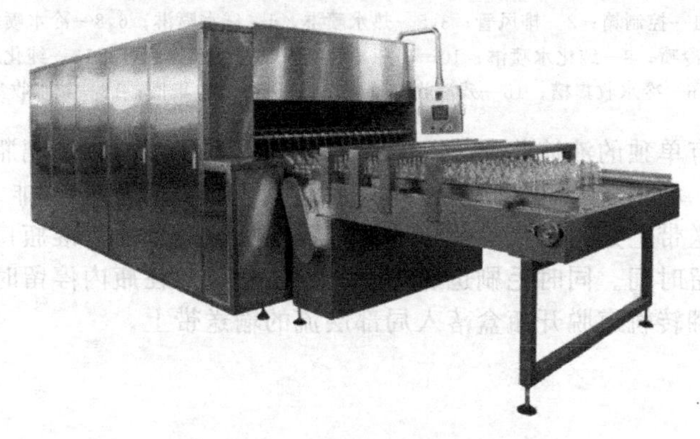

图 6-1-1　QBX 型玻璃瓶清洗机

性能特点：

(1) 洗瓶机结构紧凑，占地面积小。

(2) 传动机构位于设备侧面，非常方便维护、检修。

(3) 为保护超声波发生器，设备具有水位不到不能开机、低于最低标准水位自动停机的功能。

(4) 实现机、电、气一体化，自动化程度高，水压及冲水时间可根据实际需要设定。冲瓶水配有逐级回收过滤系统，实现了水的降级使用，降低了水耗量。

(5) 采用履带式载瓶送瓶，输液瓶进入超声波水池时间长，确保了输液瓶清洗干净且无死角；常水冲洗后倒水时间长，瓶内无残留水。

(6) 变频无级调速。

箱式洗瓶机是玻璃瓶精洗设备，整机是个密闭系统，是由不锈钢外罩罩起来工作的。通过热水、碱水、纯化水的喷淋达到精洗效果。

一、结构与工作原理

1. 箱式洗瓶机工位

如图 6-1-2 所示。

2. 玻璃瓶在机内的工艺流程

洗瓶机上部装有引风机，将热水蒸气、碱蒸气强制排出，并保证机内空气是由净化段流向箱内。各工位装置都在同一水平面内呈直线排列，其状态如图 6-1-1 所示。在各种不同淋

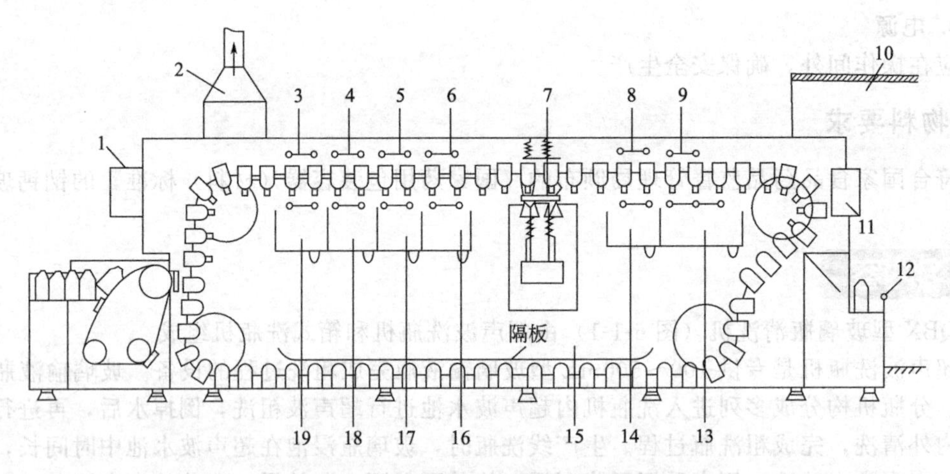

图 6-1-2 箱式洗瓶机工位示意图

1,11—控制箱；2—排风管；3,5—热水喷淋；4—碱水喷淋；6,8—冷水喷淋；
7—毛刷带冷喷；9—纯化水喷淋；10—出瓶净化室；12—手动操纵杆；13—纯化水收集槽；
14,16—冷水收集槽；15—残液收集槽；17,19—热水收集槽；18—碱水收集槽

液装置的下部均设有单独的液体收集槽，其中碱液是循环使用的。玻璃瓶在进入洗瓶机轨道之前是瓶口朝上的，利用一个翻转轨道将瓶口翻转向下，并使瓶子成排（一排 10 支）落入瓶盒中。瓶盒在传送带上是间歇移动前进的。因为各工位喷嘴要对准瓶口喷射，所以要求相对喷嘴有一定的停留时间。同时毛刷也有探入、伸出瓶口和在瓶内停留时间的要求。玻璃瓶沥干后，仍需利用翻转轨道脱开瓶盒落入局部层流的输送带上。

二、操作

1. 准备工作

（1）检查生产场地、设备是否清洁，复核前班清场清洁情况。

（2）根据车间下发的生产指令，填写状态标识。

（3）生产前检查电器线路是否良好，管线阀门、水泵有无泄漏现象。

（4）检查各工艺用水阀门是否良好，检查超声波水池温度是否适当，若不符合要求，调整至合格。

（5）启动洗瓶机、传送带，检查运行情况是否良好，符合要求后方可生产操作。

2. 操作

（1）将各工艺用水进水阀门打开至一定压力，将排水阀打开至最大。

（2）启动洗瓶机电源开关。

① 将设备电源开关打开，电源指示灯亮，设备进入通电状态。

②“工作/调整”开关打到“工作”位置。

（3）分别打开“粗洗”、“精洗”、“超声波”旋钮，使其开始工作。

① 按下“粗洗”按钮开关，粗洗指示灯亮，开始粗洗工作。

② 将“精洗”旋钮开关逆时针拧至“精洗”指示灯亮，开始精洗工作。

③ 将超声波旋钮打开，超声波开始工作。

（4）启动主机及传送带。

① 按“主机启动”按钮，洗瓶机、传送带开始工作。

② 5s 后，方可按下变频器开关，机器开始启动工作。

（5）洗瓶过程中随时检查洗瓶质量，不合格时调整至合格。

① 当出现倒瓶或卡瓶时，指示灯亮，同时警铃响，该机将自动停止工作，故障排除后，

按“再启动”按钮，机器便正常工作。

② 当机器出现异常情况时，按紧停开关，则设备停止工作，查明原因并排除故障后，按下“再启动”开关，恢复工作。

③ 关停洗瓶机、传送带，切断电源。

(6) 生产结束后，先按变频器“STOP”开关，接着按“主机停止”按钮，再关闭超声波、精洗、粗洗开关，最后关闭电源开关。

(7) 关闭进水阀门，关闭排水阀门。

3. 清场验收

清场后，由质检员进行清场验收并发放“清场合格证”。

4. 注意事项

(1) 洗瓶机出现异常时，指示灯亮，同时警铃响，洗瓶机将自动停止工作，及时通知车间维修工进行处理，并填写在“输液洗瓶记录”中。

(2) 开机前务必将超声波发生器箱内的水放满（浮标落下）。生产结束后，将超声波机内输液瓶全部输出，然后放净箱内的饮用水，再关闭阀门。

三、维护与保养

1. 放净各工艺用水阀门内的水。

2. 清除掉输送带与洗瓶机内的碎玻璃屑。

3. 超声波洗瓶槽内的洗涤水排放干净，并用纯化水反复冲洗洗涤槽 3 次。

4. 擦洗洗瓶机至洁净。

5. 用苯扎溴铵消毒液擦拭洗瓶机消毒。

6. 过滤器的清洁。

过滤器拆卸后使用纯化水清洗滤芯，清洗后安装复位。

四、常见故障及排除方法

大容量注射剂洗瓶设备简易故障排除方法见表 6-1-1。

表 6-1-1 大容量注射剂洗瓶设备简易故障排除方法

故障现象	排除方法
进瓶台进瓶不畅	1. 进瓶轨道间隙小,需调整轨道间隙 2. 进瓶轨道松动,需紧固轨道螺栓 3. 链片底面“⊥”形尼龙垫条严重磨损,垫条中间突起高于链片,需更换垫条 4. 轨道间有碎玻璃,需清除
进瓶台处倒瓶	1. 轨道间有碎玻璃,需清除 2. 过渡板磨损严重,需更换过渡板
推瓶指处倒瓶、翻瓶	1. 推瓶指有毛刺或严重磨损,需更换推瓶指 2. 推瓶指松动,需紧固螺栓 3. 进瓶轨道间有碎玻璃,需清除
前离合器失灵	离合片松动,紧固螺栓
泵不工作或流量小	1. 薄膜阀损坏,更换薄膜阀 2. 薄膜底阀磨损严重,更换薄膜底阀

五、主要技术参数

QBX 型洗瓶机主要技术参数见表 6-1-2。

表 6-1-2 QBX 型洗瓶机主要技术参数

型号	QBX 型
适用规格	100～500mL
进瓶个数	20 个
电容量	10kW;380V;50Hz
用水量	常水 200mL/瓶
生产能力	100～450 瓶/min
机器重量	6000kg
外形尺寸	5767mm×3440mm×2000mm

六、基础知识

国家药品包装容器（材料）标准——钠钙玻璃输液瓶（节选）

本标准适用于经过内表面处理的一次性盛装注射用药液的钠钙玻璃输液瓶。

【外观】取本品适量，在自然光线明亮处，正视目测。应无色透明；表面应光洁、平整，不应有明显的玻璃缺陷；任何部位不得有裂纹。

【合缝线】取本品适量，用精度为 0.02mm 的游标卡尺进行检测，瓶口合缝线按凸出测量不得过 0.3mm，其他部位合缝线按凸出测量不得过 0.5mm。

【刻度线、字、标记】取本品适量，在自然光线明亮处，正视目测。刻度线、字、标记应清晰可见。刻线宽与外凸用精度为 0.02mm 的游标卡尺进行检测。A 型瓶刻线宽不得过 0.6mm，外凸不得过 0.3mm；B 型瓶刻线宽不得过 0.8mm，外凸不得过 0.4mm。

【热稳定性】取本品适量，往输液瓶瓶内灌装水至公称容量标线处，塞上与之相适应的胶塞，用铝盖压紧，置高压灭菌器内，在 15～20min 内由室温均匀升温至 121℃，保温 30min。放气至常压，微开灭菌器盖，自然冷却至灭菌器内的温度与室温的温差小于 42℃时，打开灭菌器盖取出样品，观察不得有破裂。

【耐热冲击】取本品适量，照热冲击和热冲击强度测定法（YBB00182003）的第一法测定，输液瓶经受 42℃温差的热震试验后不得破裂。

【砷、锑、铅、镉浸出量】取本品适量，照砷、锑、铅、镉浸出量测定法（YBB00372004）测定，砷、锑、铅、镉浸出含量限度为：As≤0.2mg/L；Sb≤0.7mg/L；Pb≤1.0mg/L；Cd≤0.25mg/L。

七、大容量注射剂洗瓶工序操作考核

大容量注射剂洗瓶工序操作考核技能要求见表 6-1-3。

表 6-1-3 大容量注射剂洗瓶工序操作考核标准

考核内容	技能要求	分值
生产前准备	1. 检查生产场地、设备是否清洁，复核前班清场清洁情况 2. 根据车间下发的生产指令，填写状态标识 3. 生产前检查电器线路是否良好，管线阀门、水泵有无泄漏现象 4. 检查各工艺用水阀门是否良好，检查超声波水池温度是否适当，若不符合要求，调整至合格 5. 启动洗瓶机、传送带，检查运行情况是否良好，符合要求后方可生产操作	20

续表

考核内容	技能要求	分值
生产操作	1. 将各工艺用水进水阀门打开至一定压力，将排水阀打开至最大 2. 启动洗瓶机电源开关 3. 分别打开“粗洗”、“精洗”、“超声波”旋钮，使其开始工作 4. 启动主机及传送带 5. 洗瓶过程中随时检查洗瓶质量，不合格时调整至合格 6. 生产结束后，先按变频器“STOP”开关，接着按“主机停止”按钮，再关闭超声波、精洗、粗洗开关，最后关闭电源开关 7. 关闭进水阀门，关闭排水阀门	40
质量控制	各项参数应符合相应的要求	10
记录	运行记录填写准确完整	10
生产结束清场	1. 生产场地清洁 2. 工具和容器清洁 3. 生产设备的清洁 4. 清场记录填写准确完整	10
其他	正确回答考核人员提出的问题	10
合计		100

学生学习进度考核评定

一、学生学习进度考核题目

（一）问答题

1. 叙述大容量注射剂洗瓶设备的组成。

2. 叙述大容量注射剂洗瓶设备的操作过程。

3. 叙述大容量注射剂洗瓶设备的维护保养过程。

（二）实际操作题

操作大容量注射剂洗瓶设备，能维护保养大容量注射剂洗瓶设备，处理一些常见故障和问题。

二、学生学习考核评定标准

编号	考核内容	分值	得分
1	认识大容量注射剂洗瓶设备的结构和组成	30	
2	操作大容量注射剂洗瓶设备	35	
3	维护保养大容量注射剂洗瓶设备	35	
4	合计	100	

模块二　灌装加塞设备

学习目标

1. 能正确操作大容量注射剂灌装加塞设备。
2. 能正确维护保养大容量注射剂灌装加塞设备。

所需设备、材料和工具

名　　称	规格	单位	数量
大容量注射剂灌装加塞设备	SGS20 型	台	1
维修维护工具箱		箱	1
工作服、防护面罩或护目镜、防刺穿乳胶手套		套	1

准备工作

一、职业形象

按照人员进出洁净区标准操作规程穿着适当的工作服，戴护目镜、防刺穿乳胶手套，劳动保护到位。

二、职场环境

1. 环境

符合 GMP 规范的相关要求。窗户要求密封并具有保温性能，不能开启。对外应急门要求密封并具有保温性能。设备、管道、管线排列整齐并包扎光洁，无跑、冒、滴、漏现象发生，且符合相关清洁要求。检查确认生产现场无上次生产遗留物。

2. 环境温湿度

应当保证操作人员的舒适性。温度 18～26℃；湿度 45%～65%。

3. 环境灯光

不能低于 300lx，灯罩应密封完好。

4. 电源

应在操作间外，确保安全生产。

三、物料要求

符合国家食品药品监督管理局颁布的《国家药用包装容器（材料）标准》的钠钙玻璃输液瓶，经过清洗灭菌合格。

学习内容

SGS20 型灌装加塞设备外观图见图 6-2-1。本机结构简单紧凑，是能严格保证大输液制

图 6-2-1　SGS20 型灌装加塞设备外观图

剂灌装加塞工艺中低残氧量要求的大输液灌装加塞机。

其性能特点如下：

1. 灌装部分采用气动隔膜阀灌装，精度高，可以实现无瓶不灌装。

2. 灌装过程中，机械零件无强制性摩擦，不产生微粒污染，符合 GMP 要求。

3. 操作简便，所有设定直接从人机界面上设定。电控系统采用先进的伺服、PLC 技术和变频调速技术，启停平稳，规格更换方便。

4. 主要部分采用不锈钢和工程塑料，灌装阀采用 316L 不锈钢，与药液直接接触的管道全部采用 316L 材质或药品级硅胶，主要电器元件、气动元件全部采用优质进口元件。

5. 清洗容易，调整方便，灌装完成后可以彻底地进行清洗和消毒，具有 CIP/SIP 在线清洗消毒功能。

6. 压塞采用真空吸塞，机械定位、胶塞准确定位后再进入压塞工位，压塞合格率高。

7. 设有瓶口定位装置，对中性好，连续进瓶，运行平稳，生产效率高。

8. 进瓶螺杆处的螺杆装配采用活动结构，只要拆装 2 个 M8×25 螺钉即可方便地替换不同规格的螺杆，便于更换不同的输液瓶规格。

9. 灌装后立即压塞，减少灌装后远距离输送造成的污染。

一、结构与工作原理

大容量注射剂灌装加塞设备包括机架部件、电器控制部件以及装设于机架部件上并依次相连的进瓶部件、跟踪灌装部件、充氮加塞部件和出瓶拨轮部件，所述充氮加塞部件与送塞部件相连，所述进瓶部件和跟踪灌装部件之间设有前充氮部件，前充氮部件通过进瓶拨轮部件与进瓶部件相连，前充氮部件通过中间拨轮部件与跟踪灌装部件相连。

二、操作

(一) 使用

1. 检查设备标识牌为“正常”，检查有无漏气。

2. 打开设备电源开关，指示灯亮。打开照明灯。

3. 打开空气层流开关。

4. 打开送瓶网带，将瓶子送入理瓶盘。

5. 启动真空泵。

6. 将灌装蠕动泵管放入蠕动泵内连接好，排空管道内空气。

7. 调节灌装量至指定值。

（1）选择管径。

（2）输入灌装量

① 洗管道。

② 定灌装量。

③ 键入自动灌装时间间隔为0，按“Enter”键结束。按“Start”键，用瓶盛装灌装液，测量灌装量数值“X”。

④ 若“X”值与需要设定的灌装量不一致，重新输入灌装量，至测量值为需要设定的灌装量值止。固定好灌装针头。

8. 调节灌装机灌装速度至规定值。启动“震荡”按钮，调节震荡强度旋钮，调节震荡下塞速度，将胶塞送入下塞轨道。

9. 启动“送瓶”按钮，调节调压器旋钮，调节理瓶盘的速度将瓶子送入星轮。启动“灌装”按钮灌装。

10. 灌装结束后，关闭“震荡”按钮、“送瓶”按钮、“灌装”按钮。关闭层流开关。

11. 关闭照明灯，关闭真空泵，关闭电源。

（二）注意事项

1. 灌装过程中，出现异常情况需要处理时，先停止设备运转后再进行处理，防止运转设备伤害手部。

2. 灌装的瓶子瓶口朝上，底部朝上会导致灌装和压塞部位移位、加塞不合格。

3. 防止倒瓶，以防推瓶时爆瓶。加塞掉塞时，及时清理，以免塞进入星轮引起爆瓶。

4. 注意灌装针不要移位，防止漏液或加液气泡过多。

5. 通过调节设备灌装速度，可控制液泡过多。出现灌装正在进行而星轮已经转动的情况时，可调节蠕动泵转速和灌装速度，协调星轮转度和加料速度之间的配合一致性。

6. 设备清洁时，乙醇用量不可过多，防止乙醇浓度接近爆炸极限而引发危险。

7. 清洁前，先关闭电源。电器控制箱及开关、插座不能沾水清洁，以免触电。

8. 灌装过程中，设备震荡器不能过于剧烈。推瓶汽缸力度过大或过小，可调节进气或出气螺杆至合适力度。

三、维护与保养

1. 每班检查

（1）检查汽缸、接头无漏气。检查各部件紧固良好。

（2）检查空转运行平稳，无异常、无迟滞、无卡瓶、无爆瓶。

2. 每月检查

（1）执行每班的检查项目。

（2）检查各电器件接头、接线，无松动，状态正常。

3. 每半年检查

（1）执行每月的检查项目。

（2）检查气管、汽缸接头、密封圈，无损伤、老化，密封良好。检查润滑脂，无干涩，无杂质。检查滑杆，无划伤。

（3）根据层流罩检测结果，适时更换层流罩。

（4）检查测物电眼的灵敏度。

4. 每年检查

（1）执行每月的检查项目。

(2) 清洗设备所有部位的轴承并更换润滑脂。
(3) 清洁各开式传动链条、链轮、伞齿轮，并涂上润滑脂。
(4) 检查设备锈蚀情况，做防锈处理。
(5) 检查蠕动泵性能。
(6) 检查真空调节器，并更换密封圈和弹簧。
(7) 检查变频调速器的运行情况。
(8) 检查全部辅助电器、继电器和所有开关接线端子等。

四、常见故障及排除方法

SGS20 型灌装加塞设备简易故障排除方法见表 6-2-1。

表 6-2-1　SGS20 型灌装加塞设备简易故障排除方法

故障现象	排除方法
开机后曲柄不能正常旋转	1. 上固定杆偏下，注射器推液时内外管顶牢，致使曲柄不能旋转，应旋松螺帽，将上固定杆向上移动适当位置后，将螺帽旋紧 2. 注射器装配时造成内外管之间不清洁而卡牢，需拆下注射器清洗 3. 注液系统未装入轴承部位，使其不能正常工作，必须重装
注液不匀，接头未旋紧，有漏气现象	进一步旋紧即可
机器旋转正常，但无分装液排出	1. 阀门内有异物，需清洗 2. 阀门内上、下两顶针放置错误（两顶针均尖端朝下，不得装反） 3. 100mL、500mL 型如活塞下端出液口有液体泄漏时，应拆开缸筒更换随机密封圈 注：用 Φ 65×3.1 耐酸耐碱密封圈

五、主要技术参数

SGS20 型灌装加塞设备技术参数见表 6-2-2。

表 6-2-2　SGS20 型灌装加塞设备技术参数

型号	适应规格	生产能力	灌装头数	加塞头数	功率	净重	外形尺寸
SGS20	50～1000mL 玻璃瓶	4800～9600 瓶/h	20	20	5.9kW	1500kg	2600mm×1670mm×2150mm
SGS12		2400～5400 瓶/h	12	12	5kW	1200kg	2020mm×2000mm×2060mm

六、基础知识

按照国家食品药品监督管理局有关文件规定，2005 年 7 月 1 日起，基础输液停止使用普通天然胶塞，由丁基橡胶塞代替。

天然胶中因蛋白质、有机物及无机物的存在，造成药品的不良过敏反应，并且天然橡胶为非极性橡胶，因此它只能耐部分极性溶剂，而在非极性溶剂中则易出现膨胀等不耐老化现象，故不耐油性和非极性溶剂。天然橡胶瓶塞的缺点总结如下：①气密性差；②耐化学介质性能差；③耐老化性差；④耐高温及辐射性差；⑤耐候性差；⑥因含有较多不易分离的蛋白质等物质较多，其纯净度低。

丁基橡胶的主要成分是聚异丁烯，然而聚异丁烯中的甲基团具有大的立体障碍，故分子的热运动不活泼，因此其气体透过率是合成橡胶中最小的，并且分子双键在主链中数量极少，因此对紫外线、臭氧耐候性非常好。此外，其耐热性也很高。并且丁基橡胶为非极性，故对极性溶剂有良好的抗耐性，所以能赋予药品很好的化学稳定性。丁基橡胶瓶塞的优点总结如下：①具有很好的气密性，透气性极小；②具有很好的耐高温性能；③对臭氧耐候性好；④耐碱、酸介质性溶剂；⑤吸水性差，耐辐射性好。

丁基橡胶瓶塞的内在洁净度、化学稳定性、气密性、生物性能都很好，但是因药物配方复杂及所加原材料浓度梯度的关系，与一些分子活性比较强的药物封装后，被药物吸收、吸附、浸出、渗透，产生了胶塞与药物的相容性问题，比较突出的是部分头孢菌素类、部分大输液类以及中药注射液制剂等。所以通过选用一种惰性柔软涂层，覆盖在胶塞表面，隔离药品与橡胶瓶塞的直接接触，这样可以明显改善与药物的相容性。丁基胶塞覆膜以后的优势：通过在胶塞表面形成一层膜，可有效减少胶塞与药物之间的吸收、吸附、浸出、渗透，提高药物的长期稳定性；提高胶塞的机械润滑性；大大减少由于硅油造成的药液中不溶性微粒数量增加。

七、灌装加塞工序操作考核

灌装加塞工序操作考核技能要求见表 6-2-3。

表 6-2-3　灌装加塞工序操作考核标准

考核内容	技能要求	分值
生产前准备	1. 检查设备标识牌为“正常”。检查有无漏气 2. 打开设备电源开关,指示灯亮。打开照明灯 3. 打开空气层流开关 4. 打开送瓶网带,将瓶子送入理瓶盘 5. 启动真空泵 6. 将灌装蠕动泵管放入蠕动泵内连接好。排空管道内空气	20
生产操作	1. 调节灌装量至指定值 2. 调节灌装机灌装速度至规定值。启动“震荡”按钮,调节震荡强度旋钮,调节震荡下塞速度,将胶塞送入下塞轨道 3. 启动“送瓶”按钮,调节调压器旋钮,调节理瓶盘的速度,将瓶子送入星轮。启动灌装按钮灌装 4. 灌装结束后,关闭“震荡”按钮、“送瓶”按钮、“灌装”按钮。关闭层流开关 5. 关闭照明灯,关闭真空泵,关闭电源	40
质量控制	各项参数应符合相应的要求	10
记录	运行记录填写准确完整	10
生产结束清场	1. 生产场地清洁 2. 工具和容器清洁 3. 生产设备的清洁 4. 清场记录填写准确完整	10
其他	正确回答考核人员提出的问题	10
合计		100

学生学习进度考核评定

一、学生学习进度考核题目

（一）问答题

1. 叙述大容量注射剂灌装加塞设备的组成。

2. 叙述大容量注射剂灌装加塞设备的操作过程。

3. 叙述大容量注射剂灌装加塞设备的维护保养过程。

（二）实际操作题

操作大容量注射剂灌装加塞设备，维护保养大容量注射剂灌装加塞设备，处理一些常见故障和问题。

二、学生学习考核评定标准

编号	考核内容	分值	得分
1	认识大容量注射剂灌装加塞设备的结构和组成	30	
2	操作大容量注射剂灌装加塞设备	35	
3	维护保养大容量注射剂灌装加塞设备	35	
4	合计	100	

模块三　塑瓶输液吹洗灌生产一体机

学习目标

1. 能正确操作塑瓶输液吹洗灌生产一体机。
2. 能正确维护保养塑瓶输液吹洗灌生产一体机。

所需设备、材料和工具

名　称	规格	单位	数量
塑瓶输液吹洗灌生产一体机	SPCGF 型	套	1
维修维护工具箱		箱	1
工作服、防护面罩或护目镜、乳胶手套		套	1

准备工作

一、职业形象

按照人员进出洁净区标准操作规程穿着适当的工作服，戴护目镜、乳胶手套，劳动保护到位。

二、职场环境

1. 环境

符合 GMP 规范的相关要求。窗户要求密封并具有保温性能，不能开启。对外应急门要求密封并具有保温性能。设备、管道、管线排列整齐并包扎光洁，无跑、冒、滴、漏现象发生，且符合相关清洁要求。检查确认生产现场无上次生产遗留物。

2. 环境温湿度

应当保证操作人员的舒适性。温度 18～26℃；湿度 45%～65%。

3. 环境灯光

不能低于 300lx，灯罩应密封完好。

4. 电源

应在操作间外，确保安全生产。

三、物料要求

符合国家食品药品监督管理局颁布的《国家药用包装容器（材料）标准》的聚丙烯塑料输液瓶。

学习内容

塑瓶输液吹洗灌生产一体机（图 6-3-1）主要用于 PP 瓶大输液的全自动生产，可完成

图 6-3-1 SPCGF 型塑瓶输液吹洗灌生产一体机

图 6-3-2 瓶坯和成型后的塑瓶

吹瓶（图 6-3-2）、清洗、灌装和封口。

设备的性能特点如下：

（1）本机集吹瓶、清洗、灌装、送盖、封口于一体，各工序动作由 PLC 协调匹配，触摸式液晶人机界面操作，能实现程序控制和故障分析，控制准确，是多功能的机电一体化产品。

（2）符合 GMP 要求，PP 瓶的瓶坯从吹塑成型、清洗、灌装到封口均在一台机器上完成，使吹塑成型的 PP 瓶没有了人工中转和运送过程，减少了贮运过程中环境对瓶子的污染；一体机安装在 B 级的洁净室工作，而洗灌封机器段是在洁净室的 A 级层流罩下工作，吹塑成型的输液瓶输送到清洗装置、灌装系统、封口装置均只经中转盘，然后依次完成清洗、灌装和封口，灌封过程不会产生二次污染；封口时瓶盖和瓶口采用非接触式加热，无污染产生。

（3）结构紧凑，占地少；集吹瓶、清洗、灌装、送盖、封口于一体，使用一个动力机构带动多功能机构运转；用中转拨瓶盘替代输送带，结构紧凑，占地少；减少了电控操作箱和操作人员。

（4）采用气动、双向拉伸吹瓶工艺。速度快，吹制成型的 PP 瓶透明度好。

（5）采用气动开、合模，速度快，准确度高。

（6）伺服机构传输瓶坯，动作准确、可靠，且速度快。

（7）远红外线对瓶坯加热，穿透力强，损耗少；瓶坯公转加自转受热，加热均匀；多区智能型稳压，精度高，保证吹瓶质量。

（8）PP瓶吹塑成型前后、中转输瓶、清洗、灌装、封口等一系列工序过程中，均由机械手一一对应交接，定位准确，保证了设备的稳定性和成品的合格率。

（9）PP瓶在吹塑成型后到灌装前，瓶子一直倒立运行，从而进一步降低了瓶子受污染的可能性。且结构更简单，维护方便。

（10）洗瓶采用离子风清洗、水洗两种方式，有效保证瓶的洁净度。

（11）灌装原理先进，采用压力时间式灌装原理，灌装开关采用气动隔膜阀，计量准确，装量精度达到药典要求。药液通道中无机械摩擦的微粒产生，确保药液澄明度。灌装装置可实现在位清洗（CIP）、在位灭菌（SIP），具有无瓶不灌装功能。

（12）独特的机械手抓盖结构，确保取盖、对中准确，瓶口与瓶盖焊合时受力均匀等，熔合面均匀牢固。

（13）采用上下双层加热板加热，可以分别调节和控制加热温度，适合瓶盖与瓶口熔封的不同温度要求。

（14）采用振荡和风送悬浮原理输送瓶盖，减少瓶盖与输送轨道的摩擦，并且具有无瓶不送盖功能。

一、结构与工作原理

1. 上坯机构

上坯机构是吹瓶机的一个重要机构，吹瓶机对上坯机构要求很高，因为这直接影响到吹瓶的合格率，SPCGF型塑瓶输液吹洗灌生产一体机吸收了以往先进的上坯技术，采用圆柱凸轮翻坯和同步跟踪上坯技术，上坯的合格率可达99.99%，为整机的合格率打下了良好基础。

2. 吊环焊接机构

该机采用了新的非接触式吊环焊接机构，有效地解决了焊接吊环的难题。以往吹瓶机上的接触式吊环机构，加热管与瓶坯尾部顶尖直接接触，其虽然可以焊接好吊环，但由于接触后瓶坯的尾部顶尖在高温的作用下气化，产生白色的粉尘，污染了空调净化系统。而新的非接触式吊环焊接机构由于加热管不与瓶坯尾部顶尖接触，只是将其加热至半融化状态，然后通过吹瓶时的拉伸动作和底模导向杆中间的凹槽将瓶坯尾部顶尖压粗，从而将吊环固定住。在这个过程中，由于加热管不与瓶坯尾部顶尖接触，因而不会污染空调净化系统。

3. 取坯、送坯和出瓶机构

取坯、送坯和出瓶机构的速度直接影响整机的生产速度，SPCGF型塑瓶输液吹洗灌生产一体机采用了新的电缸，其速度比旧的电缸提高了1倍，这直接缩短了取坯、送坯和出瓶的时间，提高了该机的生产速度。

4. 拉伸机构

SPCGF型塑瓶输液吹洗灌生产一体机采用了伺服拉伸机构。相比汽缸拉伸，伺服拉伸具有反应时间短、不受气压波动的影响、拉伸平稳无冲击等特点。伺服拉伸机构可以待瓶坯进入模具时先拉伸一段，待模具合拢后再拉伸到位，而汽缸拉伸只能等模具合拢后才能开始拉伸。在这里伺服拉伸节省了拉伸的时间，提高了生产速度。另外，伺服拉伸的平稳无冲击性为输液瓶的成型提供了保障。

5. 中间过渡部分

该机的中间过渡部分的作用是将间歇输出的输液瓶送到连续旋转运行的洗灌封机上。这部分采用伺服送瓶机构和同步带机构，有效保证了输液瓶被准确无误地送入。与用输送轨道连接相比，这种连接具有连接距离短、不存在倒瓶以及连续平稳等特点。

6. 清洗机构

SPCGF型塑瓶输液吹洗灌生产一体机的洗瓶采用最先进的离子风清洗。清洗时，离子风枪插入瓶内，其插入的深度可以随生产规格调整，清洗后的废气通过专门的装置收集排出。另外，由于本机的进瓶方式为倒立式进瓶，塑料输液瓶在清洗时无需翻转，既简化了结构，又增加了清洗时间。

7. 灌装机构

采用压力时间式灌装原理，灌装开关采用气动隔膜阀，计量准确，装量精度达到药典要求。药液通道中无机械摩擦的微粒产生，确保药液澄明度。灌装装置可实现在位清洗（CIP），在位灭菌（SIP），具有无瓶不灌装功能。

8. 封口机构

SPCGF 型塑瓶输液吹洗灌生产一体机的封口凸轮机构和加热机构做了较大的改进，封口凸轮机构运行更稳定，加热板的变形量更小，封口时瓶盖和瓶口采用非接触式加热，无污染产生，寿命更长，封口质量也大大提高。

9. 洗灌封部分的整体结构布局优化

首先，SPCGF 型塑瓶输液吹洗灌生产一体机的清洗机构由传统的两个转盘更改为一个较大的转盘，清洗过程连续，一次完成，提高了清洗效果。其次，减少了一个清洗转盘，相应的过渡机构也减少了三组，缩短了主传动系统，实际操作与维护更加方便快捷。再次，由于封口转盘加大，封口头数增加，其运行效果更稳定。

另外，本机具有多道安全保护装置，如机器内部有最先进的光栅保护装置，过渡盘周围有透明的保护罩，传动机构中有多重过载保护装置等。以上保护装置使得本机无论在生产还是维护检修等环节都具有高度可靠的安全性。

二、操作

瓶坯由输送机构（图 6-3-3）上的随行夹具依次送入加热装置和吹塑成型装置，完成塑瓶吹塑成型（图 6-3-4）。

图 6-3-3　上瓶坯工位

图 6-3-4　瓶坯成型工位

成型后的聚丙烯输液瓶（以下简称 PP 瓶）直接通过机械手输送至输瓶中转机构。输瓶中转机构首先将瓶子所处的高度降低至洗灌封工位的工作高度；然后通过伺服系统将间歇运动的 PP 瓶送入连续运动的洗灌封系统，从而保证间隙运动的直线式吹瓶系统与连续运动的旋转式洗灌封系统的同步运行。由于吹塑成型装置吹出的 PP 瓶是瓶口朝下的倒立状态，且在进入灌装之前一直处于倒立运行。倒立的 PP 瓶经过输瓶中转机构被送进到气洗转盘，气洗喷头随气洗转盘运转并在凸轮控制下迅速上升插入瓶内并密封瓶口，对 PP 瓶进行高压离子风冲洗，同时对瓶内抽真空。带有离子的高压气体对瓶内进行冲洗后，真空泵通过排气系统将废气抽走，即通过吹吸作用消除瓶壁挤压吹塑过程中产生的静电。

气洗工序完成后，气洗喷头在凸轮控制下迅速下降，离开瓶口。PP 瓶经中转机构再进入水洗转盘进行高压水冲洗。洗净后的PP瓶经翻转180°，瓶口朝上进入灌装系统完成灌装（图6-3-5）。

灌装完毕，PP瓶又经中转机构输送到封口装置，抓盖头从分盖盘上依次抓取瓶盖（图6-3-6），与灌装好的PP瓶同步进入热熔封段（图6-3-7）。一组加热片分别对瓶口和瓶盖进行非接触式电加热，离开加热区瞬间，在弹簧和凸轮作用下使瓶盖与瓶口紧密熔合，完成封口，进入出瓶工位（图6-3-8）。

图6-3-5 塑瓶灌装工位

图6-3-6 理盖送盖工位

图6-3-7 热熔封口工位

图6-3-8 塑瓶出瓶工位

三、常见故障及排除方法

塑瓶输液吹洗灌生产一体机简易故障排除方法见表6-3-1。

表6-3-1 塑瓶输液吹洗灌生产一体机简易故障排除方法

常见故障	排除方法
运行中遇到电源电压不稳，使瓶坯加热不一致，有的瓶坯达不到吹塑成形温度，拉伸吹塑时容易出现废品	加装稳压电源，采用智能型电压控制
塑料瓶坯传热效果差，使外壁比内壁的温度高出很多，吹塑成形时废品多	将加热装置分多段加热，温度控制采用智能型电压、高精度温度自动调控系统，精确控制瓶坯的加热温度和加热速度。同时在每两个加热段之间，采取了对瓶坯外壁冷却的措施，解决瓶坯内壁升温比外表面滞后的问题，冷却时减小瓶坯内外升温的梯度差

续表

常见故障	排除方法
拉伸杆设计太粗，瓶坯在拉伸过程中，内壁与拉伸杆接触，吹出的塑瓶内壁有条纹，不光滑，不符合塑瓶质量要求	将拉伸杆改细，并设计为空心棒，拉伸时边拉边吹，使拉伸模杆与瓶坯产生间隙，便于脱模和空气流动，拉伸到位，吹塑成形，保证质量
此瓶坯从加热链条上取下送入吹塑成型区时易发生阻卡	增加一个机械跟踪控制装置，控制取坯机构在取坯过程中跟踪瓶坯运动，即取坯运动与送坯运动同步
单机与联动线配套使用，出现速度不匹配的问题	模腔的排列定位改变，模腔沿旋转转盘圆周排列，瓶坯由随行夹具直接送入模腔，随转盘连续旋转，跟踪吹塑成型；模具成形机构的拉伸杆采用凸轮控制，减少压缩空气用量，缩小空压机的容量。瓶坯在加热、传送、吹制过程中，不离开随行夹具，减少瓶坯在传送过程中的转位输送，精减了瓶坯的中转和翻转机构，传送平稳，保证吹瓶质量。一模双腔的转盘连续式吹瓶结构大大提高产量和精简机构

四、主要技术参数

SPCGF型塑瓶输液吹洗灌生产一体机技术参数见表6-3-2。

表6-3-2 SPCGF型塑瓶输液吹洗灌生产一体机技术参数

项目	参数	项目	参数
型号	SPCGF10/5	操作气体用量	4600L/min
生产能力	6000瓶/h	吹瓶气体用量	4600L/min
适应原料	PP瓶	冷冻水温度	5～14℃
吹瓶模腔数	10腔	冷冻水耗量	70L/min
清洗头数	20头	冷却水温度	20～30℃
灌装头数	10头	冷却水耗量	200L/min
封口头数	5头	电源	380V(1%～10%)/50Hz
最大瓶体高度	205mm	最大功率	220kW
最大瓶体外径	90mm	外形尺寸	12800mm×4800mm×3300mm
操作气体压力	0.8MPa	总重量	18500kg
吹瓶气体压力	1.5～2.0MPa		

五、基础知识

吹瓶、灌装、封口三合一设备的工艺过程如下：

1. 经过过滤的压缩空气、塑料粒子均达到预期的技术要求，并且适合于所要灌装的产品之后，输送到该设备。

2. 在设备内部，用绝热挤压机（高转速短螺杆）将热塑材料连续挤压成为热的、空心的、半熔融状的管坯（称为型坯），型坯可达到170～230℃的温度。型坯的形状和内部的完整性是通过型坯内部向下吹出的经过过滤的、带有压力的空气保持的。悬垂的型坯，穿过一个打开的塑料成型模具。塑料热融和挤出的温度达170～230℃，压力可达35×10^6Pa。该设备采用的是经过验证的无菌挤出和去除热原工艺。

3. 当型坯达到合适长度时，主模关闭，把型坯底部密封，型坯切刀切断型坯。这时型坯的底部已被压紧关闭，并由主模固定，无菌空气保留在型坯中；型坯的顶部被一组固定钳定位，塑料成型模具随后被快速转移到吹塑及灌装工位。无菌空气（洁净标准 A 级）喷淋罩中供应的无菌压缩空气对吹塑成型工位及灌装工位进行保护。

4. 降低吹塑/灌装头，使其进入型坯，直至与塑料成型模具形成密封。随后将已过滤的洁净压缩空气吹入型坯（或型坯外部真空），使型坯膨胀并贴紧成型模具腔壁，从而形成容器。

5. 随后通过计量的药液立即被灌装在容器中，并排出无菌空气。空气和药液在进入已经成型或正在成型的容器之前都经过微孔滤器截留细菌，容器灌装完后，灌装管回到起始位置。药液流经的管路在灌装之前进行在线清洗（CIP）和在线灭菌（SIP），确保药液的无菌安全性。采用时间-压力计量系统灌装，精确度高。

6. 灌装完毕后，模具顶部与固定钳之间的塑料仍处于半熔化状态。各密封模关闭，形成容器的顶部，并使容器密封。

7. 密封后，塑模打开，已经完全成形，灌装并密封的容器被送出设备。与此同时，型坯继续挤出，循环继续进行。经过灌装和封口的容器还需切除废料。

六、灌装加塞工序操作考核

灌装加塞工序操作考核技能要求见表 6-3-3。

表 6-3-3　灌装加塞工序操作考核标准

考核内容	技能要求	分值
生产前准备	1. 检查核实清场情况，检查“清场合格证” 2. 检查上坯机构、吊环焊接机构、取坯、送坯和出瓶机构等是否正常 3. 启动真空泵 4. 将灌装蠕动泵管放入蠕动泵内连接好。排空管道内空气 5. 挂好本次运行状态标志	20
生产操作	1. 调节灌装量至指定值 2. 瓶坯由输送机构上的随行夹具依次送入加热装置和吹塑成型装置，完成塑瓶吹塑成型 3. 对 PP 瓶进行高压离子风冲洗，同时对瓶内抽真空 4. 瓶口朝上进入灌装系统完成灌装 5. 灌装完毕，PP 瓶又经中转机构输送到封口装置与灌装好的 PP 瓶同步进入热熔封段，使瓶盖与瓶口紧密融合，完成封口，进入出瓶工位 6. 按顺序关闭主机及相关辅助设备	40
质量控制	各项参数应符合相应的要求	10
记录	运行记录填写准确完整	10
生产结束清场	1. 生产场地清洁 2. 工具和容器清洁 3. 生产设备的清洁 4. 清场记录填写准确完整	10
其他	正确回答考核人员提出的问题	10
合计		100

学生学习进度考核评定

一、学生学习进度考核题目

（一）问答题

1. 叙述塑瓶输液吹洗灌生产一体机的组成。

2. 叙述塑瓶输液吹洗灌生产一体机的操作过程。

3. 叙述塑瓶输液吹洗灌生产一体机的维护保养过程。

（二）实际操作题

操作塑瓶输液吹洗灌生产一体机，维护保养塑瓶输液吹洗灌生产一体机，处理一些常见故障和问题。

二、学生学习考核评定标准

编号	考核内容	分值	得分
1	认识塑瓶输液吹洗灌生产一体机的结构和组成	30	
2	操作塑瓶输液吹洗灌生产一体机	35	
3	维护保养塑瓶输液吹洗灌生产一体机	35	
4	合计	100	

模块四　非 PVC 膜软袋大输液生产线

学习目标

1. 能正确操作非 PVC 膜软袋大输液生产线。
2. 能正确维护保养非 PVC 膜软袋大输液生产线。

所需设备、材料和工具

名　　称	规格	单位	数量
非 PVC 膜软袋大输液生产线	SRD型	套	1
维修维护工具箱		箱	1
工作服、防护面罩或护目镜、乳胶手套		套	1

准备工作

一、职业形象

按照人员进出洁净区标准操作规程穿着适当的工作服，戴防护面罩或护目镜、乳胶手套，劳动保护到位。

二、职场环境

1. 环境

符合 GMP 规范的相关要求。窗户要求密封并具有保温性能，不能开启。对外应急门要求密封并具有保温性能。设备、管道、管线排列整齐并包扎光洁，无跑、冒、滴、漏现象发生，且符合相关清洁要求。检查确认生产现场无上次生产遗留物。

2. 环境温湿度

应当保证操作人员的舒适性。温度 18～26℃；湿度 45%～65%。

3. 环境灯光

不能低于 300lx，灯罩应密封完好。

4. 电源

应在操作间外，确保安全生产。

三、物料要求

符合国家食品药品监督管理局颁布的《国家药用包装容器（材料）标准》的非 PVC 膜。

学习内容

非 PVC 膜软袋大输液生产线（图 6-4-1）由制袋成型、灌装与封口三大部分组成，可自

图 6-4-1　SRD 型非 PVC 膜软袋大输液生产线

动完成上膜、印字、接口整理、接口预热、开膜、袋成型、接口热封、撕废角、袋传输转位、灌装、封口、出袋等工序。还可以与接口上料机、组合盖上料机、软袋输送机、灭菌柜、上下袋机、软袋烘干机、检漏机、灯检机、枕式包装机、装箱机、封箱机等辅助设备组成整条软袋包装联动生产线。主要用于制药厂大输液车间 50～1000mL 非 PVC 膜软袋大输液的生产。

设备性能特点如下：

(1) 生产线采用直线式布置，人性化的外观造型，机座采用桌面式整体设计，操作、维修维护、清洁方便。制袋、灌封在同一设备上完成，无需中间环节，避免造成二次污染。符合 GMP 要求。

(2) 制袋规格多，可以适用 50～1000mL 等多种规格的生产，规格件少，更换简便快速。

(3) 先进 PID 温度控制，保证厂制袋焊接质量，可以适用于多种品牌的包装材料。

(4) 采用无中间废边的结构设计，包材利用率 100%，能最大限度降低产品的生产成本。

(5) 印字汽缸、制袋汽缸与其连接件采用浮动接头连接，延长汽缸的使用寿命，确保机器的长久稳定运行。

(6) 成型模具采用特殊的优质材料加工并采用特殊热处理和表面镀涂工艺，可使模具温度更均匀，确保制袋质量。

(7) 采用质量流量计与高灵敏度无菌阀、高速 PLC 控制相结合的灌装计量技术，灌装方式先进，计量准确，具有无袋不灌装和废袋不灌装功能。可以很方便地实现在线清洗（CIP）与在线灭菌（SIP）。

(8) 接口焊接采用简单结构进行定位，保证焊接一致，降低漏袋率。

(9) 采用刚性的同步带传送袋装置，同步带使用寿命长，无被拉长风险，保证长期运行稳定精确。

(10) 大量采用伺服控制技术，满足高精度、高速度生产需求，由伺服电机直接驱动灌装头、焊盖头、加热板等，无需由同步带传动的直线驱动器，结构简单可靠，基本无需维护。

(11) 采用现场总线、光缆传输信号的通讯方式，结合阀岛、伺服系统、PLC 人机界面的控制方式，所有运行参数均可保存和调用，自动化程度高，保证了整个机组的正常运行，其技术先进，安全可靠。辅助远程控制技术，快速实现程序升级与维护。

(12) 设备结构合理紧凑，净化面积最小，生产效率高，稳定性好，易损件少，使用维护成本低。

一、结构与工作原理

1. 上膜工位（图 6-4-2）

采用气胀轴滚筒固定膜卷机构，膜卷的设计易于更换膜卷，膜卷用气胀轴固定在卷轴上，上膜卸膜无须工具，只需进行简单的设定即可，方便省力。

2. 印字工位（图 6-4-3）

采用热箔印刷技术，可完成多种颜色印刷。印刷版为活版，批号、生产日期、有效期为活字，更换时只需要简单工具，更换方便。印刷温度、印刷时间、印刷压力均可调。可以根据用户需求采用条形码印刷技术，满足可追溯性要求。

图 6-4-2　上膜工位

图 6-4-3　印字工位

3. 口管供送工位（图 6-4-4）

采用螺旋振荡器整理口管，洁净气流吹送，伺服驱动进行分割，气爪吸取口管并进行交接。

4. 口管预热工位（图 6-4-5）

采用二次口管预热工艺，每次预热温度不同，延长口管预热时间，增加对各种包装材料的适应性，可避免袋成型时口管与膜因热传导的差异而造成封口不良现象，减小漏袋率。

图 6-4-4　口管供送工位

图 6-4-5　口管预热工位

5. 制袋成型工位（图 6-4-6）

采用气悬浮式低摩擦力的开膜板，可以使开膜时开膜板对膜材的损伤降到最低，减少因开膜时产生微粒而造成废品。采用整体焊合成型模具，切袋热封成型与裁剪成型设计为同一工位，避免袋成型时因错位问题影响袋形美观，保证各袋形状的一致性。制袋接口焊接处采用浮动的柔性结构，可以在袋周边焊接成型的同时完成接口部位的焊接，减小漏袋率。成型模具采用特殊的优质材料加工而成，并采用特殊热处理和表面镀涂工艺，提高了模具加工质量和使用寿命。

6. 接口焊接工位（图 6-4-7）

采用大推力汽缸，每个接口进行独立焊接控制，可调范围更广，增加对包材的适应性，防止接口部位的渗漏情况，保证了袋子的焊接质量，减小漏袋率。

图 6-4-6 制袋成型工位

图 6-4-7 接口焊接工位

7. 撕废角工位（图 6-4-8）

简单有效的撕废角结构，无需人工撕废角，减少操作人员的配置，同时降低工人的劳动强度，节约人力成本。

8. 灌装工位（图 6-4-9）

采用高质量的质量流量计与高灵敏度和超长使用寿命的无菌阀、高速 PLC 控制相结合的灌装计量技术，灌装方式先进，计量准确。灌装量可通过触摸屏设定，计量调整方便。

图 6-4-8 撕废角工位

图 6-4-9 灌装工位

简单操作，可以很方便地实现在线清洗（CIP）和在线灭菌（SIP）。采用先进的伺服直接驱动来控制灌装头的上下运行，其动作柔和，减少药液滴漏，灌装头被柔性连接，保证灌装时对接口的密封，防止灌装时喷液。

9. 充氮封口工位（图 6-4-10）

根据特殊要求，封口前可实现充氮气保护，保证药品质量。采用非接触式热熔焊接技术，有利于保证袋口焊接的质量，同时还可以有效避免在焊接后出现其他异物的现象。焊接头采用浮动结构，可以适应包装材料的厚度误差，提高焊接质量。加热片采用独特的防碰撞结构，能够有效防止加热片被碰坏，延长加热片的使用寿命。采用先进的伺服直接驱动来控制加热片的前后运行，以及热合时组合盖的向下压合，其定位准确，减小设备运行的误动作及维护成本。

10. 出袋工位（图 6-4-11）

灌封完成后的软袋产品用气爪从同步带上取出，放至输送带上输送至下一道工序，同时设备自检不合格的产品将自动剔除至废袋收集箱内。

图 6-4-10　充氮封口工位

图 6-4-11　出袋工位

二、操作

1. 准备

（1）开电源、压缩空气（0.4～0.6MPa）、冷却水。

（2）对直接接触药品的部分进行擦洗、消毒。

（3）将已脱去外包装的膜用小推车推至 A 级层流罩下上膜处，脱去内包装袋后将膜装上；将接口及塑料盖连同内袋一起置相应的不锈钢桶内，分次加入到各自的振荡器内。

2. 印字制袋

（1）检查自动送膜机上膜是否到位，未到位需及时加膜。

（2）安装印字模板，检查印字模板的品名、规格、产品批号、生产日期、有效期是否与“生产指令”一致。

（3）调整印字工位温度在 165～180℃；核对印字前三袋的印字内容是否正确。

（4）根据膜印字的位置，调节色带的位置，使印字处于膜的中央。

（5）将制袋成型机模具加热至温度 160～200℃；将袋口预热温度调整至 90～130℃；颈热合温度调整至 165～180℃。

（6）检查袋成型、颈热合、切边外观质量是否符合要求。

3. 灌装封口

（1）调节装量，使装量达到规定量。

(2) 从4个灌装口分别接药液100～500mL，检查澄明度，确认无异物，方可灌装。

(3) 盖焊合加热部分的加热温度，调节熔封电压至6.5～7.0V即可达到。

4. 清场

(1) 清空生产状态标志牌上所有内容，并注明清场。

(2) 将所有废弃物及与下批生产无关的材料撤离生产区。

(3) 清洁地面、墙壁、设备等。

(4) 每天生产结束后，拆下过滤器，移至清洗间，清洗滤器及滤芯。将滤器、滤芯与管道连接好，并挂上卫生状态标志牌。

(5) 将机器上的非PVC膜用内包装袋套上并扎紧；将振荡送料器中剩余的接口及塑料盖用镊子取出放至相应的内包材贮存桶内，送暂存间密封保存。

(6) 清洁地漏并灌注消毒剂。

5. 工艺条件

(1) 整个操作在B级背景局部A级层流罩下操作。

(2) 膜、管口、复合盖送操作间前必须经清洁处理，并检查管口、盖的澄明度，合格者方可使用。

(3) 振荡器、分割器每次开工前必须经清洁剂（注射用水）和消毒剂（75%酒精）清洗消毒处理。

(4) 开车前必须先检查印字模板的品名、规格是否与生产指令一致。开车后核对印字前三袋的批号、生产日期、有效期是否正确。

(5) 检查热合是否牢固，印字是否居中、清晰，外观是否美观。

(6) 灌装规格为100mL，装量应为100～102mL；

(7) 药液从稀配至灌装结束，不得超过4h。

(8) 从灌装结束至灭菌的存放时间不得超过2h。

6. 质量控制要点

(1) 制袋平整，边缘光滑，热封严密。管口居中，印字清晰、正确，位置适中。

(2) 灌装药液澄明度合格率≥96%，并不得有异物，检查频次2～3次/班。

(3) 每个灌装头装量要均一准确。

(4) 封口严密，采取挤压式无液体渗漏方式。

三、常见故障及排除方法

1. 开机后气源气压力下降快，出现接口、组合盖的输送不畅、废边不能完全撕掉、印字不清、袋轮廓线不清晰，甚至生产线速度下降等现象。

这主要是由于气源压力下降后，吹送接口及组合盖的气压不够，造成接口及组合盖输送不畅：气压下降后，成型冲裁用的气-液增力缸输出力下降，从而影响成型模具对膜的压力，造成膜没有完全被成型刀切断，故废边不能完全撕掉；同理，也造成袋轮廓线不清楚。印字汽缸气压下降同样造成印字模板对膜的压力下降，从而影响印字的清晰度。汽缸运动的速度与气压及气流量有关，一旦节流阀、气管大小及长度确定后，汽缸的运动速度就主要取决于气压的大小，如果气压下降，则汽缸的速度也随之下降。由于生产线运动周期是以生产线中工位动作一次最长的时间为准，故当汽缸的运动速度下降时，则生产线的运动周期加长，从而生产线的速度下降。

要解决这个问题，可从下列几个方面着手：

(1) 动力气（即驱动汽缸运动的气）与输送接口及组合盖的洁净气在出贮气罐后分成两条管路，这样可保证动力气压相对稳定。因送接口及组合盖的气压吹出后，气压为零，故对气源压力影响很大，若直接从贮气罐接出，因贮气罐体积大，故起到了缓解压力变化的作用。

(2) 贮气罐要足够大，同时要离灌封间尽量近，以免气管太长，气压损失大。

(3) 动力气管要与生产线进气管一样大，以减小气压损失。

2. 印字不清晰，换规格后调整困难。

其主要影响因素及解决方法：

(1) 印字安装板与底板是否平行，印字模板装在安装板上，要求与底板调平，即四个支撑柱的高度差不大于 0.02mm（调整垫最小厚度为 0.01mm），如果没有调平，则印字不清晰。调整方法为：调整四个支撑柱高度到一样，然后合模，用塞尺测量四个柱子是否与底板完全接触，如没有，则要调节底板，直到四根柱子完全与之接触。这样印字安装板与底板就平行了。

(2) 印字模板两面的平行度是否达到要求。由于印字模板直接装在安装板上，故印字板两面的平行度公差不大于 0.02mm，如果印字板两面的平行度达不到要求，则印字不清晰。由于印字板平行度无法调整，故必须采购合格的印字板。

(3) 印字板高度及批号体字的高度是否一致。如果高度不一样，则位置低的印不清楚。调整时可以以最高的为准，其余可在印字板与安装板之间（或批号体架与安装板）间垫垫板，直到所有印字板高度一样。注意不能在印字胶板下垫垫片，否则印字胶板易损坏。

(4) 印字胶垫是否平整，表面是否有损伤，如果胶垫不平，或已受到损伤，则印字不清晰。有这种现象时，最好将印字胶垫更换。

(5) 印字模板是否已变形，如已变形，则印字不清晰。如印字模板变形，则有可能是印字板材质有问题，也有可能是放置不当引起，印字模板一定要平放在平台上，以免长久放置发生变形。

(6) 印字时间、温度及压力设定值是否合适，如不合适，则印字不清晰，可重新根据色带性能调整合适的参数。

(7) 所选色带是否利于印字，如色带选不好，则印字不清晰。要选着色力强、灭菌后不掉色的色带。印字效果还与印字板字体的选择、字体的大小等有关，在设计印字模板时，尽可能大小适中。太大，字的笔画易空心；太小，字的比划成团。

3. 印字位置改变。特别是做不同规格的产品时，印字位置偏离袋子中心。

其主要原因及解决方法：

(1) 膜没有张紧。更换膜围时没有将膜张紧，这种情况下拉膜的长度与有张力作用下拉膜的长度是不一样的，因而印字的位置就会有变化，所以更换膜时一定要检查膜是否张紧。

(2) 拉膜时阻力太大。这主要是由于环境温度太高，膜在印字处与印字胶垫粘在一起，同时温度太高时膜内层与开膜器之间的摩擦力也会加大。温度增高时，膜在张力的作用下会伸长，故膜受到的阻力越大，伸长的长度也就越长。温度的变化导致阻力的变化，最终使拉膜的长度发生变化，从而导致印字位置的变化。要消除这种现象，则要求保持制袋间温度恒定。

(3) 不同规格的袋子膜的宽度不一样，与印字胶垫处的粘接力也不一样，故不同规格的拉膜所受的阻力不一样，从而印字的位置也不一样。这种情况可通过调节印字组的位置来消除印字位置的偏离。

4. 开膜器有时将膜划破。

其原因主要是开膜器温度太高，膜经过开膜器的摩擦阻力太大造成的。要消除这种现象，要求制袋间空调系统能保证制袋间设备处温度恒定、均匀，以保证开膜器处温度不会出现升高。

5. 接口与膜焊接处出现渗漏现象。

主要原因及解决方法如下：

（1）更换不同厂家的接口时出现较多渗漏现象，这主要是由于接口本身不符合要求，造成焊接不良。更换不同厂家接口时，一定要先充分试机，同时要根据接口焊接性能不同，调整焊接的温度和时间。

（2）焊接参数改变引起。主要是由于温度、时间设定值不合适，造成焊接不良。出现这种情况时，应及时将焊接参数调整过来。

（3）热合膜的位置不对，导致焊接不良。这种情况主要是相应的螺钉松动引起。出现这种情况时应及时将螺钉紧固。要消除这种情况的出现，要求操作人员开机前要对设备进行全面检查，以确保设备正常运行。

（4）热合膜焊接面上粘有熔化物，造成模具传热效果差，导致焊接不良。出现这种情况时，应及时将粘在模具上的熔化物清除，保证焊接模具干净，从而保证焊接效果良好。

6. 盖输送不畅。

主要原因及解决方法如下：

（1）更换不同厂家的织合盖时出现较多上述现象，这主要是由于组合盖本身不到位，内盖突出太多，易把送盖通道堵死。

（2）送盖洁净空气压力不稳。前面已经提到了解决方法。

7. 焊盖不牢。

主要原因及解决方法如下：

（1）更换不同厂家的盖，由于送盖出现卡阻，焊盖时取盖不正，造成盖加热不均匀，从而导致焊接不良。更换不同厂家组合盖时，一定要先进行充分试机。

（2）焊接温度、时间不合适。不同的组合盖根据盖子的不同焊接性能，调整焊接的温度及时间，以保证焊接效果。

（3）内盖突出太多或内盖焊接面低于外盖。这种情况是没有办法克服的，只有更换合格的组合盖。

四、主要技术参数

SRD型非PVC膜软袋大输液生产线主要技术参数见表6-4-1。

表6-4-1　SRD型非PVC膜软袋大输液生产线主要技术参数

项目	型号		
	SRD2600	SRD5000	SRD7000
适应包装药品	标准静脉输液、透析液、氨基酸、抗生素、血液制品、脂类等		
适应包装材质	非PVC多层复合膜		
膜卷尺寸	市场上通用的内径150mm，外径小于600mm的标准膜材		
适应接口	各种船形接口、圆形接口、异形接口、软管接口		
色带尺寸	市场上通用的内径76～78mm，外径小于140mm的标准色带		
制袋规格	50mL、100mL、250mL、500mL、1000mL		
袋宽度	130mm（可根据特殊要求制作）		
灌装液体	无泡沫液体，液体压力0.1～0.4MPa		
装量精度	50mL、100mL±1.5%、250mL±1%、500mL、1000mL±0.7%		

续表

项目	型号		
	SRD2600	SRD5000	SRD7000
室内环境要求	温度18～26℃，湿度45%～64%		
压缩空气	压力不低于0.6MPa		
洁净压缩空气	压力不低于0.6MPa，过滤精度为0.22μm的洁净空气		
印刷形式	热箔印刷		
冷却水耗量	200～400L/h，温度不高于20℃		
氮气耗量	0.1MPa充氮保护，耗气量2000～6000L/h		
电压	三相五线制；380V；50Hz		
最大生产能力	2600瓶/h	5000瓶/h	7000瓶/h
每次制袋灌封数	2	4	6
功率	25kW	32kW	40kW
压缩空气耗量	2000L/min	3000L/min	3500L/min
洁净空气耗量	500L/min	1000L/min	1500L/min
设备尺寸	4100mm×2500mm×2100mm	7200mm×2450mm×2100mm	7200mm×2500mm×2100mm
设备重量	6000kg	7600kg	8500kg

五、基础知识

1. 非PVC多层共挤膜输液袋介绍

我国目前年产输液约十几亿瓶，绝大部分容器都是玻璃瓶，小部分是塑料瓶，但玻璃瓶和塑料瓶包装输液存在使用过程中易被污染等共同缺点，给临床用药带来潜在的安全隐患。近几年来，塑料袋装输液因其制造简便，生产占地面积小，重量轻，耐压，运输方便，可快速输注且输注时污染小等许多优点，发展较为迅速。目前，国内输液袋的包装材料绝大部分为聚氯乙烯（PVC）材料，原料价格虽然较低，但PVC输液袋存在很多缺点，而且质量不够稳定，故国家药品监督管理局已明令不得使用。因此，开发新型的软包装袋已势在必行。

非PVC多层共挤膜输液袋从根本上克服了传统的玻璃输液容器的缺陷，具有PVC膜的所有优点，但不含增塑剂，与输液相容性很好，无药液渗漏；对热稳定，不影响透明度；对水蒸气和气体透过性极低，可保持输液浓度稳定，保证产品的储存期；惰性好，不与任何药物产生化学反应，并且对大部分的药物吸收度极低；柔韧性强，药液在大气压下，可通过封闭的输液管路输液，消除空气污染及气泡造成栓塞的危险；机械强度高，可抗低温，不易破裂，易于运输、储存。

2. 非PVC多层共挤膜输液袋生产工艺流程

非PVC多层共挤膜输液袋生产工艺流程见图6-4-12。

六、非PVC膜软袋大输液生产线工序操作考核

非PVC膜软袋大输液生产线工序操作考核技能要求见表6-4-2。

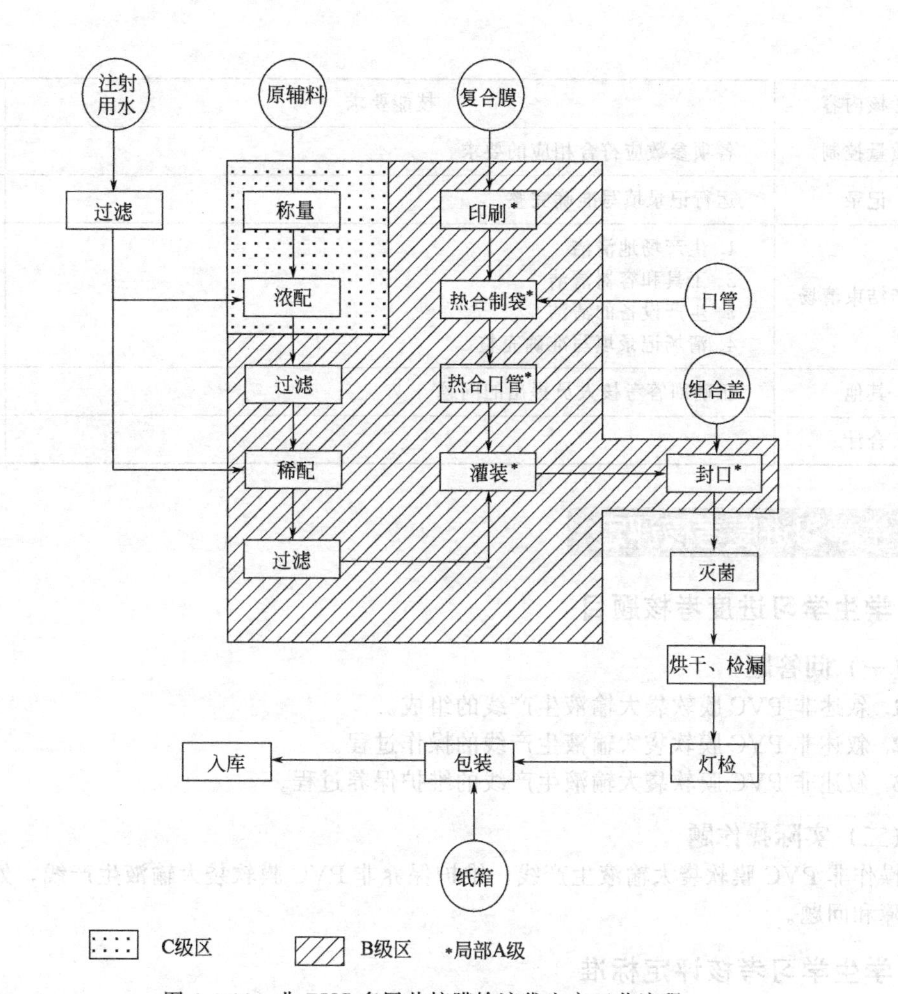

图 6-4-12　非 PVC 多层共挤膜输液袋生产工艺流程

表 6-4-2　非 PVC 膜软袋大输液生产线工序操作考核标准

考核内容	技能要求	分值
生产前准备	1. 检查核实清场情况,检查"清场合格证" 2. 开电源、压缩空气、冷却水 3. 对直接接触药品的部分进行擦洗、消毒 4. 将已脱去外包装的膜用小推车推至 A 级层流罩下上膜处,脱去内包装袋后将膜装上;将接口及塑料盖连同内袋一起置相应的不锈钢桶内,分次加进各自振荡器	20
生产操作	1. 检查自动送膜机上膜是否到位,未到位需及时加膜 2. 安装印字模板,检查印字模板的品名、规格、产品批号、生产日期、有效期是否与"生产指令"一致 3. 调整印字工位温度在 165～180℃;核对印字前三袋的印字内容是否正确 4. 根据膜印字的位置,调节色带的位置,使印字处于膜的中央 5. 将制袋成型机模具加热温度至 160～200℃;将袋口预热温度调整至 90～130℃;颈热合温度调整至 165～180℃ 6. 检查袋成型、颈热合、切边外观质量是否符合要求 7. 灌装封口	40

续表

考核内容	技能要求	分值
质量控制	各项参数应符合相应的要求	10
记录	运行记录填写准确完整	10
生产结束清场	1. 生产场地清洁 2. 工具和容器清洁 3. 生产设备的清洁 4. 清场记录填写准确完整	10
其他	正确回答考核人员提出的问题	10
合计		100

学生学习进度考核评定

一、学生学习进度考核题目

（一）问答题

1. 叙述非 PVC 膜软袋大输液生产线的组成。

2. 叙述非 PVC 膜软袋大输液生产线的操作过程。

3. 叙述非 PVC 膜软袋大输液生产线的维护保养过程。

（二）实际操作题

操作非 PVC 膜软袋大输液生产线，维护保养非 PVC 膜软袋大输液生产线，处理一些常见故障和问题。

二、学生学习考核评定标准

编号	考核内容	分值	得分
1	认识非 PVC 膜软袋大输液生产线的结构和组成	30	
2	操作非 PVC 膜软袋大输液生产线	35	
3	维护保养非 PVC 膜软袋大输液生产线	35	
4	合计	100	

项目七　其他剂型制备设备

模块一　软膏制膏机

学习目标

1. 能正确操作真空均质乳化机（ZJR-200型）。
2. 能正确维护、维修真空均质乳化机（ZJR-200型）。

所需设备、材料和工具

名称	规格	单位	数量
真空均质乳化机	ZJR-200型	台	1
维护、维修工具		箱	1
工作服		套	1

准备工作

一、职业形象

穿着及行动符合GMP要求，进入洁净区人员按D级洁净区内要求操作。

二、职场环境

1. 环境

符合GMP规范的相关要求。D级洁净区内进行生产，D级洁净区要求门窗表面应光洁，不要求抛光表面，应易于清洁。窗户要求密封并具有保温性能，不能开启。对外应急门要求密封并具有保温性能。

2. 环境温湿度

应当保证操作人员的舒适性。控制温度18～26℃，相对湿度45%～65%。

3. 环境灯光

不能低于300lx，灯罩应密封完好。

4. 电源

应在操作间外，确保安全生产。380V，50Hz，三相五线制，N线和PE线不能相互干扰。

三、物料要求

1. 核对物料是否正确，容器外标签是否清楚，数量和件数是否相符合。

2. 计量与称量用具校对。

3. 操作间、工具、容器、设备等是否有清场合格标志。

学习内容

膏剂的配制设备常见有加热罐、配料锅、输送泵、乳化混合设备、制膏机等。

图 7-1-1　ZJR-200 型真空均质乳化机外形

（1）加热罐　油性基质所用凡士林、石蜡等在低温时处于半固态，与主药混合之前需加热降低其黏稠度。蛇管蒸汽加热，底部真空吸料。

（2）配料锅　用于基质的制备，配料锅的夹套可使用蒸汽或热水加热。

（3）输送泵　循环泵多为不锈钢齿轮泵及胶体输送泵。

（4）乳化混合设备　胶体磨最为常用。

（5）新型制膏机　制膏机在锅内装有搅拌器、刮板式搅拌器及胶体磨。这三套均固联在锅盖上。

ZJR 系列真空均质乳化机是用于乳膏型软膏剂的配制设备，适用于乳膏的制备工序。其外形图见图 7-1-1。

一、结构与工作原理

（一）ZJR-200 型真空均质乳化机结构

1. 设备的组成及控制面板

（1）设备组成　ZJR-200 型真空均质乳化机由真空均质乳化锅、水相锅、油相锅、加热及温控系统、搅拌系统、真空系统、液压升降系统、操作控制柜和管路系统和电器控制等几个部分组成。结构示意图见图 7-1-2。

（2）设备控制面板　采用 PLC 控制面板操作，包括转速、温度显示、控制、电压、电流以及变频调速等。

2. 机器主体结构

机器主体结构主要由预处理锅（水锅和油锅）、主锅、真空泵、液压、电器控制系统组成。均质搅拌采用变频无级调速，加热采用电加热和蒸汽加热两种。乳化快，操作方便。

（1）真空均质乳化锅

① 结构　为三层法兰结构，内层为物料，内层和中层之间形成加热和保温夹套，可通入热水或冷却水进行加热或冷却，保温层采用包裹石棉保温。

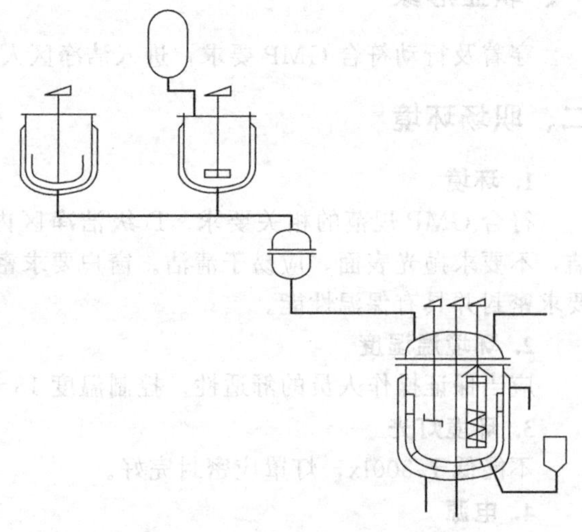

图 7-1-2　ZJR-200 型真空均质乳化机结构示意图

乳化锅内配有双向搅拌，顺时针框式搅拌，逆时针桨式搅拌；锅体上有加热装置、冷却水进出口；锅盖上配有物料吸入口、真空泵接口；锅底配有底阀和出料口。

② 真空系统　采用水环式真空泵，配有油水分离器、真空表、气动蝶阀。真空吸料充分，出料无污染。

③ 液压系统　能完成锅盖升降并由于其具有锅体倾倒功能，能有效地使物料在封闭式条件下进行乳化。由于其具有锅体倾倒功能，因此便于锅内清洗，操作方便。

该系统还包括油缸、电磁阀、溢流阀、油箱、保压阀等。

④ 控制系统　有时间继电器，温度显示，可根据不同产品的工艺及特点调节均质机的转速和工作时间。电器总程控制柜，把本机所有动力开关、温度显示、控制、电压、电流以及变频调速、均质时间设定等，都合理集中在一起。

(2) 油相搅拌锅和水相搅拌锅

① 锅体机构　均为三层结构，内层和中层之间形成加热和保温夹套，可通入热水或冷却水进行加热或冷却，外层有隔热装置，既保证热能减少散出，又避免操作人员烫伤。

② 锅体配置　上部半开式锅盖，底部配出料口、温度传感器、锅体底部各附电加热装置作为夹层加热。

③ 搅拌器　上分散式搅拌装置，安装在偏心位置。

④ 控制系统　与主锅在电器总程控制柜上进行控制。

(二) ZJR-200型真空均质乳化机工作原理及流程图

1. 工作原理

物料在水锅、油锅内通过加热、搅拌进行混合反应后，由真空泵吸入乳化锅，通过聚四氟乙烯刮板搅拌混合形成均质的乳膏。

2. ZJR-200型真空均质乳化机制膏流程图

ZJR-200型真空均质乳化机制膏流程见图7-1-3。

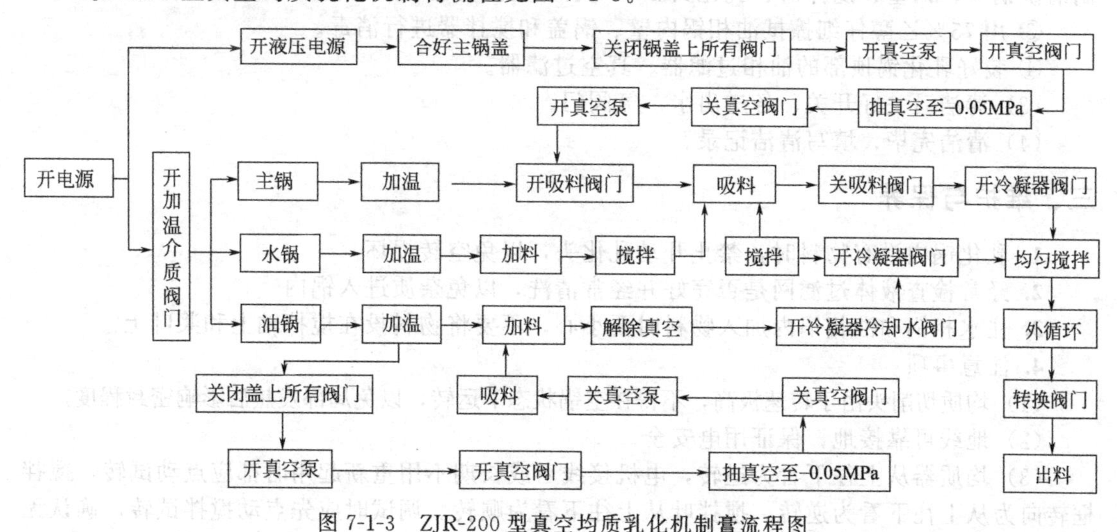

图7-1-3　ZJR-200型真空均质乳化机制膏流程图

二、操作

1. 开机前的准备工作

(1) 检查真空乳化机过滤器的过滤网是否完好。

(2) 检查所有电机是否运转正常，并关闭所有阀门。

2. 开机操作

（1）配制油相　加入油相基质，控制温度在80℃，待油相开始熔化时，开动搅拌至完全熔化。

（2）配制水相　将水相基质投入处方量的纯化水中，加热搅拌，使其溶解完全。

（3）开动真空泵，待乳化锅内真空度达－0.05MPa时，开启水相阀门，待水相吸进一半时，关闭水相阀门。

（4）开启油相阀门，待油相吸进后，关闭油相阀门。

（5）开启水相阀门，直至水相吸完，关闭水相阀门，停止真空泵系统。

（6）开动乳化头10min后停止，开启刮板搅拌器及真空系统，待锅内真空度达－0.05MPa时，关闭真空系统。开启夹套阀门，在夹套内通冷却水冷却。

（7）待乳化完毕后，停止刮板搅拌，开启阀门使压力恢复正常，开启压缩空气排料送出。

（8）将乳化锅夹套内的冷却水放掉。

3. 关机

（1）按关机按钮，然后关闭总电源。

（2）关闭水、气阀门。

4. 清理

（1）油相锅的清洗

① 取下油锅锅盖，用纯化水刷洗干净。

② 油相锅加入1/3的热水，浸泡、搅拌、冲洗5min，排污水。再加入适量的热水和洗洁精，用毛刷清洗锅壁及搅拌桨、温度探头等处，直至无残留物，后用纯化水清洗干净。

③ 拆下不锈钢连接管，用热水和洗洁精和毛刷清洗其内壁，最后用纯化水清洗干净。

④ 用75%乙醇溶液仔细擦拭油相锅内壁和锅盖，然后盖好锅盖。

（2）乳化锅的清洗

① 化锅顶部的油相过滤器、真空过滤器，用热水清洗至无残留物，最后用纯化水清洗干净。

② 乳化锅内加足量的热水，放下锅顶，开动搅拌桨。加入适量的热水和洗洁精，用毛刷清洗锅盖、锅壁、搅拌器、乳化头2～3次，直至无残留物，然后用纯化水清洗干净。

③ 用75%乙醇仔细擦拭油相锅内壁、锅盖和搅拌器进行消毒。

④ 装好乳化锅顶部的油相过滤器、真空过滤器。

（3）清洁后关好开关、各进出水、气阀门。

（4）清洁完毕，填写清洁记录。

三、维护与保养

1. 乳化锅内没有物料时，禁止开动乳化头，以免空转损坏。

2. 经常检查液体过滤网是否完好并经常清洗，以免杂质进入锅内。

3. 往水相锅和油相锅内加入物料时要小心，不要将物料投在搅拌轴上和桨叶上。

4. 注意事项

（1）均质切削头由于转速极高，不得在空锅状态下运转，以免局部发热后影响密封程度。

（2）地线可靠接地，保证用电安全。

（3）均质器从上往下看为逆转，电机接线后或长期不用重新起用时都应点动试转，搅拌框转向为从上往下看为逆转，搅拌叶从上往下看为顺转。调试时应先点动搅拌试转，确认无误时再让均质器运转。

（4）每次搅拌启动前都应点动，检查搅拌刮壁是否异常，如有异常应即刻排除。

（5）搅拌抽真空工作前一定要检查锅是否与锅盖平贴，锅口、料口盖等是否盖严，密封可靠。

（6）真空泵在关机前，应先把真空泵前的球阀关闭。

（7）真空泵在均质锅密封的状况下方可启动运转。如有特殊需要启动泵，运转不能超过3min。

（8）在进行任何维护或清洗之前必须切断设备接入电源。

四、常见故障机及排除方法

乳化锅常见故障及排除方法见表 7-1-1。

表 7-1-1 乳化锅常见故障及排除方法

故障现象	可能原因	排除方法
乳化锅内物料沸腾	真空度过高	降低真空度
乳化头卡死	物料过稠	关闭电源,重新处理物料
真空度达不到要求	机械密封老化或阀门未关严	更换机械密封或关严阀门

五、主要技术参数

ZJR-200 型真空均质乳化机主要技术参数见表 7-1-2。

表 7-1-2 ZJR-200 型真空均质乳化机主要技术参数

组成	设计容积 /L	工作容积 /L	搅拌功率 /kW	搅拌转速 /(r/min)	均质功率 /kW	均质转速 /(r/min)	加热功率 /kW
乳化锅	200	150	1.5	0～86 (可调)	4	0～2900 (可调)	8
水相锅	120	95	0.75	82			8
油相锅	100	80	0.75	82			

六、基础知识

软膏剂系指药物（多为固体）与适宜的基质配制而成的膏状外用制剂，有利于对皮肤或黏膜的保护、润滑和局部的治疗。

(一) 常用基质

1. 油脂性基质

油脂性软膏基质，系指动物油脂、类脂、烃类和硅酮类等疏水性物质基质。

2. 乳剂性基质

乳剂性基质是由含有固体的油相加热液化后与水相借乳化剂的作用，在一定温度下混合乳化，最后在室温下形成半固体基质。有 W/O 型和 O/W 型。

3. 水溶性基质

常用的有聚乙二醇、卡波姆、甘油明胶、纤维素衍生物等。

(二) 制备方法

1. 研和法

基质为油脂性的半固体时，可直接采用研和法，用软膏刀在软膏板上调制；此法不适用于水溶性基质和乳剂性基质。

2. 熔和法

加热熔化制备基质，将药物加入混匀。

3. 乳化法

油相于 80℃熔化；水溶性组分加热至略高于 80℃；两相混合，边加边搅，形成乳剂基质。药物先加入油相或水相。

(三) 软膏剂的质量要求

1. 润滑、稠度适宜、易于涂布。

2. 无刺激性，性质稳定，与主药无配伍变化。
3. 具有吸水性，能吸收伤口分泌物。
4. 不妨碍皮肤正常功能，具有良好的释药性能。
5. 易洗除，不污染衣服。

七、制膏工序操作考核

制膏工序操作考核技术要求见表 7-1-3。

表 7-1-3　制膏工序操作考核标准

考核内容	技能要求	分值	相关课程
制膏前的准备	按要求更衣	5	半固体制剂、制剂单元操作
	核对本次生产品种的品名、批号、规格、数量、质量，所用物料是否符合要求	5	
	正确检查制膏工序的状态标志（包括设备是否完好、是否清洁消毒、操作间是否清场等）	5	
制膏过程	开机试机：顺序打开总电源→打开制膏机电源→称量物料分别加入水相锅和油相锅→开启电加热→开启搅拌桨混匀→开真空泵→油相水相进入乳化锅内乳化混合→出料	40	
	说出各部件及其管路系统走向	15	
	关机顺序：点主机停止键→关机电源→切断制膏机总电源上→关闭气、水阀门	10	
	标签，注明物料品名、规格、批号、数量、日期和操作者的姓名	5	
制膏后的清场	将生产所剩的尾料收集，标明状态，交中间站	5	
	按清场程序和设备清洁规程清理工作现场	5	
	填写清场记录	5	
合计		100	

学生学习进度考核评定

一、学生学习进度考核题目

（一）问答题

1. 叙述 ZJR-200 真空均质乳化机组成。
2. 叙述 ZJR-200 真空均质乳化机操作过程。
3. 叙述 ZJR-200 真空均质乳化机维护维修过程。

（二）实际操作题

操作 ZJR-200 型真空均质乳化机，并进行维护和保养。

二、学生学习考核评定标准

编号	考核内容	分值	得分
1	认识 ZJR-200 真空均质乳化机的结构和组成	30	
2	操作真空均质乳化机	35	
3	维护维修真空均质乳化机	35	
4	合计	100	

模块二　软管灌装封尾机

学习目标

1. 能正确操作软管灌装封尾机（GF-60Z-C型）。
2. 能正确维护、维修软管灌装封尾机（GF-60Z-C型）。

所需设备、材料和工具

名称	规格	单位	数量
软管灌装封尾机	GF-60Z-C型	台	1
维护、维修工具		箱	1
工作服		套	1

准备工作

一、职业形象

穿着及行动符合GMP要求，进入洁净区人员按D级洁净区内要求操作。

二、职场环境

1. 环境

符合GMP规范的相关要求，在D级洁净区内进行生产。D级洁净区要求门窗表面应光洁，不要求抛光表面，应易于清洁。窗户要求密封并具有保温性能，不能开启。对外应急门要求密封并具有保温性能。

2. 环境温湿度

应当保证操作人员的舒适性。控制温度18～26℃；相对湿度45%～65%。

3. 环境灯光

不能低于300lx，灯罩应密封完好。

4. 电源

应在操作间外，确保安全生产。380V，50Hz，三相五线制，N线和PE线不能相互干扰。

三、制备要求

1. 膏料要求

(1) 润滑，稠度适宜，易于涂布。

(2) 各物料品名、规格和数量一致。

2. 管材

(1) 用于金属铝管的灌装。

(2) 铝管表面应平滑光洁，内容完整清晰，光标位置正确，管内无异物，管帽与管嘴配合。

3. 设备

(1) 灌装封尾机运行良好。

(2) 封尾应严密，无泄漏。

学习内容

软膏剂生产工艺流程见图 7-2-1。

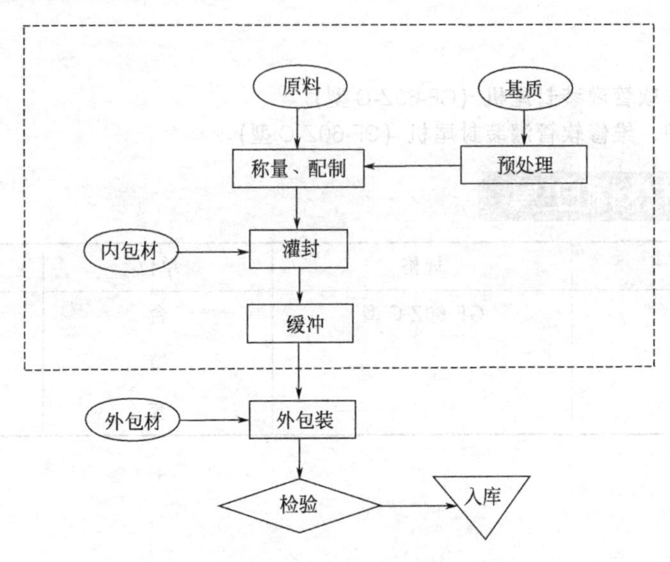

图 7-2-1 软膏剂生产工艺流程

虚线框内代表 D 级洁净生产区

GF-60Z-C 型软膏剂灌装封尾机适用于金属管的灌装与封尾，其包括输管、灌装、封底等三个主要功能。

图 7-2-2 GF-60Z-C 型软膏剂灌装封尾机外形图

GF-60Z-C 型软膏剂灌装封尾机外形图见 7-2-2，其工艺流程见图 7-2-3 所示。

一、结构及工作原理

(一) 结构

GF-60Z-C 型软膏剂灌装封尾机灌装部分主要由输管机构、灌装机构、光电对位机构、封口机构、出料机构及无滑差无级调速器组成。

1. 设备控制面板

设备控制面板如图 7-2-4。

2. 机器主体结构

按其功能，可分为五个组成部分：输管机构、灌装机构、光电对位装置、封口机构、出管机构。

其外形示意图见图 7-2-5。

(1) 输管机构

① 料斗 料斗有一个向后的倾角即与水平面的夹角，即管斗导轨底板的高度及倾角与上管

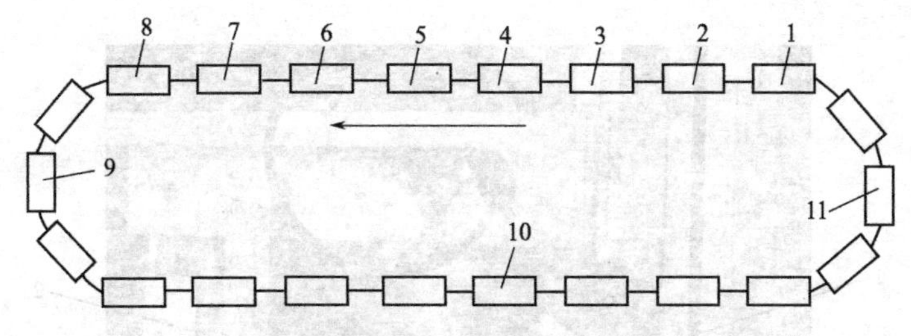

图 7-2-3 灌装封尾机工艺流程

1—灌装；2—对位；3,7—轧平；4,6—折叠；5—翻平；8—轧花；9—出管；10—送管；11—清洗

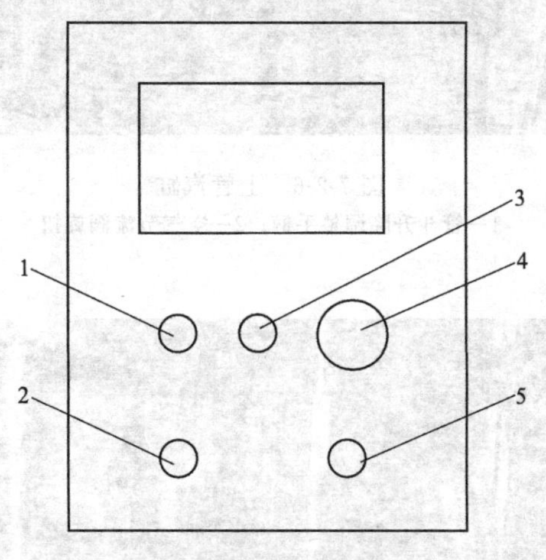

图 7-2-4 控制面板

1—点动开关；2—主机启动按钮；3—主机停止按钮；4—紧急停机开关；5—控制电源开关

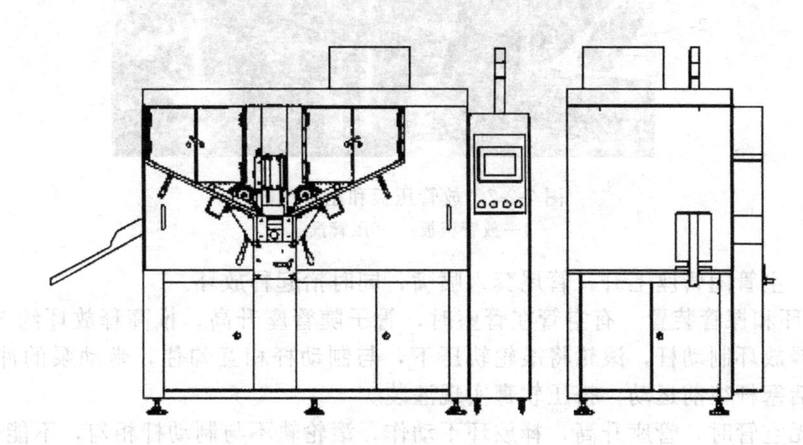

图 7-2-5 软膏剂灌装封尾机外形示意图

扶手保持一致。

② 上管汽缸　根据主机转速的改变而相应改变上管汽缸的运行速度（图 7-2-6）。

③ 上管扶手　在上管汽缸不断的作用下，上管扶手旋转约 90°，与压管器配合将软管间歇地送入管杯内。

上管扶手与放管压板以及压管汽缸的动作在时间上的配合直接影响上管质量（见图 7-2-7）。

（2）灌装机构　灌装机构由升高头、释放环和探管装置、泵阀控制机构、活塞泵、吹气泵、料斗六部分组成。

① 升高头　将管座在灌装位置上托起，升高头两边嵌有永久磁铁，吸住管座，保证升

图 7-2-6　上管汽缸

1—管斗升降调整手柄；2—空气节流阀旋扭

图 7-2-7　放管压板和压管汽缸

1—放管压板；2—压管汽缸

高动作稳定。空管随管座上升，管尾套入喷嘴，同时抬起释放环。

② 释放环和探管装置　有空管在管座时，管子随管座升高，推高释放环约 5mm，通过孔轴，压下释放环制动杆，滚轮将滚轮轨压下，与制动杆相互勾住，带动泵的冲程臂动作，由连杆带动活塞杆往前运动，挤压软膏实现灌装。

管座上无空管时，管座升高，释放环不动作，滚轮轨不与制动杆相勾，不能带动泵冲程臂动作，故不能灌装。防止没有管子时，膏体喷出污染机器。

③ 泵阀控制机构　活塞泵一头接料斗进膏体，另一头通向灌装喷嘴。当活塞冲至最前位置时，泵冲程臂上的螺钉把捕捉器释放，捕捉器的转臂撑住套筒，同时由于活塞凸轮工作，使套筒上移，通过捕捉器的转臂，带动齿条一起上升，从而转动泵阀，将料斗出口与泵缸连通，活塞后退时，膏体即从料斗吸入活塞泵内。活塞向后移动，齿条下移，泵阀又朝相反方向转动，与料斗连通阀口关闭，泵缸与喷嘴连通阀口打开，膏体从喷嘴压入管子（见图 7-2-8）。

④ 活塞泵　其作用是通过活塞的往复运动，把膏体吸入泵内，再压出灌进管子里。活塞行程可微量调节，达到调节灌装量的目的。

该机上的活塞泵还有回吸的功能，使灌装喷嘴上的残料不会碰到管壁尾部，而影响下道轧尾工序。回吸的作用是靠活塞的控制凸轮。活塞在向前冲到顶后，泵阀尚未转动，软管也未离开喷嘴时，活塞先轻微地返回若干，使喷嘴外的膏体缩回一段距离，与此同时，吹气泵开始工作，以吹净喷嘴端部的膏料。

⑤ 吹气泵　在泵体两侧装有两个小活塞吹气泵。吹气泵的活塞杆随泵阀回转而向上推动，当灌装结束，开始回吸，同时泵阀的转动齿上拨块推动吹气泵的杆上滚轮，吹气泵出口和喷嘴连通，吹气泵中压缩空气吹向喷嘴，将余料吹净。

⑥ 料斗　料斗在活塞泵上方，与活塞泵进料阀门相通，由不锈钢材料制成。膏体黏度较大时，夹层料桶保温加热水箱设计安装在冷却水机的背面，有两个接水口，其中一个为进水口，另一个为出水口，内插一支或两支（根据）电加热管（见图 7-2-9）。

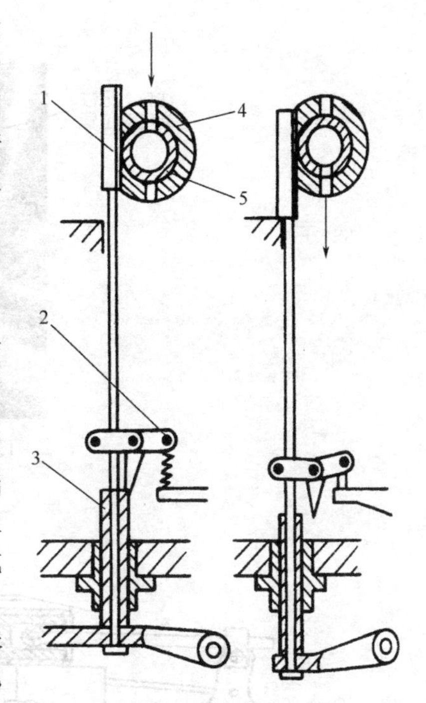

图 7-2-8　泵阀控制机构
1—齿条；2—捕捉器；3—套管；4—套筒；5—泵阀

⑦ 注料光电开关　该光电开关为注料光电开关（同时起无管不注料作用）。当软管在此工位时，该光电开关能判断软管是否到位，将信号传输至控制部，灌装系统可准确地将物料注入（或不注入）间歇停留在灌装工位上的软管内。

该光电开关也起计数作用，当回转盘上的软管经过此开关时，记录下它，以计算已灌装的软管总数或事先设定生产数量，实现定量停机（见图 7-2-10）。

⑧ 灌装机构　灌装活塞动作示意图见图 7-2-11。

灌装药物流程：

凸轮→管座抬起→软管碰到释放环（7）→顶杠（8）下压摆杆→将滚轮（9）压入滚轮轨（10）→冲程摇臂（12）→活塞杆 3（向右）→膏料挤出

如管座上无软管来推动释放环，拉簧（11）使滚轮（9）抬起，凸轮空转，冲程摇臂不动，实现无管不灌。既防止药物损失，又不会污染机器和被迫停车清理。

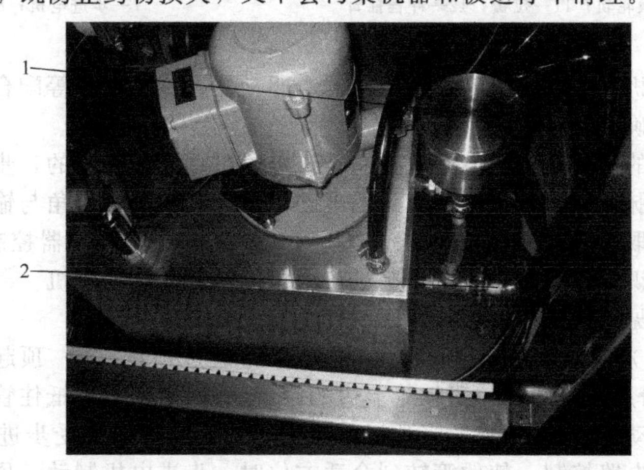

图 7-2-9　料斗保温
1—保温水箱注水口；2—保温水箱出水口

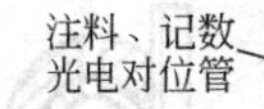

图 7-2-10　注料光电开关

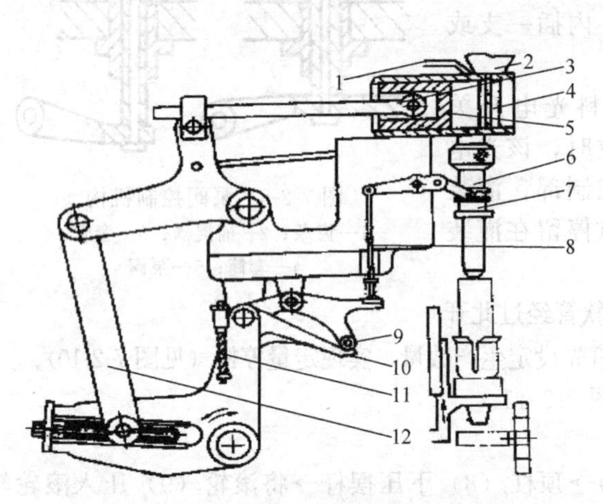

图 7-2-11　灌装活塞动作示意图

1—压缩空气管；2—料斗；3—活塞杆；4—回转泵阀；5—活塞；6—灌药喷嘴；7—释放环；8—顶杆；9—滚轮；10—滚轮轨；11—拉簧；12—冲程摇臂

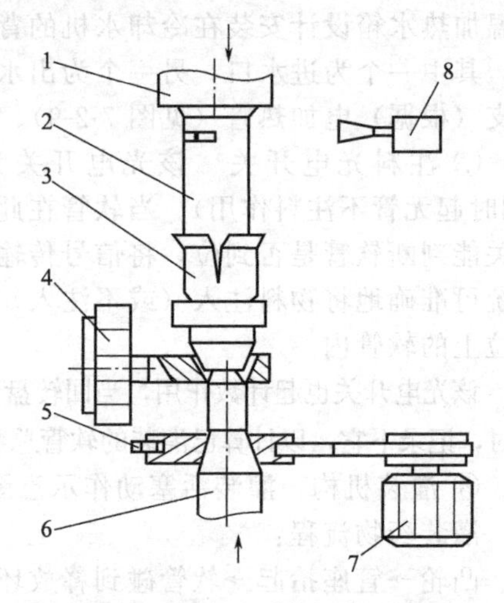

图 7-2-12　光电对位机构示意图

1—锥形夹；2—软管；3—管座；4—管座链；5—齿槽传动链；6—顶杆；7—步进电机；8—光电开头

(3) 光电对位机构　该光电开关与控制器、驱动器、步进电机等配合确定色标位置，使软管的图案位于正确位置。

光电对位使用的是反射式光电开关控制步进电机带动管座转动的，步进电机又称脉动马达。它是一种将电脉冲信号转换为角位移的电磁机械，其转子的转角与输入的电脉冲数成正比。它的运动方向取决于加入脉冲的顺序，利用一种接近开关控制器控制步进电机的转速，反射式光电开关在识别色标的过程中控制步进电机的转角和制动电机。

该机构示意图见图 7-2-12。

当管座链抵达光电对位工位时，有一提升凸轮通过顶杆 (6) 顶起管座 (3) 及软管 (2)，使管座离开管座链 (4)，位于软管上边的锥形夹 (1) 由上边抵住管口。顶杆下端和步进电机轴以齿槽传动链 (5) 相连。当顶杆顶起管座的同时，也就受步进电机带动而开始旋转，经识别光标等电路控制，使软管转到合适方位时，步进电机制动，顶杆回落，管座在管座链上复位，等待传送到下一个工位。光电开关离开色标后，步进电机重新开始旋转，准备下一个工作循环。

(4) 封口机构　灌装机上的封口机构是装在一个专门的封口机架上的，在这个机架上装有6对封口钳，其作用及工作流程示于图7-2-13。管座链将按一定方位放置的软管管尾先送至第一对平口钳处，完成管尾压平。然后按管座链的间歇周期，每支软管再依次通过第一次折叠钳折边；第二次平口钳压平折边；第二次折叠钳再折边；第三次平口钳压平、折边及最后的轧花钳将折边处轧花。

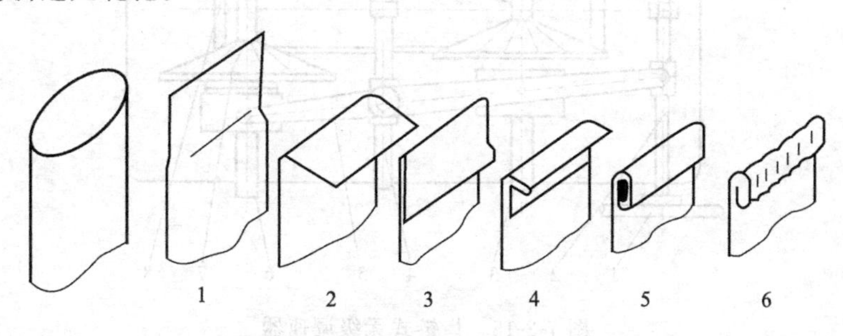

图7-2-13　封口机构的工位工艺过程

1,3,5—平口；2,4—折叠；6—轧花

(5) 出料机构　封尾后的软管随管座链停位于出料工位时，主轴上的出料凸轮带动出料顶杆上抬，从管座的中心孔将软管顶出，使其滚翻到出料斜槽中，滑入输送带，送去外包装(图7-2-14)。为保证顶出动作顺利进行，顶杆中心应与管座中心对正。

(6) 无滑差无级调速器　这里介绍齿链式无级调速器，见图7-2-15。调速轴上的左、右旋螺纹，可使一对调速杠杆绕铰链轴上的铰销做相对摇动，同时带动两对可分合的带齿链轮张开或合拢，这样就可改变齿链在两对链轮上的接触半径，从而改变驱动轴与输出轴的传动比。

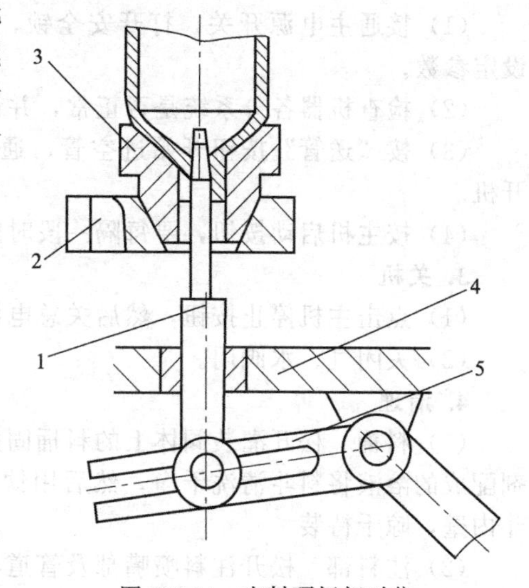

图7-2-14　出料顶杆相对位

1—出料顶杆；2—管座链节；3—管座；4—机架（滑槽）；5—凸轮摆杆

(二) 特点

1. 计数及定量停机。

2. 故障报警。

3. 无管不充填。

4. 自动上管，自动确定色标位置，自动充填，自动压合封尾打字码，自动排出成品。

5. 传动部分封闭在平台下面，安全、可靠、无污染。

6. 灌装封尾部分安装在平台以上半封闭无静电可视罩内，易观察，易操作。

(三) 设备原理

通过输管机构将金属软管插入分度盘管座内，利用机械传动自动转位，光电检测，确认有管开始自动计量灌入管内，然后六对封口钳封尾，经出料机构成品输出。

二、操作

(一) 机器操作

1. 开机前工作

(1) 先把空管装入管斗。

(2) 把乳膏吸入储料斗。

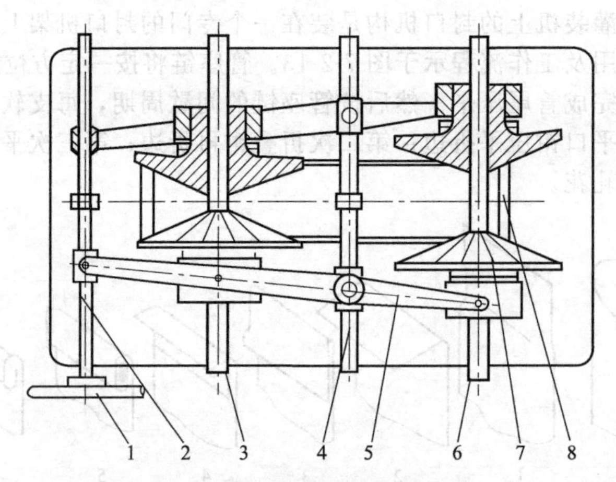

图 7-2-15 齿链式无级调速器

1—调整手轮；2—调速轴；3—驱动轴；4—铰链轴；
5—调速杠杆；6—输出轴；7—带齿链轮；8—齿链

（3）在传动部位导杆上涂抹适量的润滑油。

（4）检查气源是否正常并打开气路开关。

2. 开机运行

（1）接通主电源开关，打开安全锁，系统给电，PLC 控制器的显示器进入控制主页，设定参数。

（2）检查机器各分系统是否正常，并调整好各分系统工作参数。

（3）按“送管”按钮开始进空管，通过点动设定装量合格并确认设备无异常后，正常开机。

（4）按主机启动按钮，要每隔一段时间检查装量、外观和密封性。

3. 关机

（1）点击主机停止按钮，然后关总电源。

（2）关闭气、水阀门。

4. 清理

（1）料桶　松开灌装阀体上的料桶固定卡箍，移下料斗。第一次使用时，要用食用洗涤剂配成的溶液将料斗清洗干净，然后用饮用水冲洗，再用纯化水，最后用 75％乙醇擦洗料斗内壁，晾干待装。

（2）注料部　松开注料喷嘴部及管道与灌装阀体之间的连接卡箍，轻放在安全处，拆开各零部件进行清洗，清洗方法同上。

（3）灌装阀体　松开阀体与柱塞支架之间的连接卡箍，移下灌装阀（移下前应先拆开阀芯轴与其拉动汽缸连接件），将灌装阀芯轴轻轻推出。阀体和芯轴分开清洗，清洗方法同上。注意拆卸阀体、芯轴及两端轴承时，一定要保护好阀芯、密封圈及阀体内腔，以免相互污染和伤害。

（4）柱塞　松开柱塞顶端螺钉，取出柱塞及柱塞套，按以上方法清洗消毒，注意保护好表面及密封圈，如密封圈已损坏或变形，应及时更换。

清洁完毕，填写清洁记录。

（二）设备调整及控制

1. 装量调节

在机体后面的不锈钢罩上方，松开装量表可调节紧固螺钉，旋转装量手轮，移动连杆支点位置，改变柱塞行程，就可以实现充填量大小的调整。顺时针旋转手轮为增加充填量，逆时针旋转手轮则为减少（调节可在不停机的情况下进行）。充填量调节完成后一定要锁紧装量手轮紧固螺钉。

2. 填充嘴的选择

填充嘴的长度，可根据软管长度而相应调整，充填嘴口径可根据充填物料的黏稠度、相对密度、充填量、充填速度等综合因素来调节。

3. 回转盘的调整

(1) 调节回转盘高度时，上管扶手及管斗的高度要随之调整。

(2) 调节回转盘高度时，光电管的高度也要相应调整。

(3) 调节回转盘高度时，所有垂直于平台运动的顶杆都需要调整（包括出管流槽的高度及出管工位管座止动杆的高度），否则会出现顶不到位或其他严重现象（如大盘转动之前顶杆退不出来等）。

4. 主机转速的确定

根据生产及工艺所需单位时间内的灌封次数（30～60 支/min），在触摸屏上设定生产速度。注意正常工作时，主机转速要保持一个恒定值，不能随意改变。

5. 气路压力的调节

调节调压阀，使正常工作的气路压力达到一个恒定值（总气压值一般为 0.60MPa，上管气压一般在 0.50MPa）。

(三) 操作注意事项

1. 料阀的锥形阀体是精密部件，一旦拆下重新装上，必须重新检查其密封度。
2. 使用中如果发现机器振动、异常或发出不正常的声音，应立即停车检查。
3. 保持台面及机器清洁。
4. 料缸底部的计量电机导杆应经常涂抹润滑油，易保持灵活；料缸汽缸下部的螺杆应抹入足量的润滑脂，起润滑和密封作用。
5. 为了操作人员和机器的安全，不要乱动设备安全装置。

三、维护与保养

1. 机体

每班工作完成后，应关掉电源，用浸有 75%乙醇的脱脂棉清理擦拭注料嘴、管座、回转工作盘、封尾及打字码钳口等，使各部位保持无尘洁净干爽，然后关闭有机玻璃门。

2. 封尾部分

钳杆上轴承，支撑钳杆的向心球轴承等（机台以上所有运动部件都要经常给予润滑）每月加注一次润滑脂。

3. 分度机构

大盘立柱套管及分度机构，每月更换一次润滑脂，并每周检查注油一次。

4. 减速器

每月检查一次油面是否低于视窗的 1/2 以下，如果低于 1/2 则应及时加注 30# 机油或齿轮箱油。

5. 位于机台底部的主传动系统

链条、凸轮、偏心轮及所有运动部件等要每月换一次润滑脂。

6. 其他

长时间停机后，使用机器前，要检查各部位的螺钉有无松动，做必要的紧固和调整。检查各传动部位的润滑情况，待一切检查完，再按启动程序启动主机。

四、常见故障及排除方法

软膏灌装机常见的故障及解决方法见表 7-2-1。

表 7-2-1 软膏灌装机常见的故障及解决方法

故障现象	可能原因	解决方法
装量差异，封合不牢	1. 物料搅拌不均 2. 有明显气泡 3. 料筒物料高度变化大 4. 封合时间短 5. 加热温度低 6. 气压过低	1. 将物料搅匀后再加入料斗 2. 用真空泵抽泡 3. 不能少于容积的 1/4 4. 适当延长时间 5. 适当提高加热温度 6. 气压提高至规定值

五、主要技术参数

GF-60Z-C 型软膏灌装封尾机技术参数见表 7-2-2。

表 7-2-2 GF-60Z-C 型软膏灌装封尾机技术参数

项　　目	技术参数
灌装量	2～120mL/支
生产速度(最大量)	60 支/min
灌装精度	≤±1%
对光精度	±1.5mm
电机功率	1.1kW
外形尺寸	2.2m×0.8m×2.16m
重量	900kg
工作气压	0.6MPa

六、基础知识

(一) 乳膏基质

含固体的油相加热液化后与水相借乳化剂的作用在一定温度下混合乳化，在常温下形成半固体的基质。

1. 类型

O/W（雪花膏），W/O（冷霜）。

2. 特点

(1) 稠度适中，易涂布。

(2) 需加防腐剂（O/W）、保湿剂（甘油、丙二醇）。

(3) 对油、水都有一定的亲和力，药物释放、透皮吸收较快，不影响皮肤的正常功能。

3. 乳剂基质处方组成

一般由油相、水相、乳化剂、防腐剂、保湿剂、矫臭剂组成。

(二) 软膏灌装机的灌装质量评价

1. 密封性

密封合格率应达到 100%。

2. 管外观

光标位置正确，批号清晰正确，文字对称美观，尾部折叠严密、整齐，铝管无变形。

3. 装量

符合《中华人民共和国药典》2010年版最低装量检查法，如表7-2-3。

表7-2-3 最低装量检查法

标示装量	平均装量	每个容器装量
20g以下	不少于标示量	不少于标示量的93%
20～50g	不少于标示量	不少于标示量的95%
50g以上	不少于标示量	不少于标示量的97%

七、软膏灌装工序操作考核

软膏灌装工序操作考核技术要求见表7-2-4。

表7-2-4 软膏灌装工序操作考核标准

考核内容	技能要求	分值	相关课程
软膏灌装前的准备	按要求更衣	5	半固体制剂、制剂单元操作
	核对本次生产品种的品名、批号、规格、数量、质量，所用物料是否符合要求	5	
	正确检查本工序的状态标志(包括设备是否完好、是否清洁消毒、操作间是否清场等)，将自动上料机的吸管放入盛料桶	5	
	按规定程序对设备进行润滑、消毒	5	
灌装过程	开机试机：顺序打开总电源→打开灌装机电源→点击菜单→设定参数(速度、气压、装量等)→触摸上管、压管、净化(选项)、色标、注料、有(无)管检测等各功能按键→开机	25	
	试灌装：点主机启动，试灌一定数量的软膏	10	
	说出各部件的作用	5	
	关机顺序：点主机停止键→关机器电源→切断总电源→关闭水、气阀门	10	
	抽查一定数量的灌装好的软膏，检查封口的严密性和美观	5	
清场	操作完毕将灌装机清洁干净，保持台面清洁 标签，注明物料品名、规格、批号、数量、日期和操作者的姓名	10	
	将生产所剩的尾料收集，标明状态，交中间站	5	
	按清场程序和设备清洁规程清理工作现场	5	
	填写清场记录	5	
合计		100	

学生学习进度考核评定

一、学生学习进度考核题目

(一) 问答题

1. 叙述GF-60Z-C型软膏剂灌装封尾机组成。

2. 叙述GF-60Z-C型软膏剂灌装封尾机操作过程。

3. 叙述 GF-60Z-C 型软膏剂灌装封尾机维护维修过程。

（二）实际操作题

操作 GF-602-C 型软膏剂灌装封尾机，并进行维护与保养。

二、学生学习考核评定标准

编号	考核内容	分值	得分
1	认识软膏灌封设备的结构和组成	30	
2	操作软膏灌封设备	35	
3	维护维修软膏灌封设备	35	
4	合计	100	

模块三 糖浆剂灌装设备

学习目标

1. 能正确操作四泵直线式灌装机（GCB4A型）。
2. 能正确维护四泵直线式灌装机（GCB4A型）。

所需设备、材料和工具

名　称	规格	单位	数量
四泵直线式灌装机	GCB4A型	台	1
维护、维修工具		箱	1
工作服		套	1

准备工作

一、职业形象

穿着及行动符合GMP要求，进入洁净区人员按D级洁净区内要求操作。

二、职场环境

1. 环境

符合GMP规范的相关要求，在D级洁净区内进行生产。D级控制区要求门窗表面应光洁，不要求抛光表面，应易于清洁。窗户要求密封并具有保温性能，不能开启。对外应急门要求密封并具有保温性能。

2. 环境温湿度

应当保证操作人员的舒适性。控制温度18～26℃；相对湿度45%～65%。

3. 环境灯光

不能低于300lx，灯罩应密封完好。

4. 电源

应在操作间外，确保安全生产。380V，50Hz，三相五线制，N线和PE线不能相互干扰。

三、制备要求

1. 原料药物

(1) 黏稠澄清液体，无异物。

(2) 名称、批号、质量符合要求。

2. 容器

(1) 可用于各种圆形、方形或异形瓶等玻璃瓶、塑料瓶及各种听、杯等容器。

(2) 容器在灌装前应洁净灭菌。

3. 灌装设备运转良好。

学习内容

糖浆剂生产工艺流程见图 7-3-1。

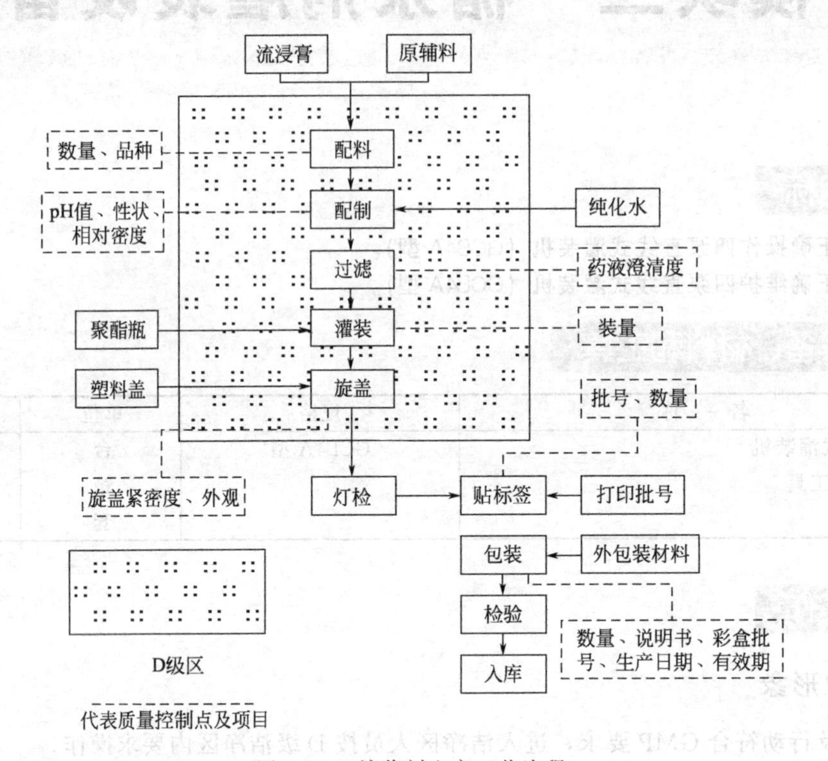

图 7-3-1　糖浆剂生产工艺流程

糖浆剂的生产过程可分为溶糖过滤、配料、灌装和包装四道工序：

1. 溶糖过滤常用设备有溶糖锅、过滤器、配料缸。

2. 配料常用设备有溶药锅、过滤器、调配缸。

3. 糖浆剂灌装常用设备有履带排列式分装机、旋转式液体定量灌装机和密封真空机。

4. GCB4A 型四泵直线式灌装机主要适用于圆形、方形或异形瓶（除倒锥瓶外）等玻璃瓶及各种听、杯等容器，全机可自动完成输送、灌装，是灌装糖浆剂等各种液体的主要设备。其工艺过程见 7-3-2。

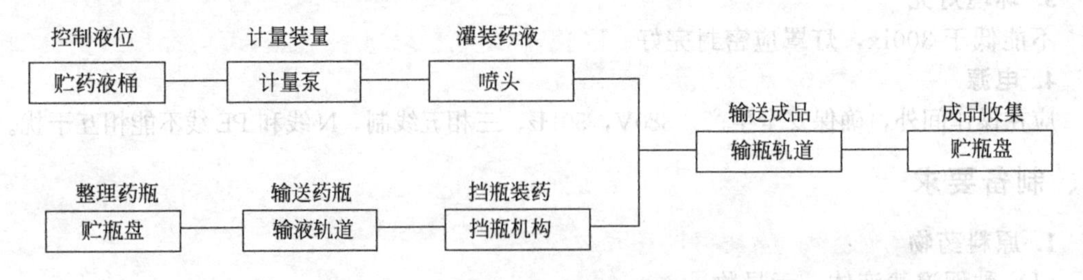

图 7-3-2　四泵直线式灌装机灌装过程图

一、结构与工作原理

（一）GCB4D 型四泵直线式灌装机主体结构

灌装机主要由理瓶机构、输瓶机构、灌装机构、挡瓶机构、动力部分等组成，见图 7-3-3。

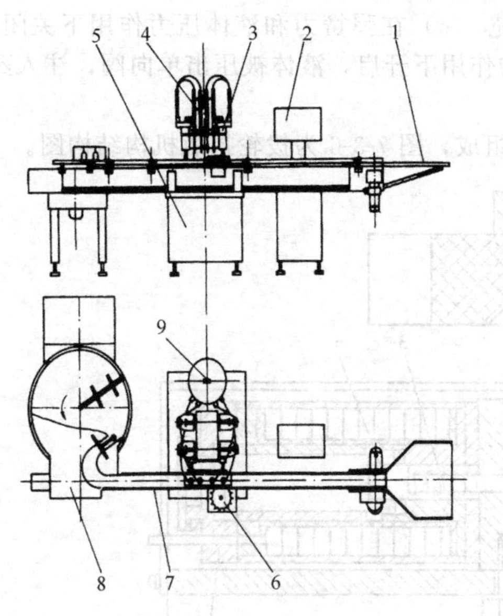

图 7-3-3　四泵直线式灌装机

1—贮瓶盘；2—控制盘；3—计量泵；4—喷嘴；5—底座；6—挡瓶机构；7—输瓶轨道；8—理瓶盘；9—贮药桶

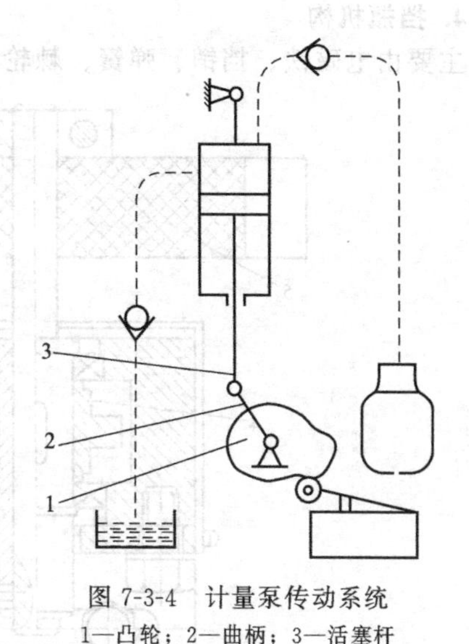

图 7-3-4　计量泵传动系统

1—凸轮；2—曲柄；3—活塞杆

1. 理瓶机构

主要由理瓶盘、推瓶板、翻瓶盘、储瓶盘、拨瓶杆、异形搅瓶器等组成。理瓶电机带动理瓶盘转动，包装容器经翻瓶装置翻正后推入理瓶盘，并随理瓶盘旋转，在拨瓶盘和搅瓶器（仅用于异形瓶）的作用下，有规则地进入输瓶轨道。

2. 输瓶机构

主要由输瓶轨道、传送带等组成。输瓶电机带动链板运动，进入轨道的瓶子随链板做直线运动。

3. 灌装机构

主要由四个药液计量泵、曲柄摇杆机构、药液贮罐等组成。

（1）计量泵传动系统是一凸轮摇杆机构，与后链轮共轴的曲柄带动活塞杆在泵的缸体内上下往复运动，实现药液的吸灌。当活塞向上运动时，向容器中灌注药液；活塞向下运动时，从贮液槽中吸取药液。与链轮同轴的凸轮通过微动开关控制挡瓶机构的电磁铁（见图 7-3-4）。

（2）四泵直线式灌装机的计量系统为一曲柄带动的计量泵，见图 7-3-5。

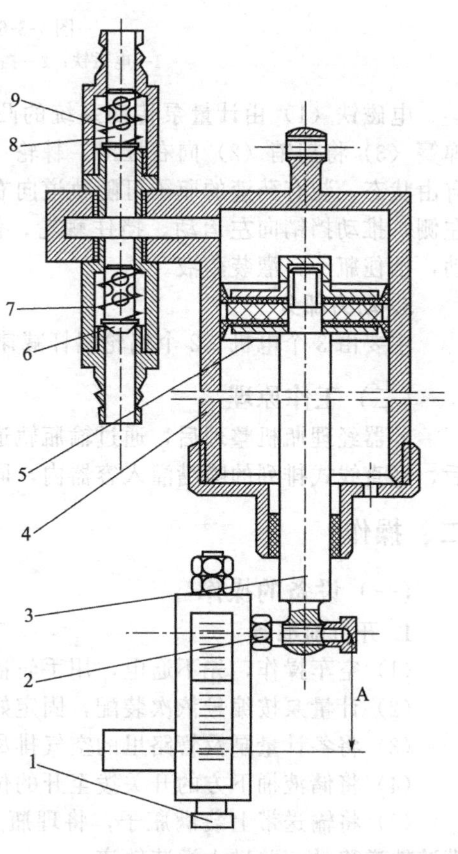

图 7-3-5　计量泵结构图

1—把手；2—螺母；3—活塞杆；4—泵体；5—活塞；6,8—单向阀芯；7—弹簧；9—弹簧

当曲柄带动活塞杆往下运动时，活塞上部形成真空，单向阀芯（6）开启，液体通过进液管进入泵体。单向阀芯（8）在弹簧真空的作用下关闭，进入泵体的液体被封闭计量。当曲柄带动活

塞杆往上运动时，活塞上部形成正压，单向阀芯（6）在弹簧力和液体压力作用下关闭，停止进液。单向阀芯（8）在弹簧力和液体压力的作用下开启，液体被压出单向阀，注入药瓶。

4. 挡瓶机构

主要由电磁铁、挡销、弹簧、棘轮、拨轮组成，图 7-3-6 为拨轮挡瓶机构结构图。

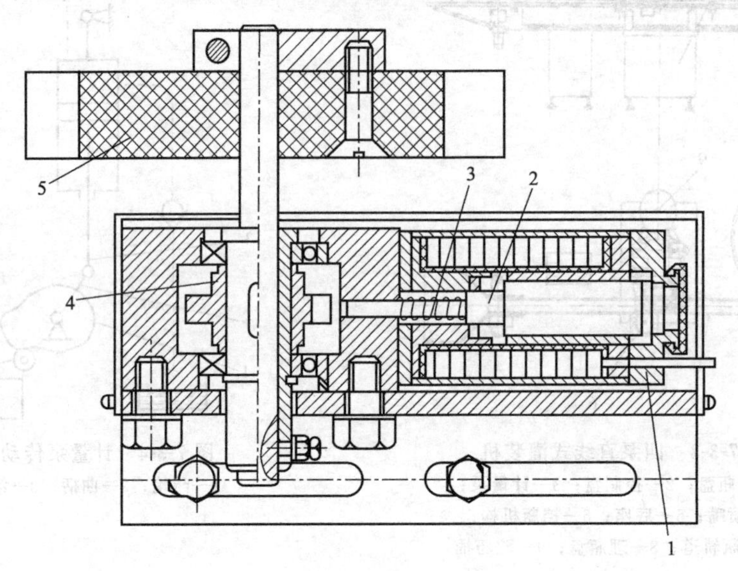

图 7-3-6　拨轮挡瓶机构结构

1—电磁铁；2—挡销；3—弹簧；4—棘轮；5—拨轮

电磁铁（1）由计量泵传动系统的凸轮经微动开关控制通电或断电。当电磁铁断电时，弹簧（3）将挡销（2）向右推出，棘轮（4）处于自由状态，与棘轮同轴的拨轮（5）也处于自由状态，装有药液的瓶子可随轨道向右运动。通过四个瓶子后，电磁铁通电，将铁芯吸向左侧，推动挡销向左运动，挡住棘轮，使棘轮停止转动，同时与棘轮同轴的拨轮也停止转动，挡住瓶子，灌装药液。

5. 动力部分

主要由 3 个电机、2 个蜗轮蜗杆减速器、2 对三级塔轮、动力箱、链条、链轮等组成。

（二）工作原理

容器经理瓶机整理后，通过输瓶轨道将空瓶送到灌装工位进行灌装，药液经柱塞泵计量后，经直线式排列的喷嘴灌入容器内，同时由挡瓶机构准确定位瓶子灌装药液。

二、操作

（一）设备的操作

1. 开机前准备

（1）空车操作，先不通电，用手轮摇试，看是否有异常现象。如发现问题及时纠正。

（2）计量泵按编号依次装配，固定好顶端、底部螺钉，连接管道。

（3）将各计量泵及管路里的空气排尽。

（4）将储液桶下方的开关拨至开的位置，使药液能流入总计量泵内。

（5）将输送带上装满瓶子，将理瓶开关拨至“ON”，理瓶链板转动，工装盒按顺序向灌装轨道移动，并进入灌装轨道。

（6）将机器电源开关拨到“ON”，电源指示灯亮，表示电源接通。

（7）点手动开关进行试车，并进行装量检查。

2. 开机操作

（1）将灌装调速板开关拨至“ON”位置，总计量泵工作，药液经总计量泵输出管进入分液器，分液后经液量微调器由针管流出，用量筒测量液量，仔细调节液量微调器，准确计量。

（2）将计数器清零。

（3）调整理瓶、输瓶和灌装速度。

（4）开启主机运行。

（5）抽取一定数量进行装量检查。

（6）工作中出现故障需要紧急停车，按下红色停机按钮。

3. 关机

停止灌装机，关闭灌装机电源，然后切断总电源。

4. 清理

（1）清理灌装机及轨道，用纯化水擦拭干净，再用75％乙醇擦拭消毒。

（2）将灌装头和分装管道拆下，用纯化水清洗干净，用75％乙醇溶液消毒。

（3）用浸有75％乙醇溶液的不脱落纤维的超细布擦拭机身外壳。

（4）清洁完毕，填写清洁记录。

（二）设备调节及控制

1. 设备调节

（1）喷嘴升降系统和喷嘴间的距离　移动灌装头的位置，使各灌装头与所灌装的瓶口中心对准，上下调节灌装头的高度，使运输带上的瓶子能刚好顺利地在灌装头下通过。该系统是一凸轮摆杆组成的行程放大机构。这种灌装头的运动可防止药液高速灌注产生泡沫，调节滚轮的位置可以改变升降行程，见图7-3-7。

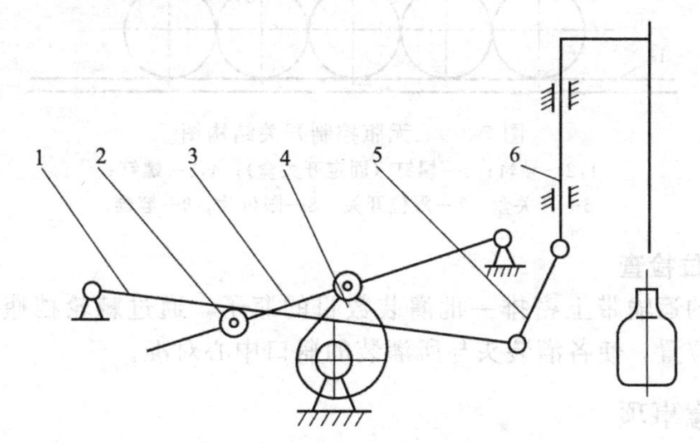

图7-3-7　喷嘴升降系统

1,3—摆杆；2—滚轮；4—凸轮；5—连杆；6—喷嘴

（2）导轨宽度的调节　运输带的宽度按瓶子尺寸调整，让瓶子刚好能顺利通过运输带。

（3）容量的调节　它是通过计量泵的柱塞行程来达到调节容量的目的。

（4）药管和单向阀的更换调节　当胶管破损或寿命达到的时候，可按如图7-3-8所示方法进行更换。将胶管分别连好针管、单向阀、不锈钢泵、单向阀和进药口。注意单向阀的安装方向和药液流向。

（5）速度调节

① 理瓶速度调节　通过三级塔轮来调节，可以得到三种不同的速度，分别是Ⅰ、Ⅱ、Ⅲ。Ⅰ最快，Ⅲ最慢。

② 输瓶速度调节　通过四对不同的齿数的啮合，可以得到四种不同的速度。应根据灌装的速度来调节。

图 7-3-8　灌装管道和单向阀连接

③ 灌装速度的调节　主要以产量要求和可能性为原则选择灌装速度。

2. 无瓶控制的检查

无瓶控制开关结构见图 7-3-9。

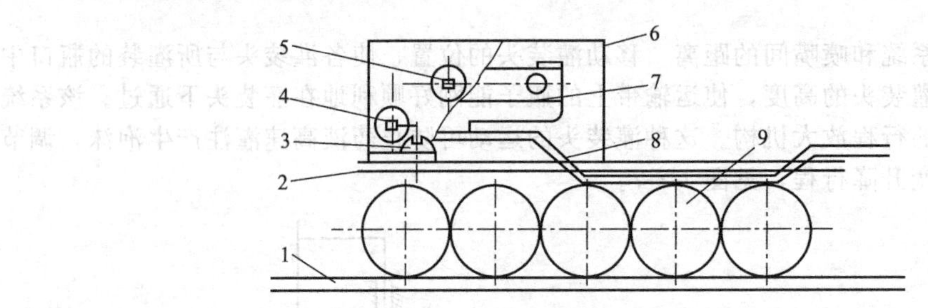

图 7-3-9　无瓶控制开关结构图

1,2—导轨；3—螺钉（固定开关盒）；4,5—螺钉；6—开关盒；7—限位开关；8—限位片；9—容器

3. 瓶子中心对位检查

在灌装头下方的运输带上密排一批灌装数目的瓶子，通过棘轮挡瓶机构把四个瓶子固定，移动灌装头的位置，使各灌装头与所灌装的瓶口中心对准。

（三）操作注意事项

1. 机器在运转过程中，或自动运行状态下停机时，严禁将手或其他工具伸进工作部位。

2. 灌装过程中如发现活塞有极少量渗漏，应及时擦去活塞杆的液体。

3. 在生产过程中，因重灌、误灌或其他原因而使传送带轨道上有药液时，应及时清洗。

4. 灌装完毕，需将计量泵拆下清洗，清洗计量泵时，可将计量泵和单向阀拆卸后清洗，各单向阀必须按打印标记对号入座。注意必须在确认阀芯已插入阀嘴时（用手将阀嘴安全旋入），方可用工具将阀嘴旋紧。

5. 生产结束后，必须将机器擦干净，切断电源。如遇长期不用，则需彻底清洗计量泵、喷嘴、储液桶，并在各运动部分加润滑油脂。

三、维护与保养

1. 及时清理玻璃屑及药液，保持台面及整机的清洁和干燥。

2. 检查涡轮减速器和动力箱的润滑情况，如发现油量不足，应及时添加。

3. 每月定期检查一次，检查各运转部件（如齿轮、轴承）的磨损情况，发现问题及时处理或更换。

4. 凡有加油孔的位置，应及时加适量的润滑油。

5. 操作结束后必须把机器清洗干净。

四、常见故障及排除方法

四泵直线式灌装机常见故障及排除方法见表7-3-1。

表7-3-1　四泵直线式灌装机常见故障及排除方法

故障	可能原因	解决办法
理瓶盘倒瓶	1. 瓶底与理瓶盘摩擦力大 2. 转速太快 3. 容器的重心不稳	1. 保持盘内干燥无水迹 2. 降低转速
理瓶盘内瓶子堵塞	1. 拨瓶弹簧调得不合适 2. 盘内瓶子装得过满 3. 搅瓶器使用不合理	1. 改变角度或位置 2. 减少瓶子数量 3. 圆瓶不适用搅瓶器
传送带有窜动现象	传送带有糖浆等物	清洗传送带或带与导轨摩擦面加润滑油
液体外溢	1. 灌装速度过快 2. 容器容量偏小	1. 降低灌装速度 2. 大容量灌装需分两次进行
重灌、误灌	1. 棘轮当瓶器失灵 2. 容器直径误差大 3. 轨道过窄 4. 喷嘴与瓶中心不对 5. 传送带过慢	1. 调整棘轮 2. 剔除直径误差大的容器 3. 调节轨道 4. 调节喷嘴间距 5. 提高传送带速度
滴漏	1. 计量泵输出过粗 2. 单向阀密封不好 3. 喷嘴缩入导向套内	1. 选用细管 2. 更换单向阀 3. 喷嘴露出导向套内2～4mm

五、主要技术参数

GCB4A型四泵直线式灌装机主要技术参数见表7-3-2。

表7-3-2　GCB4A型四泵直线式灌装机主要技术参数

项　　目	参　　数
适用规格	25～1000mL
生产能力	30～90瓶/min
装量精度	≤±0.5%
喷嘴头数	4个
容器规格	最大允许高度210mm，径向100mm
电容量	1.5kW；380V；50Hz
外形尺寸	2800mm×1733mm×1450mm
毛重	1100kg

六、基础知识

糖浆剂系指含有药物、中药提取物或芳香物质的蔗糖水溶液，供口服应用。

特点：味甜，量小，服用方便，吸收快。

（一）糖浆剂制备方法

1. 溶解法

分为冷溶法和热溶法：

（1）热溶法　将蔗糖加入沸纯化水或中药浸提浓缩液中，加热使之溶解，再加入可溶性药物，混合溶解，滤过，加适量纯化水至规定容量。

此法的优点是蔗糖易于溶解，糖浆易于滤过澄清，因蔗糖原料中常含少量蛋白质，加热可使其凝固，易于滤除，并可杀灭微生物，有利于保存。

（2）冷溶法　在室温下将蔗糖溶解于纯化水或含药物的溶液中，待溶解后，滤过，即得。

2. 混合法

药物与单糖浆直接混合而制得。

（二）糖浆剂的分类

根据其用途可分为两类：

1. 矫味糖浆

（1）单糖浆　为蔗糖的近饱和水溶液，浓度为850g/L或64.74%（质量分数）。

（2）芳香糖浆　如橙皮糖浆，常用于矫味。

2. 药用糖浆

糖浆中含药物或药材提取物，能发挥相应的治疗作用。

（三）糖浆剂的质量要求

1. 糖浆剂含蔗糖应不低于650g/L。

2. 糖浆剂应澄清。在贮存中不得有酸败、异臭、产生气体或其他变质现象。含药材提取物的糖浆剂，允许含少量轻摇即散的沉淀。

3. 糖浆剂应在避菌的环境中配制，及时灌装于灭菌的洁净干燥容器中。

4. 必要时可加入附加剂，如：乙醇、甘油或其他多元醇作稳定剂；防腐剂，羟苯甲酯类不得超过0.05%，苯甲酸或苯甲酸钠不得超过0.3%等。

5. 糖浆剂应密封，需在不超过30℃处保存。

七、糖浆剂灌装工序操作考核

糖浆剂灌装工序操作考核技能要求见表7-3-3。

表7-3-3　糖浆剂灌装工序操作考核标准

考核内容	技能要求	分值	相关课程
灌装前的准备	按要求更衣	5	液体制剂、制剂单元操作
	核对本次生产品种的品名、批号、规格、数量、质量，检查所用物料是否符合要求	5	
	正确检查灌装工序的状态标志，包括设备是否完好、是否清洁消毒、操作间是否清场等	5	
	按规定程序对设备进行润滑、消毒	5	

续表

考核内容	技能要求	分值	相关课程
灌装过程	开机试机:顺序打开总电源→打开灌装机电源→进入设定界面设定参数→进入操作界面→点自动控制的“ON”按钮→机器运行	20	
	试灌:点主机启动,试灌一定数量	10	
	检查装量差异	5	
	说出各部件及其控制机理	10	
	关机顺序:点击自动系统停止键“OFF”→关机器电源→切断总电源	10	
灌装后的清场	操作完毕将灌装好的产品装入周转箱内,周转箱外贴上标签,注明物料品名、规格、批号、数量、日期和操作者的姓名,交下一工序	5	
	清理灌装机及输送带上糖浆	5	
	灌装管道、柱塞泵、剩余瓶子等物品取下,经物流传递窗传出,经清洁处理备用	5	
	按清场程序和设备清洁规程清理工作现场	5	
	填写清场记录	5	
合计		100	

学生学习进度考核评定

一、学生学习进度考核题目

(一) 问答题

1. 叙述 GCB4A 型四泵直线式灌装机组成。

2. 叙述 GCB4A 型四泵直线式灌装机操作过程。

3. 叙述 GCB4A 型四泵直线式灌装机维护过程。

(二) 实际操作题

进行四泵直线式灌装机的操作、维护及保养。

二、学生学习考核评定标准

编号	考核内容	分值	得分
1	认识糖浆剂灌装设备的结构和组成	30	
2	操作灌装设备	35	
3	维护维修灌装设备	35	
4	合计	100	

模块四　糖浆剂（液体）灌装自动生产线

学习目标

1. 能正确操作 YZ25/500 液体灌装自动生产线。
2. 能掌握 YZ25/500 液体灌装自动生产线清洁及维护、保养。

所需设备、材料和工具

名称	规格	单位	数量
液体灌装自动生产线	YZ25/500 型	条	1
维护、维修工具		箱	1
工作服		套	1

准备工作

一、职业形象

穿着及行动符合 GMP 要求，进入洁净区人员按 D 级洁净区内要求操作。

二、职场环境

1. 环境

符合 GMP 规范的相关要求，液体灌装、旋盖生产操作在 D 级洁净区内进行。D 级洁净区要求门窗表面应光洁，不要求抛光表面，应易于清洁。窗户要求密封并具有保温性能，不能开启。对外应急门要求密封并具有保温性能。

2. 环境温湿度

应当保证操作人员的舒适性。控制温度 18～26℃，相对湿度 45%～65%。

3. 环境灯光

不能低于 300lx，灯罩应密封完好。

4. 电源

应在操作间外，确保安全生产。380V，50Hz，三相五线制，N 线和 PE 线不能相互干扰。

三、制备要求

1. 原料要求

（1）原料液黏稠澄净，无异物。

（2）名称、批号、质量符合要求。

2. 设备要求

（1）各联动机试车无异常。

（2）设备连接可靠、安全。

（3）气路、水路连接密封，无漏气和漏水现象。

（4）灌装机无滴漏。

学习内容

YZ25/500液体灌装自动生产线主要用于糖浆剂的生产及其他液体的灌装，由洗瓶机、灌装机、旋盖机、贴标机和喷码机组成，可以完成冲洗瓶、灌装、旋盖（或轧防盗盖）、贴签、印批号等功能。此生产线适用于玻璃瓶和PE瓶等的灌装，目前生产上多用棕色的PE瓶。

糖浆剂自动生产线工艺流程：

回旋式洗瓶机→直线式四泵直线式灌装机→旋盖机→不干胶贴标机→自动喷码机→包装输送平台→自动胶带封箱机→入库

一、结构与工作原理

（一）设备组成

YZ25/500液体灌装自动生产线主要由HXP-8型回旋式12头洗瓶机、GCB4A型四泵直线式灌装机、DXZ-11自动单头旋轧盖机、圆瓶立式不干胶贴签机和全自动喷码机组成，可以完成冲洗瓶、灌装、旋盖（或轧防盗盖）、贴签、印批号等功能（见图7-4-1）。

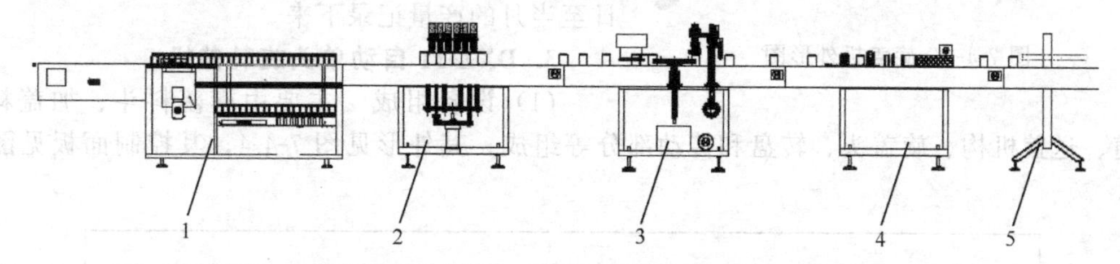

图7-4-1 YZ25/500液体灌装自动线示意图

1—洗瓶机；2—灌装机；3—旋盖机；4—贴签机；5—喷码机

1. HXP-8型回旋式12头洗瓶机

（1）结构 主要由转盘、分水盘、洗瓶夹子组成（见图7-4-2）。洗瓶夹利用凸轮使滚轮向前或向后动作，从而带动夹子张开或闭合（见图7-4-3）。

图7-4-2 洗瓶机外形图

图7-4-3 洗瓶夹

（2）原理　洗瓶机回转盘上装有卡瓶夹，瓶夹夹住瓶口沿一导轨翻转180°，使瓶口向下，在洗瓶机特定区域，瓶夹上的喷嘴自动喷水对瓶子的内壁进行冲洗或预热，然后进入高温蒸汽区域，瓶夹上的喷嘴自动喷出高温蒸汽对瓶子的内壁进行冲洗和灭菌。冲洗后瓶子内的水会自动流出，瓶子在瓶夹的夹持下进入导轨再翻转180°，使瓶口向上。洗净后的瓶子通过拨瓶盘进入输送带后，进入下道灌装工序。

（3）特点

① 该洗瓶机采用独创的翻转式瓶夹装置，可靠方便。

② 洗瓶机的动力由机架内传动系统通过双排链轮传递。

③ 设有卡瓶保护装置。

2. GCB4A型四泵直线式灌装机

（1）原理　该设备采用活塞定量灌装机构，灌装时灌装头自动伸入瓶口，转阀自动打开将物料灌入瓶内，灌装完毕后转阀自动关闭。灌装后的瓶子自动进入旋盖系统。

（2）特点　灌装后的瓶子表面无残留，保证瓶子表面和设备表面清洁卫生，操作简单，维修方便，使用稳定，自动化强度高。本机具备有瓶灌装、无瓶停灌功能，并设有计数功能，可把当日至当月的产量记录下来。

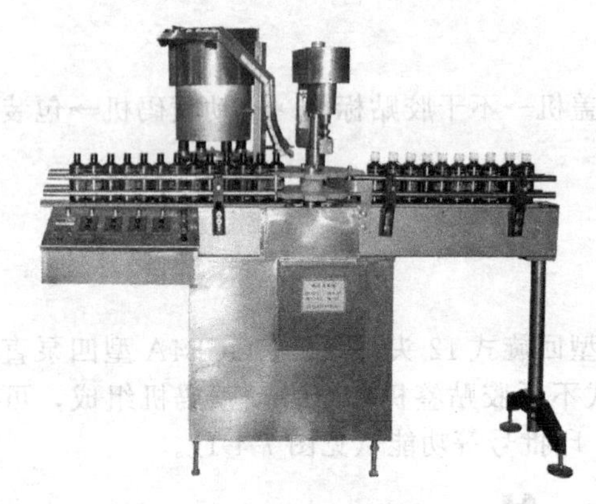

图7-4-4　旋盖机外形图

3. DXZ-11自动单头旋轧盖机

（1）设备组成　主要由震荡料斗、加盖料斗滑道、送盖机构、旋盖头、转盘和传动部分等组成。其外形见图7-4-4；其控制面板见图7-4-5。

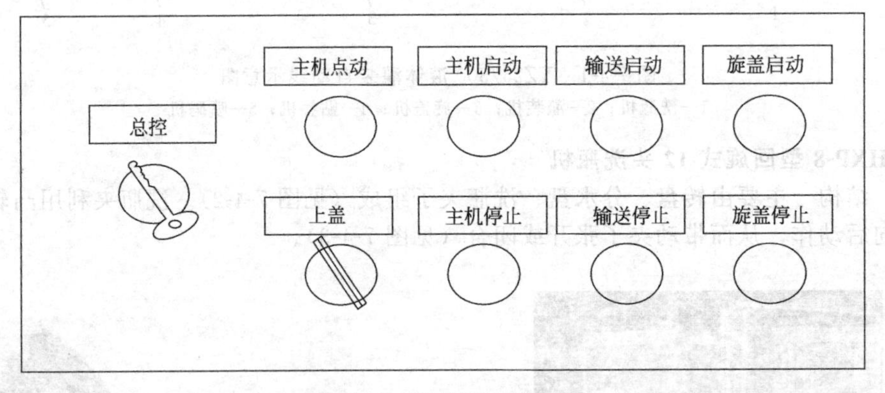

图7-4-5　旋盖机控制面板

（2）原理　灌装好药液瓶子进入旋盖系统，理盖器自动将杂乱无规则的瓶盖理好，排列有序地自动盖在瓶口上，然后旋盖头自动将盖子旋好后进入下道工序。

（3）旋盖机的主要结构

① 传动机构　由电机、带轮、减速器、拨轮等组成。

② 送盖机构　由输盖轨道、理盖机构、戴盖机构组成。理盖机构采用电磁旋转振荡原理将杂乱的盖子理好排队，经换向轨道进入输盖轨道，再进入戴盖机构，由瓶子挂着瓶盖经压盖板使盖子戴正，一个瓶子戴一个盖子。

③ 轧盖封口机构　由转盘、旋盖头组成。在齿轮带动下，旋盖头绕自身轴线旋转将盖拧紧在瓶口上，并保持恒定的旋盖力矩。可以通过调节两片磁铁间的间隙来进行旋盖扭矩的

调整，旋盖头结构剖面图见图 7-4-6。

4. 圆瓶立式不干胶贴签机

采用微电脑-PLC-电子光纤传感器控制系统，操作系统采用操作界面控制，产量计数，轮式滚压瓶体，使标签附着更加牢固。其外形见图 7-4-7。

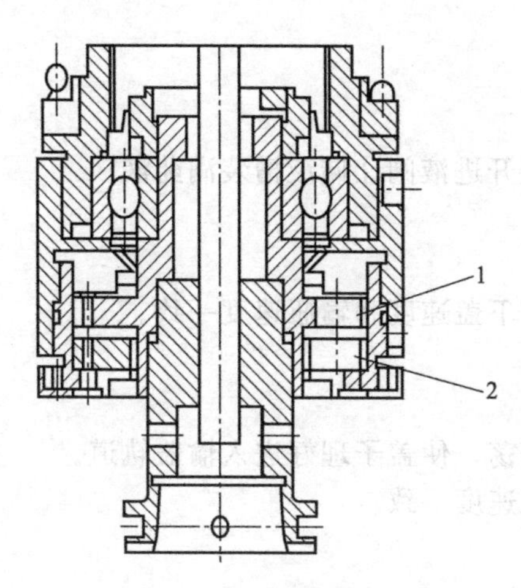

图 7-4-6 旋盖头结构剖面图

1,2—磁铁

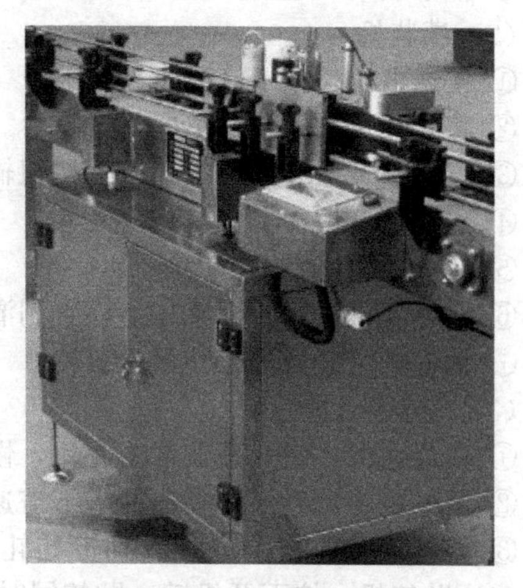

图 7-4-7 不干胶贴标签机

5. 全自动喷码机

该设备内置泵喷码机，内置泵闭路，墨水循环过滤系统（其外形见图 7-4-8）。

（二）工作原理

瓶子经过洗瓶、理瓶、输瓶、计量泵灌装、旋盖、贴标签及打印批号来完成糖浆剂的灌装。

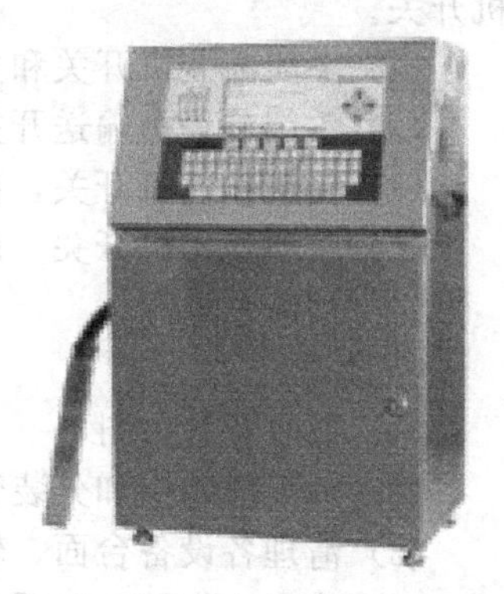

图 7-4-8 喷码机外形

二、操作

（一）机器操作

1. 开机前工作

打开总电源开关。

（1）洗瓶机

① 打开洗瓶机排风风机开关。

② 洗瓶机水槽加水并加温。

③ 检查各风压表、水压力表、气压力表、温度表、打印机是否正常，否则，调整至正常范围。

④ 装瓶入斗。

（2）灌装机

① 空车操作，先不通电，用手轮摇试，看是否有异常现象，如发现问题及时纠正。

② 计量泵按编号依次装配，固定好顶端、底部螺钉，连接管道。

（3）旋盖机

① 盖子放入振荡料斗。

② 主机点动。

③ 点击输送启动，慢慢调节理盖振荡器的振荡频率，使盖振荡至轨道。

（4）转鼓贴签机　把不干胶标签缠放于轨道处。

2. 开机运行

（1）洗瓶机

① 按键打开洗瓶机的开关，开始洗瓶。

② 抽取瓶子，进行澄明度检查合格后，方可洗瓶。

（2）灌装机

① 接通电源，指示灯亮。

② 将各计量泵及管路里的空气排尽。

③ 将输送带上装满瓶子，按下按钮输瓶，再打开进液阀让储液槽装满药液。

④ 点自动开关。

⑤ 将计数器清零。

⑥ 按下开机按钮，调整速度，直到灌装速度、下盖速度和输瓶速度一致。

⑦ 抽取一定数量进行装量检查。

（3）旋盖机

① 接通电源，旋开理盖振荡旋钮，慢慢加大振荡，使盖子理好进入输盖轨道。

② 调整速度，直到灌装速度、下盖速度和输瓶速度一致。

③ 点击旋盖机的“ON”按钮开始轧盖。

（4）贴签机　按下开机键，贴签同时光电对位。

（5）喷码机　按下开机键，打印批号。

（6）计数　记录分装好的数量，交下一工序。

3. 关机

（1）关闭洗瓶机主马达、循环水泵、注射用水阀门。关闭压缩空气开关、洗瓶机排风风机开关。

（2）关闭灌装机开关和主机电源，设备停止工作。

（3）关闭旋盖机输送开关、旋盖开关及主机电源，设备停止运行。

（4）关闭贴签机开关，设备停止运行。

（5）关闭喷码机开关，设备停止工作。

（6）切断总电源。

4. 清理

（1）回收各种余料。

（2）拆下灌装头和分装管道，并进行清洗和消毒处理。

（3）清理各设备台面、轨道、管道、器具，并进行清洁消毒。

（4）清理工作间，标明设备状态。

（5）填写清场记录。

（二）设备调整

1. 装量调试，调节计量泵的行程，准确计量。

2. 输瓶速度、灌装速度、理盖速度、旋盖速度、贴签速度调试。

3. 压力调试，调节水汽喷射压力、旋盖机的压力。

三、维护与保养

1. 定期检查与维护：每月对气动元件如汽缸、电磁阀进行检查。

2. 日常检查与维护：电机是否正常运行，是否存在异常振动、异常声音，如有异常及时检修。

3. 凡有加油孔的位置，应定期加适量的润滑油。注意蜗轮蜗杆减速器和动力箱的润滑情况，如发现油量不足应及时添加。

4. 易损件磨损后，应及时更换。

四、常见故障及排除方法

常见故障及排除方法见表 7-4-1。

表 7-4-1　常见故障及排除方法

故障	可能原因	解决办法
卡瓶挤瓶	1. 绞龙、拨轮松动引起错位 2. 输送轨道过窄	1. 校对好孔，将其固定 2. 调整轨道
计量不精确	1. 管路连接有泄漏 2. 泵密封不好	1. 排除泄漏 2. 更换泵密封
输盖不通卡阻	盖外径椭圆形	筛出不合格的盖子
盖子没有盖上瓶口	1. 瓶子高矮相差大 2. 瓶口大小不一	筛出不合格的瓶子
盖压不紧	1. 压盖弹力不够 2. 轧刀向心力不够	1. 将调整螺母向下旋 2. 调整轧刀螺母使之向心方向移动
贴签不正	不干胶没有张紧放正	放正并张紧不干胶

五、主要技术参数

YZ25/500 液体灌装自动生产线主要技术参数见表 7-4-2。

表 7-4-2　YZ25/500 液体灌装自动生产线主要技术参数

项　目	参　数
生产能力	20-80 瓶/min
规格	25～500mL
计量误差	±0.5%
瓶身直径	30～80mm
包装容器	各种材质的圆瓶、异形瓶、罐、听

六、液体灌装自动生产线工序操作考核

YZ25/500 液体灌装自动生产线考核技能要求见表 7-4-3。

表 7-4-3　YZ25/500 液体灌装自动生产线考核标准

考核内容	技能要求	分值	相关课程
生产前的准备	按要求更衣	5	液体制剂、制剂单元操作
	核对本次生产品种的品名、批号、规格、数量、质量，检查所用物料是否符合要求	5	
	正确检查洗瓶机、灌装机、旋盖机、贴签机及喷码机的设备状态标志是否完好及其水电气路是否连接完好	5	
	按规定程序对设备进行润滑、消毒	5	

续表

考核内容	技能要求	分值	相关课程
生产过程	开机试机：顺序打开总电源→点洗瓶机、灌装机、旋盖机、贴签电源“ON”键→设定各机参数→开启气、水阀门及储液阀门→启动各机运行	20	
	点各机启动，试灌封一定数量	10	
	检查糖浆剂的装量、澄明度和封口是否严密	5	
	说出液体灌装自动生产线各设备的名称、主要结构及其作用	10	
	关机顺序：分别点击洗瓶、灌装、旋盖、贴签机和输送操作界面停止键→各设备停止工作→关闭各阀门→切断总电源	10	
	灌装完毕，将灌封好的产品注明物品名称、规格、批号、数量、日期和操作者的姓名，交下一工序	5	
生产后的清场	清理余料（瓶子、瓶盖、不干胶签带等）	5	
	将注射泵灌装管道取下，清洗消毒把剩余瓶子、瓶盖、不干胶一并经物流传递窗传出，处理备用清洁台面及其传送带上的玻璃、糖浆	5	
	按清场程序和设备清洁规程清理工作现场	5	
	如实填写各种生产记录	5	
合计		100	

学生学习进度考核评定

一、学生学习进度考核题目

（一）问答题

1. 叙述 YZ25/500 液体灌装自动生产线组成。
2. 叙述 YZ25/500 液体灌装自动生产线操作过程。
3. 叙述 YZ25/500 液体灌装自动生产线维护过程。

（二）实际操作题

操作 YZ25/500 液体灌装自动生产线，并进行维护与保养。

二、学生学习考核评定标准

编号	考核内容	分值	得分
1	认识液体灌装自动生产线的结构和组成	30	
2	操作 YZ25/500 液体灌装自动生产线	35	
3	维护维修 YZ25/500 液体灌装自动生产线	35	
4	合计	100	

项目八 制水生产设备

在药物制剂的生产活动中，水起着不可替代的重要作用。针对不同的制剂产品、不同的生产工艺和不同的生产环节，对使用水的质量要求有着很大的区别，这就需要根据不同的要求选用更为合适的水处理工艺，制得不同水质的水。

制药用水的水质一般分为饮用水、纯化水、注射用水和灭菌注射用水四种。为得到各种不同质量的水，其制取工艺采用过滤、离子交换、电渗析、反渗透和电去离子法等。在实际生产中，多采用以上几种方法的组合形式，以便更经济有效地制得各种质量的水。

不论采用何种制水方法，《药品生产质量管理规范》（2010 年修订中）中对制药用水系统的要求为：

第九十六条 制药用水应当适合其用途，并符合《中华人民共和国药典》的质量标准及相关要求。制药用水至少应当采用饮用水。

第九十七条 水处理设备及输送系统的设计、安装、运行和维护应当确保制药用水达到设定的质量标准。水处理设备的运行不得超出其设计能力。

第九十八条 纯化水、注射用水储罐和输送管道所用材料应当无毒、耐腐蚀；管道的通气口应当安装不脱落纤维的疏水性除菌滤器；管道的设计和安装应当避免死角、盲管。

第九十九条 纯化水、注射用水的制备、储存和分配应当能够防止微生物的滋生。纯化水可采用循环，注射用水可采用 70℃以上保温循环。

第一百条 应当对制药用水及原水的水质进行定期监测，并有相应的记录。

第一百零一条 应当按照操作规程对纯化水、注射用水管道进行清洗消毒，并有相关记录。发现制药用水微生物污染达到警戒限度、纠偏限度时，应当按照操作规程处理。

下面分别对广泛应用于药物制剂的纯化水和注射用水的制备方法、设备作一介绍。

模块一 纯化水的制备

学习目标

1. 能正确制备纯化水。
2. 能正确维护制水设备。

所需设备、材料和工具

名称	规格	单位	数量
纯化水制备设备	反渗透＋EDI制水系统	套	1
维护、维修工具		箱	1
工作服	普通面料	套	1

物料要求

纯化水的制备原料是原水，原水包括饮用水和天然水。进水水质要求为符合中华人民共和国国家标准GB 5749—85《生活饮用水卫生标准》的原水，可以是市政自来水或满足要求的其他水源。饮用水已经过净化，可直接用于制备纯化水和注射用水。若采用井水、河水等天然水为原水，由于其中含有无机盐、悬浮物、有机物、微生物等杂质，应根据水质选择沉淀、过滤、消毒等适宜方法进行净化处理。

学习内容

目前在制药企业中，纯化水的生产工艺流程总体上可以概括为：

原水→预处理→脱盐（如电渗析、反渗透、离子交换等）→后处理→纯化水

具体的工艺流程一般有以下几种：

1. 原水→预处理→阳离子交换→阴离子交换→混床→纯化水

2. 原水→预处理→电渗析→阳离子交换→阴离子交换→混床→纯化水

3. 原水→预处理→一级高压泵→一级反渗透→二级高压泵→二级反渗透→纯化水

4. 原水→预处理→高压泵→反渗透→脱气→EDI→纯化水

流程1为全离子交换法，用于符合饮用水标准的原水，常用于含盐量＜500mg/L的原水。混床是阴：阳＝2：1混合，起再次净化作用。

流程2常用于含盐量大于500mg/L的原水，增加电渗析，可减少树脂频繁再生，能去除75%～85%的离子，减轻离子交换负担，使树脂制水周期延长，减少再生时酸、碱用量和排污量。

流程3以反渗透代替流程2的电渗析。反渗透能除去85%～90%的盐类，脱盐率高于电渗析。此外，反渗透还具有除菌、去热原、降低COD作用，但其投资和运行费用较高。

流程4以反渗透直接作为二级混床的前处理，此时为了减轻混床再生时碱液用量，在

EDI前设置脱气塔，以脱去水中的CO_2。

一、纯化水的制备方法及设备

（一）原水预处理

1. 工序

水源的选择与处理是保证制药工艺用水质量的重要前提。原水预处理的工序为：

原水→絮凝→机械过滤→精密过滤→饮用水

2. 方法

（1）加絮凝剂　加入絮凝剂如明矾、硫酸铝、碱式氯化铝，使水中的胶体微粒凝聚为矾花而成絮状沉淀，除去部分铁、锰、氟和有机物。

（2）机械过滤　机械过滤器有石英砂过滤器与锰砂过滤器。石英砂过滤器主要用于去除水中的悬浮杂质，内装过滤介质为精制的石英砂；锰砂过滤器采用1.6～3.2mm粒径的锰砂装填，除具有石英砂过滤器的作用外，对水中含有的铁离子有一定的脱除能力。

（3）活性炭过滤器　采用有吸附性能的活性炭作滤材，通过过滤除去原水中的悬浮性杂质及少量微生物的设备。主要有两个功能：①吸附水中部分有机物，吸附率在60%左右；②吸附水中余氯，对水中的游离氯吸附率达99%以上，活性炭过滤器滤粒为5mm的颗粒活性炭。

（4）精滤器　精滤在水系统中又称为保安过滤，是原水进入反渗透膜前最后的一道处理工艺，其作用是防止上一道过滤工序可能存在的泄漏。精密过滤器由壳体、上帽盖和数根滤芯组成，壳体和上帽盖由连接螺栓及胶垫连接在一起，滤芯孔径一般在0.01～120μm范围。滤材为新型聚丙烯（PP）。

（5）其他水处理方法　软化、初级脱盐、脱气、灭菌等。

3. 过滤器的选择

（1）选用多介质过滤器和软化器，要求有反洗或再生功能，还要考虑食盐的装卸方便，盐水的配制、贮存、输送须防腐。

（2）选用活性炭过滤器，要求有反洗、消毒功能。

4. 过滤器的维护

（1）多介质过滤器　工作一段时间后，由于大量悬浮物的截留，使过滤器进出水压差逐渐增大，当此压差≥0.08MPa时，须对过滤器进行反洗。时间约10min，一般每3天反洗一次。

（2）活性炭过滤器　活性炭经过一段时间后（使用寿命约为半年），吸附量达到饱和，此时应更换活性炭。方法是打开上下孔，对活性炭进行全部更换。

（3）过滤器的消毒灭菌　滤器工作一段时间后（一般为1周），为防止微生物的滋生和污染，需用1%氢氧化钠溶液清洗30min。最后用纯化水冲洗15min，至出水电导率等于进水电导率。

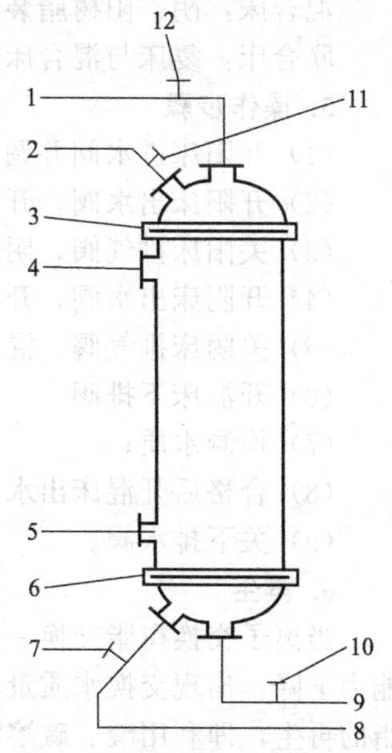

图8-1-1　离子交换柱结构示意图

1—进水口；2—上排污口；3—上布水板；4—树脂装入口；5—树脂排出口；6—下布水板；7—淋洗排水阀；8—下排污口；9—下出水口；10—出水阀；11—排气阀；12—进水阀

（二）离子交换法

1. 结构——离子交换柱

结构示意图如图8-1-1所示，产水量在$5m^3/h$以下常用有机玻璃制造，其柱高与柱径之比为5～10。当产水量较大时，材质多为钢衬胶或复合玻璃钢的有机玻璃，其高径比为2～5。树脂层高度约占圆筒高度的60%。上排污口工作时用以排空气，在再生和反洗时用以排污。下排污口在工作前用以通入压缩空气使树脂松动，正洗时用以排污。

2. 工作原理

阳、阴离子交换法制水的运行操作可分四个步骤：制水、反洗、再生、正洗。

原水先由阳离子交换柱上部进入粒子层，经与树脂粒子充分接触，将水中的阳离子和树脂上的 H^+ 离子进行交换，并结合成无机酸，其原理如下：

$$R{-}SO_3^- H^+ + \begin{array}{l} Na^+ \\ K^+ \\ Ca^{2+} \\ Mg^{2+} \end{array} \left\{ \begin{array}{l} SO_4^{2-} \\ Cl^- \\ NO_3^- \\ HCO_3^- \end{array} \right. \longrightarrow R{-}SO_3^- \left\{ \begin{array}{l} Na^+ \\ K^+ \\ Ca^{2+} \\ Mg^{2+} \end{array} \right. + H^+ \left\{ \begin{array}{l} SO_4^{2-} \\ Cl^- \\ NO_3^- \\ HCO_3^- \end{array} \right.$$

当水进入阴离子交换柱时，利用树脂去除水中的阴离子生成水，其反应如下：

$$R{\equiv}N + OH^- + H^+ \left\{ \begin{array}{l} SO_4^{2-} \\ Cl^- \\ NO_3^- \\ HCO_3^- \\ HSiO_3^- \end{array} \right. \longrightarrow R{\equiv}N^+ \left\{ \begin{array}{l} SO_4^{2-} \\ Cl^- \\ NO_3^- \\ HCO_3^- \\ HSiO_3^- \end{array} \right. + H_2O$$

如此原水不断地通过阳、阴树脂进行交换，得到去离子水。

3. 设备分类

常用的树脂有两种：一种是 762 型苯乙烯强酸性阳离子交换树脂；另一种是 717 型苯乙烯强碱性阴离子交换树脂。离子交换树脂柱有阳柱、阴柱、混合柱三种。根据罐体材质，可分为有机玻璃柱、玻璃钢柱、不锈钢柱。

4. 树脂柱的组合形式

复床：阴柱＋阳柱。

混合床：阴、阳树脂装在同一柱内。

联合床：复床与混合床串联。

5. 操作步骤

(1) 开阳床进水阀并调节其流量，阳床排气阀出水；

(2) 开阳床出水阀，开阴床进水阀；

(3) 关阳床排气阀，阴床排气阀出水；

(4) 开阴床出水阀，开混床进水阀；

(5) 关阴床排气阀，混床排气阀出水；

(6) 开混床下排阀；

(7) 检测水质；

(8) 合格后开混床出水阀，送出合格水；

(9) 关下排水阀。

6. 再生

当离子交换树脂交换一定量的水后，树脂分子上可交换的 H^+、OH^- 逐渐减少，交换能力下降，出现交换水质量不合格，此时通称为树脂失效或老化，需要对树脂进行再生。树脂的再生，即利用酸、碱溶液中的 H^+、OH^- 离子分别与失活了的树脂相作用，将所吸附的阴、阳离子置换下来。具体操作如下：将树脂置于容器中，用水洗涤后，加入树脂体积 3～5 倍量的再生剂浸泡 2h，并随时搅拌，倾出再生剂，最后用水洗除再生剂即可（阳树脂水洗至出水的 pH 值为 3.0～4.0，阴树脂用经过阳树脂交换的水洗至 pH 8.0～9.0）。混合床树脂的再生，先用水反冲，由于两种树脂的相对密度不同（阳树脂重下沉，阴树脂轻而上浮）加以分离，再按阳、阴树脂再生法再生。

7. 特点

此法的主要优点是水的除盐率高，化学纯度高，设备简单，节约能量，成本低，但在去除热原方面，不如重蒸馏法可靠。离子交换树脂再生时会产生大量的废酸、废碱，严重污染环境，破坏生态平衡，故一般供洗涤用或用作制备注射用水的水源。

（三）电渗析法

1. 电渗析器结构

电渗析器由阴、阳离子交换膜、直流电极、隔板等部件组成的多层隔室。离子交换膜是电渗析的核心部件，是一种膜状的离子交换树脂。但在电渗析中使用的离子交换膜，实际上并不是起离子交换作用，而是起离子选择透过作用，更确切地应称为离子选择性透过膜。隔板构成的隔室为液体流经的通道，淡水经过的隔室为脱盐室，浓水经过的隔室为浓缩室。除此之外，整套电渗析装置还必须要有水泵、整流器、进水的预处理设施。

2. 工作原理

电渗析是一种利用电能来进行膜分离的技术。这种设备是以直流电为推动力，在外加电场作用下，利用阴阳离子交换膜对溶液中电解质离子的选择透过性，使溶液中的阴阳离子发生分离的一种理化过程。阳离子膜只能透过阳离子，阴离子膜只能透过阴离子。最终使溶液中阴、阳离子发生离子迁移，分别通过阴、阳离子交换膜而达到除盐或浓缩的目的。

如在盐水淡化工艺中，向淡化室中通入含盐水，接上电源，溶液中带正电荷的阳离子在电场的作用下，向阴极方向移动到阳膜，受到膜上带负电荷基团的作用而穿过膜，进入左侧的浓缩室；带负电荷的阴离子，向阳极方向移动到阴膜，受到膜上带正电荷基团的作用而穿过膜，进入右侧的浓缩室。淡化室盐水中的氯化钠被除去，得到淡水，氯化钠在浓缩室中浓集（见图 8-1-2）。

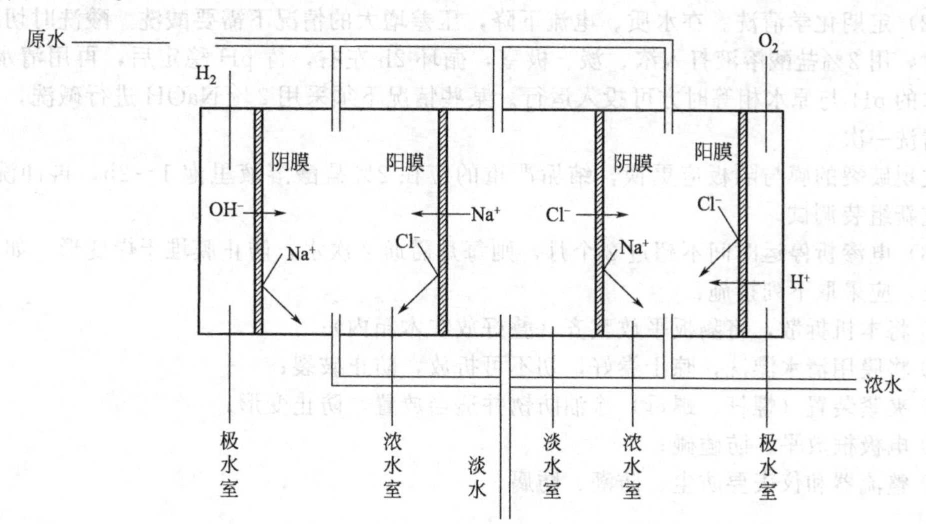

图 8-1-2　电渗析工作原理示意图

3. 安装要求

（1）由于阳极的极室中有初生态氯产生，对阴膜有毒害作用，故贴近电极的第一张膜宜用阳膜，因为阳膜价格较低且耐用。

（2）其余交换膜按照“阴膜—隔板—阳膜—隔板”的顺序安装即可。

（3）电渗析器的组装方式是用“级”和“段”表示，一对电极为一级，水流方向相同的若干隔室为一段。增加段数可增加流程长度，得到的水水质较好。极数和段数的组合由产水量及水质确定。

4. 电渗析的特点

（1）能量消耗少，经济效益显著；

（2）装置设计灵活，操作维修方便；

（3）对环境无污染；

（4）稳定性强，使用寿命长；

（5）原水回收率高；

（6）除盐率可控（据需要可在30%～99%的范围内选择）；

（7）制得的水比电阻较低，水纯度不高，故一般多用于原水的预处理，常与离子交换树脂法联合使用。

5. 注意事项

（1）开车时先通水后通电；停车时先停电后停水。

（2）开车或停车时，要同时缓缓开启或关闭浓、淡、极水阀门，以保证膜两侧受压均匀。

（3）淡水压略高于极水压力（一般高于0.01～0.02MPa）。

（4）要缓缓开、闭阀门，防止突然升高或降压，致使膜堆变形。

（5）电渗析通电后，膜堆上将同时带电，切勿触碰膜堆，以免触电或损坏膜堆。

（6）电渗析器进水的压力不得大于0.3MPa。

6. 维护与保养

电渗析器在运行中，由于各种因素的影响，即使不大于极限电流运行，膜表面也会产生一定程度的极化，这种局部极化会使水流不畅，而水流不畅又加深局部极化，这样会影响电渗析的正常运行，使操作电流和出水水质降低，故应采取下列措施：

（1）定时倒换电极，一般4～8h倒换一次电极。

（2）定期化学清洗。在水质、电流下降，压差增大的情况下需要酸洗。酸洗时切断整流器电源，用2%盐酸溶液打入浓、淡、极室，循环2h左右，待pH稳定后，再用清水冲洗，至出水的pH与原水相等时方可投入运行。某些情况下须采用2% NaOH进行碱洗，一般每个月清洗一次。

发现破裂的膜与隔板应更换，结垢严重的应在2%盐酸溶液里泡1～2h，再冲洗干净，然后重新组装调试。

（3）电渗析停运时间不超过2个月，则每月需通2次水，防止膜堆干燥变形。如停车时间较长，应采取下列措施：

① 将本机拆散，将隔板平放整齐（叠好放在木箱内）；

② 将膜用清水漂洗，晾干卷好，切不可折放，防止破裂；

③ 夹紧装置（螺杆、螺母）涂油防锈并适当放置，防止变形；

④ 电极框放平，防磕碰；

⑤ 整流器和仪表要防尘、防潮、防腐。

（四）反渗透法

1. 结构

（1）一、二级高压泵　作为反渗透系统动力源的高压泵，配置高、低压保护、过热保护，以防止泵的损坏。

（2）反渗透主机　主要部分是反渗透膜组件，其结构因膜的形式而异，一般有板框式、管式（管束式）、螺旋卷式及中空纤维式四种类型（见图8-1-3～图8-1-6）。反渗透膜的孔径较小，一般0.1～1.0nm。膜材料多为醋酸纤维素（CA）或三醋酸纤维素等。

（3）紫外线杀菌器　为了防止管道中的滞留水及容器管道内壁滋生细菌而影响供水质量，在反渗透处理单元进出口的供水管道末端均应设置大功率的紫外线杀菌器，以保护反渗

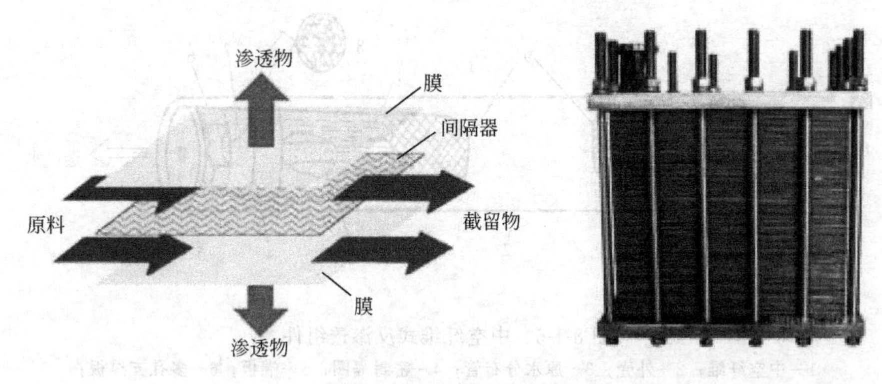

图 8-1-3　板框式膜组件

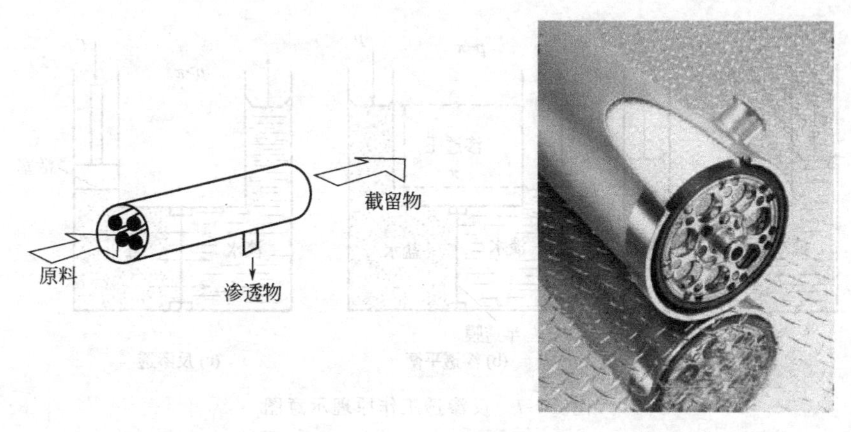

图 8-1-4　管式膜组件

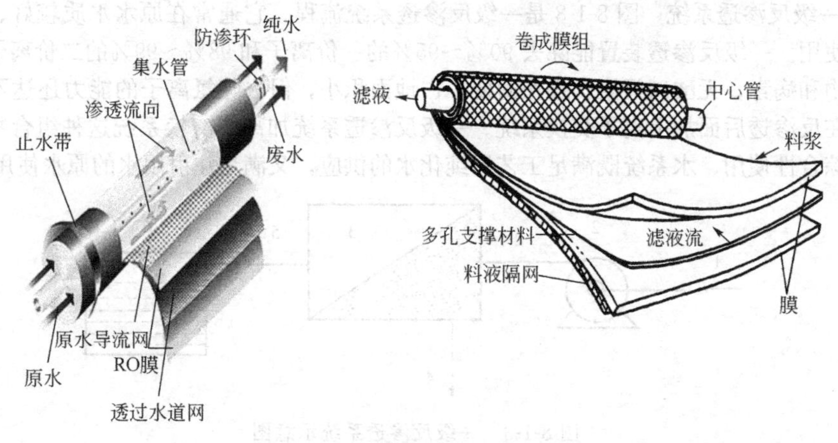

图 8-1-5　螺旋式反渗透组件

透处理单元免受水系统可能产生的微生物污染，杜绝或延缓管道系统内微生物的滋生。

2. 工作原理

如图 8-1-7，一个容器中间用半透膜隔开，两侧分别加入纯水和盐水，此时纯水会透过半透膜扩散到盐溶液一侧，这种现象为渗透；两侧液柱的高度差表示此盐所具有的渗透压。如果用高于此渗透压（π）的压力（p）作用于盐溶液一侧，则盐溶液中的水将向纯水一侧渗透，使得水从盐溶液中分离出来，同时盐水得到浓缩。此过程与渗透相反，称为反渗透(RO)。

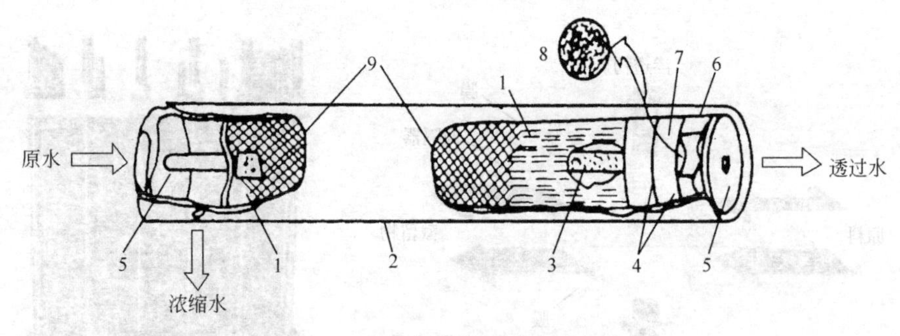

图 8-1-6　中空纤维式反渗透组件

1—中空纤维；2—外壳；3—原水分布管；4—密封隔圈；5—端板；6—多孔支撑板；7—环氧树脂管板；8—中空纤维端部示意；9—隔网

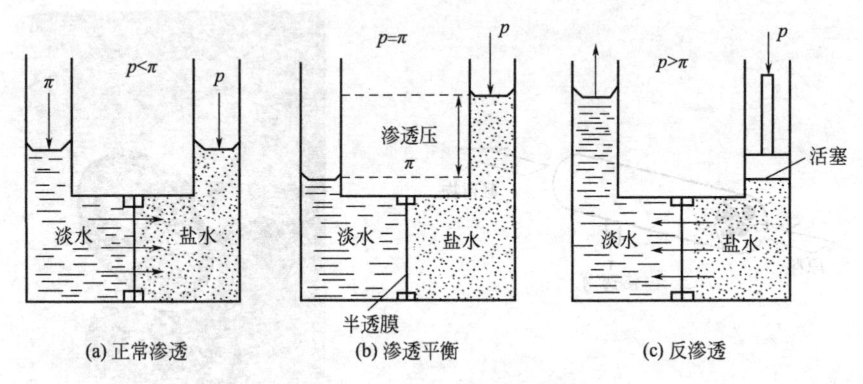

图 8-1-7　反渗透工作原理示意图

3. 反渗透法制备纯水工艺流程

(1) 一级反渗透系统　图 8-1-8 是一级反渗透系统流程。它通常在原水水质较好、含盐量不高的时候使用。一级反渗透装置能除去 90%～95%的一价离子和 98%～99%的二价离子，同时能除去微生物和病毒，无酸碱污染，操作简便，占地面积小，但去除氯离子的能力还达不到药典要求，故常在反渗透后面加上离子交换系统。一级反渗透系统加离子交换系统这种组合特别适合制药用水的综合性使用，水系统既满足工艺用纯化水的供应，又满足注射用水的原水使用要求。

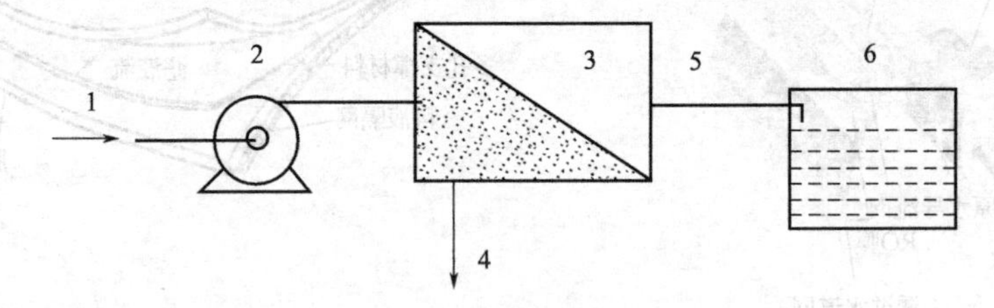

图 8-1-8　一级反渗透系统示意图

1—预处理后水；2—高压泵；3—反渗透装置；4—浓缩水排水；5—反渗透出水；6—中间储罐

(2) 二级反渗透系统　如图 8-1-9 和图 8-1-10，以串联方式将第一级反渗透的出水作为第二级反渗透的进水，二级反渗透系统的第二级的排水（浓水）的质量远远高于第一级反渗透的进水，可以将其与第一级反渗透的进水混合，作为第一级的进水，以提高水的利用率。

4. 反渗透法的特点

(1) 除盐、除热原效率高。通过二级反渗透系统可除去水中的无机离子、有机物、细菌、热原、病毒等，完全达到纯化水的要求。

(2) 制水过程为常温操作，操作过程没有相变，且对设备不会腐蚀，也不会结垢。

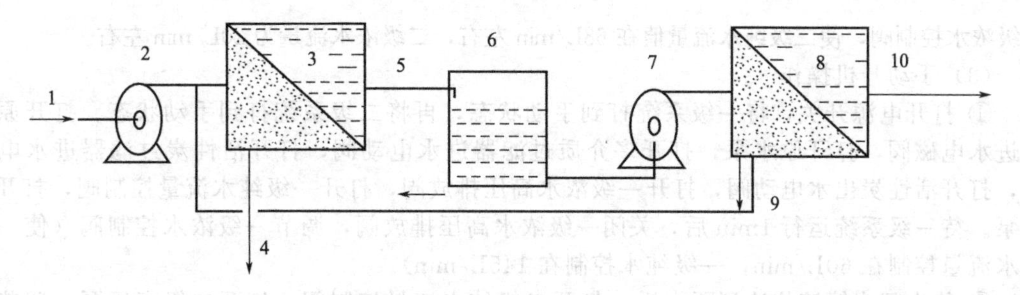

图 8-1-9　二级反渗透系统示例

1—原水；2—一级高压泵；3—一级反渗透；4—浓缩水排水；5—一级反渗透出水；6—中间储罐；
7—二级高压泵；8—二级反渗透；9—二级浓缩排水（返回至一级入口）；10—纯化水出口

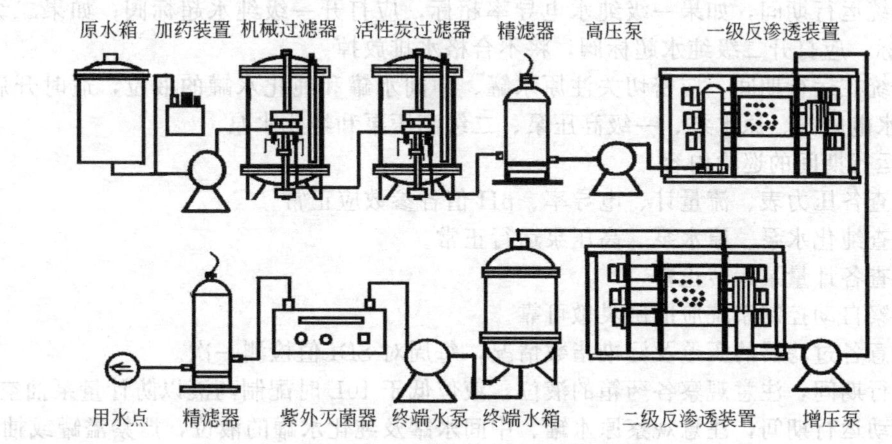

图 8-1-10　二级反渗透工艺流程图

（3）反渗透法制水设备体积小，操作简单，单位体积产水量高，过程连续稳定。

（4）反渗透法具有设备及操作工艺简单、能源消耗低、对环境无污染等优点。

（5）反渗透膜对原水质量要求较高，原水中悬浮物、有机物、微生物等均会降低膜的使用效果，因此应预先用离子交换法或膜过滤法处理原水。

5. 操作步骤

（1）开机前的检查和准备

① 确认机器电源连接完好，各电源线紧固无脱落。

② 确认加碱箱、加酸箱、加阻垢剂箱以及加还原剂箱有超过 10L 的药液，不足则重新配制后补满。

③ 确认各压力表、流量计及在线仪表在有效期内。

（2）自动开机运行操作

①旋动控制柜上的“电源开关”旋钮，“主电源接通”红色信号灯亮。

② 旋动“一级系统自动”旋钮，“一级系统自动”绿色信号灯亮。

③ 旋动“二级系统自动”旋钮，“二级系统自动”绿色信号灯亮。

④ 旋动“纯水泵自动”旋钮，“纯水泵自动”灯亮。

⑤ 稍待几秒后，“一级 RO 启动”一级高压泵指示灯亮，调节一级高压泵变频至 40Hz，打开多介质过滤器排气阀、活性炭过滤器排气阀和精密过滤器排气阀，将气体排尽。打开一级高压泵排气阀，将高压泵内气体排尽。全开一级纯水控制阀，调大或调小一级浓水控制阀，使一级纯水流量值在 145L/min 左右，一级浓水流量在 60L/min 左右。

⑥ 待中间水罐液位达到要求后，“二级 RO 启动”二级高压泵指示灯亮，调节二级高压泵变频至 50Hz，打开二级高压泵排气阀，将高压泵内气体排尽。全开二级纯水控制阀，调大或调小

二级浓水控制阀，使二级纯水流量值在68L/min左右，二级浓水流量为20L/min左右。

(3) 手动开机操作

① 打开电源开关，将一级系统打到手动状态，再将二级系统打到手动状态。打开原水箱进水电磁阀，打开原水泵，打开多介质过滤器进水电动阀，打开活性炭过滤器进水电动阀，打开活性炭出水电动阀，打开一级浓水高压排放阀，打开一级纯水流量控制阀，打开原水泵。待一级系统运行1min后，关闭一级浓水高压排放阀，调节一级浓水控制阀（使一级浓水流量控制在60L/min，一级纯水控制在145L/min）。

② 待中间水罐液位达到要求后，打开二级纯水流量控制阀，打开二级高压泵。调节二级浓水流量控制阀（使二级浓水流量控制在68L/min，二级纯水流量控制在20L/min），打开纯化水泵。

③ 系统运行期间，如果一级纯水电导率超标，应打开一级纯水超标阀；如果二级纯水电导率超标，应打开二级纯水超标阀，将不合格水排放掉。

④ 系统在运行期间，应密切关注原水罐、中间水罐和纯化水罐的液位，适时开启和关闭原水入水电磁阀、原水泵、一级高压泵、二级高压泵和纯化水泵。

(4) 运行期间的巡检内容

① 检查各压力表、流量计、电导率、pH值各参数应正常。

② 检查纯化水泵、原水泵、高压泵运行正常。

③ 检查各计量泵运转正常。

④ 观察自动控制系统应准确灵敏可靠。

⑤ 注意各过滤器的压差及污染指数情况，每周对SDI值检测一次。

⑥ 运行期间，注意观察各药箱的液位，液位低于10L时配制药液以防计量泵抽空。

⑦ 手动运行期间，注意观察原水罐、中间水罐及纯化水罐的液位，严禁溢罐或抽空。

⑧ 纯化水制备岗位操作人员每2h检测一次总出水口的pH值和电导率，并填写“纯化水制备系统运行记录”。

(5) 关机　正常情况下，设备自动运行，不需要关机。

① 短期关机　停运5～30天，一般称为短期停运，在此期间可采用下列保护措施：

a. 用低压清洗方法来冲洗RO装置。

b. 也可采用运行条件下运行1～2h。

c. 每2天重复上述操作一次，夏天则应每天重复上述操作一次。

② 长期关机

a. 用pH2～4盐酸溶液，把RO装置清洗干净，清洗时间为2h。

b. 酸溶液清洗完毕后，再用预处理水（最好是RO出水）把RO装置冲洗干净，清洗到进水pH值约等于出水pH值时，清洗完毕。

c. 清洗完毕后，RO系统注入1% $NaHSO_3$ 进行保护（冬季应用1% $NaHSO_3$ 和10%丙二醇溶液保护），以防冻裂RO装置。当注满保护液后，应关闭所有阀门，以防止空气进入装置。

(6) 反渗透系统的清洗　RO系统经长期运行，在膜面上会积累胶体、金属氧化物、细菌有机物、水垢等物质，从而造成产水量比初始或上次清洗后降低10%～20%，或脱盐率下降10%。这时RO系统必须清洗，一般每1个月清洗一次。清洗步骤按下列进行：

① 按规定的清洗剂配方，在清洗水箱中配制清洗液，将其搅匀待用。

② 开启RO装置的清洗阀、浓水阀和回流阀，关闭高压泵出水阀，启动清洗泵，按规定流量、压力（约0.2～0.3MPa）和温度（<40℃）清洗1～2h。初始1～2min排出的清洗液排入地沟，以保证清洗液的浓度。

③ 清洁完毕后，将清洗水箱残液排完，注入符合RO装置进水指标的水，以清洗相同条件进行冲洗。或用预处理的低压冲洗条件来冲洗。

④ 冲洗完毕后，按规定的运行方式进行低压冲洗和高压运行，最初产水排入地沟，到出水指标合格后进入RO水箱。

6. 制水设备的维护

(1) 每月对活性炭进行测试，根据测试结果决定是否需更换活性炭。

(2) 更换活性炭时，应轻触轻碰，防止损坏管路。

(3) 为了保证活性炭过滤器的有效性，每12个月更换一次活性炭，并清洗合格。

(4) 每天检查一次紫外灯管的运行情况，按规定定期更换紫外灯管。

(5) 当精密过滤器进出口压差接近0.1MPa时，更换保安过滤器和精密过滤器滤芯，每3个月对保安过滤器滤芯和精密过滤器滤芯进行强制更换，并填写“滤芯更换记录”。更换精密过滤器必须在更换活性炭清洗合格后进行。

(6) 系统如停止运行，膜元件应按照规定正常保存，避免细菌滋生。

(7) 纯化水系统更换多个介质过滤器滤料、活性炭、树脂、反渗透膜等关键部件后，应进行系统验证，待验证完成，各项指标合格后，纯化水方可使用。

(8) 更换精滤滤芯、微孔过滤滤芯、呼吸滤芯、紫外灯耗材，系统运行正常后，通知化验室对总送、总回、储罐进行微生物检验，待检验合格后，纯化水方可使用。

(9) 填写“纯化水系统部件更换记录”。

(10) 填写“设备检修记录”。

7. 安全操作注意事项

(1) 非必要情况下，严禁将“纯水泵”控制旋钮打向手动。

(2) 在系统出现不明原因的“系统故障”灯亮后，不允许强行启动，需及时通知维修人员处理。

(3) 浓水调节阀门除清洁外，在其他一切时候都不要完全关闭，以免发生危险。随时观察浓水箱水位，若浓水箱水满时，及时打开浓水管排至下水道的阀门，并及时将浓水排至浓水箱的阀门关闭。

(4) 在自动运行状态下当二级高压泵停止运行、一级高压泵仍然运转时，观察二级浓水、纯水应无流量显示，否则可确认二级浓水至一级反渗透膜管路间单向阀故障。

(5) 定期拆开单向阀检查弹簧，应无断裂变形等现象，否则应立即更换弹簧。

8. 常见故障与排除方法

常见故障与排除方法见表8-1-1。

表8-1-1 故障分析与排除方法

故障现象	故障分析	排除方法
出现系统低压保护	系统反洗后进入空气	点动“系统故障复位”按钮一次，系统自动重启
出现系统高压保护	系统阀门关闭错误，或膜堵塞，过滤器堵塞	检查阀门关闭是否正确，检查过滤器是否已堵塞
出现“一级RO超标”、“二级RO超标”，并报警	1. 系统刚启动时会有一段时间将系统内的超标水排放掉 2. 系统的酸碱度调解不当，pH过高或过低	1. 稍等几秒观察一下即可 2. 重新调节pH，使酸碱度符合要求
系统出现不明原因的停机	系统自动保护	通知维修人员处理
纯化水储罐水电导不合格	1. 系统长时间未循环 2. 有浓水进入	1. 将水放掉。重新消毒、制水 2. 立即停止制水，查找故障原因，故障排除后，重新消毒、制水

(五) 电去离子法 (EDI)

电去离子（electrodeionization，以下简称 EDI），是结合了两种成熟的水纯化技术（电渗析和离子交换组合）的一种新的水处理技术。当水通过 EDI 膜堆时，水中的阴、阳离子首先被离子交换树脂吸附和交换，同时，在直流电场的作用下，这些阴、阳离子分别透过阴、阳离子交换膜进入浓水室而被除去。这一过程中离子交换树脂是被水解离产生的 H^+、OH^- 连续再生的，水中溶解的盐分可在低能耗及不须化学再生的条件下除去，这样高电阻率的产品水就可以大流速、持续不断地生产。

1. 结构

(1) 淡水室　将离子交换树脂填充在阴、阳离子交换膜之间形成淡水单元。

(2) 浓水室　用网状物将每个 EDI 单元隔开，形成浓水室。

(3) 极水室。

(4) 绝缘板和压紧板。

(5) 电源及水路连接。

可以将 EDI 并联运行，可取得更大流量。

2. 电去离子（EDI）系统的工作原理

如图 8-1-11，电去离子系统主要是在直流电场的作用下，通过隔板的水中电介质电离出的离子发生定向移动，利用交换膜对离子的选择透过作用来对水质进行提纯的一种科学的水处理技术。电去离子设备的一对电极之间，通常由阴膜、阳膜和隔板（甲、乙）多组交替排列，构成浓室和淡室（即阳离子可透过阳膜，阴离子可透过阴膜）。淡室水中阳离子向负极迁移透过阳膜，被浓室中的阴膜截留；水中阴离子向正极方向迁移阴膜，被浓室中的阳膜截留。这样通过淡室的水中离子数逐渐减少，成为淡水；而浓室的水中，由于浓室的阴、阳离子不断涌进，电介质离子浓度不断升高，而成为浓水，从而达到淡化，提纯、浓缩或精制的目的。

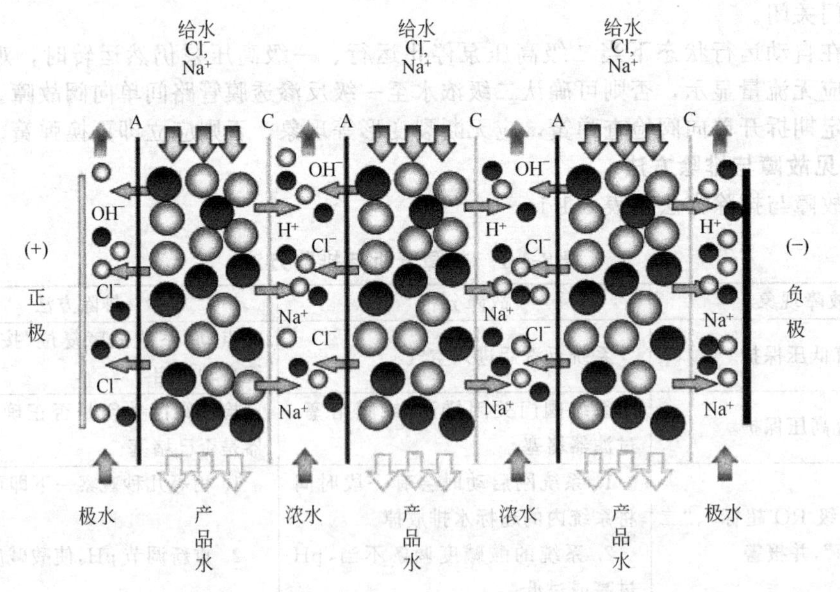

图 8-1-11　电去离子法（EDI）制水工作原理图

3. 操作步骤

(1) 开机准备

① 检查系统管路，保证连接正确。

② 检查电路系统，保证连接正确。

③ 检查仪表系统，保证连接正确。

④ 调试给水泵及浓水泵。

⑤ 逐个调试整流单元。

⑥ 校准、设置仪表。

⑦ 调试自动控制系统及各流量、压力开关。

⑧ 上述工作完成后，用水冲洗系统管路，准备系统开机。

注意：上述所有过程膜组件都必须处于断电状态。

(2) 系统开机

① 打开 EDI 系统控制电源。

② 启动 EDI 给水泵。

③ 观察 EDI 入水电导率，超过设定值时，自动排放，如合格，入水电阀打开，排水电阀关闭，如不符合以上描述，需检查电导仪，并重新设置。

④ 缓慢打开浓水补水阀，待水充满浓水室后，打开浓水排气阀，当有大量水连续排除时，关闭排气阀。

⑤ 开启浓水循环泵。

⑥ 在纯水、浓水、极水管道实行脉冲供水以进一步从 EDI 系统中排出空气。

⑦ 调节纯水流量、浓水流量、浓水排放流量、极水流量达到设计范围。

⑧ 将 EDI 电源打开，使 EDI 尽快供电。

⑨ 调节纯水入口压力比浓水入口压力高 0.3～0.5kgf/cm², 纯水出口压力比浓水出口压力高 0.5～0.7kgf/cm², 避免浓水渗透影响产水水质。

⑩ 调节浓水电导率在 300μS/cm 左右。

⑪ 调节电流至规定值，且设置至电流模式。

⑫ 填写运行记录表，作详细记录。

(3) 系统关机

① 将 EDI 模块电源“电流调节”至“0”，然后关闭。

② 断开 EDI 给水泵、浓水循环泵电源。

③ 关闭 EDI 系统控制电源。

(4) 停机维护

① 短期停机

a. 须关断电源供电。

b. 须关断给水泵、浓水循环泵、加盐泵。

c. 进水阀、出水阀必须关闭。

d. 组件不脱水干燥。

② 长期停机　如果 EDI 装置停机时间超过 3 天，则应视作长期停机，此时应进行相应预防措施以阻止停机存放过程中的微生物繁殖污染。

a. 排尽系统内存水。

b. 关闭 EDI 系统所有进出口阀门使 MK-2ST 保持湿润。

c. 当长期停机后，在再次开机前需检查 MK-2ST 两端板间距离。

d. 当长期停机后，MK-2ST 需再生，再生需 8～16h。

注意：在长期停机前，进行任何保护措施时 MK-2ST 应处于断电状态。

4. 日常维护保养

在对本系统维护保养与清洁前，确认电源已断开。

(1) EDI 单元连续使用 1 年，必须由厂家进行维护保养与再生。

(2) 压力表、流量计、流量仪表探头每年检查校验一次；流量开关、液位开关、分析仪表探头每6个月检查一次。

(3) 动力电缆每一年检查一次，并进行绝缘试验；控制柜指示灯每6个月检查一次，及时更换已到使用寿命（连续运行指示5000h以上）或发生故障的指示灯；端子检查每年检查一次；接地检查每3个月检查一次。

(4) 泵每月一次外观检查，并检查泄漏、振动及电机温度情况。

5. EDI的进水要求

(1) 电导率（见表8-1-2） 由于EDI装置是在离子迁移、离子交换和树脂的电再生三种状态下工作，而其中离子迁移所消耗的电能通常不到总消耗电能的30%，而大部分电能消耗于水的电离，所以电能效率和除盐效率都比较低。因此，EDI只能用于处理低含盐量的水。

表8-1-2 进入EDI装置（单元）的水质条件

硬度	电导率	余氯	SiO_2	Fe^{2+}	Toc
≤0.1mg/L	50μS/cm	≤0.05mg/L	≤0.5mg/L	≤0.01mg/L	≤0.5mg/L

对EDI单元施加的电源条件：电压380～400V，电流2～50A。

(2) pH值 由于进水的pH值影响弱酸性电解质的电离度，电离度越高，与树脂的交换反应越强，在电场中迁移的份额越多，则脱盐率越高。若以反渗透装置的出水作为EDI的进水时，pH值低说明二氧化碳含量高，使EDI出水的电导率偏高，影响对二氧化硅的去除率。

(3) 硬度 由于EDI装置运行时，将大约70%的电能消耗在水的电离上，所以在浓水室的阴膜表面处pH值更高，容易结垢。

(4) 氧化剂与铁、锰的含量 如果进水中含有一定数量的氧化剂，会使树脂和膜受到氧化而降解，降低交换能力和选择性透过能力。如果水中有铁、锰离子，不仅会使树脂和膜中毒，而且会加快氧化速度，造成树脂和膜的永久性破坏。

(5) 酸化合物含量 进水中如果二氧化硅含量过高，特别是活性二氧化硅含量过高，EDI难以除去，这一方面会影响出水水质，另一方面更容易在浓水一侧结垢。

6. EDI的运行控制参数

(1) 进水温度 对EDI的运行来讲，存在一个适宜的温度范围。如果进水温度过低，水的黏度和离子泄漏量增大，产品水水质下降。提高进水温度，水中离子活度增大，迁移速度加快，产品水水质提高。但水温过高时，水中离子不易被树脂交换，离子泄漏量增大，也使产品水水质下降。适宜温度在5～35℃。

(2) 运行压力和压降 运行压力过高，不易密封；运行压力过低，不能保证出水。在EDI中，由于淡水室、浓水室和极水室的水流通道不同，所以水流通过这三个室的压降也不同。淡水进出口的压降称为淡水室压降，浓水进出口的压降称为浓水室压降，极水进出口的压降称为极水室压降，另外还有淡水和浓水之间的压降，它们都是EDI运行中的重要控制参数。为了防止浓水漏入淡水，影响产品水的水质，要求淡水压力比浓水压力高30～70kPa。如果这个压差高于70kPa，容易造成离子交换膜变形，甚至损坏；如果小于30kPa，则容易引起浓水泄漏。

(3) 水的流量 水的流量包括淡水流量、浓水流量和极水流量，控制适当的水流量也是EDI安全运行的一个重要方法。

如淡水流量过低，树脂和膜表面的滞流层厚，离子迁移速度慢，极限电流小，浓差极化程度大。提高水的流量虽然有利于提高水质，但水流速度过高时不仅运行压降增大，而且水在淡水室内的停留时间短，水质也会变差。

如浓水流量过低，容易发生结垢，如流量过高，则水耗高。所以浓水循环既有利于防止结垢，又可减小能耗和水耗。

极水流量一般控制在进水流量的1%～3%，以保证对电极的冷却和及时排出电极反应产物。

(4) 回收率　同反渗透。

(5) 操作电压和运行电流。如EDI的操作电压过低，水中离子的迁移驱动力小，难以保证大部分离子从淡水室迁出，产品水水质差。另外，水分子不能有效电离，难以维持淡水室中树脂的再生度。相反，如操作电压过高，水的电离过多，电能消耗大，过多的氢离子和氢氧根离子又会挤压其他离子的迁移，也会使产品水水质变差，所以EDI的操作电压必须控制在一定范围。

7. 优化EDI运行条件

(1) 产品水流量应该在给定范围的下限。

(2) 电流应该适中。

(3) 浓水流量应为给定范围的上限。

(4) 二氧化碳的含量应该尽量减少。

(5) pH值尽量接近上限。

(6) 如果较低质量的纯水也能满足要求，为节约能源，可以提高产品水流量或降低电流。

8. EDI设备优势

(1) EDI和混床比较　混床系统在再生结束以后，都要经过30～60min的漂洗，电阻率才能逐渐上升到规定的水质要求。在临近终点时，首先是SiO_2和Na^+泄漏，然后是电阻率大幅下降，所以要保持电阻率稳定，至少要有2台混床串联。而EDI系统在开机后立即上升到较高的水质，而且由于其处理及再生同时进行，这就大大减少了系统停运时间。

混床系统在再生时需要酸和碱液，而且操作烦琐，一般人很难掌握，并且有酸碱废液产生，需要中和后排放。EDI系统自动再生，中性废液排放，操作简单，运行成本低。

(2) EDI和电渗析比较　电渗析和EDI比较是在淡水室少装离子交换树脂，电渗析在工作的时候，淡水室的水会电离成H^+和OH^-参加穿过阴阳膜，白白浪费电能。另外，OH^-穿过阴膜进入浓水室，使浓水室的阴膜表面略带碱性，因此在这里易于产生$Mg(OH)_2$和$CaCO_3$一类的沉淀物，形成水垢，同理，在淡水室的阳膜附近，由于H^+透过膜转移到浓水室中，因此这里留下的OH^-也使pH升高，所以会产生铁的氢氧化物等沉淀。

结垢的结果会减少渗透面积，增加水流阻力和电阻，使电耗增加，需要经常定期倒换电极，用酸洗膜，甚至将其拆卸清洗水垢。

EDI淡水室的水会电离成H^+和OH^-再生离子交换树脂，节约电源，减少结垢可能，达到连续产水的效果。

(3) EDI和三级反渗透比较　RO半透膜具备以下特性：透水率大，脱盐率高；机械强度大；耐酸碱，耐微生物的侵袭；使用寿命长；制取方便，价格较低；但对进口端悬浮物要求较高，污染指数小于3为宜。

三级反渗透串联组合出水在1μS/cm左右，而EDI出水能达到0.0625μS/cm，三级反渗透串联组合可以作为EDI上一级处理。

(4) EDI设备的特点

① 操作无需酸碱再生，节省了反冲和清洗用水，使水处理变得简单了。

② 连续运行，产品水水质稳定，不会因再生而停机。

③ 无再生污水，不须污水处理设施，从而减小了车间建筑面积，减低运行及维修成本。

④ 以高产率生产超纯水（产率可以高达95%）。

⑤ 环保效益显著，增加了操作的安全性；EDI无须用酸碱储备和酸碱稀释运送设备，

使用安全可靠，避免工人接触酸碱。

⑥ 安装简单，安装费用低廉。

⑦ 标准设计，利用标准单元，如同搭积木般的组合可以满足用户不同产水量的需要。

⑧ EDI 对进水硬度等要求高，需要软化或者增加双级反渗透。

⑨ EDI 对弱电解质脱除能力不足，往往需要利用双级反渗透来脱除碱度，以提高对硅等更弱电解质的脱除。

⑩ 树脂容易受到污染或者性能降低，元件寿命较短。

⑪ 一旦树脂性能下降，整个更换元件代价很高。

9. 常见故障及排除方法

常见故障及排除方法见表 8-1-3。

表 8-1-3　常见故障及排除方法

问题	可能原因	排除方法
EDI 模块压差高	模块被污染	根据污染情况选择合理方法进行清洗
	流速太高	根据要求调整流量
EDI 模块压差低	流速太低	根据要求调整流量
EDI 产水流量低	模块被污染、堵塞	根据污染情况选择合理方法进行清洗
	阀门关闭或开度小	检查并确认所有所需阀门已开启
	流量开关设定不正确	检查流量开关设定点，并确认动作正常
	进水压力过低	确认升压泵流量及压力
	流量设定低	调节流量调节阀门
EDI 产水水质差	进水水质不正常	检查进水水质，如 CO_2 经常引起产水质变差，调整进口 pH 值或其他措施
	电极接线不正确	立即切断系统电源并检查接线
	一个或多个模块没有电流或电流太小	检查所有保险、接线、整流器输出，确认整流器阴极接地
	电流太小	检查浓水电导率是否太低，检查整流器设定
	浓水压力高过进水和产水压力	重新设定浓水压力与淡水压力差
	管路系统有死角	在未安装模块的地方或管路系统形成死角，低质量的水从死角进入产品水中，冲洗这些死角
	电阻率仪故障	检查仪表，并保证电阻率仪可进行温度补偿
	给水流量不正常	调整流量至正常
	离子交换膜结垢或污染	清洗
浓水电导率低	回收率低	检查浓水排放流量（可能太高）
	进水电导率下降	提高加盐泵加盐量
	加盐系统故障	确认加盐系统工作正常
浓水循环泵在自动状态不工作	没有电	确认所有触点，用万用表检查或用手动点动检查
	PLC	如果淡水流量低则 PLC 不启动浓水循环泵

续表

问题	可能原因	排除方法
浓水流量低	浓水循环泵故障	浓水循环泵必须运行保证浓水流量
	膜堵	根据污染情况选择合理方法进行清洗
	流量开关设定不正确	检查开关设定点,并确认动作正常
极水流量低	浓水循环泵故障	浓水循环泵必须运行保证极水流量
	膜被污染	根据污染情况选择合理方法进行清洗
	流量开关设定不正确	检查开关设定点,并确认动作正常
	阀门开度不正确	检查极水排放阀开度
浓水排放流量低	浓水循环泵故障	浓水循环泵必须运行保证浓水流量
	流量开关设定不正确	检查开关设定点,并确认动作正常
	阀门开度不正确	检查浓水排放阀开度

10. EDI膜清洗流程

(1) 浓水侧结垢酸洗，以下为酸洗流程：

① 断开 EDI 电源；

② 连接清洗管路；

③ 清洗清洗泵，调节浓水流量为产水量的 30%，极水流量为正常流量；

④ 测量并记录通过极水室和浓水室的水流量和压力降；

⑤ 不要将酸打到淡水室，否则需要很长的运行时间再生树脂；

⑥ 用泵使清洗液循环清洗 EDI 30min，然后停泵浸泡 5min 以上；

⑦ 当清洗液消耗完，再次配制清洗液；

⑧ 用去离子水装满清洗箱，启动清洗泵冲洗 EDI；

⑨ 更换清洗箱去离子水，直到冲洗出水的 pH 在日常运行的范围内，此时测定并记录压力降、流量、pH；

⑩ 恢复原来的运行管路；

⑪ 启动原供水系统冲洗，直到淡水出水小于 30μS/cm；

⑫ 启动 EDI 电源，调大 EDI 电流，进入再生；

⑬ 将 EDI 电压、电流调至正常范围。

(2) 淡水侧有机物污染须碱洗，以下为碱洗流程：

① 断开 EDI 电源；

② 连接管路，清洗清洗泵，调节淡水流量为产水量，极水流量为正常流量；

③ 测量并记录通过淡水室的水流量和压力降；

④ 用泵使清洗液循环清洗 EDI 30min，然后停泵浸泡 5min 以上；

⑤ 当清洗液消耗完，再次配制清洗液；

⑥ 用去离子水装满清洗箱，启动清洗泵冲洗 EDI；

⑦ 更换清洗箱去离子水，直到冲洗出水的 pH 在日常运行的范围内，此时测定并记录压力降、流量、pH 值；

⑧ 恢复原来的运行管路；

⑨ 启动原供水系统冲洗，直到淡水出水小于 30μS/cm；

⑩ 启动 EDI 电源，调大 EDI 电流，进入再生；

⑪ 将EDI电压、电流调至正常范围。

二、基础知识

（一）制药用水定义

制药用水通常指制药工艺过程中用到的各种质量标准的水，即药品生产工艺中使用的水，包括饮用水、纯化水、注射用水、灭菌注射用水。制药工艺用水的质量要求和应用范围见表8-1-4。

表8-1-4 制药工艺用水的质量要求和应用范围

类别	质量要求	应用范围
饮用水	符合《生活饮用水卫生标准》GB 5749—85	1. 制备纯化水的水源 2. 药品包装材料粗洗用水 3. 制药设备、用具的粗洗用水 4. 中药材、中药饮片的清洗、浸润和提取 5. 除另有规定外，可作为药材的提取溶剂
纯化水	符合2010年版《中华人民共和国药典》纯化水标准	1. 制备注射用水的水源 2. 非无菌药品直接接触药品的设备、器具和包装材料最后一次洗涤用水 3. 注射剂、无菌药品瓶子的粗洗用水 4. 非无菌药品的配料 5. 非无菌原料药精制工艺用水
注射用水	符合2010年版《中华人民共和国药典》注射用水标准	1. 直接接触无菌药品的包装材料的最后一次精洗用水 2. 无菌原料药精制工艺用水 3. 直接接触无菌原料药的包装材料的最后洗涤用水 4. 无菌制剂的配料用水 5. 配制注射剂、滴眼剂的溶剂或稀释剂，容器的精洗用水
灭菌注射用水	符合2010年版《中华人民共和国药典》灭菌注射用水标准	注射用无菌粉末的溶剂或注射剂的稀释剂

（二）制药工艺用水分类

1. 饮用水

为天然水经净化处理所得的水，其质量必须符合现行中华人民共和国国家标准《生活饮用水卫生标准》。饮用水可作为药材净制时的漂洗、制药用具的粗洗用水。除另有规定外，也可作为药材的提取溶剂。饮用水是制备纯化水的原料水，但是不能直接作为制剂的制备或试验用水。

2. 纯化水

以饮用水为水源，经蒸馏法、离子交换法、反渗透法或其他适宜的方法制得的制药用水。不含任何附加剂，其质量应符合2010年版《中华人民共和国药典》“纯化水”项下的规定。纯化水可作为配制普通药物制剂的溶剂或试验用水，不得用于注射剂的配制与稀释。

3. 注射用水

以纯化水为水源，经蒸馏所得的水。应符合细菌内毒素实验要求。其质量应符合2010年版《中华人民共和国药典》“注射用水”项下的规定。主要可用于注射剂的配制。

纯化水和注射用水质量标准见表8-1-5。

表 8-1-5 《中华人民共和国药典》2010 年版纯化水和注射用水质量标准

检验项目	纯化水	注射水
性状	无色澄明液体，无臭、无味	无色澄明液体，无臭、无味
酸碱度	符合规定	
pH		5～7
硝酸盐	＜0.000006％	＜0.000006％
亚硝酸盐	＜0.000002％	＜0.000002％
氨	＜0.00003％	＜0.00003％
电导率	符合规定，不同温度有不同的规定值，例如：20℃，＜4.3μS/cm；25℃，＜5.1μS/cm	符合规定，不同温度有不同的规定值，例如：20℃，＜1.1μS/cm；25℃，＜1.3μS/cm
总有机碳	0.50mg/L	0.50mg/L
易氧化物	符合规定	—
不挥发物	1mg/100mL	1mg/100mL
重金属	＜0.00001％	＜0.00001％
细菌内毒素	—	＜0.25EU/mL
微生物限度	100 个/mL	10 个/100mL

4. 灭菌注射用水

本品是经灭菌后的注射用水，不含任何添加剂，其质量应符合 2010 年版《中华人民共和国药典》“灭菌注射用水”项下的规定。主要用于注射用灭菌粉末的溶剂或注射剂的稀释剂。

三、纯化水制备工序操作考核

纯化水制备工序操作考核主要技能要求如表 8-1-6 所示。

表 8-1-6 纯化水制备工序操作考核标准

考核内容	技能要求		分值
生产前准备	生产工具准备	1. 检查清场合格标志、设备的合格标牌、已清洁标牌 2. 作好氯化物、铵盐、酸碱度的化验准备 3. 对设备、所需容器、工具进行消毒 4. 挂本次运行状态标志	20
纯化水制备操作	正确处理多介质过滤器、活性炭过滤器、精密过滤器、保安过滤器		10
	正确启动反渗透装置	1. 预处理系统各阀门处于运行状态 2. 全自动开机 3. 清洗时，会使用手动开机	15
	正确掌握浓水排放量		5
	能依次关闭运行方式、增压泵、一级高压泵、二级高压泵、电源开关		10
质量控制	各项参数应符合相应的要求		10
记录	运行记录填写准确完整		10
生产结束清场	1. 生产场地清洁 2. 工具和容器清洁 3. 生产设备的清洁 4. 清场记录填写准确完整		10
其他	正确回答考核人员提出的问题		10
合计			100

学生学习进度考核评定

一、学生学习进度考核题目

（一）问答题

1. 纯化水制备系统的组成是什么？

2. 叙述制备纯化水的操作过程。

3. 如何维护维修纯化水的制备系统？

4. 纯化水制备系统的常见故障有哪些？如何排除？

（二）实际操作题

制备纯化水，并维护纯化水制备系统。

二、学生学习进度考核评定标准

编号	考核内容	分值	得分
1	说出和指出纯化水制备的系统结构	20	
2	操作纯化水设备	30	
3	说出和排除常见故障	30	
4	维护维修纯化水设备	20	
5	合计	100	

模块二　注射用水的制备

学习目标

1. 能正确制备注射用水。
2. 能正确维护注射用水制取设备。

所需设备、材料和工具

名称	规格	单位	数量
列管式多效蒸馏水机		套	1
维护、维修工具		箱	1
工作服		套	1

物料要求

2010年版《中华人民共和国药典》中规定，注射用水是使用纯化水作为原料水，通过蒸馏的方法来获得。

学习内容

一、概述

（一）注射用水制备的常用流程

1. 纯化水→蒸馏水机→微孔滤膜→注射用水贮存

2. 自来水→预处理→弱酸床→反渗透→脱气→混床→紫外线杀菌→超滤→微孔滤膜→注射用水

流程**1**是纯化水经蒸馏所得的注射用水，各国药典均收载。

流程**2**是用反渗透加离子交换法制成高纯水，再经紫外线杀菌和用超滤去除热原，经微孔滤膜滤除微粒得注射用水。此操作费用较低，但受膜技术水平的影响。美国药典现已收载反渗透制备注射用水方法。

（二）注射用水的储存

注射用水的贮放时间如超过12h，需80℃以上保温贮存或70℃以上保温循环或4℃以下存放。但贮放时间一般不超过24h。保温循环时，用泵将注射用水送经各用水点，剩余的回至贮罐。若有些品种不能用高温水，在用水点可冷却降温。

（三）典型工艺

反渗透-离子交换树脂法：

自来水→多介质滤器→膜滤→反渗透装置→阳离子树脂床→阴离子树脂床→混合树脂→

膜滤→UV杀菌→贮水桶→多效蒸馏水机或气压式蒸馏水机→热贮水器（80℃）→注射用水

二、注射用水设备

注射用水设备的主机是蒸馏水机，蒸馏水机主要由蒸发锅、除沫装置和冷凝器等三部分构成。蒸馏水机可分为多效蒸馏水机和气压式蒸馏水机两大类，其中多效蒸馏水机又可分为列管式、盘管式和板式三种类型。

（一）气压式蒸馏水机

气压式蒸馏水机又称热压式蒸馏水器（图 8-2-1），主要由蒸发冷凝器及压缩机所构成，另外还有附属设备换热器、泵等。

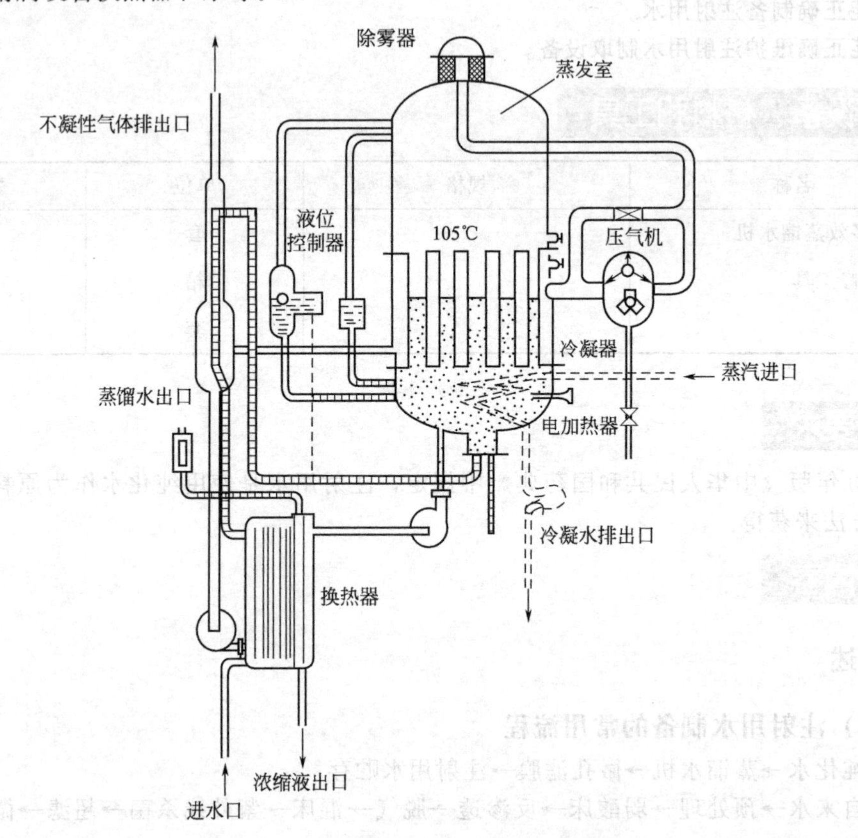

图 8-2-1　气压式蒸馏水机工作原理示意图

气压式蒸馏水机的工作原理是：将原水加热，使其沸腾气化，产生二次蒸汽，把二次蒸汽压缩，其压力、温度同时升高；再使压缩的蒸汽冷凝，其冷凝液就是所制备的蒸馏水。蒸汽冷凝所放出的潜热作为加热原水的热源使用。

该机主要特点是自动化程度较高；蒸发室内蒸汽压高，蒸汽与冷凝管内温差大，有利于清除热原，同时机内增设除雾器，可使蒸汽再次净化；气压式蒸馏水机出水温度约 30℃，需附设加热设备使水温达 80℃，防止热原污染；不需冷却水，蒸汽量消耗少，通过换热器可回收余热加热原水，有很高的节能效果；产水量大，能满足各种剂型的制药生产的需要。但其缺点是有传动和易磨损部件，维修量大，而且调节系统复杂，启动较慢（约 45min），有噪声，占地面积大。

（二）塔式（盘管式）多效蒸馏水机

塔式（盘管式）多效蒸馏水机（图 8-2-2）系采用盘管式多效蒸发来制取蒸馏水的设备。

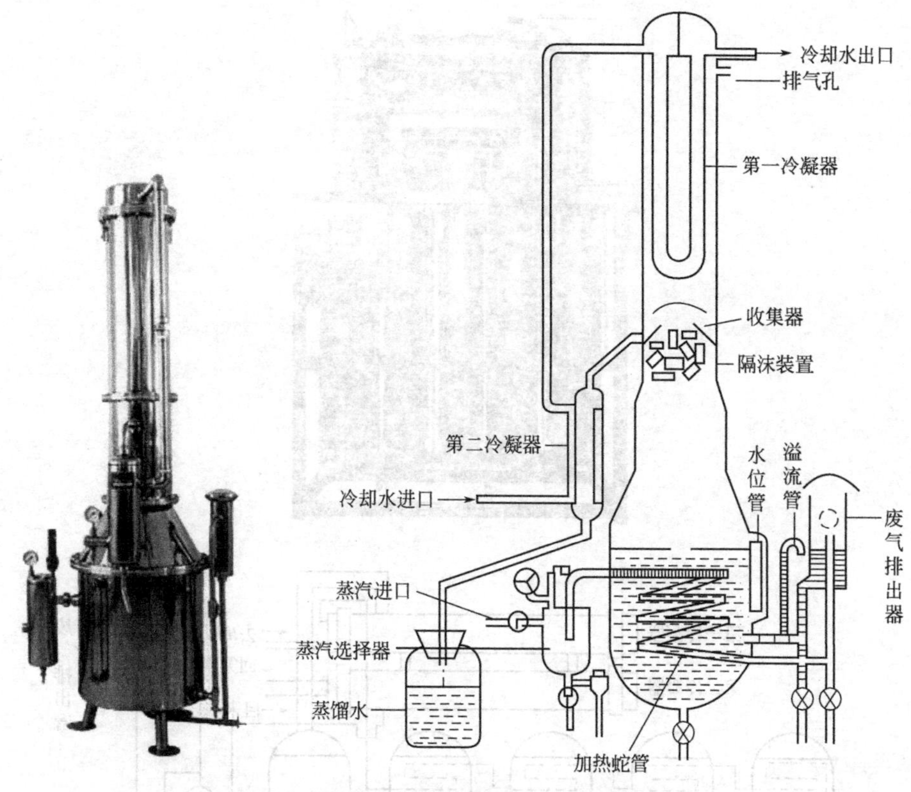

图 8-2-2 塔式蒸馏水机示意图

此种蒸发器是属于蛇管降膜蒸发器，蒸发传热面是蛇管结构，蛇管上方设有进料水分布器，将料水均匀地分布到蛇管的外表。

二次蒸汽经丝网除沫，将外来进料水预热，出蒸发器，作为下一效的加热蒸汽。其主要特点是产量大、所得水的质量较好，但要消耗大量的能量和冷却水，且体积大，拆洗和维修较困难。

（三）列管式多效蒸馏水机

为了节约加热蒸汽，可利用多效蒸发原理制备蒸馏水。多效蒸馏水器是由多个蒸馏水器串接而成。各蒸馏水器可以垂直串接，也可水平串接。通过多效蒸发、冷凝的办法分段截留去除各种杂质，可制得高质量的蒸馏水，使热量得到充分利用，大大节省蒸汽和冷凝水，是一种经济适用的方法。

1. 设备结构

列管式多效蒸馏水器是近年发展并迅速成为生产厂制备注射用水的主要设备，其结构主要由蒸馏塔、冷凝器及控制元件组成，外形、结构示意图见图 8-2-3。

2. 工作原理

以五效蒸馏水器为例，其工作原理为，进料水（纯化水）进入冷凝器被塔 5 进来的蒸汽预热，再依次通过塔 4、塔 3、塔 2 及塔 1 上部的盘管而进入 1 级塔，这时进料水温度可达 130℃或更高。在 1 级塔内，进料水被高压蒸汽（165℃）进一步加热部分迅速蒸发，蒸发的蒸汽进入 2 级塔，作为 2 级塔的热源，高压蒸汽被冷凝后由器底排除。在 2 级塔内，由 1 级塔进入的蒸汽将 2 级塔的进料水蒸发而本身冷凝为蒸馏水，3 级、4 级和 5 级塔经历同样的过程。最后，由 2、3、4、5 级塔产生的蒸馏水加上 5 级塔的蒸汽被冷凝器冷凝后得到的蒸馏水（80℃）均汇集于蒸馏水收集器，即成为符合要求的注射用水。进料水经蒸发后所聚集

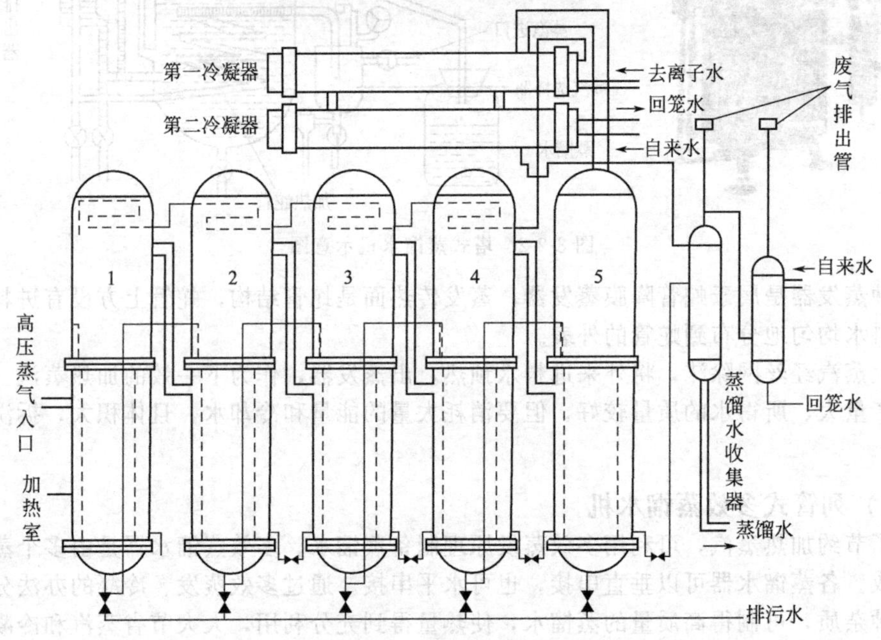

图 8-2-3　多效蒸馏水机示意图

的含有杂质的浓缩水从最后的蒸发器底部排出，废气则自排气管排出。多效蒸馏水器的工作效能主要取决于加热蒸汽的压力和效数，一般效数越多，热利用率就越高，压力越大，则产量越高。但随着效数的增加，设备投资和操作费用亦随之增大，且超过5效后，节能效果的提高并不明显。实际生产中，多效蒸馏水机一般采用3～5效。多效蒸馏水器的产量可达6t/h。本法的特点是耗能低，质量优，产量高及自动控制等。

3. 操作步骤

（1）开机前操作

① 放掉蒸汽管路中的冷凝水，打开蒸汽阀预热15min。开启蒸馏水机各个塔的排水阀，待冷凝水排完后，蒸汽冒出时将阀门关闭。

② 开机条件

蒸汽压力：0.3～0.5MPa

压缩空气压力：＞0.4MPa

冷却水水箱：水满且电阻率＞0.5MΩ·cm

（2）开机操作

① 电脑直接进入软件界面，显示屏显示开机桌面窗口，用鼠标在封面窗口任意处按一下就进入主控窗口画面，按菜单栏上的“主控窗口”，选择一号机（蒸馏水机）、二号机（蒸馏水机）。

② 将蒸汽压力稳定在0.3～0.4MPa之间。

③ 纯化水（温度在40℃以内）流量确认在2～2.5t/h。

④ 当进入冷却塔的蒸馏水温度达到80℃时，冷却水泵自动开启，维持冷却水泵压力在0.2MPa以上。

⑤ 系统正常开启5min后，电导率确认在1μS/cm以下后，注射用水水质达到合格标准。系统默认注射用水自动进入注射用水储罐，注射用水温度控制在92～99℃以内。在水质不能达到合格标准时，注射用水从废弃管路排放进排水槽。

（3）手动操作

① 确认各手动操作按钮处于关闭位置。

② 打开电锁，把旋钮旋到手动位置。

③ 把进料水泵旋钮旋至“开”的位置，此时进料水泵启动。

④ 打进料水旁路阀，逐步开启进料水阀，达到正常进水量的1/3，进料水流入蒸馏水机。10min后根据蒸汽压力大小选择进水流量。

⑤ 当蒸馏水电导率显示小于1μS/cm，且持续一段时间后，把出水旋钮旋至“开”的位置，此时蒸馏水出口的二位三通阀切换到合格蒸馏水管道。

⑥ 把冷却水进水阀打开。

⑦ 作好操作记录。

（4）停机操作

① 停机时首先关闭电脑上的“停止”键。

② 关闭蒸馏水机的进汽手动总阀。

③ 关闭蒸馏水机后的蒸汽总阀（关死）。

④ 打开各个塔的排水阀，待蒸汽排完后关闭。

多效蒸馏水机工作运行时，操作工每2h观察记录一次系统的蒸汽压力、进水流量、水温度、出水电导率等运行数据。系统24h输送注射用水时，操作工应每2h观察记录贮罐及回水温度监测数据。同时，操作工每班在制水车间各产水出口、各回水口、各贮罐出水口取样，早班应为系统初始运行时的首检，检查项目为：性状、pH值、氯化物、硫酸盐、氨、电导率。按照规定，同时记录。

4. LDZ列管式多效蒸馏水机清洁程序

（1）每天生产保持机器表面始终处于洁净状态，发现表面有污物应及时清理，电器部件严禁用水冲洗。

（2）一般每年清洗一次原料水及蒸汽过滤器、流量计，清洗后用纯化水冲洗至冲洗水pH为中性。

（3）一般每2年清洗一次蒸发器、预热器、冷凝器内水垢，其操作程序为：

① 清洗液的配制。用安全酸洗剂配制成浓度5%～10%、温度60℃左右的溶液。

② 关闭蒸馏水机电源和蒸汽阀门，开启清洗阀门。

③ 拆下“不合格蒸馏水”出口接头，装上酸洗闷片及密封圈，接上泵并连通循环清洗液箱。

④ 开启泵，保持酸洗液的温度在60℃打开循环，按照每毫米水垢18h的标准安排清洗

时间。

⑤ 酸洗时，要经常放气。

⑥ 酸洗后，用0.5%～1%磷酸三钠或碳酸钠加热至80～100℃，进行中和循环3～5h。

⑦ 用纯化水冲洗蒸馏水机，直至冲洗水pH为中性。

⑧ 关闭循环泵，排除残存水。

⑨ 慢慢开启蒸汽阀门，将残存水排出，关闭各阀门。

(4) 按规定时间进行在线灭菌。

5. 注射用水储罐、输送管路、输送泵清洁规程

(1) 每周直接用刷子刷洗储罐内壁一次，再用注射用水冲洗一遍即可。

(2) 罐内如有储存超过12h的注射用水，应先放掉积水，再用注射用水冲洗，才可用于储存新鲜注射用水。

(3) 每半年用刷子沾清洁液刷洗储罐内壁一次，用粗滤饮用水冲洗，再用纯化水冲洗至洗液中无Cl^-为止，最后用注射用水冲洗一遍即可。

(4) 每半年对输送管路、输送泵清洗一次。

(5) 按规定时间进行在线灭菌。

6. LDZ列管式多效蒸馏水机维护保养

(1) 每天维护保养的内容　检查设备紧固螺栓及连接件有无松动，及时紧固；检查连接管路有无跑冒滴漏现象，及时排除异常情况，保持设备表面的清洁。

(2) 定期维护保养的内容　计量仪器、仪表定期校验；安全装置定期校验（安全阀每年维护保养一次）。

(3) 每年一次保养项目　检查液位控制器、自控系统、继电连接点、呼吸过滤器、电磁阀、气动阀、单向阀、疏水器，检查清洗原料水及蒸汽的过滤器、流量计，更换蒸馏水机配用多级泵的填料检修机械密封，检查轴承、校正联轴器，更换润滑油（脂）。

(4) 每2年一次保养项目　更换或检修电磁阀、气动阀、单向阀等损坏部件，清洗蒸发器、预热器、冷凝器内水垢，更换密封垫，调整配用多级泵的各部位间隙，检查或检修轴瓦，校正联轴节，更换轴承垫片及其易损部件，检查或检修平衡盘、平衡环、叶轮、轴套等主要零件。

7. 多效蒸馏水机的特点

多效蒸馏水机的所有热交换器均由无缝316L不锈钢管制成，直径小，长度很短，从而保证了蒸发的最高效率（薄膜蒸发）。多效蒸馏水机其设备均为机电一体化结构，无须分拆，节省占地面积。整个设备采用316L或304L不锈钢制成，设备材料的内外表面都经过保护和钝化处理，不锈钢管线和阀门等都经过机械+电抛光镜面处理。设备内部使用的垫圈应采用符合相应法规要求的、无毒、无析出物、无微生物和杂质滞留的卫生级材料制造。多效蒸馏水机具有冷却水用量很少、运行稳定、操作简单、产水量大、热利用率高等优点。

8. 操作蒸馏水机的注意事项

(1) 保证纯水贮罐中有足够运行的纯水量，不足时要及时生产，以保证蒸馏水机的安全运行。

(2) 对纯水进行检测，结果要符合2010年版《中华人民共和国药典》的质量要求，并且对其pH值测试标准为5～7，电导率检测要求2μS/cm以下。氯化物（Cl^-）游离氯不能超标，测试用稀释的硝酸银，在100mL的纯化水中滴入一滴溶液，如果纯水中出现白色沉淀，说明（Cl^-）超标，贮罐中的纯水不可以进入蒸馏水机，此规定必须严格遵守。

(3) 在开机前蒸馏水机的纯水泵必须排空，确保水泵的运行安全。

(4) 关闭机器时，必须先关闭进料水阀，这主要是防止进水管内的水倒流。倒流的高温水冲入流量计的玻璃管中，会使玻璃管爆裂发生危险。

9. 典型注射用水系统简介

包括纯化水贮罐、多效蒸馏水机、纯蒸汽发生器、注射用水贮罐、注射用水泵和换热器（一台加热器和一台冷却器）。

其系统流程见图 8-2-4 所示。

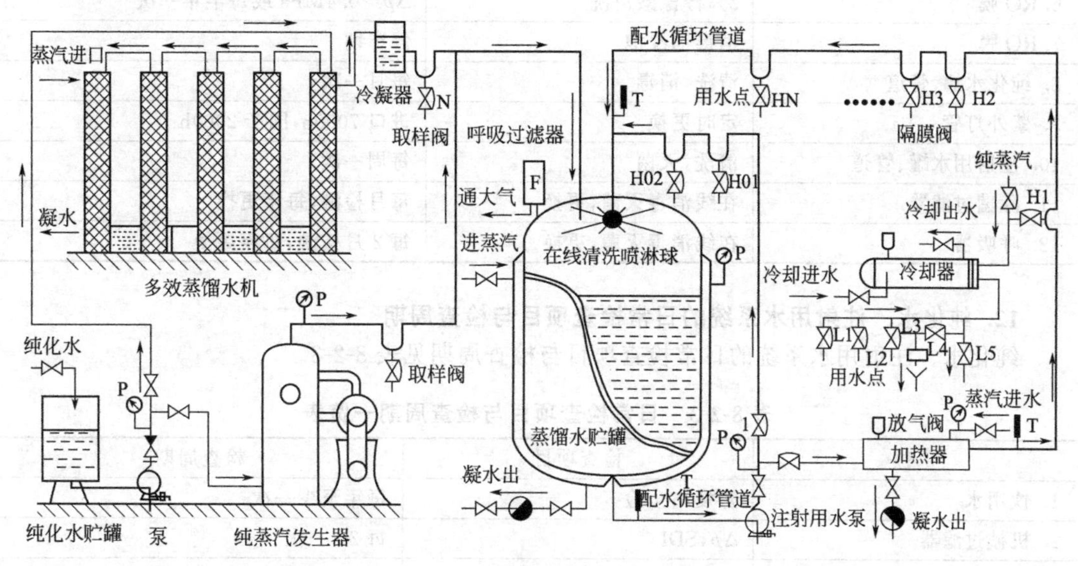

图 8-2-4　典型注射用水系统流程图

10. 各级进水要求产水指标

各级进水要求产水指标见表 8-2-1。

表 8-2-1　各级进水要求产水指标

	进水要求	产水指标	其他要求
超滤装置	浊度＜15NTU	浊度＜0.1NTU	
软化器	合格初滤水	硬度＜0.03mmol/L，电导率＜650μS/cm	
RO 机	合格软化水	电导率＜10μS/cm	进水 25℃，余氯≤0.1mg/L，SDI_{15}≤5
EDI	合格 RO 水	电导率＜0.2μS/cm；pH5.0～7.0	微生物≤50(个)
蒸馏水机	合格纯化水	电导率＜0.1μS/cm；pH5.0～7.0	微生物≤5 个；内毒素＜0.25EU/mL
纯蒸汽发生器	合格纯化水	电导率＜0.1μS/cm；pH5.0～7.0	微生物≤5 个；内毒素＜0.25EU/mL

11. 各部位维护项目、维护周期

各部位维护项目、维护周期见表 8-2-2。

表 8-2-2　各部位维护项目、维护周期

部位	维护项目	维护周期
1. 原水箱	罐内清洗	每季一次
2. 机械过滤器	正洗，反洗	Δp＞0.08MPa 或 SDI＞4
3. 活性炭过滤器	清洗	Δp＞0.08MPa 或每 3 天一次
4. 活性炭过滤器	余氯	＜0.05mg/L

部位	维护项目	维护周期
5. 活性炭	消毒,更换	每3月消毒一次,每年更换,定期补充
6. RO膜	2%柠檬酸清洗	Δp>0.4MPa或每半年一次
7. RO膜	消毒剂浸泡	停产期
8. 纯化水罐、管道	清洗,消毒	每月一次
9. 紫外灯管	定时更换	进口7000h,国产2000h
10. 注射用水罐、管道	清洗,灭菌	每周一次
11. 除菌过滤器	在线消毒灭菌,更换	每月检测,每年更换
12. 呼吸器	在线消毒灭菌,更换	每2月检测,每年更换

12. 纯化水、注射用水系统的日常检查项目与检查周期

纯化水、注射用水系统的日常检查项目与检查周期见表8-2-3。

表8-2-3 日常检查项目与检查周期一览表

部位	检查项目	检查周期
1. 饮用水	防疫站全检	每年至少一次
2. 机械过滤器	Δp,SDI	每2h一次
3. 活性炭过滤器	Δp	每2h一次
4. 活性炭过滤器	余氯	每2h一次
5. RO膜	Δp,电导率,流量	每2h一次
6. 紫外灯管	计时器时间	每天2次
7. 纯化水	电导率,酸碱度,氨,氯化物	每2h一次
8. 纯化水	全检	每周一次
9. 注射用水	电导率,pH,氨,氯化物	每2h一次
10. 注射用水	全检	每周一次
11. 注射用水温度	储罐,回水温度	每2h一次

13. 常见故障及排除方法

常见故障及排除方法见表8-2-4。

表8-2-4 常见故障及排除方法

故障现象	发生原因	排除方法
开机气堵	进料水管泵或冷却水泵的外部管路没有符合技术要求,造成出水管路内含的空气无处排放	拧松进水管路连接或打开旁路阀门,排除所有气体
未达到给定生产能力	1. 供给的加热蒸汽质量不符合要求,即有可能蒸汽中含有过多的空气和冷凝水 2. 出口背压过高,疏水器排泄不畅 3. 进料水流量压力与加热蒸汽压力不相适应 4. 蒸馏水机蒸发面可能积有污垢	1. 将加热蒸汽的进口管路和输气管路适当保温,以改善供气质量 2. 排除疏水器出口处的背压因素 3. 参照本机输入管路技术要求及工况点控制表,重新调整进料流量与初级蒸汽压力 4. 按照产品说明书内的技术要求清洗

续表

故障现象	发生原因	排除方法
蒸馏水稳定过低，电导率大于1μS/cm	1. 冷却水管路内因压力变动造成冷却水流量变化 2. 进料水不符合要求	1. 通过冷却水调节阀降低冷却水流量，冷却水泵旁路阀稳定进水压力 2. 对水的预处理设备酌情予以修理和再生，以改善原料水条件
操作中断	1. 开机时，当冷水高速进入蒸馏水机，蒸汽消耗太高，通过来自压力开关的脉冲信号中断蒸馏 2. 进料水压力不足 3. 冷凝器温度波动(甚至低于85℃) 4. 水的预处理设备处于再生，供水的交替期间使进料水的水质波动	1. 属初始状态，待1～2min就会恢复操作平衡，无需调节 2. 按接管技术重新调整进料水压力 3. 检查蒸馏水机质量控制系统各元件的工作状态是否正常 4. 改善水质预处理设备运转工况，使供水质量稳定

三、注射用水制备工序操作考核

注射用水制备工序操作考核主要技能要求如表8-2-5所示。

表8-2-5 注射用水制备工序操作考核标准

考核内容	技能要求	分值
生产前准备	1. 检查核实清场情况，检查“清场合格证” 2. 按操作规程检查设备、管路、循环管路情况，调节仪表 3. 对计量容器、衡器进行检查核准 4. 作好氯化物、铵盐、酸碱度化验准备 5. 挂好本次运行状态标志	20
生产操作	1. 按顺序开启蒸汽管排水截门，蒸馏水机进汽阀门，蒸馏水机排汽阀门，纯化水、冷却水、压缩气阀门 2. 蒸汽控制通加热蒸汽预热的时间 3. 接通电源，打开电锁，按下启动按钮 4. 按下质量按钮，进行电导率的测定 5. 按正确顺序关机及阀门	40
质量控制	各项参数应符合相应的要求	10
记录	运行记录填写准确完整	10
生产结束清场	1. 生产场地清洁 2. 工具和容器清洁 3. 生产设备的清洁 4. 清场记录填写准确完整	10
其他	正确回答考核人员提出的问题	10
合计		100

学生学习进度考核评定

一、学生学习进度考核题目

（一）问答题

1. 注射用水制备系统的组成是什么？

2. 叙述注射用水的操作过程。

3. 注射用水需在什么条件下储存？储存时间一般为多久？

4. 注射用水制备系统的常见故障有哪些？如何排除？

（二）实际操作题

制备注射用水，并维护纯化水制备系统。

二、学生学习考核评定标准

编号	考核内容	分值	得分
1	说出和指出列管式多效蒸馏水器结构和组成	30	
2	操作列管式多效蒸馏水机	30	
3	说出和排除常见故障	20	
4	维护维修列管式多效蒸馏水机	20	
5	合计	100	

项目九　基本操作生产设备

模块一　粉碎设备

学习目标

1. 能正确操作万能式粉碎机、柴田式粉碎机、胶体磨。
2. 能正确维护、维修万能式粉碎机、柴田式粉碎机、胶体磨。
3. 建立粉碎机标准操作程序，保证粉末质量符合规定要求。

所需设备、材料和工具

名称	规格	单位	数量
万能式粉碎机	30B 型	台	1
维护、维修工具		箱	1
工作服		套	1

准备工作

一、职业形象

进入D级洁净生产区的人员不得化妆和佩带饰物。洁净区内工作人员应尽量减少交谈，进入洁净区要随时关门，在洁净区内动作要尽量缓慢，避免剧烈运动、大声喧哗，减少个人发尘量，保持洁净区的风速、风量、风型和风压。生产区、仓储区应当禁止吸烟和饮食；操作人员应当避免裸手直接接触药品、与药品直接接触的包装材料和设备表面。禁止面对药品打喷嚏和咳嗽。当同一厂房内同时生产不同品种时，禁止不同工序之间人员随意走动。任何情况下（包括去厕所后、饭后、喝水后、吸烟后）进入洁净区时均应按进入洁净室更衣程序进行洗手、消毒。

二、职场环境

1. 环境

符合GMP规范的相关要求。D级洁净区内进行生产，D级洁净区要求门窗表面应光洁，不要求抛光表面，应易于清洁。窗户要求密封并具有保温性能，不能开启。对外应急门要求密封并具有保温性能。

2. 环境温湿度

温度应控制在18～26℃，湿度应控制在45%～65%。

3. 环境灯光

不能低于300lx，灯罩应密封完好。

4. 电源

应在操作间外，确保安全生产。380V，50Hz，三相五线制，N线和PE线不能相互干扰。

三、物料要求

（一）颗粒要求

1. 物料严禁混有金属物。

2. 物料含水分不应超过5%。

（二）粉碎适用范围

适用：中、细碎物料，适用于中等硬度的干燥物料，如结晶性药物、非组织性的块状脆性药物、干浸膏颗粒等的粉碎。

不宜：腐蚀性大的药物，剧毒药，贵重药，以及挥发性、软化点低的药物粉碎。

学习内容

粉碎主要是借机械力将固体物料粉碎成微粉的操作过程，分为弹性粉碎和韧性粉碎。弹性变形范围内破碎称为弹性粉碎，一般极性晶体药物的粉碎为弹性粉碎，粉碎较易。塑性变形之后的破碎称韧性粉碎，非极性晶体药物的粉碎为韧性粉碎。

一、结构与工作原理

（一）万能粉碎机（机械式）

对物料的作用力以撞击力为主，适用于脆性、韧性物料以及中碎、细碎等物料的粉碎要求，故又称为“万能粉碎机”。此类粉碎机的粉碎比一般为（20～70）∶1左右，典型的粉碎机有冲击式和锤击式。

1. 冲击柱式粉碎机

（1）结构　设备主要由加料斗、抖动装置、环状筛板、入料口、钢齿、出粉口、水平轴等部件组成，如图9-1-1、图9-1-2所示。

（2）工作原理　粉碎室的转子及室盖面装有相互交叉排列的钢齿，转子上的钢齿能围绕室盖上的钢齿旋转，药物自高速旋转的转子获得离心力而抛向室壁，因而产生撞击作用。由于转子的转速很高，具有强烈的粉碎作用。待药物到达钢齿外围时已具有一定的粉碎度。由于高速旋转盘的离心作用，物料从中心部位被抛向外壁的过程中受到冲击柱的作用，而且所受冲击力越来越大，粉碎得越来越细，最后物料到达外壁，细粒借转子产生的气流作用通过室壁的环状筛板分离，从底部的筛孔出料，粗粉在机内继续粉碎。药物在急剧运行过程中亦受到钢齿间的劈裂、撕裂与研磨的作用。

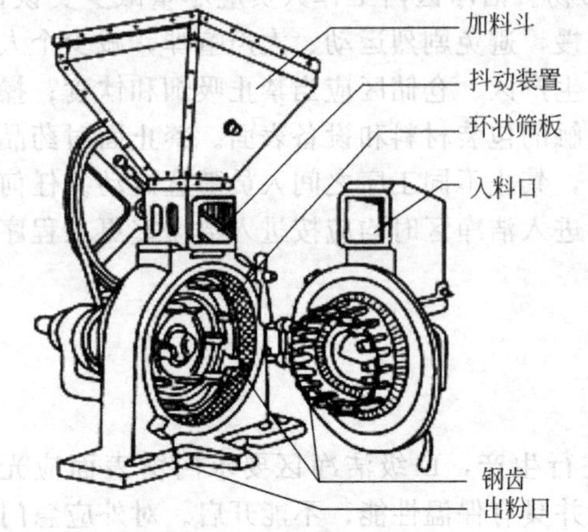

图9-1-1　冲击柱式粉碎机

（3）特点　适用于粉碎多种干燥药材。由于

图 9-1-2　冲击柱式粉碎机外观

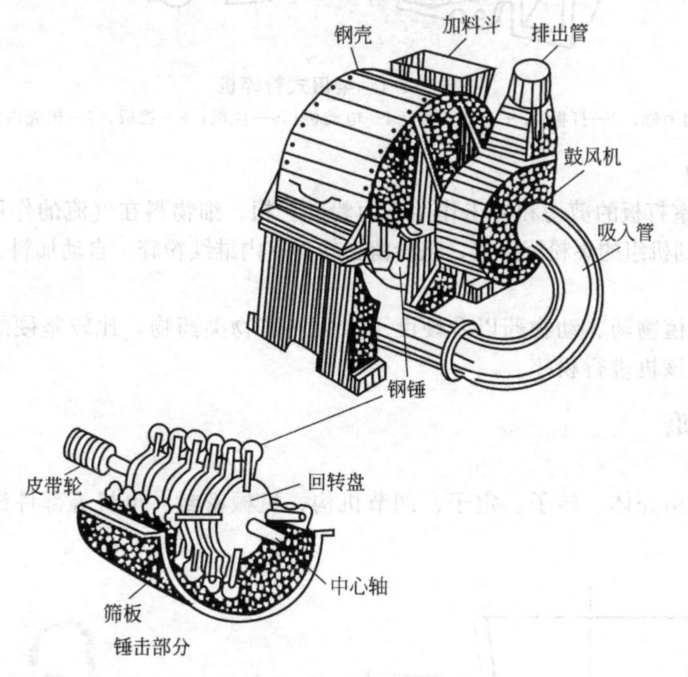

图 9-1-3　锤击式粉碎机

高速，粉碎过程中物料会发热、结炭，故不宜粉碎含有大量挥发性成分和黏性的药材。

2. 锤击式粉碎机

(1) 结构　锤击式粉碎机由带有衬板的机壳、高速旋转的主轴、加料斗、螺旋加料器、筛板以及产品排出口等组成（如图 9-1-3 所示）。

(2) 工作原理　当粒径小于 10mm 的固体物料由螺旋加料器连续定量进入到粉碎室时，物料受高速旋转锤的强大冲击、剪切和被抛向衬板的撞击等作用而被粉碎，细料通过筛板进出口排出为成品，粗料继续被粉碎。机壳内衬板的工作面呈锯齿状，可更换，这对于颗粒撞击内壁而被粉碎是有利的。锤头的“迎料”面装置碳化钨保护套，以提高耐磨性。

(3) 特点　锤击式粉碎机结构简单，操作方便，粉碎粒度比较均匀。其粒度可由锤头的形状、大小、转速以及筛网的目数来调节。

(二) 柴田式粉碎机

1. 结构

柴田式粉碎机主要由粉碎室、甩盘、挡板、风机、外壳和内套组成，如图 9-1-4 所示。

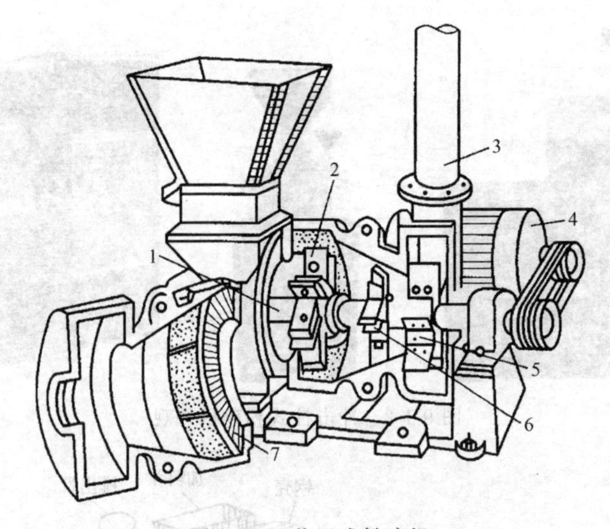

图 9-1-4　柴田式粉碎机

1—动力轴；2—打板；3—出粉风管；4—电动机；5—风机；6—挡板；7—机壳内壁钢齿

2. 工作原理

物料在粉碎室打板的剪切和冲击作用下而粉碎。粗、细物料在气流的作用下经风板将其分开，细粉被风送到机组的集粉沉降器，粗粉留在粉碎室内继续粉碎。自动加料，可连续操作。

3. 特点

适用于粉碎植物药、动物药以及硬度不太大的矿物类药物。比较坚硬的矿物药和含油多的药物不宜使用该机进行粉碎。

(三) 胶体磨

1. 结构

胶体磨主要由壳体、转子、定子、调节机构、机械密封、电机等部件组成，如图 9-1-5、图 9-1-6 所示。

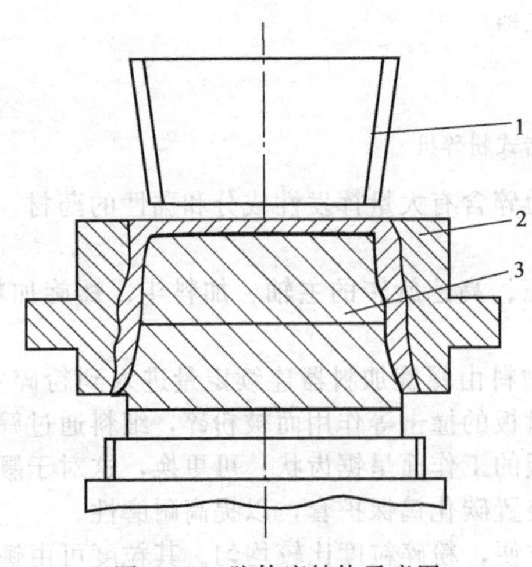

图 9-1-5　胶体磨结构示意图

1—料斗；2—可调隙定子；3—转子

图 9-1-6　胶体磨外形

2. 工作原理

利用高速旋转的定子与转子间的可调节间隙，使物料受到强大的剪切、摩擦及高频振动等作用，有效地粉碎、乳化、均质。

3. 特点

各类乳状液的均质、乳化、粉碎，广泛用于混悬液、乳浊液的制备。

二、操作

（一）准备

检查制备用生产场地、设备、容器是否清洁；检查清场合格证，核对清场合格证，核对其有效期，取下标识牌；配制班长按生产指令填写工作状态，挂生产标示牌于指定位置；检查电源是否正常；检查进料口、筛网各部位；检查接料袋是否固定好。

（二）开机加料

打开电源，让机器先空转启动；待机器运转正常后，方可开始加料。加料必须均匀。

（三）停机

停机前先停止加料，待 10min 后或不再出料后再停机；旋松出料钮，出料门打开。

粉碎工序操作流程见图 9-1-7。

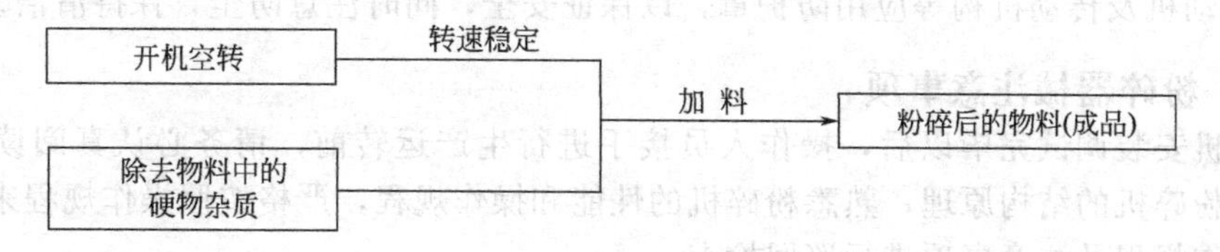

图 9-1-7 粉碎的流程

（四）操作要点

1. 先润滑轴承。

2. 开机前检查机器完好，拉动皮带转动顺畅。

3. 检查物料中有无金属、石块等硬物。

4. 先开机空转，确认正常再投料，投料要均匀切忌多加。

5. 不得将手或工具伸入机器内或在机器上方传递物件。

6. 操作人员不得离岗，发现异常响声立即关机检查。

7. 每次投料总容量不得超过进料口的 2/3。

8. 定期检查所有外露螺栓、螺母，并拧紧。

9. 发现异常声响或其他不良现象，应立即停机检查。

10. 设备的密封胶垫是否损坏、漏粉时应及时更换。

11. 接料袋应及时清洗更换。

（五）粉碎机清洁与消毒

1. 粉碎机是生产固体制剂的基础设备，必须彻底清洁，使之符合工艺设备卫生要求。

2. 粉碎物料后，拔下插头，切断电源，解开接料袋，打开阀门，取出筛网和插栓。

3. 筛网和插栓送清洁室清洁，先用饮用水清洗，再用纯水，最后用 75％的乙醇擦洗消毒。

4. 设备外围固定部分先用饮用水，最后用纯水清洗，再用 75％乙醇擦洗消毒。

5. 清洁后的筛网、插栓重新安装于粉碎机上。

6. 清洁完毕，报质检员检查，检查合格后挂“已清洁”标识牌。

7. 若超过消毒有效期限，生产使用前，用 75％乙醇对设备的每个部位进行全面擦拭消毒。

8. 填写“设备清洁记录”。

三、维护与保养

（一）粉碎规则

1. 粉碎后应保持药物的组成和药理作用不变。

2. 根据应用目的和药物剂型，控制适当的粉碎程度。

3. 粉碎过程中应注意及时过筛，以免部分药物过度粉碎，而且也可提高工效。

4. 中药必须全部粉碎应用，较难粉碎部分，不应随意丢弃。

（二）粉碎器械的使用保养

1. 高速运转的粉碎机开动后，待其转速稳定时再加料，否则易烧坏电机。

2. 药物中不应夹杂硬物，特别是铁钉、铁块，它们可破坏钢齿、筛板。

3. 各种传动机构如轴承、伞形齿轮等，必须保持良好润滑性，以保证机件的完好与正常运转。

4. 电动机及传动机构等应用防护罩，以保证安全，同时注意防尘，保持清洁。

（三）粉碎器械注意事项

粉碎机安装调试完毕以后，操作人员接手进行生产运转前，请务必认真阅读产品说明书，了解粉碎机的结构原理，熟悉粉碎机的性能和操作规程，严格按照操作规程来操作，同时按照操作规程及注意事项进行巡回检查。

严格按照操作规程来操作的同时还要牢记以下工作：

1. 粉碎机电机出厂前已铅封，联轴器已校正，不要松动。

2. 定时清理永磁筒及粉碎机喂料器永磁板上的铁杂质。

3. 定时检查粉碎成品的细度。

4. 定期清理或更换除尘器布袋（确保布袋透气），定期检查电磁阀的工作情况（看其是否能够正常工作）。

5. 定期检查粉碎机各易损件的磨损情况，看是否属于正常磨损。

6. 随时观察粉碎机的振动情况。

7. 粉碎机锤片磨损严重需要进行更换时，要注意进行称量，保证两相对（180°方向）锤销轴上相对的两块锤片的重量差≤1g，以及两相对（180°方向）锤销轴上锤片的总重量差≤2g。

8. 粉碎机筛网磨损严重需要更换时，要注意新筛网的平整度及筛网的尺寸是否合理，安装是否到位，安装时最好使筛网毛面朝里。

9. 叶轮喂料器补风门的开启度应调节适当。

10. 若发现粉碎机振动大、噪声高等异常情况，应立即停机检查。

11. 主轴轴承每运行40h后应加80g润滑脂，但只能加到60%，经过1800h的运行后，轴承箱盖应拆下，换掉所有用过的润滑脂。当换上新鲜润滑脂时，给滚柱和轴承圈周围区域加润滑脂，并在底部箱体加1/3～1/2的润滑脂，千万不要加过多的润滑脂。

12. 当发现粉碎机产量突然下降时，除原料的因素外，应重点检查补风门是否到位，管道是否漏风，脉冲布袋是否堵塞，电磁阀、风机是否正常工作等。

四、主要技术参数

万能粉碎机主要技术参数见表9-1-1。

表 9-1-1　20B、30B、40B 型万能粉碎机主要技术参数

机型	20B 型万能粉碎机	30B 型万能粉碎机	40B 型万能粉碎机
生产能力	60～150kg/h	100～300kg/h	160～800kg/h
主轴转速	5800r/min	4500r/min	3800r/min
进料粒度	6mm	10mm	12mm
粉碎细度	60～150 目	60～120 目	60～120 目
电机功率	4kW	5.5kW	11kW
设备重量	250kg	320kg	550kg

五、粉碎工序操作考核

粉碎工序操作考核标准见表 9-1-2。

表 9-1-2　粉碎工序操作考核标准

项目	技能要求	分值
零部件辨认	能正确辨认粉碎机零部件名称	10
生产前检查	环境、温度、相对湿度、储存间、操作间设备状态标识	10
安装、检查	1. 接好粉碎机、过筛机出料口的布袋 2. 接通电源,空机试运行	15
质量控制	粉碎收得率 95%～100%	15
记录与状态标识	1. 生产记录完整、适时填写 2. 适时填写、悬挂、更换状态标识	20
生产结束清场	1. 清理产品:交中间站 2. 清洁生产设备:顺序正确 3. 清洁工具和容器 4. 清洁场地	20
其他	正确回答粉碎中常见的问题	10
合计		100

学生学习进度考核评定

一、学生学习进度考核题目

问答题

1. 主要的粉碎作用力有哪些?

2. 万能粉碎机、锤击式粉碎机、球磨机靠什么作用力来粉碎物料?

3. 万能粉碎机的安全操作要点有哪些?

4. 柴田式粉碎机中挡板的作用是什么?

5. 简述胶体磨的适用范围,如何控制粉碎细度?

6. 气流粉碎机为什么适合粉碎热敏性、低熔点的物料?

二、学生学习考核评定标准

编号	考核内容	分值	得分
1	认识粉碎设备的结构和组成	30	
2	操作粉碎设备	35	
3	维护维修粉碎设备	35	
4	合计	100	

模块二 过筛设备

学习目标

1. 能正确操作振动筛、摇动筛。
2. 能正确维护、维修振动筛、摇动筛。
3. 建立过筛机标准操作程序，保证粉末质量符合规定要求。

所需设备、材料和工具

名称	规格	单位	数量
振动筛	ZL-515 型	台	1
维护、维修工具		箱	1
工作服		套	1

责任

组长负责按本程序实施，操作人员严格按照本程序执行，工艺员、质检员负责监督、检查。

准备工作

一、职业形象

进入 D 级洁净生产区的人员不得化妆和佩带饰物。洁净区内工作人员应尽量减少交谈，进入洁净区要随时关门，在洁净区内动作要尽量缓慢，避免剧烈运动、大声喧哗，减少个人发尘量，保持洁净区的风速、风量、风型和风压。生产区、仓储区应当禁止吸烟和饮食；操作人员应当避免裸手直接接触药品、与药品直接接触的包装材料和设备表面。禁止面对药品打喷嚏和咳嗽。当同一厂房内同时生产不同品种时，禁止不同工序之间人员随意走动。任何情况下（包括去厕所后、饭后、喝水后、吸烟后）进入洁净区时均应按进入洁净室更衣程序进行洗手、消毒。

二、职场环境

（一）环境

符合 GMP 规范的相关要求。D 级洁净区内进行生产，D 级洁净区要求门窗表面应光洁，不要求抛光表面，应易于清洁。窗户要求密封并具有保温性能，不能开启。对外应急门要求密封并具有保温性能。

（二）环境温湿度

温度应控制在 18～26℃，湿度应控制在 45%～65%。

（三）环境灯光

不能低于300lx，灯罩应密封完好。

（四）电源

应在操作间外，确保安全生产。380V，50Hz，三相五线制，N线和PE线不能相互干扰。

学习内容

将不同粒度的混合物料按粒度大小进行分离的操作称为分级。用筛网进行分级的方法称为筛分法。筛分法操作简单、经济，而且分级精度比较高。筛分的目的是为了得到较均匀粒度的物料，筛分过程可用于直接制备成品，也可用于中间工序。它对药品质量以及制剂生产的顺利进行均有重要意义。如散剂除另有规定外一般均应通过100目筛，其他粉末制剂亦都有药典规定的粒度要求。在片剂生产中，进行混合、制粒、压片等单元操作时，筛分对混合度、粒子流动性、充填性、片重差异、硬度、裂片等具有显著的影响。

一、结构与原理

（一）摇动筛

1. 结构

摇动筛主要由筛框、筛网、偏心轮、连杆、摇杆、电动机等主要部件组成（图9-2-1、图9-2-2）。

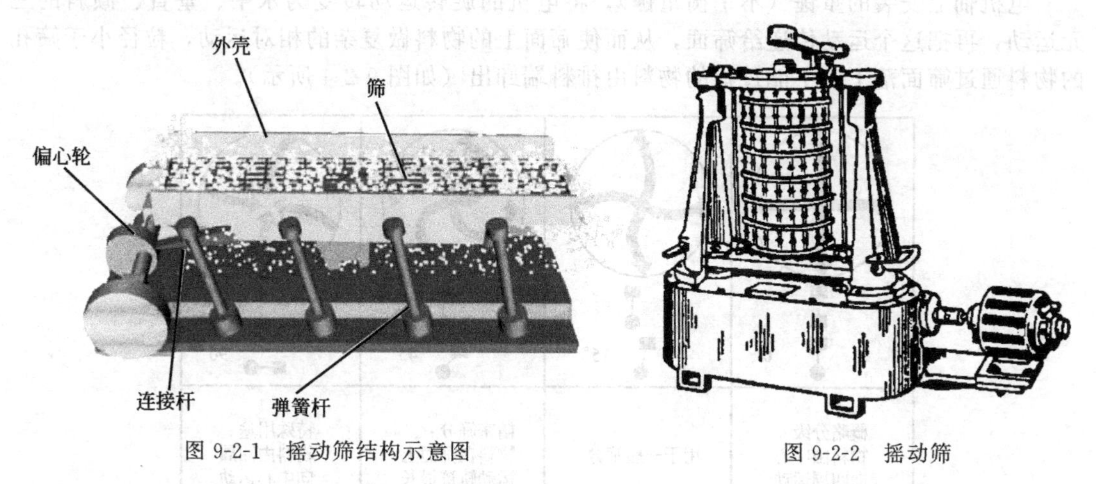

图9-2-1 摇动筛结构示意图　　图9-2-2 摇动筛

2. 工作原理

电机通过皮带传动使偏心轴旋转，并通过连杆来带动筛框做往复运动，使筛面上的物料以一定速度向排料端移动，粒径小于筛孔的物料通过筛面落下，不能过筛的物料由排料端卸出。

3. 特点

结构比较简单，安装高度不大，检修容易，振动大，噪声大，速度慢，效率低，只用于小规模生产。

（二）振动筛

1. 结构

本机由料斗、振荡室、联轴器、电机组成。振荡室由偏心轮、橡胶软件、主轴、轴承等组成。振动筛是利用机械装置（如偏心轮、偏重轮等）或电磁装置（电磁铁和弹簧接触界面

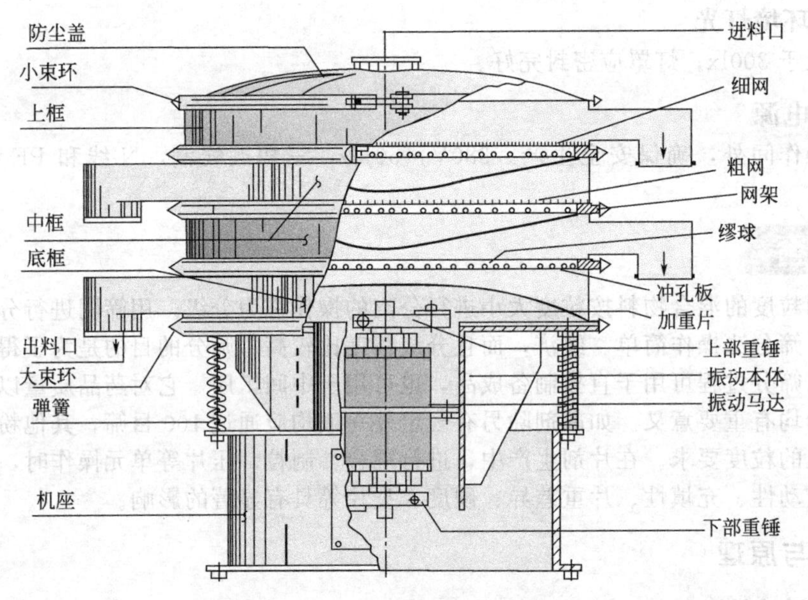

图 9-2-3　振动筛结构示意图

等）使筛产生振动将物料进行分离的设备（如图 9-2-3 所示）。

2. 工作原理

电机轴上安装的重锤（不平衡重锤），将电机的旋转运动转变为水平、垂直、倾斜的三元运动，再把这个运动传递给筛面，从而使筛面上的物料做复杂的相对运动，粒径小于筛孔的物料通过筛面落下，不能过筛的物料由排料端卸出（如图 9-2-4 所示）。

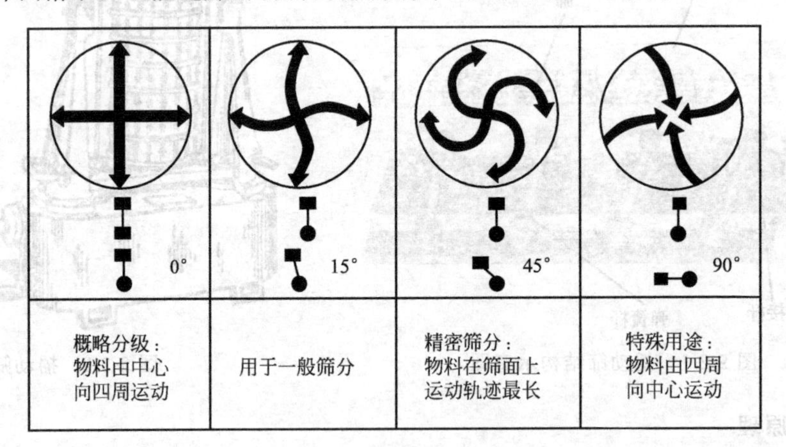

图 9-2-4　振动筛工作原理

3. 特点

筛分效率高，操作简单，清洗方便；全封闭结构，可防止粉末飞扬，符合 GMP 要求；分级的粉体自动排出，可以连续作业；耗能少，体积小；适于中、大规模生产。

二、操作

（一）准备

检查制备用生产场地、设备、容器是否清洁；检查清场合格证，核对清场合格证，核对其有效期，取下标识牌；配制班长按生产指令填写工作状态，挂生产标示牌于指定位置；检查电源是否正常；检查进料口、筛网各部位；检查接料袋是否固定好。

（二）开机加料

打开电源，让机器先空转启动；待机器运转正常后，方可开始加料，加料必须均匀。

（三）停机

停机前先停止加料，待 10min 后或不再出料后再停机。

（四）操作要点

1. 运转前检查

（1）机身是否处在水平状态。

（2）机座是否固定妥当。

（3）筛网是否铺平。

（4）机身框架的束环螺钉是否锁紧。

（5）进料管与筛网间的距离是否足够。

（6）机身是否接触到其他物品。

2. 启动顺序

（1）启动出料机械。

（2）启动筛分机。

（3）启动进料装置。

3. 运转时注意事项

（1）是否有异常杂音。

（2）电机是否依机身箭头所示的方向转动。

（3）筛网是否太松。

（4）电机电流是否正确，是否单向运转。

4. 停机顺序

（1）停止喂料。

（2）待物料全部排出，停止筛分机械。

（3）停止出料机械。

（五）过筛机清洁消毒

1. 过筛机是生产固体制剂的基础设备，必须彻底清洁，使之符合工艺设备卫生要求。

2. 筛分物料后，拔下插头，切断电源，解开接料袋，打开设备，取出筛网和插栓。

3. 筛网和插栓送清洁室清洁，先用饮用水清洗，后用纯化水，再用 75％乙醇擦拭消毒。

4. 设备外围固定部分应用水清洗，最后用纯化水清洗，再用 75％乙醇擦拭消毒。

5. 清洁后的筛网、插栓重新安装于过筛机上。

6. 清洁完毕，报质检员检查，检查合格后挂“已清洁”标识牌。

7. 若超出清洁有效期限，在生产使用前，需用 75％乙醇对设备的每个部位进行全面擦拭消毒。

8. 填写清洁记录。

三、维护与保养

（一）注意事项

1. 加强振动：避免有跳动和滑动现象。

2. 粉末运动速度：不宜过快。

3. 粉末要干燥。

4. 清理筛孔。

5. 加料厚度适宜。

6. 注意劳动保护。

（二）维护要点

1. 新安装机器须在安装后试运行，如已经长时间使用，则须试运行几分钟。
2. 筛子应在无负荷的情况下启动，待筛子运转平稳后开始给料。
3. 停机时应先停止给料，待筛面上物料排出后再停机。

（三）粉碎器械注意事项

1. 物料粉碎前应目检，防止异物混入。
2. 筛网每次使用前后均应检查，发现破损应调查原因，并及时更换。
3. 筛分机应空载启动，启动顺畅后，再缓慢、均匀加料，不可过急加料，以防筛分机过载引致塞机、死机。
4. 发现机器故障，必须停机，关闭电源，通知维修人员前来修理，不可私自进行修理，以防发生意外。
5. 定期为机器加润滑油。
6. 每次使用完毕，必须关掉电源，方可进行清洁。

四、主要技术参数

ZS 系列振荡筛主要技术参数见表 9-2-1。

表 9-2-1　ZS 系列振荡筛主要技术参数

项目	设备型号	
	ZS-350	ZS-515
生产能力/(kg/h)	60～150	100～300
过筛目数	12～200	12～200
电机功率/kW	0.55	0.75
主轴转速/(r/min)	1380	1380
外形尺寸/mm	540×540×1060	710×710×1290
设备净重/kg	100	180

五、基础知识

（一）筛分的概念与目的

筛分指将粉碎后的物料通过网孔状工具将粒度不均匀的颗粒分离成两种或两种以上粒级的操作过程。

目的：满足医疗和制剂的需要，筛除粗粒、细粉、异物或杂质，整粒、粉末分级。

（二）筛面

1. 冲眼筛

冲眼筛又称模压筛，系在金属板上冲出圆形的筛孔而成。其筛孔坚固，孔径不易变动。用于高速旋转粉碎机的筛板及药丸的筛选。

2. 编织筛

编织筛是用一定机械强度的金属丝（如不锈钢、铜丝、铁丝等）或非金属丝（如蚕丝、尼龙丝、绢丝等）编织而成。尼龙丝对一般药物较稳定，在制剂生产中应用较多。编织筛线易产生位移，导致筛孔变形。

(三) 粉末分级

《中华人民共和国药典》2010 年版规定把固体粉末分为六级：

最粗粉——指能全部通过 1 号筛，但混有能通过 3 号筛不超过 20%的粉末。

粗粉——指能全部通过 2 号筛，但混有能通过 4 号筛不超过 40%的粉末。

中粉——指能全部通过 4 号筛，但混有能通过 5 号筛不超过 60%的粉末。

细粉——指能全部通过 5 号筛，并含能通过 6 号筛不少于 95%的粉末。

最细粉——指能全部通过 6 号筛，并含能通过 7 号筛不少于 95%的粉末。

极细粉——指能全部通过 8 号筛，并含能通过 9 号筛不少于 95%的粉末。

2010 年版《中华人民共和国药典》指出的标准筛规格见表 9-2-2。

表 9-2-2　2010 年版《中华人民共和国药典》标准筛规格

筛号	筛孔内径(平均值)/μm	目号
1 号筛	2000±70	10
2 号筛	850 ±29	24
3 号筛	355 ±13	50
4 号筛	250 ±9.9	65
5 号筛	180 ±7.6	80
6 号筛	150 ±6.6	100
7 号筛	125 ±5.8	120
8 号筛	90 ±4.6	150
9 号筛	75 ±4.1	200

六、粉碎工序操作考核

粉碎工序操作考核技能要求见表 9-2-3。

表 9-2-3　粉碎工序操作考核标准

考核内容	技能要求	分值
零部件辨认	能正确辨认过筛机零部件名称	10
生产前检查	环境、温度、相对湿度、储存间、操作间设备状态标识	10
安装、检查	1. 接好过筛机出料口的布袋 2. 接通电源，空载试运行	15
质量控制	过筛收得率 95%～100%	15
记录与状态标识	1. 生产记录完整、适时填写 2. 适时填写、悬挂、更换状态标识	20
生产结束清场	1. 清理产品：交中间站 2. 清洁生产设备：顺序正确 3. 清洁工具和容器 4. 清洁场地	20
其他	正确回答粉碎中常见的问题	10
合计		100

学生学习进度考核评定

一、学生学习进度考核题目

（一）问答题

1. 试写出过筛机主要部件名称并指出其位置（不少于 3 种）。

2. 振动过筛机筛析的原理是什么？

3. 《药品生产质量管理规范》对本岗位生产环境有哪些要求？

4. 过筛的操作要点有哪些？

（二）实际操作题

操作振动筛，并进行维护与保养。

二、学生学习考核评定标准

编号	考核内容	分值	实际得分
1	认识过筛设备的结构和组成	30 分	
2	操作过筛设备	35 分	
3	维护维修过筛设备	35 分	
4	合计	100 分	

模块三 混合设备

学习目标

1. 能正确操作容器旋转型混合机、容器固定型混合机、三维运动混合机。
2. 能正确维护、维修容器旋转型混合机、容器固定型混合机、三维运动混合机。

所需设备、材料和工具

名称	规格	单位	数量
三维运动混合机	SYH 型	台	1
维护、维修工具		箱	1
工作服		套	1

准备工作

一、职业形象

进入D级洁净生产区的人员不得化妆和佩带饰物。洁净区内工作人员应尽量减少交谈，进入洁净区要随时关门，在洁净区内动作要尽量缓慢，避免剧烈运动、大声喧哗，减少个人发尘量，保持洁净区的风速、风量、风型和风压。生产区、仓储区应当禁止吸烟和饮食；操作人员应当避免裸手直接接触药品、与药品直接接触的包装材料和设备表面。禁止面对药品打喷嚏和咳嗽。当同一厂房内同时生产不同品种时，禁止不同工序之间人员随意走动。任何情况下（包括去厕所后、饭后、喝水后、吸烟后）进入洁净区时均应按进入洁净室更衣程序进行洗手、消毒。

二、职场环境

1. 环境

符合GMP规范的相关要求。D级洁净区内进行生产，D级洁净区要求门窗表面应光洁，不要求抛光表面，应易于清洁。窗户要求密封并具有保温性能，不能开启。对外应急门要求密封并具有保温性能。

2. 环境温湿度

温度应控制在18～26℃，湿度应控制在45%～65%。

3. 环境灯光

不能低于300lx，灯罩应密封完好。

4. 电源

应在操作间外，确保安全生产。380V，50Hz，三相五线制，N线和PE线不能相互干扰。

学习内容

混合分为：

（1）对流混合　在机械转动下固体粒子群体产生大幅度位移时进行的总体混合。

（2）剪切混合　由于粒子群内部的作用结果，在不同组成的区域间发生剪切作用而产生滑动面，破坏粒子群的凝聚状态而进行的局部混合。

（3）扩散混合　相邻粒子间产生无规则运动时相互交换位置而进行的局部混合。

一、结构与工作原理

实验室常用的混合方法有搅拌混合、研磨混合、过筛混合。大批量生产中的混合过程多采用搅拌或容器旋转使物料产生整体和局部的移动而达到混合目的。混合设备大致分为两大类，即容器旋转型和容器固定型。

（一）容器旋转型混合机

1. 水平圆筒形混合机

（1）结构　筒体在轴向旋转时带动物料向上运动，并在重力作用下往下滑落的反复运动中进行混合。总体混合主要以对流、剪切混合为主，而轴向混合以扩散混合为主（如图 9-3-1 所示）。

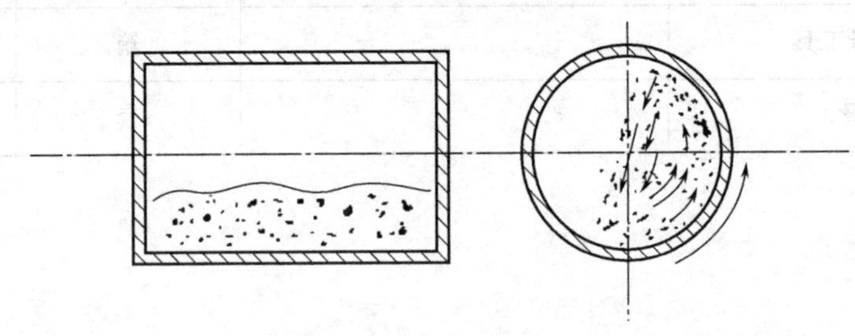

图 9-3-1　水平圆筒形混合机

（2）工作原理　是物料受筒体轴向旋转时离心力产生的摩擦力作用向上运动，其后物料在重力作用下往下滑落，如此反复运动而进行混合。该水平圆筒形混合机的混合度较低，但结构简单、成本低。操作中最适宜转速为临界转速的 70%～90%；最适宜充填量或容积装量比（物料容积/混合机全容积）约为 30%（如图 9-3-2）。

（3）特点　其圆筒轴线与回转轴线重合。操作时，粉料的流型简单，粉粒沿水平轴线的运动困难，容器内两端位置有混合死角，卸料不方便，因此混合效果不理想，混合时间长，一般应用较少。

2. V 形混合机

（1）结构　由两个圆筒成 V 形交叉结合而成。交叉角 $\alpha=80°\sim81°$，直径与长度之比为 (0.8～0.9)∶1，如图 9-3-3、图 9-3-4 所示。

（2）工作原理　V 形混合器在旋转时，物料能交替地集中在 V 形筒的底部，当 V 形筒倒过来时，物料又分成两份，即多次时分时合，其对流和剪切混合作用较双锥形更为强烈。V 形混合器的混合效率高，一般在几分钟内即可混合均匀一批物料，用于流动性较好的干性粉状、颗粒状物料的混合。本混合机以对流混合为主，混合速度快，效果好，应用广泛。

（3）特点　混合筒转速 6～25r/min，混合时间约 6～10min。容器非对称性，操作时，物料时聚时散，效果比双锥形更好，适用于流动性较好的干性粉状、颗粒状物料的混合。

3. 双锥形混合机

（1）结构　双锥形混合机的容器是由两个锥筒和一段短柱筒焊接而成，其锥角有 90°和 60°两种结构，如图 9-3-5、图 9-3-6 所示。

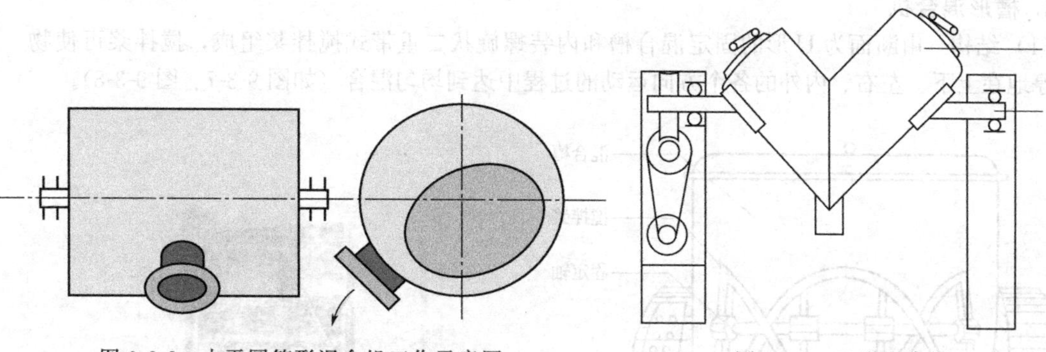

图 9-3-2　水平圆筒形混合机工作示意图　　　图 9-3-3　V形混合机

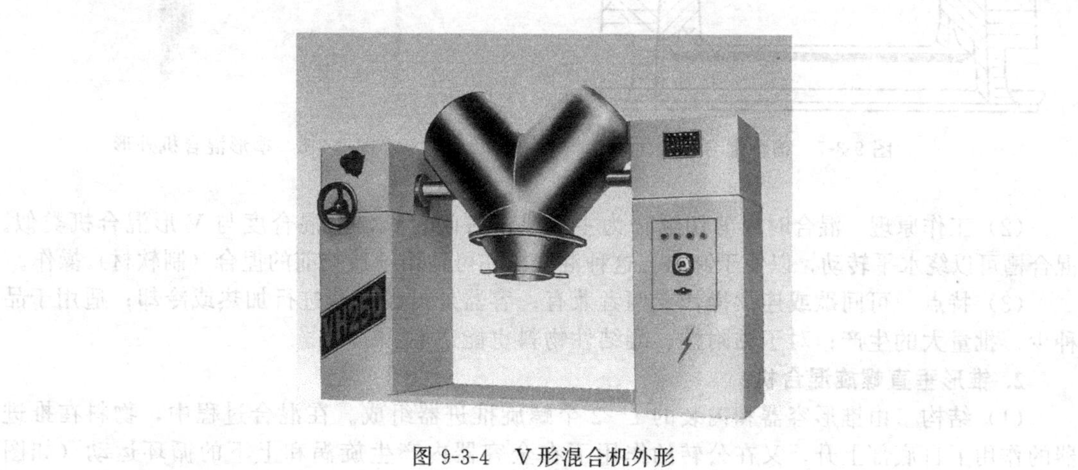

图 9-3-4　V形混合机外形

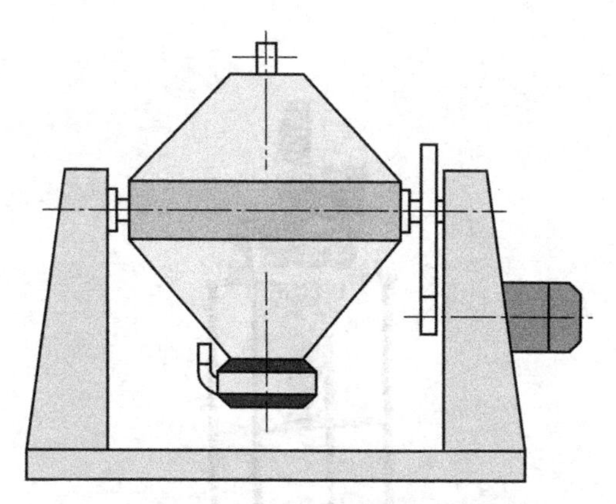

图 9-3-5　双锥形混合机

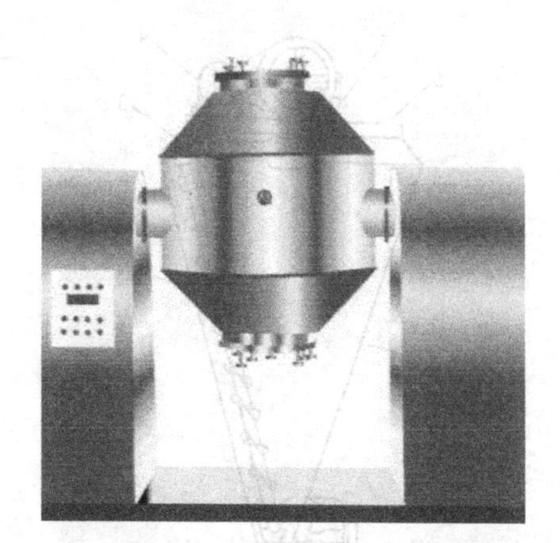

图 9-3-6　双锥形混合机外形

(2) 工作原理　本机将粉末或颗粒状物料通过真空输送或人工加料到双锥容器中，随着容器的不断旋转，物料在容器中进行复杂的撞击运动，达到均匀的混合。

(3) 特点　双锥形混合机工作效率较高，节约能源，操作方便，劳动强度低。适用于医药、化工、食品、建材等行业的粉状、粒状物料的混合。

(二) 容器固定型混合机

1. 槽形混合机

(1) 结构　由断面为U形的固定混合槽和内装螺旋状二重带式搅拌桨组成，搅拌桨可使物料不停地在上下、左右、内外的各个方向运动的过程中达到均匀混合（如图 9-3-7、图 9-3-8）。

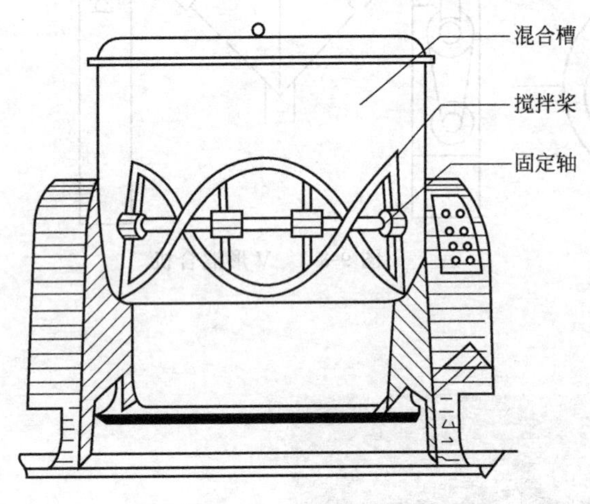

图 9-3-7　槽形混合机

图 9-3-8　槽形混合机外形

(2) 工作原理　混合时以剪切混合为主，混合时间较长，但混合度与V形混合机类似。混合槽可以绕水平转动，以便于卸料。这种混合机亦可适用于造粒前的捏合（制软材）操作。

(3) 特点　可间歇或连续操作或两者兼有；容器外可设夹套进行加热或冷却；适用于品种少、批量大的生产；对于黏附性、凝结性物料也能适应。

2. 锥形垂直螺旋混合机

(1) 结构　由锥形容器和内装的1～2个螺旋推进器组成。在混合过程中，物料在推进器的作用下自底部上升，又在公转的作用下在全容器内产生旋涡和上下的循环运动（如图 9-3-9 所示）。锥形垂直螺旋混合机外形见图 9-3-10。

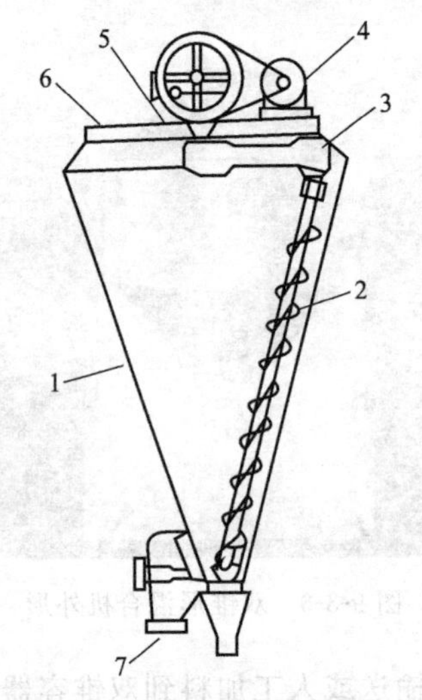

图 9-3-9　锥形垂直螺旋混合机

1—锥形筒体；2—螺旋桨；3—摆动臂；4—马达；
5—减速器；6—加料口；7—出料口

图 9-3-10　锥形垂直螺旋混合机外形

(2) 工作原理 转动部分由电动机、变速装置、横臂传动件及出料阀等组成。出料迅速，干净，不积料。筒盖支撑着整个传动部分，筒盖上设有加料口；底部设有出料口，出料口上装有底阀，混合时底阀关闭，混合完毕打开底阀出料。

(3) 特点 投资费用低，功率消耗小，占地面积小。混合时间长，产量低。粉料混合不很均匀，难处理潮湿或泥浆状粉料等。

(三) 三维运动混合机

1. 结构

三维运动混合机的混合器为两端锥形的圆筒，筒身被两个带有万向节的轴连接，其中一个轴为主动轴，另一个轴为从动轴，如图 9-3-11 所示。

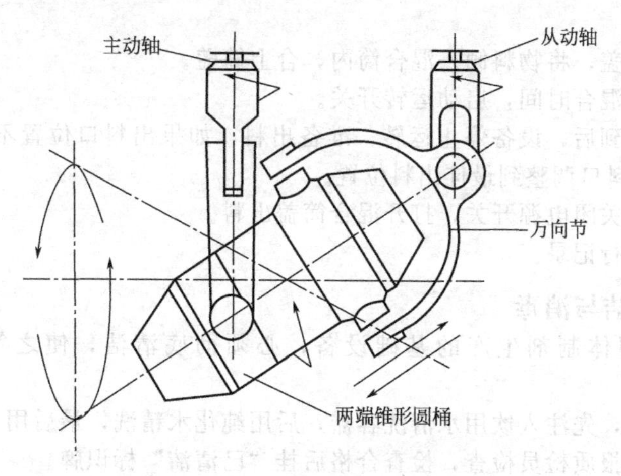

图 9-3-11 三维运动混合机实物图

2. 工作原理

当主动轴旋转时，由于两个万向节的夹持，混合器在空间既有公转又有自转和翻转，做复杂的空间运动。当主轴转动一周时混合容器在两空间交叉轴上下颠倒 4 次，因此物料在容器内除被抛落、平移外还做翻转运动，进行着有效的对流混合、剪切混合和扩散混合，使混合在没有离心力作用下进行。故该设备混合均匀度高、物料装载系数大，特别是在物料间密度、形状、粒径差异较大时可得到很好的混合效果（如图 9-3-12 所示）。

3. 特点

物料在混合过程中无离心力作用，无相对密度偏析及分层、积聚现象，各组分可在悬殊的重量配比下均匀混合，混合率达 99.9%以上。装料系数高，最大装载系数可达到 0.9（普通混合机为 0.4～0.6），且混合时间短，是目前各种混合机中的一种较理想产品。设备结构紧凑，传动采用无级调速（变频或电磁调速），操作十分方便。

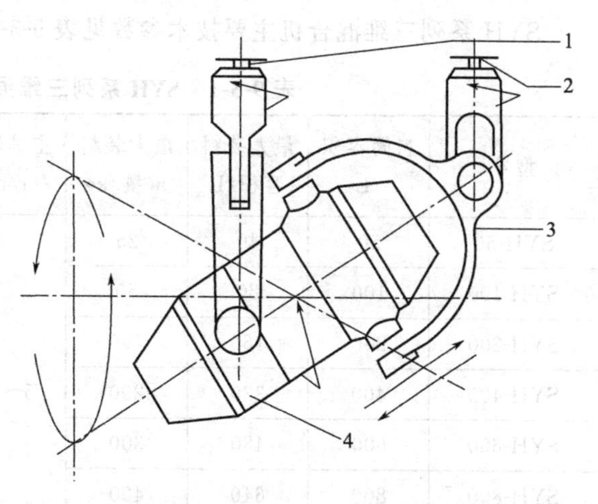

图 9-3-12 三维运动混合机工作示意图

1—主动轴；2—从动轴；3—万向节；4—锥形圆筒

二、操作

(一) 准备

检查制备用生产场地、设备、容器是否清洁；检查清场合格证，核对清场合格证，核对其有效期，取下标识牌；配制班长按生产指令填写工作状态，挂生产标示牌于指定位置；检查电源是否正常。

（二）开机加料

打开电源，让机器先空转，待机器运转正常后，方可开始加料。

（三）设定混合时间

根据物料混合工艺要求，调节时间继电器设定合理的混合时间。

（四）操作要点

1. 接通电源，打开主机开关，使加料口处于合适的加料位置后，关闭主机，关闭电源开关。
2. 打开混合筒盖，将物料倾入混合筒内，合上筒盖。
3. 按要求设定混合时间，启动运转开关。
4. 混合时间达到后，设备停止运转，准备出料，如果出料口位置不理想，可再次按操作程序开机，使出料口调整到最佳出料位置。
5. 关闭主机，关闭电源开关，打开混合筒盖出料。
6. 填写设备运行记录。

（五）设备清洁与消毒

1. 混合机是固体制剂生产的基础设备，必须彻底清洁，使之符合工艺设备卫生要求。
2. 混合物料后，先注入饮用水清洗容器，后用纯化水精洗，最后用75%乙醇消毒。
3. 清洁完毕，报质检员检查，检查合格后挂“已清洁”标识牌。
4. 填写“设备清洁记录”。

三、维护与保养

1. 加料、清洁时应防止损坏加料口法兰及筒内抛光镜面，以防止密封不严与物料粘积。
2. 定期检查皮带及链条的松紧，必要时应进行调整或更换。
3. 定期给链条和从动轴前端游动块加注润滑油。

四、主要技术参数

SYH系列三维混合机主要技术参数见表9-3-1。

表9-3-1　SYH系列三维混合机主要技术参数

型号	料筒容积/L	最大装料容积/L	最大装料重量/kg	主轴转速/(r/min)	电机功率/kW	外形尺寸(长×宽×高)/mm	整机重量/kg
SYH-50	50	40	25	5～13	1.1	1000×1400×1200	300
SYH-100	100	80	50		1.5	1200×1700×1500	500
SYH-200	200	160	100		2.2	1400×1800×1600	800
SYH-400	400	320	200		4	1800×2100×1950	1200
SYH-600	600	480	300		5.5	1900×2100×2250	1500
SYH-800	800	640	400		7.5	2200×2400×2300	2000
SYH-1000	1000	800	600		7.5	2250×2600×2300	2500

五、物料混合工序操作考核

物料混合工序操作考核标准见表 9-3-2。

表 9-3-2 物料混合工序操作考核标准

考核内容	技能要求	分值
零部件辨认	能正确辨认混合机零部件名称	10
生产前检查	环境、温度、相对湿度、操作间、设备状态标识	10
安装、检查	1. 检查混合机安装是否完好 2. 接通电源,空机试运行	15
质量控制	混合收得率 95%~100%	15
记录与状态标识	1. 生产记录完整、适时填写 2. 适时填写、悬挂、更换状态标识	20
生产结束清场	1. 清理产品:交中间站 2. 清洁生产设备:顺序正确 3. 清洁工具和容器 4. 清洁生产现场	20
其他	正确回答混合操作中常见的问题	10
合计		100

学生学习进度考核评定

一、学生学习进度考核题目

(一) 问答题

1. 简述混合岗位操作规程的主要内容。

2. 三维运动混合机有哪些特点?

3. 槽形混合机工作原理是什么?

4. 简述 V 形混合机的主要结构。

5. 为什么要在混合筒运物区范围外设隔离标志线?

(二) 实际操作题

操作 V 形混合机，并对其进行维护与保养。

二、学生学习考核评定标准

编号	考核内容	分值	实际得分
1	认识混合设备的结构和组成	30	
2	操作混合设备	35	
3	维护维修混合设备	35	
4	合计	100	

模块四　灭菌设备

学习目标

1. 能正确操作湿热灭菌设备、干热灭菌设备。
2. 能正确维护、维修湿热灭菌设备、干热灭菌设备。
3. 解决高压蒸汽灭菌生产过程中常见问题及故障排除。

所需设备、材料和工具

名　　称	规格	单位	数量
高压蒸汽灭菌器	MSL. N 型	台	1
维护、维修工具		箱	1
工作服		套	1

一、职业形象

进入D级洁净生产区的人员不得化妆和佩带饰物。洁净区内工作人员应尽量减少交谈，进入洁净区要随时关门，在洁净区内动作要尽量缓慢，避免剧烈运动、大声喧哗，减少个人发尘量，保持洁净区的风速、风量、风型和风压。生产区、仓储区应当禁止吸烟和饮食；操作人员应当避免裸手直接接触药品、与药品直接接触的包装材料和设备表面。禁止面对药品打喷嚏和咳嗽。当同一厂房内同时生产不同品种时，禁止不同工序之间人员随意走动。任何情况下（包括去厕所后、饭后、喝水后、吸烟后）进入洁净区时均应按进入洁净室更衣程序进行洗手、消毒。

二、职场环境

1. 环境

符合GMP规范的相关要求。D级洁净区内进行生产，D级洁净区要求门窗表面应光洁，不要求抛光表面，应易于清洁。窗户要求密封并具有保温性能，不能开启。对外应急门要求密封并具有保温性能。

2. 环境温湿度

温度应控制在18～26℃，湿度应控制在45%～65%。

3. 环境灯光

不能低于300lx，灯罩应密封完好。

4. 电源

应在操作间外，确保安全生产。380V，50Hz，三相五线制，N线和PE线不能相互干扰。

学习内容

无菌是指物体或一定介质中没有任何活的微生物存在。即无论用任何方法（或通过任何途径）都鉴定不出活的微生物体来。

灭菌是指应用物理或化学等方法将物体上或介质中所有的微生物及其芽孢（包括致病的和非致病的微生物）全部杀死，即获得无菌状态的总过程。所使用的方法称为灭菌法。

消毒是指以物理或化学等方法杀灭物体上或介质中的病原微生物。

热原是微生物的代谢产物，是一种致热性物质，是发生在注射给药后病人高热反应的根源。这种致热物质被认为是微生物的一种内毒素，存在于细菌的细胞膜和固体膜之间。内毒素是由磷脂、脂多糖和蛋白质所组成的复合物。此物质具有热稳定性，甚至用高压灭菌器灭菌或进行细菌过滤后仍存在于水中。

无菌操作法是指在整个操作过程中利用和控制一定条件，尽量使产品避免微生物污染的一种操作方法。无菌操作所用的一切用具、辅助材料、药物、溶剂、赋形剂以及环境等均必须事先灭菌，操作必须在无菌操作室内进行。

一、结构与工作原理

（一）湿热灭菌设备

湿热灭菌设备按灭菌工艺分为：高压蒸汽灭菌器、快冷式灭菌器、水浴式灭菌器、回转水浴式灭菌器。

高压蒸汽灭菌器包括手提式、卧式、立式高压蒸汽灭菌器。

（1）结构　合金制成、夹套、格车（网格架）、压力表 2 个、温度计 1 个、安全阀、里柜放气阀、总来气阀（侧面）、里柜进气阀、外柜排气阀以及外柜放水阀（如图 9-4-1、图 9-4-2、图 9-4-3 所示）。

（2）工作原理　湿热灭菌法是利用饱和水蒸气或沸水来杀灭细菌的方法。由于蒸汽潜热大，穿透力强，容易使蛋白质变性或凝固，所以灭菌效率比干热灭菌法高。其特点是灭菌可靠，操作简便，易于控制，价格低廉。湿热灭菌是制药生产中应用最广泛的一种灭菌方法。缺点是不适用于对湿热敏感的药物。

（3）特点　广泛用于输液瓶、口服液的灭菌，操作简单、方便；升温、保温和降温靠阀门控制；柜内空气要排净，否则灭菌不完全；自然降温，时间长，药液容易变黄；开门时，温差大，易引起爆炸。

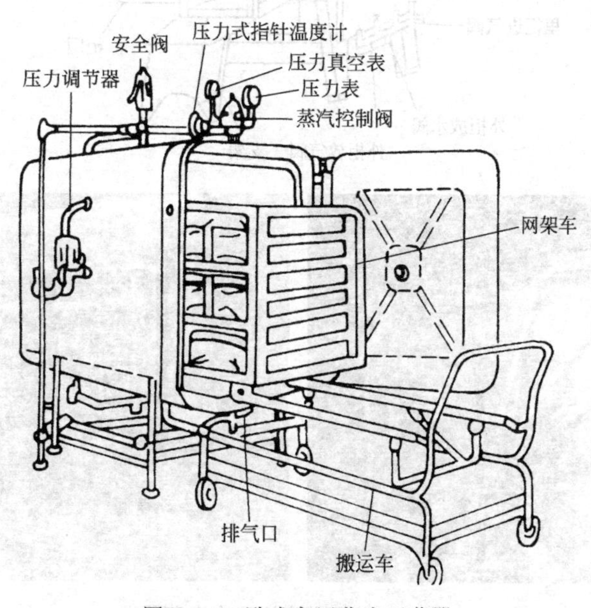

图 9-4-1　卧式高压蒸汽灭菌器

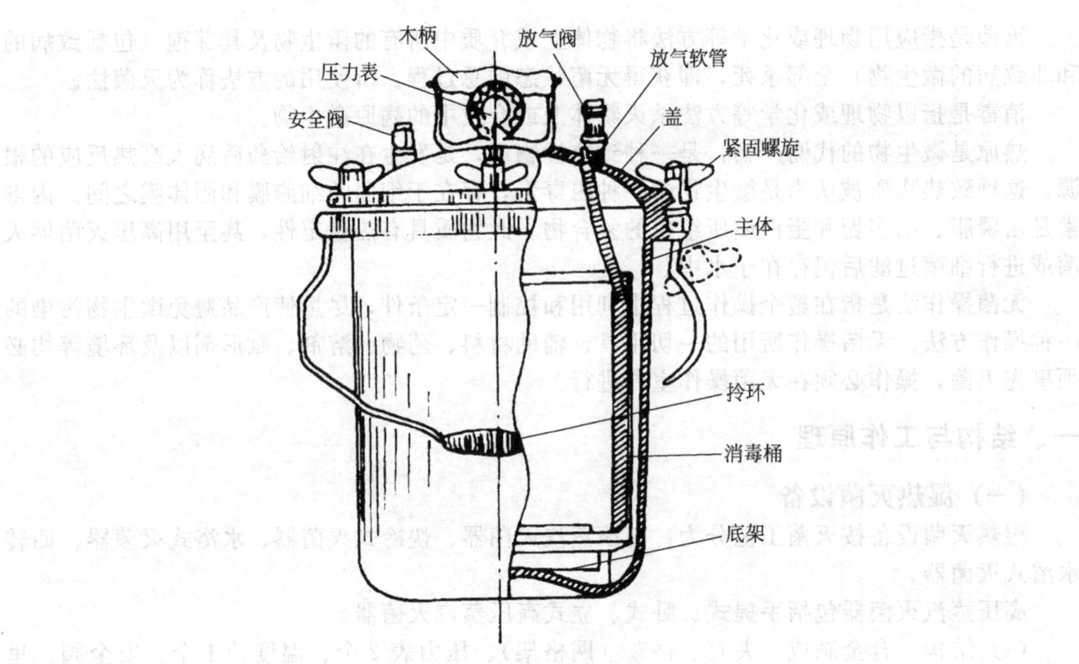

图 9-4-2　手提式高压蒸汽灭菌器

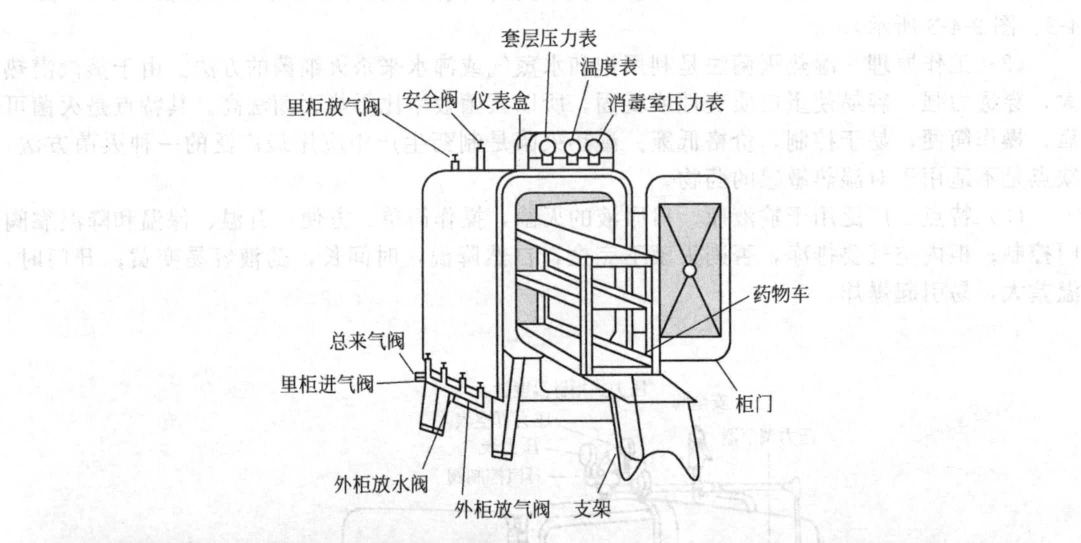

图 9-4-3　几种高温蒸汽灭菌器

（二）干热灭菌设备

以热层流式干热灭菌机为例进行说明。

（1）结构　由烘箱、干热灭菌柜、隧道灭菌系统等组成。干热灭菌柜、隧道灭菌系统是制药行业用于对玻璃容器进行灭菌干燥工艺的配套设备，适用于药厂经清洗后的安瓿或其他玻璃容器用盘装的方式进行灭菌干燥（如图 9-4-4 所示）。

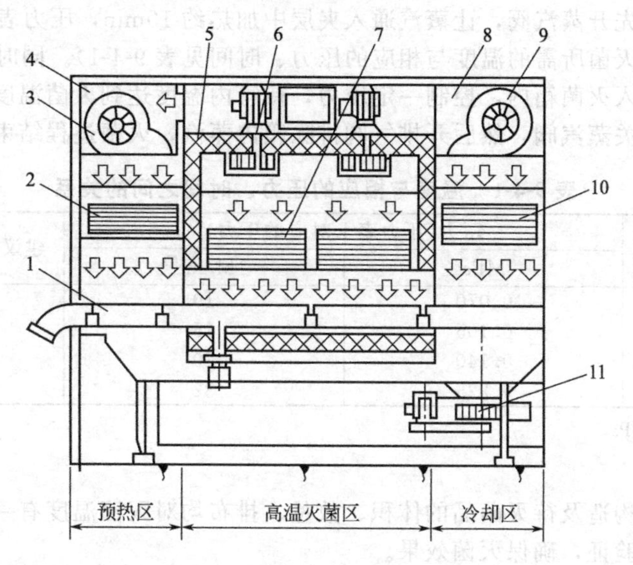

图 9-4-4　热层流式干热灭菌机

1—传送带；2—空气高效过滤器；3—前层流风机；4—前层流箱；5—高温灭菌箱；6—热风机；7—热空气高效过滤器；8—后层流箱；9—后层流风机；10—空气高效过滤器；11—排风机

（2）工作原理　热层流式干热灭菌机采用的是热空气平行流的灭菌方式。常温空气经粗效及中效过滤器过滤后进入电加热区加热，高温热空气在热箱内循环运动，充分均匀混合后经过高效过滤器过滤获得 A 级的平行流空气，直接对玻璃瓶进行加热灭菌。在整个传送带宽度上，所有瓶子均处于均匀的热风吹动下，热量从瓶子内外表面向里层传递，均匀升温，然后直接对瓶子进行加热灭菌。

（3）特点

① 本机由于加热采用了“热风循环法”和对流传热机理，所以具有传热速度快、热空气温度和流速非常均匀、灭菌充分、无低温死角、无尘埃污染及灭菌时间短、效果好、生产能力高等优点，也是目前国际上公认的先进方法。

② 高温区加热温度自动控制。

③ 本机工作过程都是在 A 级平行流净化空气保护下进行的，达到无尘埃、无菌的要求。

④ 本机三个区分别有独立的风机、风道、过滤器，并有单独调节风速和风量的空气净化系统。

⑤ 电加热装置内有 24 根 1.8kW 的电加热丝，在连接上分为三组。开始加热时，各组加热元件全部投入运行，以求最快达到设定温度；当温度升至设定温度的上限时，切断两组加热丝仅保留一组基本负荷，以维持保温。

二、操作

以高压蒸汽灭菌器为例进行说明。

1. 工作过程

（1）打开夹套，加热 10min，升至所需压力。

（2）物品入柜。

（3）夹套加热完成后，再将蒸汽通入柜内。

（4）$T=115.5$℃，$p=70$kPa，计时。

（5）完成关闭气阀，逐渐打开排气阀，$p=0$。

（6）取出物品。

灭菌箱使用时先开蒸汽阀，让蒸汽通入夹层中加热约10min，压力表读数上升到灭菌所需压力（通常热压灭菌所需的温度与相应的压力、时间见表9-4-1）。同时用搬运车将装有安瓿的格车沿轨道推入灭菌箱内，控制一定压力，待箱内温度达到灭菌温度时，开始计时，灭菌时间达到后，先关蒸汽阀，然后开排气阀排除箱内蒸汽，灭菌过程结束。

表9-4-1　温度与相应的压力、时间之间的关系

温度/℃	压力(压力表上对应的压力)		建议最少的灭菌时间/min
	MPa	lbf/in²①	
115～116	0.070	10	30
121～123	0.105	15	15
126～129	0.140	20	10
134～138	0.225	32	3

① $1\text{bf/in}^2=6894.76$Pa。

2. 操作要点

（1）灭菌器的构造及待灭菌品的体积、数量、排布均对灭菌温度有一定影响，故应先进行灭菌条件实验及验证，确保灭菌效果。

（2）必须将灭菌器内的冷空气全部排出。如果有空气存在，则压力表上所示压力是蒸汽与空气二者的总压。而非单纯的蒸汽压力，压力虽达到规定值，但温度达不到。

（3）灭菌时间是指由瓶内全部药液温度达到所要求温度时算起。通常测定灭菌器内的温度，不是灭菌物内部温度。目前国内已采用灭菌温度和时间自动控制、自动记录的装置。必须使用饱和蒸汽。

（4）灭菌完毕后停止加热，必须使压力逐渐下降到零才可放出柜内残余蒸汽，使柜内压力与大气压相等后，稍稍打开灭菌柜，待15min后再全部打开。这样可避免因内外压差太大和温差太大造成的灭菌产品从容器中冲出或使玻璃瓶炸裂。

3. 灭菌柜清洁消毒

（1）清洁方式：擦拭。

（2）清洁剂采用中性洗涤剂。

（3）用软布擦拭灭菌柜四周镜面板，除去表面灰尘，有油垢的镜面板用清洁的软布蘸取中性洗涤剂擦拭干净。

（4）打开柜门，用软布擦拭各不锈钢连接管道。

（5）用拧干后的软布擦拭不锈钢泵及其他电机。

（6）用软布蘸取中性洗涤剂擦拭柜体及门轨道，清洁时注意切勿触及电气柜。

（7）清洗消毒车与消毒盘，用中性洗涤剂擦洗内室、门板以及喷淋盘底面，并把室内底部过滤网上的各种沉积物清理干净，然后用饮用水冲洗干净，最后用丝光毛巾擦干。

（8）每周将密封圈取下清洗，擦拭，密封圈若有损坏，必须及时更换。每月将室内顶部喷淋盘拆下，清理上面的沉积物，然后用中性洗涤剂清洗，用饮用水冲洗擦干后复装。

（9）定期清理疏水阀，以保证其正常工作。

（10）灭菌器停止使用3天以上时，必须进行全面保养，且使用前应重新清洗一次。

（11）在生产中消完一柜，应立即清除柜内的碎玻璃，以免损坏设备。

（12）设备清洁完后，将设备状态标记挂回设备表面。

三、维护与保养

1. 高压蒸汽灭菌器为压力容器，必须按照压力容器规范进行维护保养。

2. 定期校验压力表、安全阀、温度计。

3. 保持箱内清洁，定期消毒。每班要清理灭菌室和消毒车，用饮用水冲洗干净，取下灭菌室底部前端的排气过滤网，清洗干净后装入。

4. 灭菌室清洗干净后将门关闭，但不要锁紧，以防密封圈因长期压迫而失去弹性。

目前双扉门脉动真空灭菌柜是一种常用的大型灭菌设备，正在取代以前的卧式灭菌柜。该设备全部采用不锈钢制成，具有耐高温性能，灭菌柜顶部安有脉动真空装置，进料门与出料门连锁并安装在不同的洁净区域。此灭菌柜具有热穿透力强，灭菌速度快、自动化程度高，灭菌温度和时间自动控制、自动记录，安全保险系数大及效果可靠等优点，受到了各大型工厂与医院的普遍青睐。

四、主要技术参数

MSL. N 系列高压蒸汽灭菌器主要技术参数见表 9-4-2。

表 9-4-2　MSL. N 系列高压蒸汽灭菌器主要技术参数

型号	容积	内腔尺寸 $\Phi \times L$/mm	外形尺寸 $L \times W \times H$/mm	电源电压	频率	功率
MSL. N	23L	250×460	450×400×605	220V	50Hz	2200W
MSL. N	35L	321×450	448×520×800	220V	50Hz	2200W
MSL. N	45L	316×580	576×500×800	220V/380V	50Hz	2000W
MSL. N	50L	316×635	576×500×900	220V/380V	50Hz	2400W
MSL. N	60L	380×510	695×500×850	220V/380V	50Hz	2700W
MSL. N	80L	380×710	695×500×1040	220V/380V	50Hz	3000W

五、灭菌工序操作考核标准

考核内容	技能要求	分值
零部件辨认	能正确辨认灭菌器零部件名称	10
生产前检查	环境、温度、相对湿度、储存间、操作间设备状态标识	10
安装、检查	1. 启动压缩机,使压力上升到需要值 2. 按机动门的操作关门,灭菌器操作侧单侧门关闭后,“准备”指示灯亮	15
质量控制	最终灭菌的产品微生物存活概率不得高于 10^{-6}	15
记录与状态标识	1. 生产记录完整、适时填写 2. 适时填写、悬挂、更换状态标识	20
生产结束清场	1. 清理产品:交中间站 2. 清洁生产设备:顺序正确 3. 清洁工具和容器 4. 清洁场地	20
其他	正确回答灭菌中常见的问题	10
合计		100

学生学习进度考核评定

一、学生学习进度考核题目

(一) 问答题

1. 常用的湿热灭菌设备有何特点?
2. 指出高压蒸汽灭菌器的零部件名称(不少于5种)。
3. 高压蒸汽灭菌器工作原理是什么?
4. 湿热灭菌设备包括哪几种?
5. 说出两点高压蒸汽灭菌器操作要点。

(二) 实际操作

操作高压蒸汽灭菌器,并对其进行维护与保养。

二、学生学习考核评定标准

编号	考核内容	分值	得分
1	认识灭菌设备的结构和组成	30	
2	能正确操作灭菌设备	35	
3	能正确维护维修灭菌设备	35	
4	合计	100	

模块五 包装设备

学习目标

1. 能正确操作滚筒式泡罩包装机、平板式泡罩包装机。
2. 能正确维护、维修平板式泡罩包装机（DPP250S型）。

所需设备、材料和工具

名称	规格	单位	数量
平板式泡罩包装机	DPP250S型	台	1
维护、维修工具		箱	1
工作服		套	1

准备工作

一、职业形象

进入D级洁净生产区的人员不得化妆和佩带饰物。洁净区内工作人员应尽量减少交谈，进入洁净区要随时关门，在洁净区内动作要尽量缓慢，避免剧烈运动、大声喧哗，减少个人发尘量。生产区、仓储区应当禁止吸烟和饮食；操作人员应当避免裸手直接接触药品、与药品直接接触的包装材料和设备表面。禁止面对药品打喷嚏和咳嗽。当同一厂房内同时生产不同品种时，禁止不同工序之间人员随意走动。任何情况下（包括去厕所后、饭后、喝水后、吸烟后）进入洁净区时均应按进入洁净室更衣程序进行洗手、消毒。

二、职场环境

1. 环境

符合GMP规范的相关要求，在D级洁净区内进行生产。D级洁净区要求门窗表面应光洁，不要求抛光表面，应易于清洁。窗户要求密封并具有保温性能，不能开启。对外应急门要求密封并具有保温性能。

2. 环境温湿度

温度应控制在18～26℃，湿度应控制在45%～65%。

3. 环境灯光

不能低于300lx，灯罩应密封完好。

4. 电源

应在操作间外，确保安全生产。380V，50Hz，三相五线制，N线和PE线不能相互干扰。

学习内容

一、概述

药物制剂包装系指选用适宜的材料和容器，利用一定技术对药物制剂的成品进行分

（灌）、封、装、贴签等加工过程的总称。药品包装是药品生产的继续，是对药品施加的最后一道工序。对绝大多数药品来说，只有进行了包装，药品生产过程才算完成。

在整个转化过程中，药品包装起着重要的桥梁作用，有其特殊的功能：①保护药品；②方便流通和销售；③包装防伪。

药物制剂包装主要分为单剂量包装、内包装和外包装三类。

（一）包装机械的分类

1. 按包装机械的自动化程度分类

（1）全自动包装机　全自动包装机是自动供送包装材料和内装物，并能自动完成其他包装工序的机器。

（2）半自动包装机　半自动包装机是由人工供送包装材料和内装物，但能自动完成其他包装工序的机器。

2. 按包装产品的类型分类

（1）专用包装机　专用包装机是专门用于包装某一种产品的机器。

（2）多用包装机　多用包装机是通过调整或更换有关工作部件，可以包装两种或两种以上产品的机器。

（3）通用包装机　通用包装机是在指定范围内适用于包装两种或两种以上不同类型产品的机器。

3. 按包装机械的功能分类

包装机械按功能不同可分为：充填机械，灌装机械，裹包机械，封口机械，贴标机械，清洗机械，干燥机械，杀菌机械，捆扎机械，集装机械，多功能包装机械，以及完成其他包装作业的辅助包装机械。我国国家标准采用的就是这种分类方法。

4. 包装生产线

由数台包装机和其他辅助设备联成的能完成一系列包装作业的生产线，即包装生产线。

（二）药用包装机械的组成

药用包装机械作为包装机械的一部分，包括以下8个组成要素：

1. 药品的计量与供送装置；

2. 包装材料的整理与供送系统；

3. 主传送系统；

4. 包装执行机构；

5. 成品输出机构；

6. 动力机与传送系统；

7. 控制系统；

8. 机身。

二、结构与工作原理

（一）自动制袋装填包装机

1. 结构

立式连续制袋装填包装机结构如图9-5-1所示。

2. 工作原理

机箱（18）内安装有动力装置及传动系统，驱动纵封滚轮（11）和横封辊（14）转动，同时传送动力给定量供料器（7）使其工作给料。卷筒薄膜（4）安装在退卷架（5）上，可以平稳地自由转动。在牵引力的作用下，薄膜展开经导辊（3）引导送出。导辊对薄膜起到张紧平整以及纠偏的作用，使薄膜能正确地平展输送。袋成型装置的主要部件是制袋成型器（8），它使薄膜由平展逐渐形成袋型，是制袋的关键部件。它有多种设计形式，可根据具体的要求而选择。制袋成型器在机上通过支架固定在安装架（10）上，可以调整位置。在操作中，需要正确调整成型器对应纵封滚轮（11）的相对位置，确保薄膜成型封合的顺利和正确。纵封装置主要是一对相对旋转的纵封滚轮（11），其外圆周滚花，内装发热元件，在弹簧力作用下相互压紧。纵封滚轮有两个作用：其一是对薄膜进行牵引输送；其二是对薄膜成型后的对接纵边产生热封合。这两个作用是同时产生的。横封装置主要是一对横封辊（14），相对旋转，内装发热元件。其作用也有两个：其一是热封合；其二是切断包装袋，这也是在热封合的同时完成的。在两个横封辊的封合面中间，分别装嵌有刃刀及刀板，在两辊压合热封时能轻易地切断薄膜。在一些机型中，横封和切断是分开的，即在横封辊下另外配置有切断刀，包装袋先横封再进入切断刀分割。不过，这种方法已较少采用，因为不但机构增加了，而且定位控制也变得复杂。物料供给装置是一个定量供料器（7）。对于粉状及颗粒物料，主要采用量杯式定容计量（参见容积定量装置部分的有关内容），量杯容积可调。

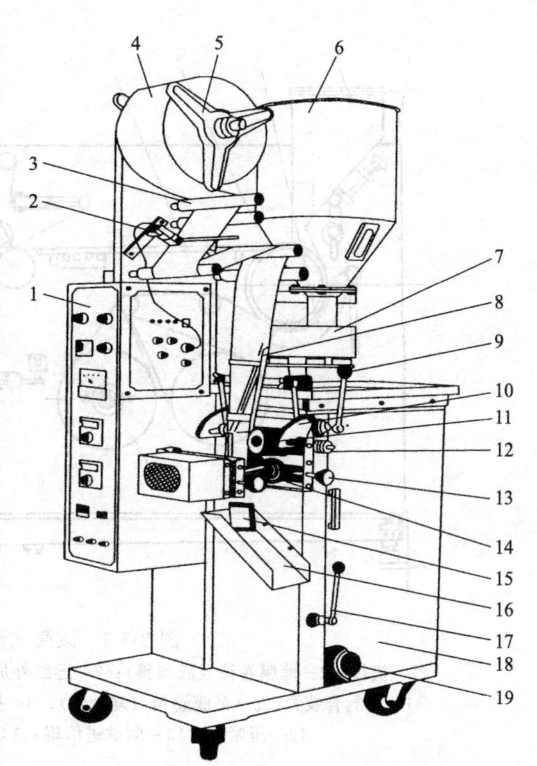

图 9-5-1　立式连续制袋装填包装机结构图

1—电控柜；2—光电检测装置；3—导辊；4—卷筒薄膜；5—退卷架；6—料仓；7—定量供料器；8—制袋成型器；9—供料离合手柄；10—成型器安装架；11—纵封滚轮；12—纵封调节旋钮；13—横封调节旋钮；14—横封辊；15—包装成品；16—卸料槽；17—横封离合手柄；18—机箱；19—调速旋钮

（二）药用铝塑泡罩包装机（热塑成型泡罩包装机）

泡罩包装是将一定数量的药品单独封合包装。底面是可以加热的PVC塑料硬片，形成单独的凹穴。上面盖一层表面敷有热熔黏合剂的铝箔，并与PVC塑料封合构成的包装，如图 9-5-2 所示。

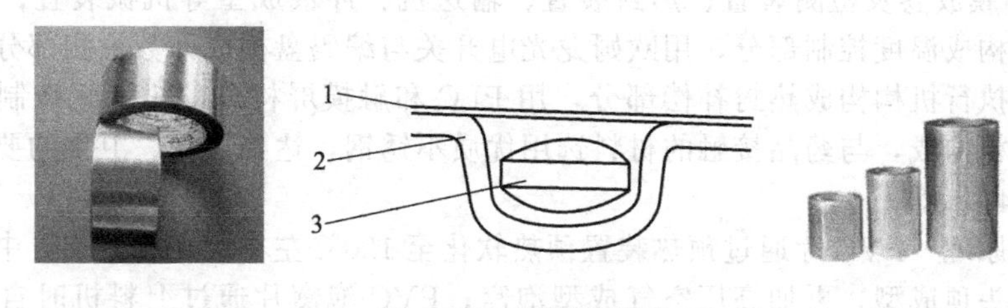

图 9-5-2　泡罩结构图

1—铝箔；2—PVC；3—药片

1. 滚筒式泡罩包装机

（1）结构　滚筒式泡罩包装机结构如图 9-5-3 所示。

（2）工作原理　半圆弧形加热器对紧贴于成型模具上的PVC片加热到软化程度，成型模具的泡窝孔型转动到适当的位置与机器的真空系统相通，将已软化的PVC片瞬时吸塑成

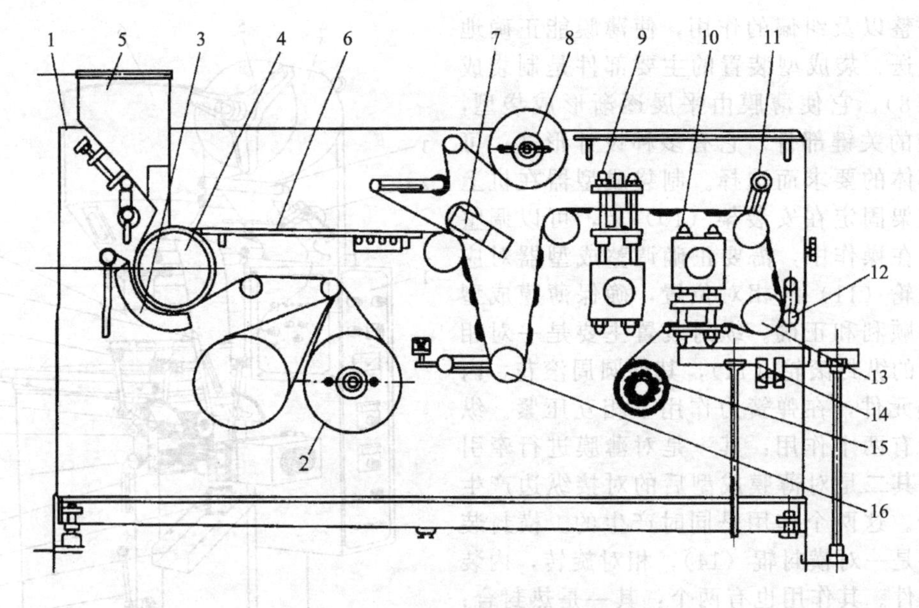

图 9-5-3　滚筒式泡罩包装机结构图

1—机体；2—薄膜卷筒（成型膜）；3—远红外加热器；4—成型装置；5—料斗；6—监视平台；7—热封合装置；8—薄膜卷筒（复合膜）；9—打字装置；10—冲裁装置；11—可调式导向辊；12—压紧辊；13—间歇进给辊；14—输送机；15—废料辊；16—游辊

型。成型的PVC片通过料斗或上料机时，药片填充入泡窝。外表面带有网纹的热压辊压在主动辊上面，利用温度和压力将盖材铝箔与PVC片封合，通过间歇运动传输，打批号，经过冲裁装置冲裁出成品板块。流程如下：

PVC加热（热成型或冷成型）→真空吸泡→药片入泡窝→线接触式与铝箔热封合→打字引号→冲裁成块

（3）特点　真空吸塑成型、连续包装、生产效率高，适合大批量包装作业；瞬时封合，线接触，消耗动力小，传导到药片上的热量少，封合效果好；真空吸塑成型难以控制壁厚，泡罩壁厚不匀，不适合深泡窝成型；适合片剂、胶囊剂、胶丸等剂型的包装；具有结构简单、操作维修方便等优点。

2. 平板式泡罩包装机

（1）结构　铝塑泡罩包装机的构架主要包括机架、预热成型装置、气动装置、上料充填装置、PVC铝膜放卷及检测装置、热封装置、输送机、冲裁成型等机械装置；用热电偶和温检扩展模块构成温度控制部分，用欧姆龙光电开关与编码盘构成计数检测部分，用色标光电检测和机械执行机构构成热封补偿部分，用PLC和触摸屏构成整机电气控制装置。外盖板均由不锈钢板构成，与药品接触的材料选用优质不锈钢，达到美观、卫生的要求。各部分结构如图9-5-4所示。

（2）工作原理　PVC片通过预热装置预热软化至120℃左右；在成型装置中吹入高压空气，或先以冲头顶成型，再加高压空气成型泡窝；PVC泡窝片通过上料机时自动填充药品于泡窝内；在驱动装置作用下进入热封装置，使得PVC片与铝箔在一定温度和压力下密封，最后由冲裁装置冲剪成规定尺寸的板块。

（3）特点　热封时，上、下模具平面接触，为了保证封合质量，要有足够的温度和压力以及封合时间，否则不易实现高速运转；热封合消耗功率较大，封合牢固程度不如滚筒式封合，使用于中小批量药品包装和特殊形状物品包装；泡窝拉伸比大，泡窝深度可达35mm，满足大蜜丸生产、医疗器械行业的需要。

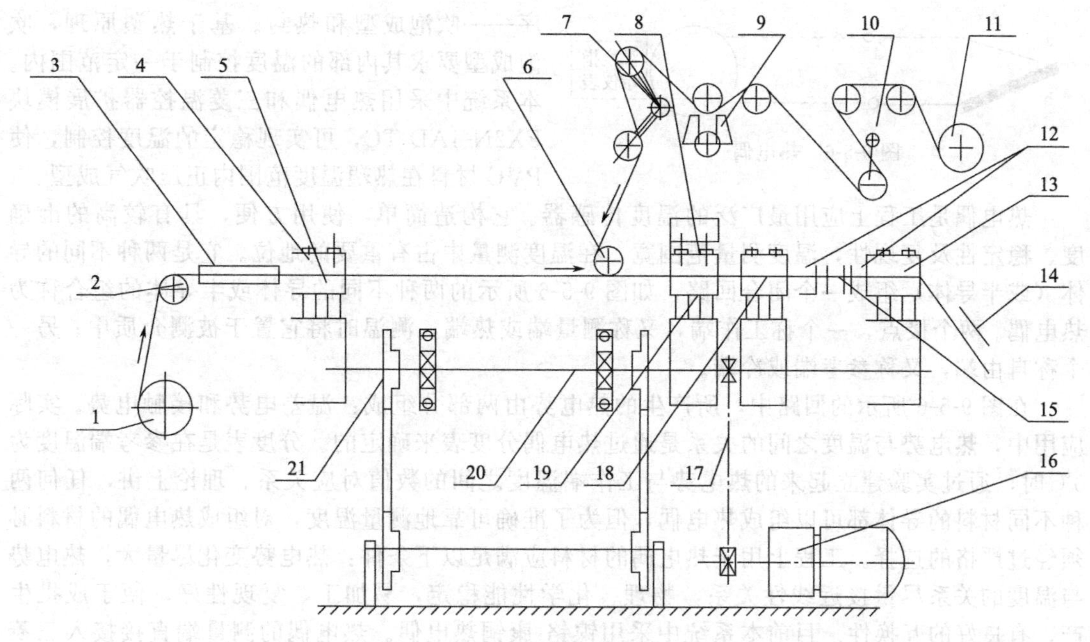

图 9-5-4　平板式泡罩包装机结构图

1—PVC 塑片；2—转折辊；3—加热箱；4—成形上楔；5—成形下楔；6—铝箔压辊；
7—转折辊；8—热封上楔；9—光电开关（仅用于对版机型）；10—平衡辊；11—铝箔；
12—机械夹；13—冲裁模；14—成品；15—机械手（气夹）；16—无极变速器；
17—主传动链；18—压痕楔；19—热封下楔；20—传动辊；21—传动辊链

三、平板式泡罩包装机调整及控制

根据以上机构分析得知，要实现预定的功能，有三个地方的控制极为关键。首先是加热板的温度控制；其次是要实现冲裁和压撕裂线等工序，它必须实现很好的位置控制；最后就是热封成型时要控制好成型泡与热封板保持一致。因此，本机构的主要控制就由温度控制模块、计数及位置检测控制模块和热封补偿模块三部分组成。

图 9-5-5 为包装过程示意图。

(一) 温度控制模块

温度控制模块主要由温度检测传感器和温控器组成。它用于预热成型和热封装置中。该装置由上、下加热板、成型模具和热封模具等部件构成，配合气动装置完成包装机的主要工

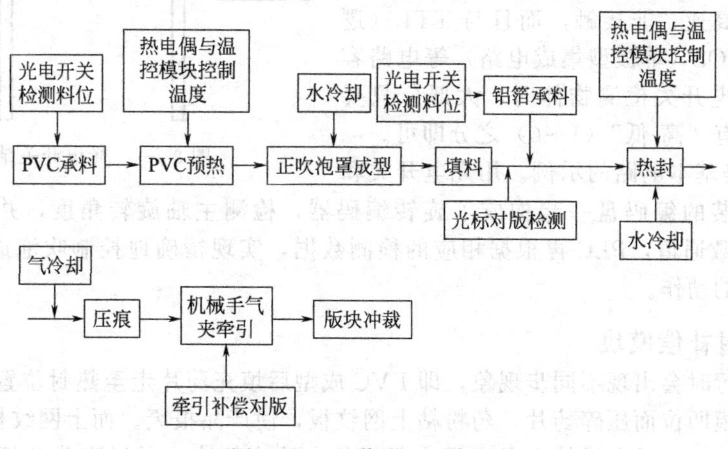

图 9-5-5　包装过程示意图

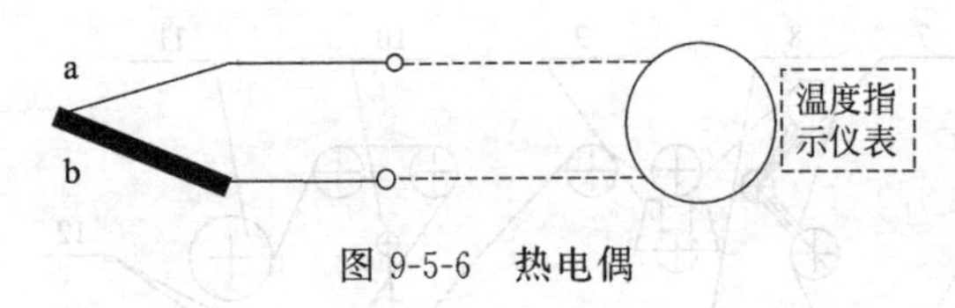

图 9-5-6　热电偶

序——吹泡成型和热封。基于热塑原理，吹泡成型要求其内部的温度控制于一定范围内。本系统中采用热电偶和三菱温控器扩展模块FX2N-4AD-TC，可实现稳定的温度控制，使PVC材料在热塑温度范围内正压吹气成型。

热电偶是工程上应用最广泛的温度传感器。它构造简单，使用方便，具有较高的准确度、稳定性及复现性，温度测量范围宽，在温度测量中占有重要的地位。它是两种不同的导体（或半导体）组成一个闭合回路，如图9-5-6所示的两种不同的导体或半导体的组合称为热电偶。两个接点，一个称工作端，又称测量端或热端，测温时将它置于被测介质中；另一个称自由端，又称参考端或冷端。

在图9-5-6所示的回路中，所产生的热电势由两部分组成：温差电势和接触电势。实际应用中，热电势与温度之间的关系是通过热电偶分度表来确定的。分度表是在参考端温度为0℃时，通过实验建立起来的热电势与工作端温度之间的数值对应关系。理论上讲，任何两种不同材料的导体都可以组成热电偶，但为了准确可靠地测量温度，对组成热电偶的材料必须经过严格的选择。工程上用于热电偶的材料应满足以下条件：热电势变化尽量大，热电势与温度的关系尽量接近线性关系，物理、化学性能稳定，易加工，复现性好，便于成批生产，有良好的互换性。目前本系统中采用镍铬-康铜热电偶。热电偶的测量端直接接入三菱温控器扩展模块FX2N-4AD-TC，其内置的放大及AD电路会直接得到外部温度，产生相应的数据供上位机查询。上位机根据检测到的温度，利用相应的算法，直接对外部固态继电器进行控制，从而使得预热成型和热封成型的温度控制在一定的范围内。

（二）计数及位置检测部分

此部分最重要的传感器即为光电开关，它是一种利用感光元件对变化的入射光加以接收，并进行光电转换，同时加以某种形式的放大和控制，从而获得最终的控制输出“开”、“关”信号。通过和PLC高速计数通道计数，准确地控制各执行机构的动作时间点。

图9-5-7为典型的光电开关结构图。是一种透射式的光电开关，它的发光元件和接收元件的光轴是重合的。当不透明的物体位于或经过它们之间时，会阻断光路，使接收元件接收不到来自发光元件的光，这样起到检测作用。当有物体经过时，接收元件将接收到从物体表面反射的光，没有物体时则接收不到。光电开关的特点是小型、高速、非接触，而且与TTL（逻辑门电路）、MOS（单极型集成电路）等电路容易结合。用光电开关检测物体时，大部分只要求其输出信号有“高-低”（1～0）之分即可。

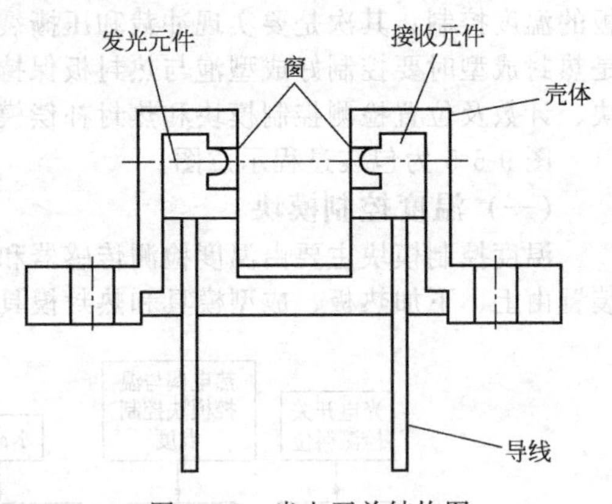

图 9-5-7　光电开关结构图

图9-5-8是基本电路的示例。用光电开关和机器主轴上安装的编码盘一起构成了旋转编码器，检测主轴旋转角度，并将信号反馈给PLC的高速计数通道，PLC再根据相应的检测数据，实现精确地控制吹泡成型、热封、牵引的电磁气阀的动作。

（三）热封补偿模块

铝包机运行时会出现不同步现象，即PVC成型后填充药片走至热封位置，PVC泡点滞后热封成型下模凹位而压碎药片，药粉粘上网纹板，使产品报废。而上网纹板必须清理，这样会影响生产进度，设备维护人员也没有很好的办法来解决。通过安装色标光电检测PVC

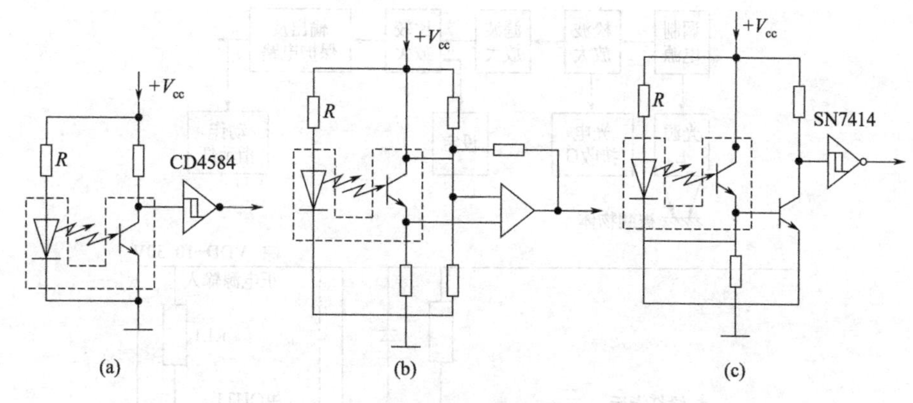

图 9-5-8　基本电路

(a)、(b) 负载为 CMOS 比较器等高输入阻抗电路时的情况；(c) 用晶体管放大光电流的情况

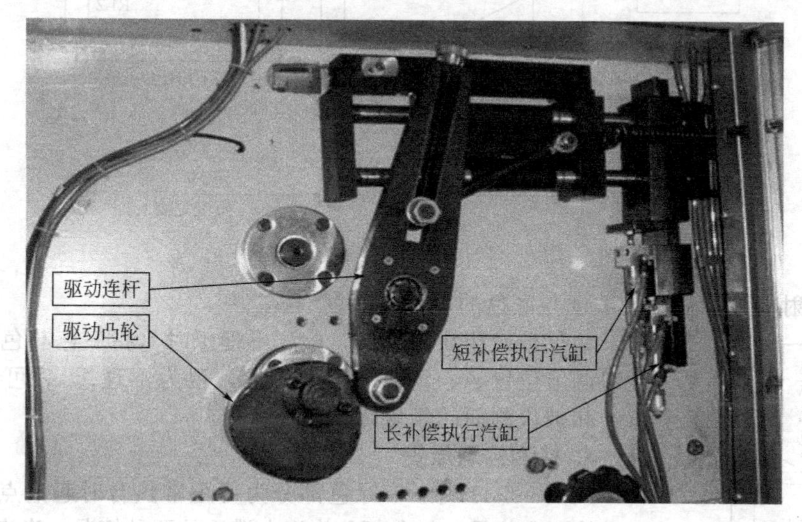

图 9-5-9　机械执行机构图

成型泡与热封下模之间的位置和气动补偿执行机构，可以用来校对偏差，减少压泡，提高生产效率，并减少产品和原材料的损耗。机械执行机构图见图 9-5-9。控制模块中，传感器是关键点。

1. 色标光电传感器

色标光电传感器采用光发射接收原理，发出调制光，接收被检测物体的反射光，并根据接收光信号的强弱来区分不同物体的色谱、颜色，判别物体存在与否。并在包装机械、印刷机械、纺织机械及造纸机械的自控系统中作为传感器与其他仪表配套使用，对色标或其他可作为标记的图案色块、线条，或对物体的有无进行检测，可实现自动定位、辨色、纠偏、对版、计数等功能。

2. 工作原理

不同颜色的物体对相同颜色的入射光具有不同的反射率，发光强度不变的同一色光，根据接收到的反射光信号的强弱，可辨别不同的色谱，或辨别物体的有无。传感器的工作原理（如图 9-5-10 所示）：光源 L 发出调制脉冲光，光电接收元件 G 接收物体的反射光信号，并转换为电信号，然后经检波、放大、滤波、比较放大、驱动输出高低电平（开关）信号。

3. 灵敏度调整

当安装好传感器以后，将被检测物体放置于检测范围内，调整传感器，使投射于被检测物体表面上的光点最清晰、最亮为止。检测灵敏度与被检测物表面的状况有关，如被检测物

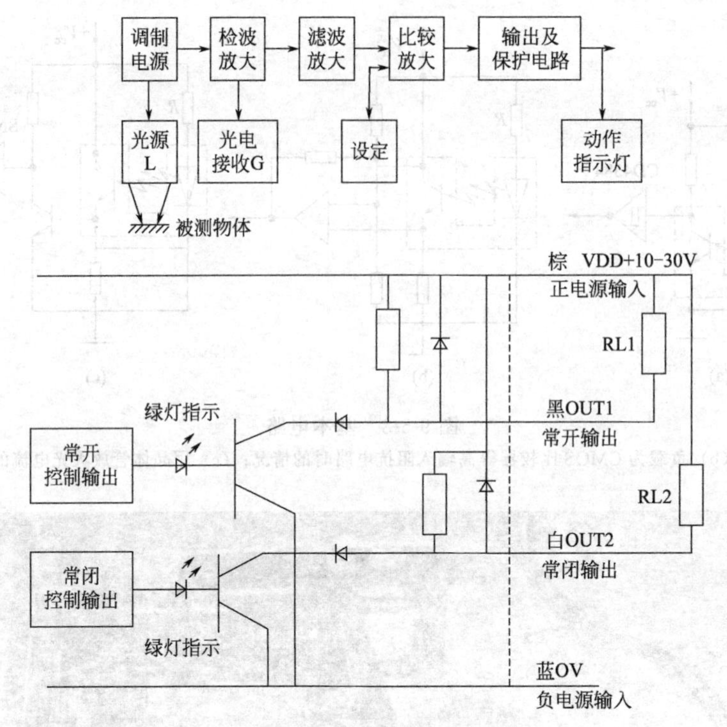

图 9-5-10 传感器的工作原理图

对光的漫反射能力、被测灵敏度与底色的色谱对比度等。

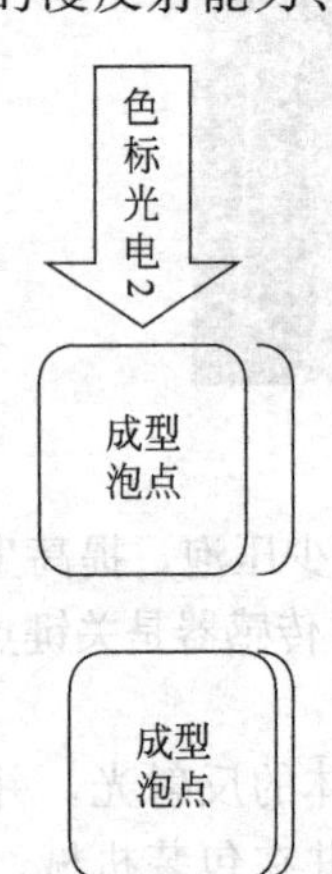

图 9-5-11 检测控制原理图

如果被检测面为镜面，检测不理想时（指底色与色标的灵敏度旋钮调节位置 A、B 两点，太靠近，视为不理想），可适当调整传感器和被检测面的倾斜度。

4. 检测控制原理

如图 9-5-11 所示，绿色部分为可正常热合时起泡点，色标光电无法检测到信号；红色部分为泡点滞后的两种情况，当泡点对准色标光电 1 时，调整其灵敏度，使对标 1 阀动作，执行短补偿。当泡点对准色标光电 2 时，调整其灵敏度，使对标阀 2 动作，执行长补偿。

（四）电气控制系统

1. 系统配置及说明

电气控制部分选用三菱 F930GOT4.4 触摸屏，单色，分辨率为 240×80 点高解像度显示屏；FX1N-40MT PLC 主机；FX2N-4AD-TC 模块化温控器构成电气控制系统，并配以光电传感器和编码盘作为检测，各部件的有机组合，使控制精度及工作效率大大提高。用触摸屏作为人机对话的窗口，可以方便地对设备参数进行设置，能显示系统的相关运行参数值及检测状态，可对异常警报进行判断处理，方便管理，由 PLC 系统控制整个设备的协调高速运行，PLC 与触摸屏通过 RS232 交换数据。

2. 触摸屏设计

采用三菱单色 4.4 寸触摸屏，高速 CPU 可使页面切换更流畅，通讯速度更快，简明快捷的操作方式能够很好地满足现场使用。在程序中设置了手动模式和自动模式，并有系统参数调整，使整个设备操作简单易懂，操作方便。工作画面如图 9-5-12 所示。

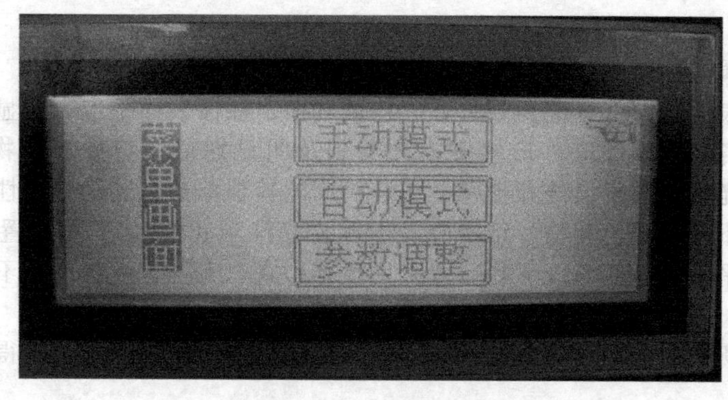

图 9-5-12　工作画面图

图 9-5-13 为系统运行主画面，在主画面上可完成牵引、加料、热合、启动补偿等各部分的操作。

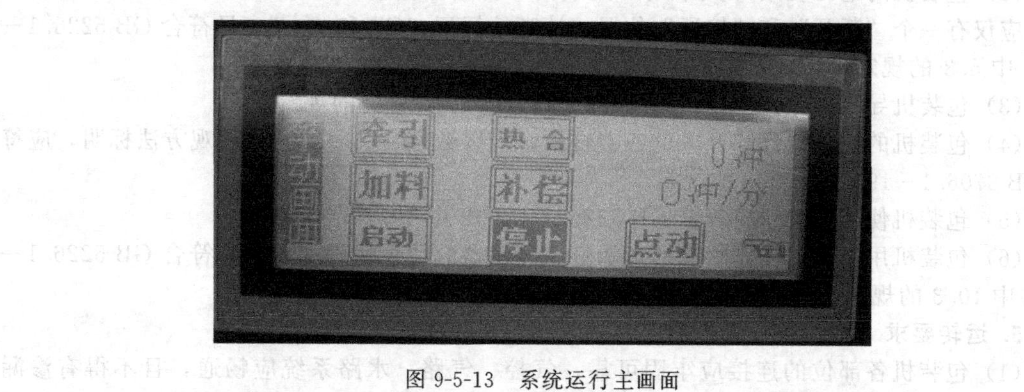

图 9-5-13　系统运行主画面

系统参数设定画面如图 9-5-14 所示。在该画面中可以设置与系统运行相关的各种参数，包括上加热板、下加热板温度、热封温度等的设定。

图 9-5-14　参数设定画面

（五）要求

1. 工作条件

（1）聚氯乙烯（PVC）材料应符合 GB 5663 的要求。

（2）铝箔材料应符合 GB 12255 的要求。

2. 基本要求

包装机中与被包装物和包装材料的包装面直接接触的零件应采用不锈、无毒、耐腐蚀且不污染被包装物的材料；在材料表面喷涂或镀覆的材料应无毒、耐腐蚀、不易脱落，且在包装机加热温度范围内化学稳定性高。

3. 外观要求

(1) 外露金属零件表面应做防锈处理。

(2) 机器外表面涂漆部分应美观大方、色调和谐，涂漆表面不应有明显斑纹、划痕。

(3) 包装机各部分零件应外形整齐，无毛刺及明显划痕，与被包装物相接触的表面、角、边应平整、光洁、易于清洗和消毒。包装机应能够根据被包装物的特性，配以相应的下料装置，以适应不同的被包装物，结构应易于拆装；料斗（箱）、下料装置与药品接触的零件内壁应光滑、平整、无死角。下料装置采用搅拌形式，毛刷、搅拌叶片不得有脱落及损坏被包装物的现象；对于粉尘较大的被包装物，应设有捕尘、吸粉装置。

(4) 包装机所用的冷却剂和各部件所用的润滑剂，应有防漏措施，不得污染被包装物和包装材料。

4. 标志、标识

(1) 包装机的冷水管道、气路管道应符合 GB 7231 的规定。

(2) 包装机的电源切断开关采用开关隔离器件、隔离器或断路器把电气设备与电源隔离，应仅有一个“断开”和“接通”位置，清晰地标记“O”和“|”，且符合 GB 5226.1—2002 中 5.3 的规定。

(3) 包装机导线的标识应符合 GB 5226.1—2002 中 14.2 的规定。

(4) 包装机的控制器件和开关的各档位置，应以数字、文字或其他直观方法标明，应符合 GB 9706.1—1995 中 6.3b 的规定。

(5) 包装机使用的按钮应符合 GB 5226.1—2002 中 10.2 的规定。

(6) 包装机用于显示工作状态的指示灯、显示器的颜色代码和状态应符合 GB 5226.1—2002 中 10.3 的规定。

5. 运转要求

(1) 包装机各部位的连接应牢固可靠，气控、气路、水路系统应畅通，且不得有渗漏现象。

(2) 包装机运转过程中，各运动部位应动作协调灵活、准确到位，运动机构的运动状态切换应灵活可靠，不得有死点、硬性碰撞、卡滞现象。

(3) 包装机空载运转时应无异常噪声，噪声不应大于 82dB。

6. 安全要求

(1) 在易发生危险部位应有安全标识或配置安全防护罩。

(2) 电气系统应安全可靠，操作时灵敏准确，且应设有安全防护装置或标记。

(3) 包装机的电路系统应设有可靠的保护接地装置，保护接地电路的连续性应符合 GB 5226.1—2002 中 8.2 的规定。

(4) 包装机短接的动力电路导线与保护接地电路导线之间的绝缘电阻不应小于 1MΩ。

(5) 包装机的所有电路导线和保护接地电路之间应能承受 50Hz、1000V 的耐压实验，历时至少 1s，无击穿现象，不宜经受该试验的元件应在试验期间断开。

7. 功能要求

(1) 包装机应设有打批号装置，结构易于拆装。

(2) 包装成品的撕裂线应保持板块完整，不得露透，深浅一致，并易于用手撕开。

8. 经包装机包装后的成品要求

(1) 合格率　成品合格率应≥96％ 。

(2) 包装成品的外观　泡罩应饱满、光洁、挺括，板块中批号应清晰可辨、位置准确，不得有污染板块现象；PVC 与铝箔封合处应严密、平整、花纹清晰，不得有起皱、压穿现象；板块边角处 PVC 与铝箔不得分离，板垛边角处不得有毛刺。

(3) 包装成品的尺寸　板长、板宽尺寸允差±0.3mm，泡罩之间封合的距离≥2.5mm，泡罩边缘至板边和至格撕裂线间的封合距离≥2.5mm。

(4) 包装成品的密封性　板块封合严密，不得有液体渗入泡罩或密封层。

(5) 包装成品的填充率　填充好的板块中不得有缺粒现象，胶丸、异形片等不易下料的被包装物经与用户协商允许采用适当的辅助填充措施。

四、铝塑泡罩经验

由于生产厂商的不同铝塑泡罩包装机存在着多种形式，国内外产品的性能水平也存在着很大的差异。现有的铝塑泡罩包装机大体可以分为如下四类：滚筒连续式铝塑泡罩包装机(此种机型已逐步淘汰)、板滚连续式铝塑泡罩包装机、平板间歇式铝塑泡罩包装机、平板连续式铝塑泡罩包装机（此种机型尚未广泛使用)。

铝塑泡罩包装机可以按成型和热压封合方式来区分，成型分为滚筒式和平板式。平板式正压成型效果好于滚筒式真空成型；热合也分为滚筒式和平板式，平板式热压封合效果好于滚筒式热压封合，而滚筒式热压封合在速度、可靠性等方面优于平板式热压封合。

根据生产经验，发现铝塑泡罩包装机在使用中容易在泡罩成型、热压封合等方面出现问题，下面简要介绍如何解决这些问题。

(一) 泡罩成型

根据泡罩成型是PVC薄膜（硬片）加热后通过模具并利用压缩空气或真空成型为所需要形状、大小的泡罩的原理，当成型出的泡罩出现问题时，需要从以下几方面着手解决：

1. PVC薄膜（硬片）是否为合格产品；

2. 加热装置的温度是否过高或过低；

3. 加热装置的表面是否粘连PVC；

4. 成型模具是否合格，成型孔洞是否光滑，气孔是否通畅；

5. 成型模具的冷却系统是否工作正常、有效；

6. 滚筒式负压成型的真空度、排气速率能否达到正常值，管路有无非正常损耗；

7. 平板式正压成型的压缩空气是否洁净、干燥，压力、流量能否达到正常值，管路有无非正常损耗；

8. 平板式正压成型模具是否平行夹紧PVC带，有无漏气现象。

(二) 热压封合

在滚筒式铝塑泡罩包装的热压封合过程中，PVC带与铝箔是由相互平行的滚筒状热封辊和网纹辊在一定温度和压力作用下做啮合式对滚来完成热压封合的。热封辊和网纹辊的接触为线性接触，所需要的压力相对较小。

在平板式铝塑泡罩包装的热压封合过程中，PVC带与铝箔是由相互平行的平板状热封板和网纹板在一定温度和压力作用下在同一平面内来完成热压封合的。热封板和网纹板的接触为面状接触，所需要的压力相对较大。

不论是滚筒式还是平板式热压封合，当出现热封网纹不清晰、网纹深浅不一、热合时PVC带跑位造成硌泡等问题时，需要从以下几方面着手解决：

1. 铝箔是否为合格产品，热合面是否涂有符合要求的热溶胶；

2. 加热装置的温度是否过高或过低；

3. PVC带或铝箔的运行是否有非正常的阻力；

4. 热封模具是否合格，表面是否平整、光滑，PVC带上成型出的泡罩能否顺利套入热封辊（板）的孔洞内；

5. 网纹辊（板）上的网纹是否纹路清晰、深浅一致；

6. 热封模具的冷却系统是否工作正常、有效；
7. 热封所需的压力是否正常；
8. 热封辊（板）和网纹辊（板）是否平行。

（三）自动停机

有些技术先进的铝塑泡罩包装机装备有各种自动监控装置，能够起到各种保护作用，在发现下列问题时自动停止机器的运行：

1. 安全防护罩打开；
2. 压缩空气压力不足；
3. 加热温度不够；
4. PVC 薄膜或铝箔用完；
5. 包装的药品用完；
6. 某些工位机械过载；
7. 电路过载。

（四）其他

在下列问题没有解决之前，机器不能够启动运行：

1. 安全防护罩未完全关闭；
2. 压缩空气压力不足；
3. 加热温度不够；
4. 缺少 PVC 或铝箔薄膜；
5. 过载或其他故障尚未排除；
6. 功能按键的设置有误，急停开关键未复位等。

除上面提到的这些问题以外，在铝塑包装机的实际使用中可能还会遇到其他各种问题，需要具体问题具体分析，仔细认真地查找问题的产生原因是排除并解决问题的关键。

五、泡罩包装机常见故障及排除方法

DPP 250S 泡罩包装机常见故障及排除方法见表 9-5-1。

表 9-5-1 DPP 250S 泡罩包装机常见故障及排除方法

现象	原因	排除方法
泡罩形成不良位置不固定	加热温度不适宜	调整温控仪，使成型上、成型下温度在本机适宜范围内
	冷却水流量过大带走过多热量	调节流量控制冷却温度
	压缩空气压力不宜或气路上有漏气现象	调节压力为 0.5～0.6MPa 或者解决漏气现象
固定单侧泡罩形成不良	上下加热板平面不平行或有黏滞物	调整平面或铲刮上下平面
固定某个泡罩形成不良	下模孔排气堵塞	用钢针疏通
泡罩吹穿孔	冷却水断流	恢复冷却水流动

六、主要技术参数

DPP 250S 泡罩包装机主要技术参数见表 9-5-2。

表 9-5-2 DPP 250S 泡罩包装机主要技术参数

项　目	参　数
生产能力	3.5 万～23 万粒/h
PVC 硬片	250mm
PTP 铝箔	250mm
透析纸	250mm
版块尺寸	按照用户要求制作
适用包装类型	糖衣片、素片、胶囊、胶丸、蜜丸及各种异形片
噪声	≤80dB
冲裁频率	30～55 次/min,变频可调
行程范围	在 20～140mm 内可任意调节
最大成型面积和深度	240mm、26mm
模具冷却	自来水或循环水
压缩空气	0.15m^3/min,压力 0.4～0.6MPa
主机功率	1.1kW
总功率	5kW(含成型、热封加热功率)
整机重量	1200kg

七、基础知识

药品包装是隶属于包装领域内的一种非常特殊的商品包装。首先，它要具有包装的各种优良性能；其次，还必须具备保持药品疗效的功能。用铝箔作为药品的包装，具有美观、质轻、阻气、阻光等优点，从而使它成为药品包装材料中的“宠儿”。随着人们对健康保健方面意识的提高，铝箔已深入到我们每个人的生活中，为了人类的健康而担负着重大的包装使命。

对铝箔药品包装来讲，质量的优劣很大程度体现在产品的热封强度上。为此，我们有必要分析一下影响铝箔药品包装热封强度的因素，这对提高产品的质量是非常必要的。

铝箔药品包装的黏合层（亦称 VC 层）具有良好的热黏合性，在加热条件下可以和 PVC 胶片热封（其黏结力的大小即为热封的强度，按 GB 12255—90 规定要达到 5.88N/15mm 以上），可以把处理过的 PVC 胶片泡罩内的药品完全密封起来。这种黏结力在长期的保存过程中不受温度、湿度影响，可以很好地保持药效，并且携带方便。

影响铝箔药品包装热封强度的因素主要有以下几个方面：

1. 原辅材料方面

原铝箔是黏合层的载体，它的质量对产品的热封强度有很大影响。特别是原铝箔的表面油污，会削弱黏合剂与原铝箔之间的黏结力。如果原铝箔表面有油污且表面张力低于 31×10^{-3}N 时，就很难达到理想的热封强度，因而必须严格把好原铝箔质量关。

另外，在生产过程中发现，各方面技术指标都符合要求的某些批号的原铝箔，在所有工艺条件都没变的情况下涂布黏合剂，但最终产品的热封强度都达不到要求，原因是原铝箔的金属成分及表面光度不够。研究结果表明，变换某个特殊环节，使原铝箔得到充分运用，产品便达到了理想的热封强度。

2. 黏合剂方面

黏合剂是含有溶剂的特殊物质，它在一定工艺条件下，涂布在原铝箔的暗面（或光面），经过烘道烘干形成黏合层，对产品的热封强度起着决定性的作用。黏合剂在颜色上可分为无色透明、金色及彩色系列，可根据用户的需求来选择。不同成分的黏合剂，其最终产品的热封强度也不同。国内厂家多数采用进口的原料来配制黏合剂，产品可以达到很高的热封强度。可是进口的原料价格过于昂贵，为了能得到产品的高利润，某些科研力量雄厚的厂家便着手研究开发国产同类原材料。这种研究方向是很诱人的，如果能成功，将给企业带来巨大效益。据了解，由于国内生产原料厂家的工艺受限，国产原料很大程度上无法替代进口原料。如果使用不当，会严重影响产品的热封强度。

3. 生产工艺方面

在一定的工艺参数控制下，使黏合剂在原铝箔表面涂布成膜，成膜的质量会直接影响产品的热封强度。其中比较重要的参数包括涂布的速度、烘道的分段温度、涂布辊的网纹形状、深浅、线数及刮刀的位置、角度。

涂布的速度决定了涂层在烘道中干燥的时间。如果涂布速度过快，烘道温度过高，会使涂膜表面溶剂挥发过快，造成膜内溶剂的残余，涂膜干燥就不够充分，难以形成干燥结实且牢固的黏合层。这样势必会影响产品的热封强度，使产品层与层之间发生粘连。

涂布辊的网纹形状、深浅、线数及刮刀的位置、角度决定了涂布膜的厚度与均匀度。如果选择或调整得不合适，黏合剂就不能均匀地涂布在原铝箔表面导致成膜不均匀，产品的热封效果就不会好，强度也会受到影响。而按照国家标准黏合层涂布的规定，差异应小于±12.5%。因此，必须严格依照工艺规定的参数来完成黏合层涂布成膜的过程，以保证成膜的均匀结实。

4. 热封温度

热封温度是影响热封强度的重要因素。温度太低，不能使黏合层很好地与PVC胶片热封，黏合层与PVC胶片之间的黏合便不牢固。如果温度太高，又会使药品受影响。因此，比较合理的热封温度通常为150～160℃之间。

5. 热封压力

要达到理想的热封强度，就要设置一定的热封压力。如果压力不足，不但不能使产品的黏合层与PVC胶片充分贴合热封，甚至会使气泡留在两者之间，达不到良好的热封效果。所以国家标准规定了热封的压力为2Pa。

6. 热封时间

热封时间也会影响产品的热封强度。通常情况下，在相同的热封温度与压力下，热封时间长一点可以使热封部位封合得更加牢固完善，能更好地达到预期的热封强度。但现代化高速药品包装机的工艺条件不可能提供很长的时间进行热封，如果热封时间太短，则黏合层与PVC胶片之间就会热封不充分。为此，国家标准规定了科学的热封时间为1s。

总的来看，影响铝箔药品包装、热封强度的因素是多方面的，并且每个方面都会独立地影响到产品的热封强度。其中最重要的因素是黏合剂，当然其他方面的影响也不容忽视。这就要求生产企业要善于积极去找问题，用高标准、高要求及高科技来监控生产的各个环节，只有这样才能确保优质的产品投放市场，并在激烈的竞争中处于优势。

八、包装工序操作考核

包装工序操作考核技能要求见表9-5-3。

表 9-5-3　包装工序操作考核标准

编号		考核内容	分值	得分
准备工作(分值10%)		着装及个人卫生符合GMP规定	2	
		正确选用技能操作设备	5	
		检查确认操作仪器和设备性能良好	3	
操作(分值65%)	生产	认识设备部件名称	10	
		正确安装包装材料	10	
		正确开启预热并设定各加热板温度	10	
		安全运行铝塑包装机	20	
		及时解决运行过程中出现的各种常见问题	15	
清场(分值10%)		场地、仪器和设备清洁	5	
		清场记录填写准确完整	5	
操作记录(分值10%)		记录填写准备完整	5	
		质量标准符合规定	5	
其他(分值5%)		正确回答考核人员提出的问题	5	
合计			100	

学生学习进度考核评定

一、学生学习进度考核题目

(一) 问答题

1. 铝塑包装机主要部件名称有哪些?

2. 生产前应检查哪些文件?试进行生产前的检查。

3. 试写出运行铝塑包装机前的预热操作程序。

4. 网纹不均匀产生的原因及解决办法有哪些?

(二) 实际操作题

操作DPP 250S型泡罩包装机,并维护维修DPP 250S型泡罩包装机。

二、学生学习考核评定标准

编号	考核内容	分值	得分
1	认识包装设备的结构和组成	30	
2	操作包装设备	35	
3	维护维修包装设备	35	
4	合计	100	

项目十 制剂生产设备管理及其规范

模块一 GMP对制剂生产设备的要求

学习目标

了解新版 GMP 对制剂生产设备的相关要求。

学习内容

《药品生产质量管理规范》（简称 GMP）是药品生产和质量管理的基本准则。我国自1988年第一次颁布药品 GMP 至今已有20多年，新版 GMP（2010年修订版）于2011年3月1日起施行。新版 GMP 共14章、313条，相对于1998年修订的药品 GMP，篇幅大量增加。与旧版 GMP 相比，新版 GMP 强化了管理方面的要求，提高了部分硬件要求，围绕质量风险管理增设了一系列新制度，强调了与药品注册和药品召回等其他监管环节的有效衔接。

新版 GMP 对设施与设备等硬件要求的提高主要体现在以下两个方面：

一是调整了无菌制剂生产环境的洁净度要求。新版 GMP 在无菌药品附录中采用了 WHO 和欧盟最新的 A、B、C、D 分级标准，对无菌药品生产的洁净度级别提出了具体要求；增加了在线监测的要求，特别对生产环境中的悬浮微粒的静态、动态监测，对生产环境中的微生物和表面微生物的监测都作出了详细的规定。

二是增加了对设备设施的要求。对厂房设施分生产区、仓储区、质量控制区和辅助区分别提出设计和布局的要求，对设备的设计和安装、维护和维修、使用、清洁及状态标识、校准等几个方面也都作出具体规定。

新版 GMP 中第五章是专门针对药品生产过程中药品生产设备作出规定的一章。该部分涉及了药品生产设备的设计、安装、维护、保养、使用、清洁、校准以及制药用水设备设施等内容，现将新版 GMP 的有关内容作一简单介绍。

一、新版 GMP 规定设备应遵循的基本原则

（一）GMP 第七十一条

设备的设计、选型、安装、改造和维护必须符合预定用途，应当尽可能降低产生污染、交叉污染、混淆和差错的风险，便于操作、清洁、维护，以及必要时进行的消毒或灭菌。

（二）GMP 第七十二条

应当建立设备使用、清洁、维护和维修的操作规程，并保存相应的操作记录。

（三）GMP 第七十三条

应当建立并保存设备采购、安装、确认的文件和记录。

二、新版 GMP 规定的设备设计和安装的原则

（一）GMP 第七十四条

生产设备不得对药品质量产生任何不利影响。与药品直接接触的生产设备表面应当平整、光洁、易清洗或消毒、耐腐蚀，不得与药品发生化学反应、吸附药品或向药品中释放物质。

（二）GMP 第七十五条

应当配备有适当量程和精度的衡器、量具、仪器和仪表。

（三）GMP 第七十六条

应当选择适当的清洗、清洁设备，并防止这类设备成为污染源。

（四）GMP 第七十七条

设备所用的润滑剂、冷却剂等不得对药品或容器造成污染，应当尽可能使用食用级或级别相当的润滑剂。

（五）GMP 第七十八条

生产用模具的采购、验收、保管、维护、发放及报废应当制定相应操作规程，设专人专柜保管，并有相应记录。

三、新版 GMP 规定的设备维护和维修原则

（一）GMP 第七十九条

设备的维护和维修不得影响产品质量。

（二）GMP 第八十条

应当制定设备的预防性维护计划和操作规程，设备的维护和维修应当有相应的记录。

（三）GMP 第八十一条

经改造或重大维修的设备应当进行再确认，符合要求后方可用于生产。

四、新版 GMP 规定的设备使用和清洁的原则

（一）GMP 第八十二条

主要生产和检验设备都应当有明确的操作规程。

（二）GMP 第八十三条

生产设备应当在确认的参数范围内使用。

（三）GMP 第八十四条

应当按照详细规定的操作规程清洁生产设备。

生产设备清洁的操作规程应当规定具体而完整的清洁方法、清洁用设备或工具、清洁剂的名称和配制方法、去除前一批次标识的方法、保护已清洁设备在使用前免受污染的方法、

已清洁设备最长的保存时限、使用前检查设备清洁状况的方法，使操作者能以可重现的、有效的方式对各类设备进行清洁。

如需拆装设备，还应当规定设备拆装的顺序和方法；如需对设备消毒或灭菌，还应当规定消毒或灭菌的具体方法、消毒剂的名称和配制方法。必要时，还应当规定设备生产结束至清洁前所允许的最长间隔时限。

(四) GMP 第八十五条

已清洁的生产设备应当在清洁、干燥的条件下存放。

(五) GMP 第八十六条

用于药品生产或检验的设备和仪器，应当有使用日志，记录内容包括使用、清洁、维护和维修情况以及日期、时间、所生产及检验的药品名称、规格和批号等。

(六) GMP 第八十七条

生产设备应当有明显的状态标识，标明设备编号和内容物（如名称、规格、批号）；没有内容物的应当标明清洁状态。

(七) GMP 第八十八条

不合格的设备如有可能应当搬出生产和质量控制区，未搬出前，应当有醒目的状态标识。

(八) GMP 第八十九条

主要固定管道应当标明内容物名称和流向。

五、新版 GMP 规定的设备的校准原则

(一) GMP 第九十条

应当按照操作规程和校准计划定期对生产和检验用衡器、量具、仪表、记录和控制设备以及仪器进行校准和检查，并保存相关记录。校准的量程范围应当涵盖实际生产和检验的使用范围。

(二) GMP 第九十一条

应当确保生产和检验使用的关键衡器、量具、仪表、记录、控制设备以及仪器经过校准，所得出的数据准确、可靠。

(三) GMP 第九十二条

应当使用计量标准器具进行校准，且所用计量标准器具应当符合国家有关规定。校准记录应当标明所用计量标准器具的名称、编号、校准有效期和计量合格证明编号，确保记录的可追溯性。

(四) GMP 第九十三条

衡器、量具、仪表、用于记录和控制的设备以及仪器应当有明显的标识，标明其校准有效期。

(五) GMP 第九十四条

不得使用未经校准、超过校准有效期、失准的衡器、量具、仪表以及用于记录和控制的设备、仪器。

(六) GMP 第九十五条

在生产、包装、仓储过程中使用自动或电子设备的，应当按照操作规程定期进行校准和

检查，确保其操作功能正常。校准和检查应当有相应的记录。

六、新版GMP规定的制药用水及制水设备的原则

（一）GMP第九十六条

制药用水应当适合其用途，并符合《中华人民共和国药典》的质量标准及相关要求。制药用水至少应当采用饮用水。

（二）GMP第九十七条

水处理设备及其输送系统的设计、安装、运行和维护应当确保制药用水达到设定的质量标准。水处理设备的运行不得超出其设计能力。

（三）GMP第九十八条

纯化水、注射用水储罐和输送管道所用材料应当无毒、耐腐蚀；储罐的通气口应当安装不脱落纤维的疏水性除菌滤器；管道的设计和安装应当避免死角、盲管。

（四）GMP第九十九条

纯化水、注射用水的制备、贮存和分配应当能够防止微生物的滋生。纯化水可采用循环，注射用水可采用70℃以上保温循环。

（五）GMP第一百条

应当对制药用水及原水的水质进行定期监测，并有相应的记录。

（六）GMP第一百零一条

应当按照操作规程对纯化水、注射用水管道进行清洗消毒，并有相关记录。发现制药用水微生物污染达到警戒限度、纠偏限度时应当按照操作规程处理。

学生学习进度考核评定

一、学生学习进度考核

（一）问答题

1. 与旧版GMP相比，新版GMP在哪些方面进行了加强？

2. 叙述GMP对设备使用和清洁的原则。

3. 叙述GMP对纯化水、注射用水储罐和输送管道要求。

（二）实际操作题

以小组为单位，搜集GMP在实施过程中相关资料，探讨各自对GMP的体会，完成一份1500字左右的报告。

二、学生学习考核评定标准

编号	考核内容	分值	得分
1	了解GMP对于设备的规定	50	
2	搜集整理GMP相关资料	50	

模块二　制剂生产设备的安装原则

学习目标

1. 了解制剂生产设备的安装应遵循的原则。
2. 了解制剂生产设备的验证原则。

学习内容

一、设备安装与调试验收

（一）设备安装前的准备工作

1. 查看安装现场，对安装设备的承重地面、墙壁等进行实地测量，看是否符合安装要求。

2. 检查设备所要求的负荷、压力线及管道等的位置、方向等是否符合安装要求。

3. 检查设备要经过的出入口，是否足够让设备通过，否则要进行拆除或采取其他措施，以使设备顺利到达安装位置。

4. 准备对设备安装时所需的工具和机械设施。

5. 准备所需要的技术资料。

6. 拟定一个设备安装的进行程序，使安装有步骤、按顺序进行。

7. 新进、调入、移动待安装的设备均应按该设备的验证方案进行安装、运行、性能确认的验证。

（二）安装应按拟定的程序进行

1. 安装要在准备工作就绪后一次进行，避免拆箱后各部件不及时到位而造成丢失。

2. 核对技术资料和设备标明的技术参数是否符合本企业技术要求。

3. 设备安装应在有关技术人员现场指导下进行。

4. 安装完毕及时清理现场，并进行调试验收。

（三）设备调试验收

1. 设备在安装后进行调试，调试时按技术指标逐项试验，先空载运转，再负荷试车，记录各项指标是否达到要求。

2. 空载运行：在空载条件下，单机运行或系统运行，以确定设备运行是否符合设定的标准或达到额定技术标准。

3. 负载运行：先用代替料，确认单机或系统运行效果与要求能达到一致性、稳定性和重现性。

4. 用实料进行生产试验。严格按工艺条件进行生产，有三批以上的试验数据。

5. 调试验收后，填写安装调试验收单，验收人签字后归档。

6. 验收合格后的设备可投入正常使用，但对初装产品要加强验证。

7. 进口设备的安装调试要及时进行，以便在索赔期内发现问题，及时提出索赔。

二、制药设备验证规则

2007年，国家发展和改革委员会发布并实施了《制药机械（设备）验证导则》（JB/T 20091—2007），该标准是制药装备行业一项的指导性标准。编制该标准的原因：一是在于《药品生产质量管理规范》（GMP）规定对制药设备要进行产品和工艺验证（未经过及未通过验证的不能投入使用）；二是制药机械设备的验证正在成为药品生产企业衡量和评价制药机械产品质量、订货以及对制药装备制造企业产品的市场认可方式。该标准适用于制药机械（设备）按照药品生产质量管理规范（GMP）所涉及产品验证的设计确认（DQ）、安装确认（IQ）、运行确认（OQ）和性能确认（PQ）工作的指导。

（一）术语和定义

1. 制药机械（设备）验证（pharmaceuticals equipment validation）

制药机械（设备）验证是药品生产企业证明设备的任何程序、生产过程、物料、活动或系统确实能导致预期结果的有文件证明的一系列确认的活动。

2. 用户需求标准（user requirement specification，URS）

用户对产品功能、使用、服务等提出的特殊要求，并在购销合同中经双方确认。

3. 设计确认（design qualification，DQ）

设计确认（预确认）指使用方对所选制药机械（设备）满足药品生产质量管理规范（GMP）、用户需求标准（URS）及制造商的确认。

4. 制药机械（设备）新产品设计确认（pharmaceuticals equipment design qualification）

制药机械（设备）新产品的设计符合产品标准、药品生产质量管理规范（GMP），满足用户需求标准（URS）要求等方面的核实及文件化工作。

5. 安装确认（installation qualification，IQ）

设备安装后进行设备的各种系统检查及技术资料的文件化工作。

6. 运行确认（operational qualification，OQ）

设备或系统达到设定要求而进行的各种运行试验及文件化工作。

7. 性能确认（performance qualification，PQ）

证明设备或系统达到设计性能的试生产试验及文件化工作，就生产工艺而言也可指模拟生产试验。

8. 验证方案（validation protocol）

验证方案指一个阐述如何进行验证并确定验证合格标准的书面计划。

9. 验证文件（validation document）

验证文件系指验证实施过程中形成系统的资料类文件的总称。

（二）验证原则

1. 药品生产企业（简称使用方）是制药机械（设备）验证工作的实施主体，制药机械制造企业（简称制造方）应积极配合使用方的设备验证工作。

2. 验证工作由使用方组织并完成。验证工作的方案应根据制药机械产品标准、用户需求标准（URS）、JB20067、药品生产质量管理规范（GMP）和制药工艺等要求制定，验证方案应经使用方技术负责人审核批准后实施。

3. 制药机械（设备）验证应严格按照验证方案规定的内容和步骤进行。

4. 制药机械（设备）验证的各阶段工作完成后，均应形成确认的相关文件。

（三）验证目的

1. 确认制药机械（设备）设计与制造工艺符合产品标准，满足用户需求标准（URS）

和药品生产管理规范（GMP）要求。

2. 确认制药机械（设备）安装符合安装规范，产品相关资料和文件的归档管理符合要求。

3. 确认制药机械（设备）在运行情况下的使用功能和控制功能符合规定。

4. 确认制药机械（设备）在实际使用条件下的生产适用性和符合制药工艺与质量要求。

（四）验证范围

制药机械（设备）验证范围的确定原则应依据制药工艺要求而定。直接或间接影响药品质量的，与制药工艺过程、质量控制、清洗、消毒或灭菌等方面相关的制药机械设备，属于必须验证的范围，其他辅助作用或不对药品质量产生影响的制药机械设备可不列为验证的范围。

（五）验证程序

1. 制药机械（设备）的验证程序依次是设计确认、安装确认、运行确认和性能确认。在各确认阶段均应形成阶段性确认的结论性文件，达不到确认要求的应不进行下阶段的确认工作，整改复验达到要求后方可进行下阶段的确认工作。

2. 制造方在制药机械（设备）交付使用方前应完成制药机械新产品的设计确认和文件化工作。设备到达使用方后，制药机械（设备）的安装确认、运行确认和性能确认由使用方完成。必要时可由双方协议共同完成。

（六）验证方案

验证方案须有编制人、审核人、批准人的签署。当使用方与制造方共同参与设备验证时，其验证方案应经双方认可确立。验证方案的编写内容应包括：

1. 验证方案名称、编号；

2. 产品基本情况（包括设备名称、型号、用途、结构、工作原理、工艺流程、规格、产量、使用介质、主要参数、设备编号、制造单位、供货商等）；

3. 验证人员（人员、资格、分工）；

4. 验证目的；

5. 验证内容（确认项目，确认方法，试验器具，确认评估时参数的依据及检测数据等）；

6. 验证结论（结果分析，结论，检验，审核及验证负责人员签字等）。

（七）验证内容与实施

1. 设计确认（DQ）

设计确认包括对制药机械（设备）的设计确认和对制药机械新产品的设计确认。

（1）设计确认（预确认）内容　使用方对制造方生产的制药机械（设备）的型号、规格、技术参数、性能指标等方面的适应性进行考察和对制造商进行优选，最后确认与选定订购的制药机械（设备）与制造商，并形成确认文件。

（2）制药机械新产品设计确认内容　对制药机械新产品的设计是否符合药品生产管理规范（GMP）、产品标准、用户需求标准（URS）及相应生产工艺等方面进行审查与确认。

2. 安装确认（IQ）

（1）安装确认内容　制药机械（设备）安装确认主要是通过产品安装后，确认设备的安装符合设计及安装规范要求，确认设备的随机文件（产品图纸、备品清单、仪表校准等）以及附件齐全。检验并用文件的形式证明产品的存在。确认内容一般包括：

① 检查随机文件与附件齐全

a. 设备原始文件资料（使用说明书、购买合同、操作手册、合格证、装箱单等）；

b. 图纸索引（安装及地基基础图、电气原理图、备件明细、易损件图等）；

c. 设备清单（安装位置、设备编号、生产厂家、备品备件存放地及一览表）；

d. 相关配套系统（压缩空气、真空气体、水质与供水、蒸汽、制冷等）；

e. 公用工程检查表（公用工程清单、验收合格证）；

f. 润滑位置表和仪器仪表安装一览表（仪器清单、安装位置、编号、生产厂家、校验、校准周期）等。

② 依据设备安装图的设计要求，检查下列几方面：

a. 设备的安装位置和空间能否满足生产和方便维修的需要；

b. 外接工艺管道是否符合匹配和满足要求；

c. 外接电源；

d. 主要零件的材质；

e. 设备的完整性和其他问题。

（2）安装确认实施　制药机械（设备）在安装完毕后，根据验证方案进行安装确认，经实施提出IQ结论。制药机械制造方应提供给使用方内容翔实、完整、有效的设备安装指导文件。

3. 运行确认（OQ）

（1）运行确认内容　制药机械（设备）运行确认，主要是通过空载或负载运行试验，检查和测试设备运行技术参数及运转性能，通过记录并以文件形式证实制药机械（设备）的能力、使用功能、控制功能、显示功能、连锁功能、保护功能、噪声指标，确认设备符合相应生产工艺和生产能力的要求。确认内容一般包括：

① 运行前检查，如电源电压、安全接地、仪器仪表、过滤器、控制元件及其他需运行前检查；

② 验证用测试仪器仪表的确认；

③ 设备运转确认，依据产品标准和设备使用说明书，在空载情况下，对空负荷运转状态、运转控制、运转密封、噪声等项确认；

④ 设备操作控制程序确认；

⑤ 机械及电气安全性能确认；

⑥ 设备各项技术指标确认。

（2）运行确认的实施　制药机械（设备）在安装确认后，根据验证方案进行运行确认，经实施提出OQ结论。制药机械制造方应提供给使用方具体指导设备正确运行和各功能操作及控制程序的相关文件。

4. 性能确认（PQ）

（1）性能确认内容　制药机械（设备）性能确认是在制药工艺技术指导下进行工业性负载试生产，也可用模拟试验的方法，确认制药机械（设备）运行的可靠性和对生产的适应性。在试验过程中通过观察、记录、取样检测，搜集及分析数据验证制药机械（设备）在完成制药工艺过程中达到预期目的。确认内容一般包括：

① 在负载运行下产品性能的确认；

② 生产能力与工艺指标确认；

③ 安全性确认；

④ 控制准确性确认；

⑤ 药品质量指标确认（包括药品内在质量、外观质量、包装质量等）；

⑥ 设备在负载运行下的挑战性试验。

（2）性能确认的实施　性能确认应在IQ、OQ完成后，由使用方按照药品生产的工艺要求进行实际生产运行确认，经实施提出PQ结论。

（八）制造方应提供的文件资料

1. 产品出厂文件

（1）使用说明书。使用说明书的编写和内容应符合《工业产品使用说明书总则》（GB 9969.1）的规定。

（2）产品合格证（质量保证书）。属压力容器和特种设备类产品的按《压力容器监督检验规程》的要求提供设计制造资质证书复印件和监检报告。

（3）装箱单。

（4）主要配套件与外协件的说明书、质保书和供应产商资料。

（5）仪器仪表合格证和供应厂商提供的使用说明资料。

（6）电气控制或PLC控制的使用说明书。

2. 相关技术资料

（1）产品操作规程。可单独以文本形式列出，也可在使用说明书中有专门章节。

（2）产品清洗规程。可单独以文本形式列出，也可在使用说明书中有专门章节。

（3）产品维护检修规程。宜单独以文本形式列出，也可在使用说明书中有专门章节。

（4）与产品安装、使用、维修相关的略图。

（5）主要材料材质报告：设备主要备品备件、易损件图纸。可列入使用说明书内。

（6）仪器仪表配置表及其计量器具在有效期内的校验合格证（选项）。

（7）关键件理化性能报告（选项）。

（8）压力容器检验报告及压力容器类的焊缝检查报告等（选项）。

（9）新产品设计确认的有关资料或原设计形式试验报告（选项）等。

学生学习进度考核评定

一、学生学习进度考核

（一）问答题

1. 设备安装前需要哪些准备工作？

2. 设备安装确认的内容包括什么？

3. 设备运行确认的内容包括什么？

（二）实际操作题

针对某一药品生产设备，编制运行确认方案，进行设备运行确认。

二、学生学习考核评定标准

编号	考核内容	分值	得分
1	药品生产设备安装的原则	30	
2	药品生产设备确认的方法	30	
3	完成药品生产设备的验证	40	
4	合计	100	

模块三　制剂生产设备的管理与清洗

学习目标

了解药品生产设备管理的相关规定。

学习内容

一、设备资料档案管理

（一）设备技术资料的收集积累

1. 设备开箱收集以下技术资料：设备图纸、合格证书、使用说明书（或操作手册）、备件卡片、压力容器检定书、材质报告（或材质证明书）、设备开箱验收记录。

2. 设备安装资料：设备安装图、设备安装验证（验证记录、验证报告）。

3. 设备、仪器、计量器具维护保养记录。

（二）设备技术资料的运用

1. 设备技术资料是制订设备维修计划的技术依据。

2. 设备技术资料可掌握零部件损坏规律，有计划采购零部件。

3. 参照设备技术资料可预防设备故障和事故的发生。

（三）设备技术资料的管理

1. 将收集齐全的设备技术资料建立完整的设备档案。

2. 设备技术档案资料均应分类、注册登记、编制索引，不得遗失和混装。

3. 凡是设备的技术档案、文件、说明书、图纸、技改资料、验证资料、维修记录，均应建档、存档，并由专人统一妥善保管。

4. 设备资料要分类注册、编号，不得遗失或擅自外借传阅。凡需查阅设备资料者，必须经有关部门或主管副总经理批准，查阅者登记后，方可查阅。

5. 如遇特殊情况，需借阅设备资料者，须经主管副总经理签字批准，借阅者需开具借条签名后，方可借出，并按期归还。

6. 设备资料如有遗失，应及时报告，并妥善处理，如遗失重要技术资料，要追究责任。

7. 因工作需要，设备说明书可复制，原件存档。

二、设备编号管理

（一）编号原则

1. 设备编号基本体现所属的使用部门。

2. 规格相同、剂型相同的设备在编号中能体现统一性。

3. 设备编号能表现集群型设备特点。

（二）编号说明

1. 编号第一个字母代表所在的使用部门。

G：固体制剂车间	G—X：设备编号
T：提取车间	A·B·C—X：计量器具号
Y：液体制剂车间	A—X：强检仪器号
Q：质量管理部	B—X：公用仪器编号

C—X：计量一般仪器编号

2. 字母后两位数代表设备，仪器流水号。

3. 相同规格的设备在流水号后加“—X”作为区别号，加以区分。

三、设备、管道状态标志管理

1. 所有使用设备都应有统一编号，要将编号标在设备主体上，每一台设备都要设专人管理，责任到人。

2. 完好、能正常运行的设备生产结束清场清洁后，每台设备都应挂状态标志牌，通常有以下几种情况：

（1）运行中：设备开动时挂上运行中标志，正在进行生产操作的设备，应正确标明加工物料的品名、批号、数量、生产日期、操作人等。

（2）维修中：正在修理中的设备，应标明维修的起始时间、维修负责人。

（3）已清洗：已清洗洁净的设备，随时可用，应标明清洗的日期及有效日期。

（4）待清洗：尚未进行清洗的设备，应用明显符号显示，以免误用。

（5）停用：因生产结构改变或其他原因暂时不用的设备。如长期不用，应移出生产区。

（6）待修：设备出现故障。

3. 各种管路管线除按规定涂色外，应有标明介质流向的箭头“→”显示及流向地点、料液的名称等，不锈钢管道不涂色。

4. 灭菌设备应标明灭菌时间和使用期限，超过使用期限的，应重新灭菌后再使用。

5. 当设备状态改变时，要及时换牌，以防发生使用错误。

6. 所有标牌应挂在不易脱落的部位。

7. 状态标志牌均用不锈钢制作。

8. “运行中”、“已清洁”状态标志用绿色字。

9. “待清洗”标志用黄色字。

10. “维修中”标志用黄色字。

11. “待维修”标志用黄色字。

12. “停用”标志用红色字。

13. “完好”标志用绿色字。

四、管道涂色的管理规定

固定管道或按《医药工业设备及管路涂色的管理》喷涂不同的颜色，与设备连接的主要管道应标明管内物料名称及流向。管道安装应整齐、有序。

管道的颜色如下：

1. 物料管道：黄色。

2. 蒸汽管道：红色。

3. 常温水管道：绿色。

4. 冷冻水管道：白色字、黑色保温层。

5. 真空管道：白色。

6. 压缩空气管道：蓝色。

7. 三废排气管道：黑色。

洁净室管道不可涂色，但须注明内容物及流向，流向以箭头“→”表示。

五、设备清洗管理

1. 本文件规定的清洗，是指设备使用结束后，用一般的擦抹方法不能有效地去除设备表面所残留的被加工物料，而经用大量的清洗剂或借助于清洗工具进行清洗。

2. 每一生产阶段结束后，对设备进行清洗。

3. 清洗方法

(1) 在线清洗　在设备安装位置不变，安装基本不变且不进行移动的情况下进行清洗。适用于大型不可移动的设备、制水系统、灌装系统、配制系统、过滤系统。

(2) 移动清洗　可移动的小型设备或可拆卸的设备部分，移到清洗间清洗。

4. 清洗方法

(1) 清洗所用的清洗液，最常用的是水，其次有乙醇、碱液或其他清洗剂。

(2) 清洗方法和所需的工具、设备：

① 擦洗，用不脱落纤维的抹布擦洗，对黏性大的遗留物可用不锈钢铲子。

② 高压喷枪冲洗，用于不能触摸到的设备部分，如罐封内。

③ 清洗剂循环清洗，用增压泵将清洗剂在系统里循环一定的时间，达到清洗目的。适用于制水、灌装、配制、过滤等系统。

5. 按各设备清洗操作规程进行。

6. 直接接触药品的设备，最后清洗用水为纯化水。

7. 设备洗涤后，用眼观察其直接接触药品的设备表面所加工物料的残留物，最后一次洗涤水澄清。

8. 设备清洗后，视情况可用不脱落纤维的洁净干抹布擦干水迹。在清洗间清洗的设备移到该设备房间，拆下部分安装好。

9. 清洗后的设备需要消毒的，按各设备消毒操作规程进行。

10. 工程部门应制定设备清洗操作规程，防止清洗过程对设备造成损害。

11. 不能使用对设备有损害的腐蚀清洗剂，以免损坏设备的性能。

12. 对重要设备或设备的主要部分进行清洗要特别认真细致，严防差错。

13. 对电器设备的清洗一定要断电后方可进行，清洗完善后一定要进行烘干或吹干，以防发生电器短路事故。

14. 同一设备连续加工同一产品时，至少每周或生产三批后，按清洗操作规程全面清洗一次，更换品种必须按规程全面清洗。

15. 生产结束后，需要清洗的设备及时清洗，防止物料残留物干固后不易清洗，清洗完后由车间质监员检查，并作好详细记录，进入批生产记录归档。

六、设备润滑管理

1. 由设备部负责设备的巡检人员及设备岗位操作人员负责设备的润滑保养。

2. 工作中执行“五定”

(1) 定点：指按规定的润滑部位加油。

(2) 定质：指按规定的润滑剂品种和牌号加油。

(3) 定量：指按规定的润滑量加油。

(4) 定人：每台设备的润滑都应有固定的加油负责人。

(5) 定时：指定时加油，定期换油。

3. 三级过滤

(1) 合格的润滑油在注入设备润滑部位前，一般要经过贮油大桶到岗位贮油桶，岗位贮油桶到油壶，油壶到设备的注油点三级倒换，要求每倒换一次都必须进行过滤。

(2) 滤网要求：一级冷冻机油、压缩机油、机械油使用60目网过滤；二级油品使用80目网过滤；三级油品使用100目网过滤。

(3) 如果设备润滑部位接触药品，应使用食用油或其他级别相当的润滑剂。

4. 管理职能

(1) 生产部配备专人负责全公司设备润滑管理工作。

(2) 车间设备员负责设备润滑工作。

(3) 物料部负责润滑油的购入，回收废油的处理和送样分析检验。

(4) 仓库负责润滑油的贮存、保管和发放。不同种类及牌号的油应分别存放，写明标记。废油分类，单独存放，避免误用。

5. 新购油品，应附有合格证。库存润滑油达3个月以上者，应经检测合格后方可使用。

6. 岗位操作人员应经常检查润滑部位的温度状况，轴承温度应保持在设备的技术要求指标内。

七、设备维护保养管理

(一) 管理职能

1. 工程部负责对全公司各部门设备维护保养工作进行检查、监督、考评与管理。

2. 车间主任和设备员（或各科室主管人员）负责对本部门的设备维护保养工作进行组织、检查和考评。

3. 班组长和班组设备员负责对本班组设备维护保养工作，进行组织、检查和考核。

4. 操作人员（包括机、电、仪维修人员）负责自己操作设备的维护保养工作。

(二) 管理内容

1. 对所有的设备都要实行以操作人员为主，机、电、仪维修人员相结合的包机包修制。设备归谁操作，由谁维护，做到分工明确，责任到人。

2. 设备维护保养工作必须贯彻“维护与计划检修相结合”、“专业管理和群众管理相结合”的原则。包机人员对自己负责的设备要做到正确使用，精心维护，使设备保持完好状态，不断提高设备完好率和降低泄漏率。

3. 设备使用单位负责起草设备操作维护保养规程，并报公司工程部审批，公司批准后，使用单位应按规程严格执行，不得擅自改变。如需更改，必须报公司工程部批准备案。

4. 车间要定期组织操作人员学习设备操作维护保养规程，进行“三会”教育（即会使用、会维护保养、会排除故障）。经理论和实际操作技术考核合格后，方可独立操作。对主要设备的操作人员，要求做到相对稳定。

5. 操作人员必须做好下列主要工作

(1) 严格按操作规程进行设备的启动运行和停机。

(2) 严格执行工艺规程和巡回检查制度，按要求对设备状况（温度、压力、震动、异响、油位、泄漏等）进行巡回检查、调整并认真填写设备运行记录，数据要准确。严禁设备超压、超温、超速、超负荷运行。

(3) 操作人员发现设备出现异常情况时，应立即查找原因，及时消除，对不能立即消除的故障要及时反映。在紧急情况下（如有特殊声响、强烈振动、有爆炸、着火危险时），应采取果断措施，直至停机处理，并随即通报班组、车间领导和有关部门。在原因没查清、故障没有排除的情况下，不得盲目启动，并将故障作好交班记录。

（4）按《设备润滑管理规程》认真做好设备润滑工作，坚持“五定”、“三级过滤”。

（5）对本岗位内的设备（包括电机）、管道、基础、操作台及周围环境，要求班班清扫，做到沟见底、轴见光、设备见本色。环境干净、整齐、无杂物，搞好文明生产。

（6）设备在维修过程中，不得对生产过程造成污染，如需退出生产区进行维修的设备尽量退出生产区维修，如不能退出生产区维修的设备，必须按相应生产区卫生及洁净管理程序进行操作，对于维修过程有可能对与药品直接接触的表面产生污染的设备，必须按相应的程序彻底清洁后可方可生产。

（7）及时清除本岗位设备、管道的跑、冒、滴、漏，努力降低泄漏率。操作人员不能消除的泄漏点，应及时通知机修人员消除。

（8）严格执行设备运行状态记录，记录内容包括：设备运行情况、发生的设备故障、存在问题及处理情况、设备卫生及工具交接情况、注意事项等。

（9）设备停机检修时，应积极配合机修人员完成检修工作，参加试车验收。

6. 机、电、仪维修人员，必须做好下列主要工作：

（1）定时对分管设备进行巡回检查（每日1～2次），主动向操作人员了解设备运行情况，及时消除设备缺陷，并作好记录。对一时不能处理的故障应及时向车间设备维修人员反映，按车间安排执行。

（2）指导和监督操作人员正确使用和维护设备，检查设备润滑情况，发现违章操作应立即予以纠正，对屡教不改者，应向车间主任报告给予处理。

（3）设备维修人员定期对电器仪表及配电进行清扫，保证电器仪表灵敏可靠。

（4）按时、按质、按量完成维修任务。

（5）设备发生临时故障时要随叫随到，积极进行检修。

（6）对本岗位范围内的闲置、封存设备应定期进行维护保养。

（三）检查

1. 检查制度的实施情况和设备实际保养状况。

2. 按公司部对车间、车间对班组、班组对个人三级进行按月考核，并给予相应的奖罚。

八、设备巡回检查管理

1. 操作工每天对使用的设备进行检查，检查项目为温度、压力、润滑、仪表以及设备对产品产量和质量的影响。简单问题可自行修理解决，恢复设备正常状态，较大故障要积极采取措施并报告有关部门。

2. 维修工每天到车间进行巡回检查内容包括：

（1）操作者是否遵守操作规程。

（2）设备运行情况是否正常，是否超负荷。

（3）设备零部件和安全防护装置是否齐全有效。

（4）设备润滑是否按要求进行。

（5）设备有无跑、冒、滴、漏现象。

3. 设备员每天巡检，随时掌握设备情况，发现问题及时解决，问题严重设备应列入检修计划。

4. 设备的巡回检查方法应能直观反映出巡检执行情况，如采用挂牌、挂卡登记，表示检查已进行。

5. 设备的巡回检查应能够形成操作工→设备员→车间主任→工程部→设备主管副总的信息传递及反馈系统。

6. 工程部对巡检中发现的事故隐患，应采取积极的措施，根据巡回检查情况对设备故障的部位、原因、周期等进行系统分析，为设备维修、保养提供依据。

九、设备检修与验收管理

1. 设备检修与验收的内容

（1）系统维修，车间停产大修和局部修理。

（2）主要设备大、中、小修理计划。

（3）主要或关键设备故障检修或维修。

（4）外单位要求协作项目。

（5）扩建、技改项目，更新项目。

2. 计划编制

（1）依据设备运行技术状态、使用要求，结合生产实际，在设备使用寿命周期内确定合理的大、中、小修周期，保证设备完好。

（2）主要设备大修以及更新、技改计划由生产部、工程部组织编制协调。

（3）车间提出下月具体检修、改造、安装等计划，以及零配件申请单一同报生产部、工程部审批，报副总批准，统一安排。

（4）时间紧急的维修项目，生产部门可直接在现场确定维修内容、要求，必要时直接调有关人员进行抢修。

（5）车间一般设备检修，由设备员负责验收，主要设备大修，技改项目应由车间填写大修验收记录，并由生产、工程部组织验收。

3. 设备检修所用的直接接触药品的配件材质符合原设备要求。

4. 检修的设备应经验证后方可使用。

十、封存设备与闲置设备管理

封存设备指因生产结构改变或技术原因长期不用，连续停用1年以上的闲置设备。管理内容和要求如下：

1. 对闲置设备应积极组织外调、出租或转让，以提高设备的利用率，在调出前应将设备集中封存管理。

2. 设备封存时，由使用部门提出申请，填写设备封存单，经工程部审查，主管副总批准后进行封存。

3. 设备封存时应切断设备的电源线。

4. 封存后的设备，要放尽设备内的水和其他原辅料，关闭阀门，擦净料箱，封存期超过半年要放尽润滑油。

5. 擦净设备的外表面，涂防锈油，并进行防锈处理。

6. 注意保护好活动构件，避免损坏、变形。

7. 设备的附属装置、附件及工具要清点造册。

8. 封存设备不得放在露天，应加保护罩放在室内，但不得放在正使用的车间内。

9. 封存设备的日常维护和保管工作由仓库人员负责。

10. 封存设备启封时，要由启封部门提出申请，填写设备启封单，经工程部审查、主管副总批准后，进行启用。

11. 启封后的设备，应及时对设备各部位进行清洗、擦拭，加注润滑油。

12. 设备应及时安装活动构件，检查机械电器及安全装置是否齐全、可靠。

13. 设备应清点附件、附属装置，检查工具是否齐全。

14. 接通电源、动力线，试车运转，其技术指标应达要求。

学生学习进度考核评定

一、学生学习进度考核

（一）问答题

1. 叙述设备清洗的方法。
2. 设备润滑中的“五定”指什么？
3. 进行设备保养时操作人员应做好哪些工作？

（二）实际操作题

按设备相关规程对某药品生产设备进行清洗、润滑、保养，在操作中体会设备管理的相关原则的内涵。

二、学生学习考核评定标准

编号	考核内容	分值	得分
1	了解设备管理与清洗规定	30	
2	清洗设备	40	
3	进行设备的巡回检查	30	
4	合计	100	

参 考 文 献

［1］ 白鹏．制药工程导论．北京：化学工业出版社，2003.

［2］ 国家食品药品监督管理局药品认证管理中心．GMP. 北京：中国医药科技出版社，2011.

［3］ 王行刚．药物制剂设备与操作．北京：化学工业出版社，2010.

［4］ 张洪斌．药物制剂工程技术与设备．第二版．北京：化学工业出版社，2010.

［5］ 杨瑞虹．药物制剂技术与设备．第二版．北京：化学工业出版社，2010.

［6］ 程云章．药物制剂工程原理与设备．南京：东南大学出版社，2009.

［7］ 孙传瑜．药物制剂设备．第二版．济南：山东大学出版社，2010.

［8］ 张健泓．药物制剂技术实训教程．北京：化学工业出版社，2007.

［9］ 全国医药职业技术教育研究会．药物制剂设备（下册）．北京：化学工业出版社，2007.

全国医药高职高专教材可供书目

	书　名	书　号	主　编	主　审	定　价
1	化学制药技术(第二版)	15947	陶　杰	李健雄	32.00
2	生物与化学制药设备	7330	路振山	苏怀德	29.00
3	实用药理基础	5884	张　虹	苏怀德	35.00
4	实用药物化学	5806	王质明	张　雪	32.00
5	实用药物商品知识(第二版)	07508	杨群华	陈一岳	45.00
6	无机化学	5826	许　虹	李文希	25.00
7	现代仪器分析技术	5883	郭景文	林瑞超	28.00
8	中药炮制技术(第二版)	15936	李松涛	孙秀梅	35.00
9	药材商品鉴定技术(第二版)	16324	林　静	李　峰	48.00
10	药品生物检定技术(第二版)	09258	李榆梅	张晓光	28.00
11	药品市场营销学	5897	严　振	林建宁	28.00
12	药品质量管理技术	7151	负亚明	刘铁城	29.00
13	药品质量检测技术综合实训教程	6926	张　虹	苏　勤	30.00
14	中药制药技术综合实训教程	6927	蔡翠芳	朱树民　张能荣	27.00
15	药品营销综合实训教程	6925	周晓明　邱秀荣	张李锁	23.00
16	药物制剂技术	7331	张　劲	刘立津	45.00
17	药物制剂设备(上册)	7208	谢淑俊	路振山	27.00
18	药物制剂设备(下册)	7209	谢淑俊	刘立津	36.00
19	药学微生物基础技术(修订版)	5827	李榆梅	刘德容	28.00
20	药学信息检索技术	8063	周淑琴	苏怀德	20.00
21	药用基础化学(第二版)	15089	戴静波	许莉勇	38.00
22	药用有机化学	7968	陈任宏	伍焜贤	33.00
23	药用植物学(第二版)	15992	徐世义　堐榜琴		39.00
24	医药会计基础与实务(第二版)	08577	邱秀荣	李端生	25.00
25	有机化学	5795	田厚伦	史达清	38.00
26	中药材 GAP 概论	5880	王书林	苏怀德　刘先齐	45.00
27	中药材 GAP 技术	5885	王书林	苏怀德　刘先齐	60.00
28	中药化学实用技术	5800	杨　红	裴妙荣	23.00
29	中药制剂技术(第二版)	16409	张　杰	金兆祥	36.00
30	中医药基础	5886	王满恩	高学敏　钟赣生	40.00
31	实用经济法教程	8355	王静波	潘嘉玮	29.00
32	健身体育	7942	尹士优	张安民	36.00
33	医院与药店药品管理技能	9063	杜明华	张雪	21.00
34	医药药品经营与管理	9141	孙丽冰	杨自亮	19.00
35	药物新剂型与新技术	9111	刘素梅	王质明	21.00
36	药物制剂知识与技能教材	9075	刘一	王质明	34.00
37	现代中药制剂检验技术	6085	梁延寿	屠鹏飞	32.00
38	生物制药综合应用技术	07294	李榆梅	张虹	19.00
39	药物制剂设备	15963	路振山	王竟阳	39.80